河川生態系の調査・分析方法

Field and analytical methods in stream ecology

井上幹生
中村太士
［編］

講談社

執筆者一覧

赤坂　卓美　帯広畜産大学環境農学研究部門（1.1）

石川　尚人　国立研究開発法人海洋研究開発機構（5.2）

伊藤　　哲　宮崎大学農学部森林緑地環境科学科（2.3）

※　井上　幹生　愛媛大学大学院理工学研究科（1.2，2.1）

卜部　浩一　地方独立行政法人北海道立総合研究機構さけます・内水面水産試験場（4.2）

太田　民久　富山大学大学院理工学研究部（5.2）

加賀谷　隆　東京大学大学院農学生命科学研究院（3.2）

笠原　玉青　九州大学大学院農学研究院（1.3）

萱場　祐一　国立研究開発法人土木研究所水環境研究グループ（3.1）

後藤　直成　滋賀県立大学環境科学部（3.1）

小林　草平　京都大学防災研究所水資源環境研究センター（4.1）

照井　　慧　Department of Biology, University of North Carolina at Greensboro（6.1，6.2，6.3，6.4，コラム 6.1，6.2）

土居　秀幸　兵庫県立大学大学院シミュレーション学研究科（3,2，5.2，コラム 5.2）

東城　幸治　信州大学学術研究院理学系生物科学領域（5.1）

※　中村　太士　北海道大学大学院農学研究院（2.3）

永山　滋也　岐阜大学流域圏科学研究センター（1.2，2.1，2.2）

野崎健太郎　椙山女学園大学教育学部（3.1）

原田　守啓　岐阜大学流域圏科学研究センター（1.2，コラム 1.1，コラム 1.2，コラム 1.3）

三宅　　洋　愛媛大学大学院理工学研究科（2.2）

森　　照貴　国立研究開発法人土木研究所自然共生研究センター（1.1）

渡辺　幸三　愛媛大学大学院理工学研究科（コラム 5.1）

（五十音順，※は編者，かっこ内は担当節・コラム）

序　文

『河川生態学』（講談社）が発刊されてからはや6年以上が経過した．その本の「おわりに」で水野信彦先生が「河川生態の研究調査法に関しても，本格的な手引書を出して頂きたいものである．これが実現すれば，河川生態学を推進するための両輪がそろうからだ」と書いておられる．編者らも水野先生の言う通りと考え，『河川生態学』が発刊された直後からその構想は持っていたが，日々の仕事に追われてなかなか実現することができなかった．一方で，日本には河川生態学に関する調査分析方法について体系的にまとめられた本がないことから，そのような書籍を望む若手研究者の声も多かった．

河川法が改正され，河川管理の目的の一つに「河川環境の保全と整備」が加えられたのは1997年．それ以来，河川環境や生態系に配慮した多自然川づくりや自然再生事業が全国各地で実施されるようになった．それに伴い，工学系や生物系といった専門分野を異にする研究者や技術者，実務者が協働する機会は急増し，川という共通の場を土俵とした技術や情報の交換・共有が進められた．また一方で，災害復旧，および今後の気候変動や大規模地震等に対する備えから，従来型の大規模土木工事が計画されることもあり，これまで以上に環境アセスメントやモニタリングの重要性が叫ばれている．研究の現場においても，この20年ほどで技術的に大きな進展があった．広域データの蓄積やその利用体制の整備，およびデータ処理技術の進歩により，広い地域全体を対象としたマクロスケールでの環境解析やその可視化が広く普及した．一方で，安定同位体やDNA分析といったミクロな分析から生物情報を引き出す技術の発展もめざましく，河川生態学にもかなり浸透してきている．

こうした背景を受け，『河川生態学』で紹介されている知見に興味を持たれた学生や院生，実務者の方々が，実際の調査・分析に際し，少しでも参考にできるような書籍となることを目指し，今回この本を『河川生態学』の姉妹本として発刊することにした次第である．本企画を構想するにあたり，当初，今回の執筆者も含む複数の関係者と意見交換を行った．その際に，河川生態学の調査法に関する英文書籍として定評のある‘Methods in Stream Ecology’を翻訳することも視野に入れて検討したが，結局，翻訳するよりも独自の本をつくることのほうが生産的であると感じられた．上記のような日本の河川および河川生態学をとりまく背景の下で実際に調査研究を行っている方々に，その経験をふまえて解説していただくのが最も効果的であろうと考えたのだ．

本書は，6つの章で構成されている．河川の様相や物理的特性が，どのような概念で把握されるのか，どのような調査やデータによって具体的に表されるのか？ これが第1章「河川の特性をつかむ」の主題である．まずは，上空から流域全体を広く見渡し，次に，河原に降り立ち水の流れや石礫を観察する，そしてさらに，見えない河床下を探る，という順序で視点を変えながら解説する構成とした．次に，第２章「生き物の生息場としての河川」では，河川流路を生物の住み処とみなす際に，その特性を表現するための手法に焦点を当てた．まずは，私たちが「通常の状態」とみなしている平水時（低水時）の川の状況を対象とした手法を扱い，続いて，河川の特質である動的な側面に目を向け，出水攪乱の表し方について解説した．その後に，水辺林をとりあげた．水辺林は，流路と同様，河川生物の住み処の基盤をなす重要な要素である．まずは水辺林自体の調査について解説し，続いて，河川生態系における水辺林の機能に関する調査もとりあげ，それらの説明を行った．

第３章からは，河川における生物間の繋がりに視点を移し，生き物を主体とした調査・分析手法を解説した．第３章「河川生物群集のエネルギー源」では，河川食物網における生食連鎖と腐食連鎖の基点として，それぞれの主要な部分を占める付着藻類と外来性有機物（主に落葉）について，その採集や測定・分析方法について紹介した．そして，第４章「消費者—虫や魚たち—」においては，食物網においてより上位に位置する底生無脊椎動物ならびに魚類について，野外における採集，観察方法，さらにデータ整理についても若干の解説を加えた．次の第５章は，「生き物の内部情報から全体を見渡す」と題し，近年，その進歩が目覚ましい遺伝子解析や，食物網解析において多用されるようになった安定同位体分析を扱う章とした．サンプル採集や標本作製に関する技術的な内容だけでなく，これら比較的新しい手法が河川生態学にどのような進展をもたらすかといったこともイメージされるであろう．

最後の第６章「調査・解析をデザインする」では，データの解析手法を扱った．上記のような環境調査や生物調査によって得られたデータをどのように整理・解析するか，また，それらデータ解析を見越した上でどのように調査デザインを組むかといった問題は，調査の本質をなす重要な部分である．よって，本書にとっては不可欠な項目と考えた．この章では，データ解析で多用される一般化線形モデル（GLM）を主にとりあげ，データ解析の考え方，河川という場の特徴を踏まえた調査区の設定方法，実際の解析方法および注意点等について，具体例を挙げながらできるだけ平易で実用的な解説を試みた．

調査・解析手法は，料理で言うならばレシピの部分にあたる．そして，どんな料理を作るかによって，おのずとレシピは変わる．どんな料理を作るかを示さずに網羅的にレシピを書く，というのはきわめて難しいことである．そのため，執筆者には，「河川生態学」（講談社）の内容をある程度参考にしていただき，その内容に関する調査を実施するためにはどんな手法が必要か，といった視点で書いていただくことにした．また，できるだけ，扱った調査・解析手法が用いられている論文を紹介していただくこととした．読者が，その論文にも目を通すことによって，「目的」から「材料と方法」に至る過程を理解し，実際での使い方をイメージすることができると思ったからである．また，本書の構想時における意見交換の際には，「この本を読めば，初心者でも実際の調査に抵抗なくとりかかることができる」ような本が理想として掲げられた．

今，本書を刊行するにあたり，すべての章に目を通して感じることは，調査・解析手法を文字や図で説明することの難しさである．「百聞は一見にしかず」と言われる通り，やはり，熟練した先輩や研究者に，現地で実際の調査プロセスを教わるのが最も効率的で確かであろう．しかし，そのような先人が身近にいるとも限らない．いずれにせよ，実際にやってみて，頭を回しながら手を動かし，身体を使って身につけていくしかない．読者が新たな分野に一歩を踏み出す際に，本書がそれを後押しする力となったり，理解や体得を促進する足掛かりになることがあれば，編者としては大きな喜びである．編集にあたっては，用語の統一性や文章の読みやすさ，誤字脱字等についてできる限り確認したものの，至らない点も多々あると思われる．それらはすべて私どもの責任である．編集にあたっては，加藤元海氏，畑啓生氏にご協力いただいた．記して厚くお礼申し上げる．

井上幹生・中村太士

目　　次

4章　消費者　―虫や魚たち―

5章　生き物の内部情報から全体を見渡す

1 河川の特性をつかむ

1.1 流域を俯瞰する —地図やデータベースの利用—

河川生態系を対象とした研究は，従来から実施されているような流速や水深に注目することで，対象とする生物の生息環境を理解しようとするものから（Hawkins *et al.*, 1993），地域や国そして大陸のような，より広域な空間範囲の中で河川生態系を評価しようとするものまで（Pearson and Boyero, 2009），対象とする空間スケールは多岐にわたる．河川生態学に関する研究では，従来，野外での採捕による生物相調査や流量といった物理的要素の測定，採水による水質分析といった現地調査に基づくものが主流であった．しかし，各データの蓄積・整備が進むことで，より広大な時空間スケールでの解析が容易になってきた．また，現地調査に基づく比較的小スケールでの調査・研究であっても，広域スケールで捉える現地周辺についての情報は不可欠である．たとえば，ある調査区間における生物集団の動態を研究対象とする場合，その調査区間がどの程度の広がりをもった生息域の一部を切り取ったものなのか，他の生息地との間で移動は可能なのか，それとも隔離された閉鎖的な空間を扱っているのか，これらのことは対象区間の範囲外についての情報であるが，得られたデータを解釈する際には（遡れば，調査地設定の検討において）把握しておくべき基本情報である．また，有機物や栄養塩などの物質動態を研究対象とする場合，現地で測定されるそれらの量や変化は，当然，その地点よりも上流側の河川や土地の状況，すなわち，現地調査のみでは把握できない流域（集水域）の状況が大きく反映されたものである．

我々が現地調査から知り得るのは，基本的に地上から1～2 m ほどの高さから見た視界の中に含まれる情報であるが，上記のような広域スケールでの情報を得るには流域全体を俯瞰するような目，すなわち，地図を眺めるような視点が必要となる．先にも述べたように，現在では，河川に関わる気象や地形，土地利用，さらには生物相まで，広域データの整備やその利用体制が充実してきている．本節では，そのような広域データを紹介するとともに，河川の最大把握単位である流域レベル（1.2で解説する水系スケール）を主対象に，地図などから把握される特性（流域特性）について概説する．最初に，流域のような空間的に広がりをもつ情報（空間情報）を扱うのに有用なGISについて簡単に紹介し，この情報をGISソフトで処理する際の留意点を述べる．次に，流域特性を算出する際に必要となる地形や生物の分布などに関する空間情報を具体的に紹介する．最後に，どういった種類の流域特性があるのか，そして，それらを表現する指標の算出方法とともに，その活用事例として既存の研究知見をあわせて解説する．

1.1.1 空間情報をGISで扱う

ある地点に対して上流域で降った雨や雪（降水）に由来する水が集まる範囲を流域あるいは集水域といい，地形図で分水嶺を結ぶことで定められる．そして，隣接する流域との境界を流域界もしくは分水界とよぶ．流域の状態やそれに起因して河川に現れる現象が「流域特性」であり，流域の地形や土地利用，降水量あるいは生物の分布などさまざまな空間情報から示される．近年ではGeographic Information System（地理情報システム：GIS）を用い，これらの空間情報を加工・分析・解析することにより，さまざまな観点に基づいた流域特性が算出される．GISソフトにはESRI社が提供するArcGISなどの有償ソフトウェアの他に，QGIS（https://www.qgis.org/ja/site/）やSAGA（http://www.saga-gis.org/en/index.html），MAP-WINDOWS（https://www.mapwindow.org/）などのフリーソフトウェアが提供されている．また，統計解析向けのプログラミング言語であるが，オープンソース・フリーソフトウェアで広く用いられているRでもGISデータが扱いやすくなりつつある（Wegman *et al.*, 2016; Brunsdon and Comber, 2018）．さらには，衛星画像を見ることができ，GISデータの表示が簡易なGoogle Earthもフリーソフトウェアであるために多くの研究者によって用いられている．GIS関連のソフトウェアやプログラムの利便性が今後も向上していくことで，GISを活用する機会はさらに広がっていくであろう．このように，無償で使用できるソフトウェアなどが普及してきたことで，GISを利用できない状況は限られてきた．ただし，GISが普及する以前にも多くの流域特性が数値化されてきたように，GISを使わなくともさまざまな特性を算出できることも認識しておいてほしい．

1.1.2 間違いに気づく

流域特性を表現する指標は，**1.1.4** で紹介するように数多くあるが，その大部分は現地調査ではなく机上での作業によって求められる．GIS ソフトは多くの情報を一度に処理することができる利点をもち，作業量の軽減という意味ではすばらしいツールである．しかし，GIS ソフトを活用するうえで，地形図や地質図などの地図を読み解く基本的な能力は欠かせない．等高線の形や密度が何を表すのか，地図を読み解く能力がないまま GIS から算出される値を鵜呑みにしては，何らかの計算間違いや誤った算出方法に気づくことができない．このことは地図に限らず，生物に関する基礎知識についても同様である．国や地域レベルで整備された生物の分布に関する情報は，大規模であるがゆえにエラーを含むことが多い．明らかに間違っている種名や誤字脱字により類似した種名があるにもかかわらず，文字列のリストから種数を算出しては過大評価となってしまうだろう．空間スケールが大きく，データ量が大規模になるほど確認作業は多くなり，完璧なチェックは難しいものとなる．しかし，使用者の責任で確認作業を進めていくことが，過った研究結果を防ぐ重要な点である．

流域特性の多くは流域界や流路に関する情報をベースに求めることが多く，これらの情報が現実に即したものであるかを常に確認すべきである．紙媒体の地形図や地質図を用いる場合には，実際の流路が描かれており，流域界についても基礎知識さえあれば正確に区分できるだろう．いっぽう，GIS ソフトを用いる際には，より注意深い作業が必要となる．河川の流路に関するデータは **1.1.3** で紹介するように，容易に入手することはできる．しかし，流域特性を算出する際には，ほとんどの場合，流路の修正を要する．単純なものとしては，合流点において 2 つの流路が接していないこともあり，途中で途切れた不自然な 2 つの河川と GIS ソフト上で認識されてしまうことがある．また，流域特性を表す指標の多くは，自然地形に形成される流路を念頭に考えられており，人為活動による複雑化した流路のネットワークを考慮することはできない．たとえば，ポンプでくみ上げられた水を起点とする用水路ネットワークや，ダムや堰堤からの取水・導水は，自然地形からでは形成されない流路となる．こういった流路に基づいて流域特性を算出しようとした場合，GIS ソフト上で計算できたとしても意図するものとは異なることが多い．自然地形においても網状の流路が形成されることはあるが，下流方向に幾つかの流路に分岐したり，再連結したりするような状況を GIS ソフトで再現することは極めて難しい．紙媒体上で捉える際には，分岐と再連結があったとしても，その部分を認識したうえで流域特性を算出しようとするのが自然な流れであろう．GIS ソフトは厳密であるがゆえに，紙媒体上で行うような柔軟な対応をすることはなく，定められた計算過程に従った解を算出してしまう．そのため，流域特性として知りたい値とは明らかに異なる，無意味な数値が示されている場合もある．そこで，GIS ソフトを用いた計算を実行するには，中洲により分岐と再連結がみられる流路の片方を消してしまうなどの工夫が必要となる．この時，恣意的とならないようにするためにも，データの性質や指標の計算過程を理解しておくことが必要であるとともに，今後，実際の流路を反映させた形での指標の発展が求められる．

1.1.3 公開情報を用いる

流域特性を把握するために必要となるのが，対象とする範囲を網羅した標高や流路に関するデータであり，生物の分布に関する広域データである．空間スケールが広範囲におよぶほど，必要となるデータ量は膨大となり，個人レベルでの取得が困難となる．そこで用いられるのが，すでに整備された情報であり，地形図や地質図といった紙媒体や，国際機関もしくは国の機関によって公開されている電子データである．これらの情報は手軽に利用できるいっぽう，使用用途によっては課題が存在することを認識しておく必要がある．データをただ入手し利用するのではなく，データの課題や性質を理解したうえで，必要に応じて修正を加えていくことが大切である．

近年では，GIS ソフトに読み込むことができるファイルが公開されていることも多い．GIS で扱う空間情報についてはさまざまな表現形態があり，それらに応じたデータモデルが存在する．代表的なものとしてベクタデータとラスタデータがある．流量観測所や生物が記録された地点などの位置は点で表すことができ，流路や道路は線的な形状で，そして水田やダム湖，植物が繁茂している範囲などは面的な形状で表すことができる．点・線・面で表される情報を有するデータを，それぞれポイントデータ・ラインデータ・ポリゴンデータとよぶことが多く，一般的にベクタデータというデータモデルが適用される．いっぽう，連続的に変化するために，明確な形状として示すことができない情報に対しては，一般的にラスタデータというデータモデルが適用される．ラスタデータは，小さな四角（ピクセル）を縦横に複数個並べて，そのひとつひとつにデータをもたせたもののことであり，画像データが代表的なものである．ウェブサイトからダウンロードする際，シェープファイルという名称が用いられていることも多い．これは ArcGIS を販売している Esri 社が提唱したベクタデータの記録形式のひとつであり，ダム湖のような図形の形状や位置などに関する情報とその図形に付随する情報（名称や面積など）をもったデータファイルのことである．シェープファイルはArcGISに限らず，さまざまなGISソフトやRのようなプログラミング言語で利用することができ，一般的な形式として用いられている．ダウンロードする情報には，表形式の情報や位置情報を有していない画像情報も存在するが，GISソフトを用いることで，いわゆるGISデータ化することが可能である．以下では，流域特性を把握するために用いる日本国内の情報を主体に，無償で利用することができる電子データを中心に紹介する．

A.　基盤情報

日本では，国土に関するさまざまな基盤情報が作成・整備されており，項目としては地形や気象，土地利用といったものから人口統計まで多岐にわたる．その多くが，行政や大学等の研究機関，民間企業によって公開されており，データとして入手できる情報の種類は年々増加してきている．そして，入手方法についても，無償・有償の違いがあるだけでなく，登録することなくウェブサイトから電子媒体でダウンロードできるものから，事前に申請が必要なものまでさまざまである．

a.　DEM（数値標高モデル）

DEMと略称されることが多いDigital Elevation Modelは標高の分布をデジタル表現したものである．縮尺2万5千分の1の地形図等の等高線から作成した約10 m間隔（10 mメッシュ）の標高データが，国土地理院によって全国的に整備されており「基盤地図情報」のひとつとしてウェブサイトから無料で入手できる．また，全国の網羅には至っていないものの，航空レーザー測量および写真測量により作成された約5 m間隔（5 mメッシュ）の標高データも存在する．DEMデータは，ある地点の標高を取得するといった直接的な目的のみならず，河川流路の作成や流域界の抽出，河川の勾配を算出するのに用いることができ，大規模な河川であれば河道幅を求めることも可能である．このようにDEMから算出可能な地形情報は多岐にわたり，流域特性を把握するためにはもっとも重要な空間情報である．ただし，非常に高い空間解像度を有するものの，現状では河道内の詳細な地形の精度についてはあまり期待できず，とくに水面下の詳細な地形の把握は困難であることに注意したい．DEMデータは国内のみでなく，海外の公的機関からも全球レベルのものが無償で提供されている．しかし，現実とそぐわない場所も存在するといった問題もあり，使用する際には注意が必要である．

b. 地形図

縮尺2万5千分の1の地形図は全国的に整備されており，国土地理院から「電子地形図25000」として画像データ（ラスタデータ）が有料で販売されている．電子地形図は画像データということもあり，解析に用いるというよりも他のさまざまなデータや算出した流域特性を表現する際の基図として利用することが多い．ただし，地形図は大正時代，地域によっては明治時代後期から作成されている．そのため，100年スケールでの流路や水路網の変化，河川周辺や流域の土地利用の変遷を分析するといった目的では，各年代で作成された旧版地図を用いることが有力な手段となりうる．旧版地図は，国土地理院から有料で購入できるが，デジタル化されていないためにGISソフトで用いるには，スキャンしてラスタデータ化したうえで位置をていねいにあわせる必要がある．電子地形図25000と同等の地図は，日本地図センターのウェブサイトからも購入することができ，こちらはシェープファイルとして提供されている．また，治水対策を進めることを目的に，国が管理する河川の流域のうち主に平野部を対象として，扇状地，自然堤防，旧河道，後背湿地などの詳細な地形分類及び河川工作物等が記載された「治水地形分類図」も存在する．ここには昔の流路に関する情報が載っており，地形図と同様に人為的な河道改変の歴史を知るうえで有益である．この分類図は昭和50年代初めに作成されたものであるが，情報が古くなったこともあり，現在は更新作業が進められている（更新版は順次公開）．治水地形分類図は画像データとして公開されてはいるが，GISソフトで用いるためには地形図と同様に，位置をあわせる作業が必要となる．

c. 国土数値情報

国土交通省によって整備された地形や土地利用などの国土に関わる基盤情報のほか，公共施設などの基礎的な情報，さらには防災に関わる情報に至る広範な電子データが「国土数値情報」にて無償で提供されている．河川に関連するものとして，流域界や河川の流路の他，海岸線やダムに関する情報もある．流域界については，全国を対象に100 m間隔（100 mメッシュ）でどの河川の流域に属するかが整備されており，河川の流路については形状の他，河川法による区間の種別（一級直轄区間，一級指定区間，二級河川区間等）などが含まれている．土地利用の状況ついては，1 km間隔のもの（土地利用3次メッシュ）と100 m間隔のもの（土地利用細分メッシュ）が存在し，メッシュごとに各利用区分（田，畑，果樹園，森林，荒地，建物用地，幹線交通用地，湖沼，河川等）の面積が整備されている．現在，昭和51年度から平成26年度までの間で7か年分について作成されているため，各流域内の土地利用変化なども算出可能である．古い年度のものは地形図に基づいた情報であり，最近のものは衛星画像などを用いて判読されている．地域情報としては，各地域の公共施設のみでなく，自然保護区や世界遺産登録地域などの位置図も示されている．また，過去30年間の観測値から求められた降水量や気温の平年値が1km間隔（3次メッシュ）で提供されている．そして，洪水等による浸水想定図や津波浸水想定図，土砂災害警戒区域なども公開されており，近年，頻発する災害や地球温暖化を考慮した研究を進める際には，有用な情報となる．

d.　表層地質

流域の形状や流路を制御する土砂動態とかかわりの深い要因として，表層地質の存在があげられる．国土交通省国土情報課のウェブサイトから，「国土調査（土地分類基本調査・水基本調査等）」の結果がGISソフトで利用できる形式で整備されており，表層地質については50万分の1と20万分の1の縮尺でダウンロードすることができる．また，産業技術総合研究所の地質調査総合センターでは，地質図の表示システムとして「地質図Navi」を提供しており，表層地質だけでなく活断層の位置など，ウェブサイト上で数多くの情報を表示することができる．このシステムでも閲覧することができるが，「20万分の1日本シームレス地質図V2」といった全国の表層地質について境目なく整備された情報をダウンロードすることもでき，GISソフト上に表示できる．「国土調査」と「20万分の1日本シームレス地質図V2」から得られる表層地質のデータは，類似しているものの，同一ではない．「20万分の1日本シームレス地質図V2」は，2017年よりさらに情報量を増やしたと記載されており，こちらの方が地質に関する詳細な情報が含まれているが，必要とする解析によっては「国土調査」でも十分であろう．

e.　日本水土図鑑GIS

水田が広がる日本において，農業用の用排水路等は淡水を利用する生物にとって重要な生息場所となっており欠かせない情報のひとつであろう．「日本水土図鑑GIS」は，日本水土総合研究所が整備している地図情報であり，基幹水利施設（頭首工や用排水路）及び農地の整備状況などが整備されている．現在，本データは使用者に制限がかかっており，国や都道府県等の行政や大学を含む各種研究機関に所属している者のみが，申請することでGIS化された情報をみることができる．

f. 空中写真画像

日本での空中写真（航空写真）には，古いものとして太平洋戦争後の1946年から1948年にかけてGHQが広範囲を撮影したものが存在し，それ以降，行政によって撮影されたものを国土地理院から購入することができる．撮影場所と年代を国土地理院のウェブサイトで確認したうえで，紙媒体での出力やデジタル画像データの購入が可能である．また，森林域については約5年ごとに空中写真が撮影されており，林野庁のウェブサイトから紙媒体や画像データの購入を申し込むことができる．空中写真を用いることで，地形図では判読が困難な河道内の地形や植生の繁茂状況を把握できる．ただし，公的な航空写真は，特定の開発や大規模な災害等，国土が大きく変化した際に撮影されることが多く，撮影間隔は地域によって異なる．そのため，河道や土地利用の小規模な変化を時系列で捉えるには不向きなことも多い．近年は，民間の航測会社が撮影した航空写真を購入することができ，撮影自体を依頼することも可能である．この時，写真撮影のほかに，レーザー測量やサーモ画像もあわせて依頼できる場合も多い．

g. 観測衛星データ

観測衛星の打ち上げは1970年代から始まり，今や数多くの衛星から撮影された画像データが蓄積され，空間解像度についても1m以下の超高精細衛星画像も得られている．観測衛星には，公的な機関が運用しているものと商用衛星があり，商用衛星による画像は高解像度であることが多い．ただし，大部分が有償であり，解像度に比例して高額となる．また，1枚の画像（1シーン）に含まれる撮影範囲も解像度に応じて小さくなってしまう．いっぽう，Landsat 8やASTER, SENTINEL 2, MODISなど公的な機関が運用している衛星の画像データは，解像度はそれほど高くないが無償で公開されているものも存在し，使用用途によっては十分な場合もある．観測衛星が捉える情報には，可視光だけでなく紫外線や赤外線等の幅広い波長のデータが含まれている．得られる波長は観測衛星によって異なるが，これらの波長を解析することで土地被覆分類や樹種判別，さらには土壌水分量や地表および水表面の温度等を算出することも可能である（Gentemann *et al.*, 2003）．ただし，解像度が10mの衛星画像を用いて川幅が5mの水表面温度を求めることは困難であるし，撮影時間による変動も大きいなど，注意すべき点も多い．観測衛星は昼夜問わず撮影されるため，夜間のデータを用いて人工照明の強度を定量化することも可能である（Elvidge *et al.*, 2012）．このように，さまざまな情報を提供する観測衛星は，高頻度で撮影を行っているものが多いが（たとえばMODISであれば一日2回），雲に覆われた画像では地上を捉えることができず，希望する日時の画像が存在していても使用に耐えない場合もある．観測衛星データを用いる際には，目的とする解析に必要な情報が揃っているかどうか，あらかじめよく吟味する必要がある．

h. その他の基盤情報

ここまでいくつかの基盤情報を紹介したが，ほかにも多数の情報が整備されている．気象庁によるアメダス（AMeDAS：Automated Meteorological Data Acquisition System）では，降水量の観測所が全国に約 1,300 か所もあり，約 17 km 間隔でのデータを取得することができる．1900 年より以前の気温データも整備されており，長期変動を解析するうえで有用であろう．また，国勢調査の結果として現在の人口データだけでなく，将来の推計値も公開されている．国の機関だけでなく，各地方自治体でもさまざまなデータを整備しているが，地域差もあることから問い合わせてみるのもよいだろう．また，ここまで紹介した情報の多くは国内で整備されたものであるが，データの整備・公開は海外で先行しており，日本の情報が含まれていることも多い．たとえば，GEMStat は世界最大規模の淡水水質のデータベースであり，国内の河川や湖沼も含まれている．WorldClim は全球レベルでの気候に関するシミュレーション結果を公開しており，現在だけでなく古気候や将来予測についても公開されている．ほかにも，Global Human Influence Index は人為的インパクトに関する指標を全球レベルで整備・公開している．国内の情報を得るために，海外のデータベースについても調べてみるとよいだろう．

B. 生物情報

地形や地質，土地利用などの基盤となりえる情報の他に，生物の分布情報も各行政機関によって集約されたものが公開されている．魚類や水生昆虫類，両生類など水域と密接に関連した生物から，陸上植物や鳥類まで多様な分類群のデータが存在し，古いものでは 1970 年代からとなる．入手方法は基盤情報と同様に，ウェブサイトから無償で入手できるものから，管理機関に申請が必要なものまで存在する．

a. 河川水辺の国勢調査

全国に 109 ある一級河川（一級水系）の中で，国土交通大臣が管理する直轄管理区間における動植物相を調べる「河川水辺の国勢調査」が 1990 年から開始されている（一級水系とは，国土保全上又は国民経済上特に重要な水系で，政令により指定されたもの）．現在までに得られた結果は，「河川環境データベース」に収められており，エクセルデータやシェープファイルとして自由にダウンロードすることができる．直轄管理区間は各河川の下流側であることが多いが，国土交通省が管理するダム周辺も指定されていることから，河川水辺の国勢調査には「河川版」と「ダム版」が存在する．調査対象となる分類群は，魚類，底生動物（水生昆虫や甲殻類，二枚貝や巻貝など），植物，鳥類，両生類・爬虫類・哺乳類，陸上昆虫類，動植物プランクトンと多岐にわたり，どの分類群についてもウェブサイトから入手できる．河川水辺の国勢調査は，各水系に生息する生物相など流域特性を把握するうえで非常に有用なものであるが，空間・時間ともに蓄積された情報が膨大であるがゆえの留意点が存在する．たとえば，ウェブサイトからダウンロードできるファイルには，希少種に関する情報が含まれておらず，いないことになってしまう恐れもある．サクラマス（ヤマメ）は北海道で広くみられるが，準絶滅危惧種に指定されているために，北海道を含む全国のデータから除かれている．希少種に関する記載の他，調査地点の変遷など，解析するうえで認識しておくべき項目については，末吉ほか(2016）にまとめられているので参考にしてほしい．

b.　自然環境保全基礎調査（緑の国勢調査）・モニタリング1000

「自然環境保全基礎調査」は「緑の国勢調査」ともよばれ，環境庁（当時）により陸域・陸水域・海域に関する日本の国土全体の状況を把握する目的で始められたものである．第1回目の調査は1973年に実施され，調査対象に関する細かい規定はなく，植生調査などの結果に基づいた人為的影響の度合いや，特徴的な野生動植物の分布などについてまとめられている．第2回目からは，淡水魚類をはじめ，さまざまな動植物の分布情報に関する調査が主体となり，対象分類群や調査手法の変化はあるものの，2012年度までに実施された第7回目までのデータが蓄積・公開されている．自然環境調査Web-GISとしてウェブサイト上で調査結果を確認できるほか，シェープファイルなどのGISデータも用意されている．特徴としては，野外調査によって得られた情報だけでなく，文献や聞き取りによる情報も含まれており，全国の生物分布を把握するのに優れている．ただし，河川を対象にした調査は，1998年度に行われた第5回目までである．いっぽう，2003年からは，「モニタリング1000」による調査結果も整備されている．これは環境変化等を長期的にモニタリングすることを目的に，全国に設けられたおよそ1000地点のモニタリングサイトで継続調査が行われているもので，得られた結果が公開されている．現時点で淡水の生物に関する分布情報は少ないが，およそ130地点が河川や河口周辺に設置されており，植物や昆虫類，鳥類の情報が入手可能である．この調査には，研究者や民間企業に加え，NPO や地域ボランティアも参画しているのも特徴のひとつである．

c. 田んぼの生き物調査

水田や農業用の水路は河川と密接なかかわりを有する場所であり，魚類や両生類など多くの生物種が生息している．農林水産省では，2001 年から農村地域の生物に関する情報を収集・蓄積する目的で「田んぼの生き物調査」を実施しており，水田や水路だけでなく，ため池等に生息する生物の分布情報を整備している．市民参加型の調査が基本となっており，調査手法や調査場所の環境についても記録されている．データは無償であるが，使用するには申請手続きが必要である．

d. その他の生物分布に関する情報

河川生物の詳細な分布情報ではないが，環境省による「全国水生生物調査」の結果もウェブサイトで公開されている．この調査は分布を記録することが目的ではなく，河川に生息する生物を採集し，その種類を調べることで，水質（水のよごれの程度）を判定しようというものである．サワガニやゲンジボタル，アメリカザリガニなどの底生動物を指標生物として定めることで，4 段階に分けられた水質階級を簡易に評価することができる．指標生物以外の種については記録が残されておらず，分布情報としては足りない点が多いものの調査が行われた地点数は膨大である．また，近年ではインターネットを活かした「いきものログ」という取り組みが環境省で進められており，身近な生物の情報が集められている．組織や個人がみつけた生物の情報が蓄積されることで，おおよその分布を把握することができ，データもダウンロードすることができる．

基盤情報と同様に，生物の分布についても海外で整備された情報は多く，参照できるものも多い．世界の生物多様性情報を共有し，誰でも自由に閲覧できるしくみをつくるために発足したのが地球規模生物多様性情報機構（Global Biodiversity Information Facility：GBIF）であり，世界各地から提供された情報は「GBIF ポータル」で利用することができる．ここには，さまざまな分類群の分布情報が 100 近くの参加国により提供されている．博物館が有する情報を主としたものであり，生物標本の採集地や採集年などのデータが公開されている．中には 18 世紀に所蔵された標本のデータも存在する．もちろん研究者による分布記録も蓄積されており，アマチュア自然科学者等による情報提供も含め，各生物の分布情報は増加傾向にある．また，「Freshwater Information Platform」というオープンシステムが開設されており，ここからさまざまな情報を有するウェブサイトへとつながることができる．たとえば，「freshwaterecology.info」にはヨーロッパの魚類や水生昆虫，藻類や水生植物に至る幅広い分類群を対象に各国の分布を知ることができるほか，形質に関する情報を得ることもできる．また，「Global Freshwater Biodiversity Atras」へアクセスすることで，地球スケールでの両生類や魚類などの種数の多寡を把握することができる．

1.1.4 流域特性を表現する

流域特性にはさまざまなものがあり，限りがあるものではないことに加え，それを表現する指標自体も多様である．新しく発表される指標もあり，残念ながらすべてを網羅することは困難である．そこで，ここでは古くから用いられているものから，新しく考え出されたものまで幅広く紹介することとし，実際に研究で用いられた事例に紙面を割いた．ソフトウェアごとの違いが多くあるため，GIS ソフトを用いた具体的な手順については詳述していない．これについては，マニュアルや GIS に関連した書籍を参考にしてほしい（今木・岡安, 2015; 橋本, 2016）．

A. 流域面積

地図から読み取れる情報の中で，直観的に理解しやすい流域特性として流域面積（集水面積）があげられる．地球上でもっとも大きな流域を持つ河川はアマゾン川であり，7,050,000 km^2 と日本の国土面積の約 19 倍にもなる．日本でもっとも大きな流域をもつ河川は，16,840 km^2 の利根川であり，石狩川，信濃川と続く（**表 1.1-1**）．近年では，GIS ソフトを用いて流域面積を求めることが多いが，地形図上で流域（集水域）を描きさえすれば面積計もしくはプラニメータ（Planimeter）とよばれる機器を用い，平面上で輪郭をなぞることでも算出することができる．より簡便

表 1.1-1　日本における流域面積の大きな河川

順位	河川名	流域面積（km^2）
1	利根川	16,840
2	石狩川	14,330
3	信濃川	11,900
4	北上川	10,150
5	木曽川	9,100
6	十勝川	9,010
7	淀川	8,240
8	阿賀野川	7,710
9	最上川	7,040
10	天塩川	5,590

な手法としては，面積が既知の格子（セル）を地形図に落とし，面積を算出したい流域にいくつの格子が含まれるかを計数することで，おおよその値を算出することもできる．

GIS ソフトを用いて流域面積を求めるときにも，地形に関する情報を活用する．降水が集まる経路や河川を流れ下る水は地形の制約を強く受ける．そのため，基本的には DEM データのみ手元にあれば，求めたい任意の地点における流域（集水域）の範囲を描くことができる．GIS ソフトでは，この流域をポリゴン（面）として描くことで，簡単な操作によりポリゴンの大きさ（流域面積）を求められる．ただし，DEM データのみを用いて得られる流域界や流域面積は，基本的に河川の流路が地形の起伏だけに制約された場合のものである．

人為的活動によって流路は大きく改変されており，DEM データ（地形の起伏）から得られる流路と実際の流路とで，大幅にズレることがある．この場合，DEM データのみを用いて求めた流域界と流域面積が，現実に即さない流域の範囲とその面積となってしまう．そこで必要となるのが，DEM データに現在の流路を反映させる作業であり，たとえば ArcGIS で用いられる ArcHydro はこれを可能にする有力なツールである．GIS の操作手法については，優れた解説が書籍で紹介されていることから，ここでは概要のみを紹介する（Maidment, 2002）．現在の流路を反映させる方法として，実際の河川が存在する位置（ライン）をデジタル上で掘り下げ，DEM データ上に流路となりえる連続した凹部を作成することがあげられる．この時，自然地形であれば流路となりえる部分も凹部として残っていることから，DEM データ上で埋めるなどの処理が必要となる．DEM データを改変してはいるが，この作業を行うことで現実に即した流域面積を算出することができる．また，**1.1.2** でも記したように，流路のデータについても修正が必要となるだろう．あくまで便宜上となるが，流路に分岐と再連結がみられる部分などについては，重要ではない部分の削除や結合した箇所の切り離しといった，ループとなっている部分への対策が必要となる．こうした一連の修正を終えることで，調査地点など任意の場所における流域（集水域）の範囲を特定することができ，流域面積（集水面積）を求めることができるのである．

河川生態学の分野で流域面積を算出し，その影響を検証した研究は数多くあるが，第一にあげられるのは水系内に生息する生物の種数との関係であろう．これまでにさまざまな研究者が，流域面積が大きくなるほど種数が多くなるパターンを見出している（Oberdorff *et al.*, 1995; Iwasaki *et al.*, 2012）．島嶼生態学の分野では，島の面積が大きくなるほど種数が増加するパターンは一般的なものであり（Preston,

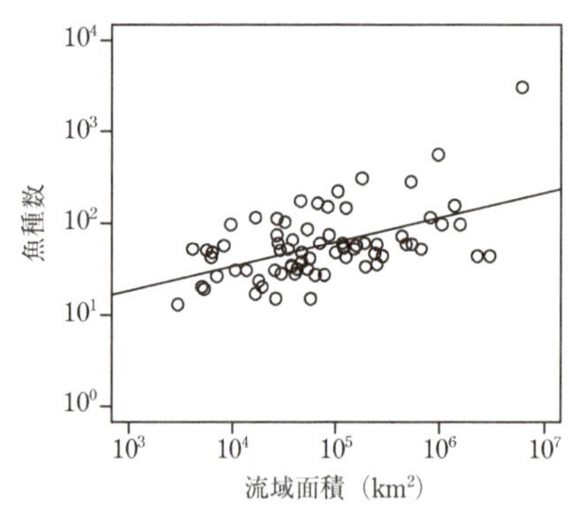

図 1.1-1　世界の大河川を対象にした流域面積と魚種数との関係

（Iwasaki *et al.*, 2012 に示されているデータを使用）

1962; MacArthur and Wilson, 1967），

$$S = c \times A^z$$

の関係性にあることが知られている（S は種数，A は面積，c と z はデータから決定されるパラメーターである）．両対数プロットでの傾き z は面積に対する種数の増加率を表したものであり，流域面積に基づいた解析によると 0.2 から 0.4 の間に収まることが多い（Allan and Castillo, 2007）．たとえば，淡水性の二枚貝では 0.32 と示されており（Sepkoski and Rex, 1974），研究例の多い魚類では 0.28（Eadie, 1986）や 0.27（Oberdorff *et al.*, 1995）といった値が報告されている．Iwasaki *et al.*,（2012）は，流域面積が約 3,000 km^2 から約 6,000,000 km^2 といった世界の大河川を対象に解析を行い，魚種数を説明する重要な変量として流域面積をあげている．彼らの示したデータをもとに解析すると，z は 0.27 であった（**図 1.1-1**）．流域面積と種数との関係は魚類を対象に示されたものが多く，藻類や底生動物を対象に検証した例は極めて限られている（Heino *et al.*, 2008）．この理由としては，分類の整理がされていないのと同時に，種の数そのものが魚類よりも極めて多く，全種数を把握するのが困難なためであろう．

B.　流域内における地質・土地利用・景観要素

土地利用や地質等は，流域内に面的な広がりをもつ特性といえよう．流域に占める花崗岩類や森林の面積を求めたい場合，基本的には流域面積で行った手順と同様であり，手作業としては地図上に描かれている領域を面積計や格子を利用した方法で算出できる．また，上述の「**A.　流域面積**」で作成した流域（集水域）を示すポリゴン（面）を用い，各特性が有する範囲を切り出すことで算出できる（ArcGIS であれば Clip 機能などを使用）．河川の周辺部の特性を知りたい場合には流域を示すポリゴンの代わりに，流路から任意の範囲を含むポリゴン（Buffer 機能などで作成）を用いることで求められるだろう．また，流域内の森林面積など面的な広がりをもつ特性を知りたいときには，GIS ソフトで累積流量を求める方法を応用することでも算出できる．ArcGIS の場合，累積流量ラスタの作成ツール（Spatial Analyst ツールボックスに含まれる Flow Accumulation）を利用し，DEM データと森林面積のような任意の特性に属するラスタデータを同じ解像度（たとえば 10 m × 10 m）で準備する．そして，森林が存在するグリッドの値を 1 としておき，加重ラスタとして用いることで，累積値から面積を計算することができる．

流域に占める地質は，河川水の流出現象のほか（虫明ほか, 1981; 地頭薗・竹下, 1987），土砂生産や土砂流出の特性（井上ほか, 1992），河床材料（Glaizier and Gooch, 1987），そして，水質（Robson and Neal, 1997; Williard *et al.*, 2005）にまで影響をおよぼす．これら地質の差異に起因した流域特性の違いは，生物群集の構造を決定する要因となる(Shearer and Young, 2011)．たとえば, Hellmann *et al.*, (2015) は流域の地質が異なる 2 つの河川を比較し，地質による河床材料や水質の変化が底生動物群集の違いをもたらし，両河川が合流することで，どちらとも異なる群集が形成されていることを示している．国内においても，田代・辻本（2015）が三重県を流れる櫛田川流域を対象に，支流間にある地質の違いに応じて河床材料と底生動物群集が異なることを明らかにしている．また，地質による生物群集の違いは，表層水だけでなく地下の河川間隙水域（ハイポリックゾーン）においても示されている（Dunscombe *et al.*, 2018）．近年では，炭素安定同位体比を用いた研究から，地質に応じて母岩からの炭素供給に違いがあることも示されている（Ishikawa *et al.*, 2014; Ishikawa *et al.*, 2015）．河川生態系でのエネルギー基盤となる主な有機物は，河床の付着藻類によって生産されたものと，陸域の植物によって生産され，水中へと流入したものがある（Vannote *et al.*, 1980; Thorp and Delong, 1994）．同位体比を検証することで，大気中の CO_2 由来の炭素だけでなく，石灰岩由来の炭素が付着藻類に利用されていることが見出され，食物連鎖を介して上位生物群の炭素起源となっていることも明らかにされている（Ishikawa *et al.*, 2014; Ishikawa *et al.*, 2015）．

地質と同様に，流域における土地利用の在り方も河川生態系を理解するうえで重要な特性である（Allan, 2004; Townsend *et al.*, 2004）．流域の農地化に伴う富栄養化が魚類と藻類の多様性を増加させたが，底生動物と水生植物を減少させたことを示す研究がある（Johnson and Angeler, 2014）．そのいっぽう，増減がまったく逆の傾向を示す報告も多い（たとえばQuinn *et al.*, 2011）．また，流域における森林の面積や都市化の度合いは魚類群集に影響をおよぼすが，全種が同じ反応を示すのではなく，種によって反応が異なることが示されている（Scott, 2006）．ほかにも，在来種と外来種とでは土地利用の変化に対する感受性が異なる可能性が指摘されており，外来種のほうが土地利用の変化に対する抵抗性が強いといった報告もされている（Moore and Olden, 2017）．土地利用の変化に関する研究は，かつて森林や草地，氾濫原湿地であった土地が，人為的に改変された影響を検証するものであり，いつ，その改変が行われたかも重要である（Allan, 2004）．過度に進んだ土地利用に対し，環境復元を実施する際，その成否に土地利用の履歴が関連していることも報告されている（Dawson *et al.*, 2017）．

土地利用に関連するものであるが，流域内もしくは河川周辺部における景観要素の量や配置も流域特性としてあげられるだろう．ここでの景観要素には，樹林地や草本地，礫河原などの裸地や塩性湿地，瀬や淵といったさまざまな対象を設定することができる．近年，エコシステムマネージメントとよばれる保全手法において，対象とする範囲内に代表的な景観要素（もしくはシステム）を健全な状態で配列することの重要性が指摘されている（森, 2012）．これは，健全な景観要素やシステムが存在することで，そこに内包される種・遺伝子など異なるレベルにおける生物多様性の保全につながるという考え方である（Poiani *et al.*, 2000; Hunter, 2005）．そして，GISなどを用いて求めた景観要素などの情報を活用することで（Hamilton *et al.*, 2007; Moilanen *et al.*, 2011），流域内での保全区を定める方法が提案されている（Higgins *et al.*, 2005）．ただし，GISなどから得られる情報だけでは，保全区の設定としてはあまり機能しないという否定的な報告があるいっぽうで（Januchowski-Hartley *et al.*, 2011），状況によっては機能するといった報告もある（Beier *et al.*, 2015）．また，種の生息可能性が高い場所を，景観要素に関する情報から算出することで，保全上，重要な場所を探ろうという研究も進められている（Growns *et al.*, 2013; Maire *et al.*, 2017）．このとき，広域スケールでの生息可能性を算出することが多いため，ほとんどの研究で地質や土地利用，地形などのGISから得られる情報が活用されている（Linke *et al.*, 2008; Hermoso *et al.*, 2011）．国内において，保全上の重要な地域や場所の選定に関する研究事例は限られているが（前田ほか, 2016; 山ノ内ほか, 2016; 乾ほか, 2016; Lehtomäki *et al.*, 2019），河川水辺の国勢調査などの結果を活用することで，今後さらに進められていくであろう．

C. 流域内における地形

流域内の地形がどのような状況であるかは地形図や DEM データから読み取ることができ，流域や河川（流路）の勾配は基本となる特性であろう．流域の平均勾配は算出方法が幾つか提案されているが（堀川, 2014），ホートン法（交点法）は地形図に格子を描き，流域内の等高線と格子の縦横線との交点から求めるものである(Horton, 1932)．格子の縦もしくは横線上での等高線間の距離を l とする(**図 1.1-2**)．そして，この l に対して等高線と格子の縦もしくは横線との角度を θ とすると，2 つの等高線の法線もしくは直線短距離は $l \sin \theta$ で求められる．これをすべての交点 N について求めて平均すれば，等高線の平均水平距離（d）となり，

$$d = \frac{1}{N} \sum l \sin \theta$$

によって求められる．N が十分大きく，θ が 0 度から 90 度までの間をランダムにとると仮定すると $\sin \theta$ の期待値は $2/\pi$ となる．流域の平均勾配（s）は，等高線の高度間隔（D）を平均水平距離（d）で除して得られるため，

$$s = \frac{D}{d} = \frac{\pi}{2} \frac{ND}{\sum l}$$

より推定される．

GIS ソフトを用いて流域の平均勾配を求めるには，DEM データを用いる．任意の大きさの格子（セル）が並ぶメッシュサイズで流域を区分し，各格子に含まれる複数の標高値から，すべての格子に対して勾配（傾斜角）を求めることができる（堀川ほか, 2014）．そして，各格子で得られた勾配値を平均することで，流域の平均勾

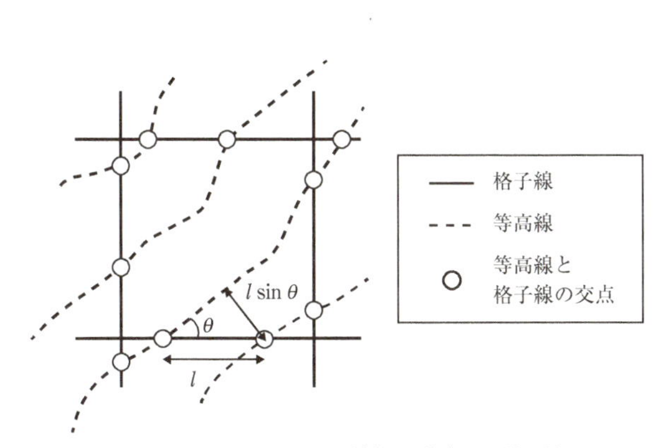

図 1.1-2 ホートンによる流域の平均勾配の算出法

（堀川, 2014 をを参照して作図）

配が得られる．ただし，国土数値情報にはDEMデータから求めた傾斜角に関する情報が1 km間隔（3次メッシュ）と250 m間隔（5次メッシュ）ですでに整備されており，各格子内での平均・最大・最小傾斜角が収められている．そのため，国土数値情報を用いることで，簡易に流域の平均勾配は得られる．

任意の河川区間における平均勾配を知りたければ，地形図上に示されている流路の長さを距離計（Mapwheel）などで測定し，両端の標高が示す値の差分を流路長で除すことで求められる．おおよその勾配であれば，流路を単純化したうえで流路の長さを定規で計ることでも求められる．GISソフトを用いた場合でも手順は同じであり，流路のデータとDEMデータを用い，求めたい区間の流路長と両端の位置における標高をDEMデータから抽出することで算出する．このとき，流路のデータとDEMデータの位置精度について誤差が存在することがある．そのため，区間の両端についてピンポイントの標高ではなく，ある程度周囲の標高（たとえば50 m以内）を考慮し，それらの平均や最低値を用いるとよいだろう．また，「**A. 流域面積**」で紹介した“現状の流路を反映させたDEMデータ”は，流路を掘り下げているために現実とは異なる標高が抽出される場合があり，勾配の算出には適さない．流域の平均勾配や対象とする区間の平均勾配は，数多くの研究が生態学的な現象を説明する要因のひとつとして考慮しており（Lods-Crozet *et al.*, 2001; Mori *et al.*, 2010），洪水時の流出特性（厳島ほか, 2016）や土砂の動態（Hassan *et al.*, 2005），流木の量（Fremier *et al.*, 2010）も左右することから，河川生態系への影響は多岐にわたると予想される．

そのほかに地形に関する特性として，川の曲がりくねりを評価した蛇行度がある．これは，河川のある区間の始点と終点を直線で結びその距離をLとし，その区間の流路長をSとしたとき，S/Lで表現される．流路が描かれた地形図などでは，任意の区間を指定すれば定規と距離計（Mapwheel）で求められる．ArcGISなどのGISソフトで算出する際には，任意の区間の両端にポイントデータを作成することで，その間の直線距離と流路長を計測することができ，蛇行度を算出できる．蛇行度によって表現される地形の影響としては，河川が蛇行するほうが魚類の生息環境が多様であることが示されている（Nagayama and Nakamura, 2018）．また，単位面積上，川の蛇行度が高くなるほど陸域との接線が長くなることから，川から陸への水生昆虫の羽化移動量が多くなり，それを捕食する鳥類の個体数も多くなることが示されている（Iwata *et al.*, 2003）．

勾配や蛇行度のような特性は，地形や流路に関する既存の情報を用いることで計算することができる．ただし，標高の精度や，流路が必ずしも現実と一致していない場合もあることを考えると，あまりにも小さなスケールでの算出は好ましくない．局所的な特性を求める際には，現地調査を実施するか空中写真等を用いて流路データを作成するなど，精度を確保するべきであろう．

D. 水系密度

地図からも読み取れるように，河川は上流ほど多くの支流が存在する枝分かれの多い構造となっており（Benda, 2004），この構造を水系ネットワークとよぶ（森・中村, 2013）．河川の流路を線とし，合流点を結節点として特徴づける水系ネットワークからは，さまざまな特性を読み取ることができ，その性質が河川生態系と深いかかわりをもつことが示されつつある（森・中村, 2013）．水系ネットワークを表す量的な指標のひとつとして，水系密度（drainage density）があげられ，流域内を流れる流路の総延長を流域面積で除すことで求められる（高山, 1980）．作業量は多くなるが地形図から流域面積と流路長を求めることで算出でき，GIS ソフトを用いれば簡単に計算することができる．

流域面積と魚種数との関係性について本項で述べたが，魚は水中でのみ生息するため，流域面積より水表面積を元に考えるべきといった指摘がある（Eadie *et al.*, 1986）．これは流域面積が同じだとしても，流域によって水系密度が異なるためであり，水系密度が高いほど生息可能な場所が多く存在しているといえる（Gido and Jackson, 2010）．実際に，流域によって水系密度は異なっており，水系密度が高いほど，種数が多くなるといった報告もある（Macedo *et al.*, 2014）．ただし，水表面積を実際に求めた研究例は乏しい．対象とした流域面積は比較的小さいが，魚種数と水表面積との関係性を求めた研究によると，z の値が 0.22 となり，流域面積との関係性から得られる 0.28 とは異なっていたことが示されている（Eadie *et al.*, 1986）．地図上から水表面積を求めることは困難であるが，ある程度大規模な河川であれば衛星データを活用することで算出できる（Allen and Pavelsky, 2015）．

国土交通省水管理・国土保全局が出している河川データブックには，一級水系の流域面積と河川延長が掲載されており，水系密度を算出することができる．ここに書かれている河川延長は，すべての流路延長を完全に表しているわけではないが，それでも水系間で大きな違いがみられる（**表 1.1-2**）．水系密度の平均は 0.39 であったが，密度が高い河川は肱川（0.81），菊川（0.77），鈴鹿川（0.76）であり，密度が低い河川は，網走川（0.19），渚滑川（0.15），湧別川（0.15）であった．これらの値は水系全体を対象に求めたものであるが，小流域（支流）など空間スケールを小さくしても求めることができる．河川の複雑な枝分かれ構造が密なほど，水系密

表 1.1-2 一級河川の水系密度

水系密度	水系							
0.1～0.2	釧路川	鵡川	沙流川	網走川	渚滑川	湧別川		
0.2～0.3	阿賀野川	球磨川	後志利別川	岩木川	北上川	手取川	留萌川	十勝川
	石狩川	大井川	天塩川	馬淵川	米代川	高瀬川	常呂川	尻別川
	黒部川							
0.3～0.4	緑川	日野川	菊池川	大分川	常願寺川	北川	円山川	山国川
	多摩川	小瀬川	天神川	佐波川	肝属川	梯川	阿武隈川	揖保川
	九頭竜川	久慈川	最上川	相模川	安倍川	太田川	子吉川	豊川
	矢部川	五ヶ瀬川	高梁川	宮川	木曽川	赤川	名取川	新宮川
	小丸川	姫川	荒川（北陸）	白川	神通川	庄川	雄物川	
0.4～0.5	筑後川	土器川	遠賀川	芦田川	富士川	雲出川	那珂川	紀の川
	高津川	旭川	仁淀川	加古川	関川	川内川	狩野川	鳴瀬川
	江の川	矢作川	吉野川	信濃川	由良川	大淀川	荒川	物部川
	那賀川	鶴見川	利根川	天竜川	千代川			
0.5～0.6	重信川	斐伊川	大野川	渡川	番匠川	淀川	嘉瀬川	小矢部川
	本明川	庄内川	櫛田川	吉井川				
0.6～0.7	六角川	松浦川						
0.7～0.8	菊川	鈴鹿川	大和川					
0.8～0.9	肱川							

（国土交通省水管理・国土保全局，2019 より算出）

度が高まるわけだが，この複雑さが多様な環境を生むだけでなく（Clarke *et al.*, 2008），メタ個体群の安定性に関与する可能性が指摘されている（Terui *et al.*, 2018）．魚類の長期モニタリングデータを解析することで，複雑な枝分かれ構造をもつ河川では生物集団が安定的に維持されていることが実証されており（Terui *et al.*, 2018），場合によっては水系密度のような流域特性が生物多様性を説明する重要な要因となるかもしれない．

E. 河川次数と流域における位置関係

流域内に広がる水系ネットワークの中で，対象とする河川や地点の位置関係を表現する基本的な指標として，河川次数（Strahler, 1957）がある．そして，この河川次数を応用した形でさまざまな指標が開発されてきた．Strahler（1957）は最上流に位置する河川（上流で他の支川と合流しない）を 1 次河川とし，同じ次数の河川が合流することで次数が 1 つ増加するといった区分を行った（**図 1.1-3**）．これが河川次数であり，流域内における次数の分布状況をみれば，本流と支流に関するイメージがつくであろう．水系ネットワークにおいて，源流部のような始点から合流点までの間，合流点から次の合流点までの間，そして合流点から河口部のような終点までの間にある各流路区間をセグメントといい，すべてのセグメントに河川次数が振り分けられることになる．なお，ここで用いる「セグメント」という用語は，水系

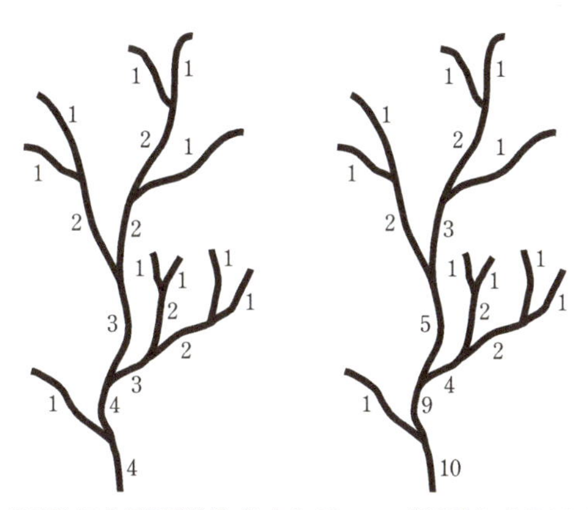

図 1.1-3 Strahler (1957) による河川次数 (左) と Shreve (1966) による Link magnitude (右)

ネットワーク上での流路の始点・合流点・終点を基に機械的に決められる線分をさす．次節 **1.2** で定義されるセグメントと用法が若干異なるが，次節での定義から逸脱するものではない．

Strahler によって考案された河川次数では，低次の河川がどれだけ高次の河川に合流しても次数が変化することはない．極端な例でいえば，2 次河川に数多くの 1 次河川が合流することで河川の規模が大きくなったとしても，河川次数は 2 次のままである．これでは，各セグメントの水系ネットワークにおける上下流方向の位置関係をうまく表現できない．そこで，Shreve（1966）は 1 次河川と 1 次河川が合流すると 2 次河川に，2 次河川と 1 次河川が合流すると 3 次河川といった具合に，合流する 2 つの河川次数の合計値が合流後の河川（セグメント）に付与される区分法を提案し（**図 1.1-3**），Shreve magnitude や Link magnitude と呼称されている．このような水系ネットワークに広がる樹上構造の階層性を表現する指標はほかにもあるが（高山, 1980），この 2 つの指標が広く普及している．ArcGIS の場合，どちらの指標も流路のデータと DEM データから作成できる流向ラスタデータを元に，河川次数ラスタの作成ツール（Spatial Analyst ツールボックスに含まれる Stream Order）を用いることで算出される．このとき，流路のラインが合流点で離れている場合も散見されるので注意が必要である．正確な河川次数を計算するためには，たとえば 10 m 以内に存在するラインは結合させるなど，事前の確認と処理が必要となる．

河川生態学者の間では，生物群集や生態系の機能と構造が河川の源流から下流に向かってどのように変化していくかということに関心がもたれてきた．それを河川連続体仮説として概念を整理した Vannote *et al.*（1980）の論文は数千件もの論文に引用されており，このことからも，流域における位置関係の影響として，上流から下流にかけての縦断的変化（流程とよぶ）が長く注目され続けていることがわかる．流域面積や河口からの距離を用いることで，上流から下流にかけての位置関係を表現することもできるが（Grubaugh *et al.*, 1996），河川次数は流路が示された地図さえあれば算出が容易であり，上流から下流にかけての位置を表現しやすい．そのため，古くから生物群集や生態系の流程変化を捉えるのに用いられており，魚類の種多様性は下流ほど高くなるという世界的な傾向が，河川次数を用いて示されてきた（Horwitz, 1978; Beecher *et al.*, 1988）．また，藻類や底生動物など他の分類群の種数についても，河川次数との関係性を基にして流程変化が記述されてきた（Clarke *et al.*, 2008; Stenger-Kovács, 2014）．さらに，生産性（Lamberti and Steinman, 1997; Webster and Meyer, 1997）や分解速度（Graça *et al.*, 2001）などの生態系機能が上流から下流にかけて，どのように変化するかについても河川次数を用いて表されている．このように，河川次数を用いて流程変化が示されてきたが，このパターンは標高や流域面積などさまざまな要因が同時変化したことで生じる現象であり，各要因の影響については個別に検証する必要があるだろう．

河川次数（Strahler, 1957）や Link magnitude（Shreve, 1966）は，流程のどこに位置するか（上流から下流にかけての，どの辺りか）といった情報を示す指標であるが，より詳細な水系ネットワーク内における位置を記述する指標として，Confluence link（Fairchild *et al.*, 1998）や Downstream link（Osborne and Wiley, 1992）などが用いられている（Smith and Kraft, 2005）．Confluence link（C-link）とは，対象とするセグメントから水系ネットワークの終点（たとえば河口）まで下る間に，何個の合流点が存在するかを計数したものである（**図 1.1-4**）．いっぽう，Downstream link（D-link）とは，水系ネットワークにおける Link magnitude（Shreve, 1966）を描いたうえで，対象とするセグメントに合流後のセグメントに付された Link magnitude を割り当てたものである．C-link と D-link はどちらも，同じ河川次数もしくは似たような流域面積だとしても，その河川（セグメント）が上流部に位置するのか（上流部で合流するのか），下流部に位置するのか（下流部で合流するのか），もしくは合流後の河川の大小を判別することができる指標である（Smith and Kraft, 2005）．本流の上流部で合流する支流（セグメント）は C-link が大きいのに対し D-link は小さくなる．そして，本流の下流部で合流する支流（セグメント）では，大小関係が逆となる．これらの指標については，交通網などの空間解析に用いられる ArcGIS の Network Analyst を利用することで求められる．水系ネットワー

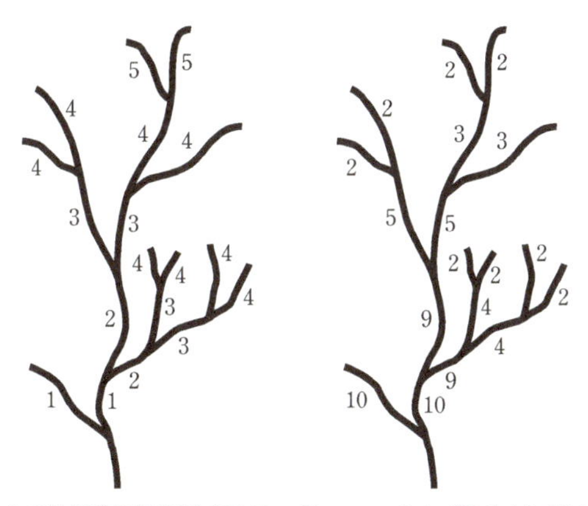

図 1.1-4 各セグメントの位置関係を表現する Confluence-link(C-link)(左)と Downstream-link(D-link)(右)

D-link については**図 1.1-3** の Link magnitude も参照.

クにおける河川(セグメント)や合流点の位置は，生態学的な現象の理解に重要であることが指摘されており(森・中村, 2013)，C-link や D-link が魚類の種数や群集の構造を説明しうる重要な要因として選ばれている(Smith and Kraft, 2005; Yan *et al.*, 2011).

F. 水系ネットワークにおける連結性と分断化

世界にはたくさんの河川が存在するが，その多くで人工構造物がつくられ物理的な分断化の影響を受けている(Nilsson *et al.*, 2005; Liermann *et al.*, 2012). 日本を流れる河川でも多くの構造物がつくられており(**図 1.1-5**)，魚類や底生動物などへの影響が懸念されている(Fukushima *et al.*, 2007; Katano *et al.*, 2009). この物理的な分断化をもたらす代表的なものとして，堤高が 15 m 以上ある大ダムが取りあげられることが多いが(Nilsson *et al.*, 2005; Liermann *et al.*, 2012)，その他にも砂防ダムを含む高さの低いダムや堰，道路などの影響も注目されている(Januchowski-Hartley *et al.*, 2013; Lange *et al.*, 2018). 分断化がもたらす影響としては，上流から下流にかけての物質輸送の改変や生物の移動阻害があげられ，さまざまな知見が報告されている(石山ほか, 2017). そのいっぽう，近年では，その分断化の影響を改善しようという取り組みが日本を含む世界各地で実施されており(石山ほか, 2017)，今後も改善が進むものと考えられる(Goodwin *et al.*, 2014; Schiermier 2018).

図 1.1-5　河川の分断化に伴う日本国内の流域界の変化

（Nakamura *et al.*, 2017 に示されているデータを使用）

流域スケールで捉える水系ネットワークの縦断的な連結性および分断化の度合いについては，Cote *et al.*（2009）によって提唱された Dendritic Connectivity Index（DCI）で評価することができる．実際に，この指標を用いることで，分断化により水系ネットワーク内の魚類群集の類似性が低下する傾向にあることが示されている（Perkin and Gido, 2012; Edge *et al.*, 2017）．DCI は水中のみを移動する魚類を対象に考え出され，1 つの水系ネットワーク内において，ランダムに選んだ 2 つの地点間を移動できる確率を表すものである．ここで Cote *et al.*（2009）は淡水域だけを移動する魚（potadromous fish）にとっての分断化と，海域と淡水域を移動する魚（diadromous fish）にとっての分断化の違いにも注目し，それぞれを対象とした DCI_P と DCI_D を提案している（**図 1.1-6**）．基本となる DCI_P は，

$$DCI_P = \sum_{i=1}^{n} \frac{l_i^2}{L^2} \times 100$$

によって求められ，L は水系ネットワークの総流路長を，l は分断化により n 個に区分された各流路長を表す．いっぽう，DCI_D は，

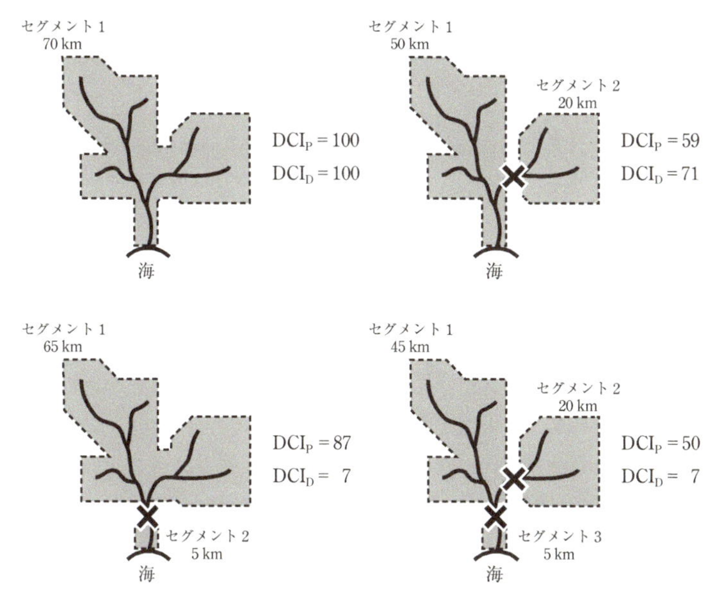

図 1.1-6　Dendritic Connectivity Index（DCI）の計算例

×印が分断化をもたらす要因の位置を示し，上下流への移動はないものとする

（Cote *et al.*, 2009 を参照して作図）

$$\mathrm{DCI_D} = \frac{l_1}{L} \times 100$$

で求められ，l_1 は分断化された水系ネットワークの中でもっとも下流端に位置する流路の長さである（通常は河口部から上流方向へ進み，最初に到達する分断化の箇所までの距離）．どちらの指標も，分断化をもたらす地点を越えた移動が一切起こらない状況での値であり，各分断化要因での移動確率が既知の場合には，それを考慮することもできる．この場合，DCI$_P$ は

$$\mathrm{DCI_P} = \sum_{i=1}^{n}\sum_{j=1}^{n} c_{ij}\frac{l_i}{L}\frac{l_j}{L} \times 100$$

ただし，

$$c_{ij} = \prod_{m=1}^{M} p_m^u p_m^d$$

となる．ここで，c_{ij} は区間 i と区間 j の間を移動できる確率であり，区間 i と区間 j の間にある M 個の分断化要因の中で，m 番目のものに対する上流への移動確率（p_m^u）と下流への移動確率（p_m^d）から求められる．それに対し，DCI$_D$ は

$$\mathrm{DCI_D} = \sum_{i=1}^{n} \frac{l_i}{L} \left(\prod_{m=1}^{M} p_m^u p_m^d \right) \times 100$$

により求められ，河口部のような水系ネットワークの末端と区間 i との間にある M 個の分断化要因を対象に，$\mathrm{DCI_P}$ と同様に m 番目の上流への移動確率（p_m^u）と下流への移動確率（p_m^d）から求められる．

DCI の算出には流域全体の流路と分断化をもたらす要因の位置情報が必要となる．たとえば，流路のラインデータ上にダムの位置をポイントデータとして置き，その各ポイントでラインを分割する．これにより，分断化された流路の各区間長を求めることができる．このとき，分断化要因がライン上に正確に位置している必要があり，GIS ソフト上で分断化要因を示すポイントデータを移動させるなどの作業が必要となる．いっぽう，生物が分断化要因を越えて移動できる確率については，生態学的な検討を進めたうえで設定することが基本となり，さらなる知見の集約が必要である．DCI は流路長を用いた指標であるため，分断化要因が異なる位置にあったとしても同じ値となる場合がある．$\mathrm{DCI_P}$ を算出する際，1 次河川の開始地点から 10 km 下流方向の地点に分断化要因が存在した場合と，合流を繰り返し河口に至る流路において河口から 10 km 上流方向の地点に分断化要因が存在した場合とでは，値が同じとなる．そこで，Grill *et al.*（2014）は DCI で用いられている流路長の代わりに，流量を用いた指標として River Connectivity Index（RCI）を提案している．そして，この流量に基づいた指標を用い，水系ネットワークの分断化が世界的な傾向として年々進んでおり，今後も増えていく可能性を示唆している（Grill *et al.*, 2015）．

流域における水系ネットワークの分断化を考えるうえで，分断された各流路がどれほどの価値を有しているのか，また，各流路がどういった位置関係にあるのかは重要な点である．DCI とは異なる視点から連結性もしくは分断化を評価する指標として，Integral Index of Connectivity（IIC）が考え出されている（Pascual-Hortal and Saura, 2006）．IIC はグラフ理論に基づいた考え方であり，生息場所などを表現するノード（node）とコリドー（回廊）のようなノード間をつなぐリンク（link）でネットワークを表現し，その特徴を指標化したものである．ノード間に設定するリンクは，コリドーのような存在を必ずしも必要とするわけではなく，離れてはいるが距離的に十分に移動可能なノード間にはリンクを定めるなど柔軟に対応する．Pascual-Hortal and Saura（2006）は，対象とする地域（ランドスケープ）に，分断化された生息場所（ノード）が点在している状況を想定し，生息場所間のつながり（リンク）の有無を判断したうえで，次の式によって IIC を定義している．

$$\mathrm{IIC} = \frac{1}{A_L^2} \times \sum_{i=1}^{n} \sum_{j=1}^{n} \frac{a_i \cdot a_j}{1 + \mathrm{nl}_{ij}}$$

ここで，A_Lはランドスケープの面積（対象とする地域全体の面積）であり，ノード（生息場所）だけでなく，生息が見込めない場所も含めたものである．a_iとa_jは各ノードの特性であり，生息場所の面積や個体群サイズ，種の存在確率などで表すことができる（Saura and Rubio, 2010）．そして，nl_{ij}はノードiからノードjに到達するための最小ルートを探索した上で，そのルートに含まれるリンクの数である．つながりのないノードについては，nl_{ij}が無限となるものとして，$\frac{a_i \cdot a_j}{1 + \mathrm{nl}_{ij}}$の部分は0とする．移動する必要のない同じノード（つまり$i=j$）については，リンクを必要としないことから$\mathrm{nl}_{ij}=0$として計算する．ただし，この指標はDCIとは異なり，陸域での森林伐採などによる分断化の評価を念頭に考え出されたものであり，ランドスケープ内にパッチ（生物の生息場所）とマトリクス（生息場所間の環境）が存在することを前提としている．たとえば，島状に存在する分断化された森林は，森林性鳥類の生息場所となるパッチとして定義しやすく，このパッチをノードとして扱うことでIICを求めることができる．そして，生息場所（パッチ）の量（面積など）や質（天然林率など）を，ノードの特性であるa_iとa_jとして反映させやすい．また，点在するパッチの間には，森林伐採後の裸地のようなマトリクスが存在するため，たとえば対象種の分散距離に応じてパッチ間（つまり，マトリクス）を移動できるかどうかも考慮しやすい．それに対し，水系ネットワークではパッチとマトリクスの明確な定義が難しく，IICを求める際には工夫が必要となる．まず，各ノードに相当する単位（範囲）をどう設定するかといった問題である．これについて，Rincón *et al.*（2017）やIshiyama *et al.*（2018）は水系ネットワークにおいてセグメントをノードとして扱っている（**図 1.1-7**）．対象種によっては，瀬や淵といった区分された範囲をノードと定義することも可能であろう．そして，陸域に比べるとマトリクスが明確でないことから，ノード間（すなわちリンク）の扱いをどうするかも難しい問題となる．IICの算出に必要な値はArcGISのNetwork Analystなどを用いて求めることができ，計算自体はConeforというフリーソフトやMetaLandSimもしくはlconnectなどのRのパッケージを利用することで可能である．

流域面積が大きくなるにつれて，種数が増加する理由のひとつに，絶滅確率の低下があげられる（森・中村, 2013）．これは生息地サイズが大きいほど，収容できる個体群サイズが大きく（総個体数が多く），かつ，個体が広範囲に分布することになり，絶滅，すなわち，全個体の消失が起こりにくくなるためである．逆にいえば，

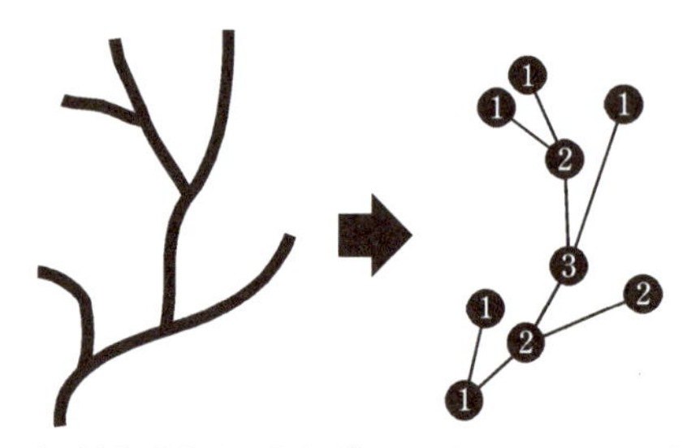

図 1.1-7　水系ネットワーク（左）をもとに各セグメントをノードとし，流路に沿う形で各ノードをリンクでつないだ場合に作られるネットワーク（右）

白抜きの数字は，ある種の生息確率など IIC を算出する差に用いる特性を示す．

流域面積が小さいほど絶滅確率は高くなるわけだが，実際に，砂防ダムにより水系ネットワークが分断化され，魚の生息範囲が狭小化することで，絶滅確率の上昇が生じることが示されている（Morita and Yamamoto, 2002; 菊池・井上, 2014）．魚類群集にとって，移入や移出のしやすさは重要な要因であり（Uchida and Inoue, 2010），流路を介した生物の往来を維持することは絶滅を防ぐうえで重要なことである（Morita and Yamamoto, 2002; 菊池・井上, 2014）．

縦断的な分断化の解消策として，魚道の設置，堰堤の切下げなど構造物の改変，そして分断化をもたらす構造物そのものを撤去するなどの方法があげられる（石山ほか, 2017）．分断化の解消はネットワークの連結性の回復をもたらし，生物の移動経路を復元・修復することになる．さらに，解消策によっては物理化学的な流程変化の回復をもたらす．Ishiyama *et al.*（2018）は流域内における分断化の影響を IIC により評価し，ダムを撤去することで IIC が増加し，さまざまな魚種にとってプラスの効果があることを示している．ただし，ダムの撤去は流量の自然変動を回復する効果もあり，この効果も考慮すると，ダム撤去の影響は種によってプラスに働く場合とマイナスに働く場合があることを示している．近年では，ダムの貯水池に土砂を貯めないようにするとともに，下流部に土砂を流下させる取り組みも進められており（Kondolf *et al.*, 2014），これもひとつの分断化の解消策といえよう．このように，分断化の解消については，その手法も多岐に渡り，手法に応じた生態系の変化が生じるものと考えられる．ネットワークの再生手法については，石山ほか(2017)に詳しくまとめられており，参考にしてほしい．

G.　流域における生物の特性

生物の分布情報を集約・整理することで，流域内にどういった生物種が生息しているのかを知ることができる．そして，生物種のリスト（生物相）や各種の個体数から群集構造や生物多様性を表現するさまざまな指標を算出することができ，対象とする流域の生物から見た特性を把握することが可能となる．もっとも基本的な指標としては，種数があげられるだろう．魚類を対象に，アマゾン川などの地球スケールでの大河川を対象とした研究（Iwasaki *et al.*, 2012）や，利根川など日本スケールでの大河川（一級水系）を対象とした研究（佐合・永井, 2003）で，流域ごとの種数が示されている．国内においては，琵琶湖を含む淀川水系でもっとも魚種数が多いことが示されている（佐合・永井, 2003）．さまざまな種の生息にとって好適な生息場所や環境要因が流域内に揃っていることで，種数は多くなるであろう．しかし，流域内でみられる種の総数は，環境要因のみによって決まるわけではない．種の分布範囲は歴史的な影響を受けた結果のものであり（Watanabe, 2010），注目する流域に生息して然るべき生物相がそろっていることが重要である．つまり，種数が多い流域ほど，その種群にとってよい環境が存在するとは限らないのである．

種数のほかに，生物群集や生物多様性を指標化する方法は数多く考え出されている．各種の個体数などの情報があれば，Shannon や Simpson の多様度指数や均等度指数を求めることができる．また，類似度や β 多様性を求めることで，流域もしくは地域間にある種組成や各種の個体数の違いを評価することができる（Rahel, 2000; Olden and Poff, 2004; Watanabe, 2010）．調査地点が流域内に複数あるような場合には，流域を特徴づける指標種の選定に Indicator Species Analysis（INSPAN）を用いることができるだろう（Dufrëne and Legendre, 1997）．ここでの指標種とは，「その種が該当するグループ（流域）にほぼ限られていることに加え，そのグループ（流域）に属する調査地点では出現しやすい」という定義に基づいたものである．近年では，種ではなく機能群に注目した指標を使った研究も多く（Matsuzaki *et al.*, 2013），生物のサイズや形，産卵様式や食性などの形質に基づいて評価することができる（棗田ほか, 2010; 松崎ほか, 2011）．さらには，系統関係に注目した指標も存在するなど（Tucker *et al.*, 2017; Roa-Fuentes *et al.*, 2019），生物群集や生物多様性に基づいた流域特性の定量化には数多くの方法がある．群集や多様性の指標については，Magurran（2003）で詳しく紹介されているほか，宮下・野田（2003）や宮下ほか（2012）が参考となる．また，植物を対象にした書籍であるが，佐々木ほか（2015）にはさまざまな群集の解析手法について解説されており，河川で研究する者にも大変参考になるだろう．

生物の分布に関する公開情報を用いて流域特性を把握する際，その情報の性質をよく理解しておく必要がある．たとえば，希少種の位置情報が公開されていること

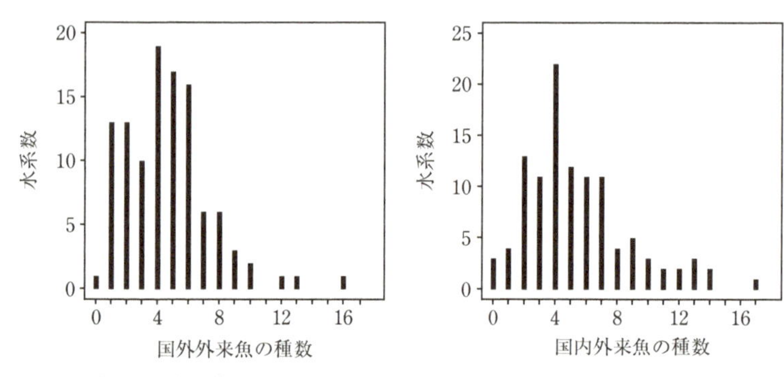

図 1.1-8　河川水辺の国勢調査（河川版）を対象に 1990 年から 2015 年までにみつかった国外外来魚および国内外来魚の水系別種数

は少なく，入手可能な情報からは抜け落ちている場合も多い．そのまま種数を算出しては，希少種が含まれないために過小評価となるだろうし，外来種を含むかどうかによっても値が変わってくる．魚類については，本来の生息地域に関する知見が深まっており（渡辺・高橋, 2009; Watanabe, 2010），国内外来種をどう扱うかも考えるべきであろう．河川水辺の国勢調査の河川版を整理してみると，思いのほか多くの国外外来種と国内外来種が生息していることがわかる（**図 1.1-8**）また，流域内に広く分布する魚類や底生動物などの水生生物を把握する際，汽水域の存在も悩ましい．たとえば，流域でみられる魚種数を算出する際，一生を淡水域で生活する純淡水魚は問題なく計数するだろう．それでは，アユやウナギなどの海と川を往来する回遊魚は含めるのか，ボラやスズキのような海でもみられる汽水魚（周縁性淡水魚）は含めるのかといった問題が生じる．さらに，どの魚は周縁性淡水魚であり，どの魚は海水魚と区分するか，といった難問もある．河川水辺の国勢調査や自然環境保全基礎調査は膨大なデータ量であるが，それでも流域全体の種数をみつけられているかというと，そうではないだろう．とくに流域間で比較するようなときには，調査地点数の違いや調査地点の空間的な偏りなどの影響を強く受ける可能性があり，注意を要する．

地図に関連した情報や生物の分布に関する情報から，さまざまな流域特性を把握することができ，組み合わせることで，さらなる理解へと到達できる可能性がある．たとえば，国土数値情報にある基盤情報や，空中写真画像・観測衛星データを重ねあわせることで，流域の土地利用に関する経年変化を分析することができるだろう．さらに，生物の分布情報を活用することで生息適地モデルを構築し，流域全体を対象に種の生息可能性を推定できれば（Ishiyama *et al.*, 2018），生物多様性に関する経年変化も評価できるかもしれない．このように，さまざまな目的に応じた活用が可能であると考えられる．ただし，ここまで紹介したものは，基本的に流域という大きな空間スケールを対象としたものであり，データの精度を求めるには限界がある．精度を求めるなら，現地で計測したほうが正確なことも多い．さらに，常に更新が続けられる情報もあれば，古い時代につくられたままの情報もある．利用する際には，いつの情報を見ているのか，組み合わせようとしている情報に年代の違いはあるのかなど，よく理解しておくことが肝要である．

（森照貴・赤坂卓美）

コラム 1.1 地理空間情報と地理座標系

地球上でのある地点の座標を表すためには，一般的には経度（longitude），緯度（latitude），高度（altitude）の3つの変数があればよい．これらの基準になるものが地理座標系（Coordinate system）である．地理座標系は，年代や国・地域によって，さまざまな座標系が定義され使用されてきた．そのため，地図データや衛星画像データ等の地理空間情報を活用するためには，それぞれのデータが基準としている座標系を把握しておく必要がある．

米国で用いられてきたWGS1984は国際的にももっともよく用いられている座標系の1つである．米国が構築したGPS（Global Positioning System）から取得される座標も，WGS1984によって表現されている．いっぽう，日本における地理座標系の取り扱いは，いささか複雑である．2002年4月以前に整備されたデータでは，日本周辺域にのみ適用可能な日本測地系（旧日本測地系，Tokyo Datumとも）が使用されていた．2002年4月以降は，世界測地系であるJGD2000が用いられている．2011年に発生した東北地方太平洋沖地震では全国的な地殻変動が発生したため座標系も変更となり，JGD2011が近年用いられている．

ここまで紹介した座標系は，すべて緯経度を用いるものであったが，日本独自の座標系として，距離の尺度にメートルを用いた平面直角座標系がある．平面直角座標系は，日本国土を19のブロック（系）に分けてそれぞれ基準点を設け，東西座標と南北座標をメートル単位で示している．緯経度を用いた座標系では，実際の距離を直感的に把握しづらいが，平面直角座標系はメートル単位を用いているため，スケールが大変把握しやすい利点があり，日本の公共測量では平面直角座標系が用いられていることが多い．このように便利な平面直角座標系であるが，これを用いる際のいくつかの留意点を示す．まず，日本国土を19の系（I系～XIX系）に分けて座標系を定義しているため，データの対象地域が属する系の座標系を用いる必要がある．地域と系の対応は，測量法に定められており，国土地理院のウェブサイト等で確認できる．次に，測量座標系では，南北方向の座標軸をX，東西方向の軸をYとおいているいっぽう，GISソフトウェアでは横軸をX，縦軸をYとおいていることも多いことから，XとYの座標を入れ替えて用いる必要がある．

なお，日本における標高は，原則として東京湾平均海面（T. P.）を基準としている．標高の基準も世界の国や地域でさまざまである．

（原田守啓）

1.2 河川地形と水や土砂の流れ —時空間的整理と計測—

飛行機に乗って河川を眺めれば，谷や平野といった大きな地形区分や，川幅や河川の蛇行といった河道形状を把握することができるだろう（**図 1.2-1**（a））．いっぽう，河岸に立って河川を眺めれば，ごく限られた区間しか見通せないが，飛行機からは見えなかった瀬や淵の繰り返しや，流速の緩急を知ることができるだろう（**図 1.2-1**（b））．これは，着目する空間スケールが異なれば，把握できる河川地形や流況などの特徴も異なることを表している．

同様のことは，時間スケールについても指摘できる．ある河川の 1 年間の流量データと 10 年間の流量データから把握できる洪水の規模や頻度には違いが生じる．季節によっても流量は異なる．降雨があれば，1 日の中でも流量や流れ方は大きく変わる．

このように，河川生態系の土台である地形や水文量は，着目する時空間スケールによって，その特徴が大きく異なってくる．そのため，河川生態系を調査・研究する際には，議論の対象となる現象に照らして，着目する時空間スケールを十分に検討し，明確に意識することが極めて重要となる．

本節では，河川生態系の調査，研究の基礎として，まず，河川地形の階層的な時空間スケールと，スケールごとの河川地形の分類体系について解説する．また，河川地形，河床材料，流況に関する現地計測手法，公的に入手可能なデータの活用，これらを用いた解析手法について，時空間スケールと関連付けて解説する．なお，現地調査において不可欠となる流路単位の特定方法については，**2.1** で詳しく説明される．

図 1.2-1　上空（a）および河岸（b）からみた河川の景観

1.2.1 河川地形の時空間スケール

Frissell *et al.*,（1986）は，上位の空間スケールの地形の中には，下位の空間スケールの地形がいくつか入れ子状に収まっている，という階層的な空間スケールの概念を河川生態学にもち込んだ（**図 1.2-2**）.「水系」は特徴の異なる「セグメント」の集まりであり，「セグメント」は「リーチ」の集まりで，「リーチ」は瀬や淵といった「流路単位」のセットから構成される，といった具合である．この概念には，各空間スケールの地形構造が，どれくらいの時間，破壊されずに持続するのかという時間スケールの概念も含まれている．これら，河川地形の時空間スケールの関係をまとめると**図 1.2-3** のようになる．空間スケールの小さな地形ほど持続時間は短く，大きな地形ほど持続時間は長い．具体的にいえば，スケールの小さな河川内の構造

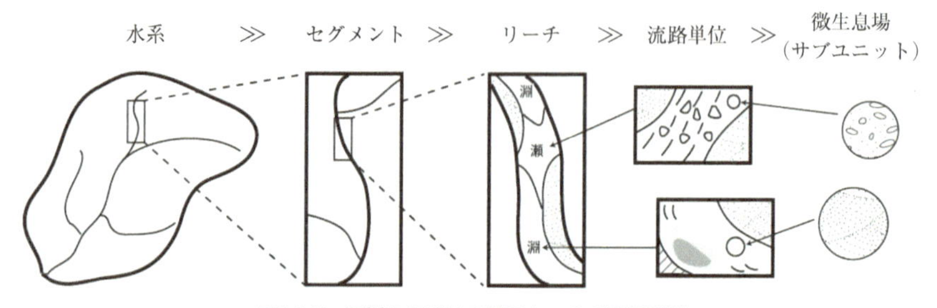

図 1.2-2　河川における空間スケールの階層構造

Frissell *et al.*, 1986 によって提唱されたのち，実用的な観点から各スケールの名称が変更・提案された（Grant *et al.*, 1990; Gregory *et al.*, 1991）．本図は，それらをまとめた永山ほか, 2015 に基づく．

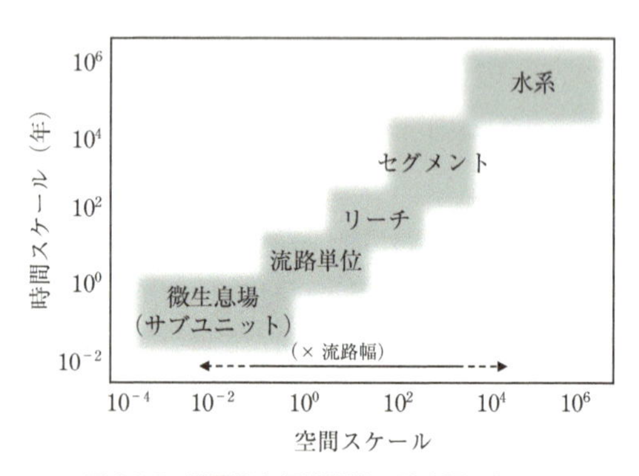

図 1.2-3　階層的な河川構造の時空間スケール

空間スケールはおおむね流路幅の倍数とみなすことができる．時間スケールは各河川構造が破壊されずに持続する時間を表す．

（Gregory *et al.*, 1991 を参照して作成）

は大雨による増水などで頻繁に変化するが，水系全体のような大きなスケールの構造は地殻変動や火山活動といった稀に生じるイベントによってしか変化しない．

ところで，河川生態学の立場からみれば，河川地形とは生物の生息場そのものである．Frissell *et al.*, (1986) は，その論文の中で，「地形」ではなく「生息場 (habitat)」という言葉を用いて空間の階層構造を説明した．また，河川地形は，そのスケールと構造に応じて，生物，水，土砂，それらに含まれるさまざまな物質の動態に強く影響している．それゆえ，本節で解説する河川地形の時空間スケールと分類は，河川生態学の調査，研究を行うにあたり，極めて基礎的かつ重要な知識となる．

A.　水系スケール（stream or network scale）

水系とは，本川，支川，派川など流域内で連なる河川全体のことである．内陸の山奥を源流とし海に達するまでに多くの支川を合わせる大規模な水系もあれば，海に面した山地を源流とし海にすぐ到達する小規模な水系もあり，場所によってその空間サイズは大きく異なる．実際の研究では，源流から河口まで含めた水系を対象とせず，支川や特定の箇所（後述するセグメントやリーチ）より上流側といった限定された範囲に着目することも多くある．その場合，支川全体や特定箇所より上流側の河川全体の連なりをさして，1 つの水系と捉えることも可能であろう．

水系における地形的特徴は，地殻の変動，火山活動，氷河作用，気候や海水準変動など，流域の地史に強く依存する．これらの稀に生じる大規模なイベントが次に発生するまでの間，水系スケールの地形構造は長期間保持される（10^5～10^6 年）．水系スケールは，水系のネットワーク構造，形状，縦断形などにかかわる生物・物理現象を検討するのに適している．また，河川生態学ではしばしば，集水域の土地利用や標高といった面的な属性を水系（またはセグメントやリーチ）にもたせて，そこに生息する生物との関係を調べることがある．水系とは河川の連なり全体をさす言葉であるが，このような場合において，便宜的に集水域（すなわち流域）の概念を含む場合がある．他にも，水系スケールは，水生生物群集の水系間の比較など，生物地理学的な考察の単位として重要である．

B.　セグメントスケール（segment scale）

セグメントは水系を構成する単位であり，主に，大きな支川合流点や基盤地質の変化点などによって区切られる区間をさす．縮尺 1/25,000～1/50,000 程度の地形図から読み取れる縦断勾配がほぼ一様な区間と認識され，河床材料や周辺の自然景観タイプの違いに対応する場合もある．空間サイズは流路幅の 10^2～10^3 倍程度である．水系スケールと同様，比較的長期にわたり地形構造は安定しているが（10^2～10^4 年），より小規模，局所的なイベントでもセグメントの様相を一変させる強い変化要因となり得る．湖もセグメントスケール相当の地形構造とみなされる．また，セグメントは河道の形態的特徴の単位であることに由来して，生物群集構造を分ける空間単位としても有効である．それゆえ，セグメントスケールは，生物・物理現象の流程分布や流程変化の検討，また，それらに対する大ダム，連続堤，砂利採取，地下水といった影響の評価において有用な空間スケールである．

C.　リーチスケール（reach scale）

リーチはセグメントを構成する単位であり，一般に流路幅の 10^1～10^2 倍程度の空間サイズをもつ．セグメントは水系全体を俯瞰してそれをいくつかのタイプに区切ることを意図する概念であるのに対して，リーチは現場（河道）で繰り返しみられる環境（流路単位）の変異性を網羅する区間を設定する，という意図に基づく概念である．よって，リーチは，瀬や淵といった繰り返し出現する流路単位セットを内包する区間として線引きされる（**2.1** 参照）．含まれる流路単位セットの数は問題ではなく，1 セットでも 2 セットでもリーチと認識することができる．その意味で，リーチは，セグメント内において便宜的に設定可能な空間単位である（永山ほか，2015）．セグメントよりも空間スケールが小さいため，斜面崩壊や大規模出水といった比較的頻度の高いイベント（10^1～10^2 年）が強い変化要因となる．

同一のセグメント内に存在する複数のリーチは，類似した流路単位セットを内包する．よって，生物群集も類似したものとなりやすい．それゆえ，リーチスケールは，生態系の機能と構造，生物群集構造，それらに対する自然・人為攪乱の影響を検討するうえで極めて実用的な空間スケールである．

D.　流路単位スケール（channel-unit scale）

流路単位はリーチを構成する単位であり，流路幅と同程度以上（10^0～10^1 倍）の空間サイズを持つ．河岸から河川を眺めたとき，白波の立つ瀬や深みの感じられる淵があり，それらが縦断的に繰り返し出現するパターンに気づくはずである．この瀬や淵に相当するのが流路単位であり，これまでに多数の流路単位が類型化，整理されている（**1.2.2** 参照）．流路単位は，地形，平面流況，主流路に対する平面位置などで区別される．主流路内だけでなく河岸部や河畔域（または氾濫原）にも見出される．土砂の堆積や洗堀といった微地形に強く依存しているため，高い頻度で発生する中規模の出水（10^0～10^1 年）でも強い変化要因となる．しかし，流送土砂量や流量の規模・パターンといった境界条件が大きく変化しない限り，リーチスケールやセグメントスケールでみた場合，一般に流路単位の構成比は一定に保たれる．

流路単位は，その種類によって，水深や流速，河床の状態といった物理環境の特徴が異なる．そのため，それぞれの流路単位にみられる生物種の構成も異なり，また同種であっても生活段階によって使い分けていることもある．このように，流路単位は生物の生息場利用を検討するうえで不可欠な単位であるだけでなく，河川の生息場や生物群集の構造，その変動と要因を検討するうえで極めて重要な空間スケールである．

E. 微生息場スケール（microhabitat scale）

微生息場は流路単位内のパッチであり，流路幅以下（10^{-1}〜10^{0} 倍）の空間サイズをもつ．相対的に一様な河床材料，水深，流速等によって区分される場合があるいっぽう，微生息場を特徴づける環境やサイズは，対象とする生物や調査の目的によってさまざまに設定可能である．たとえば，淵における魚類の分布に興味がある場合，流れ込みのある上流側（淵頭）と流れ出ていく下流側（淵尻）といった微生息場に区分することができる．いっぽう，河床環境と底生動物の分布の関係に興味がある場合，泥，砂，礫，落ち葉，水草といった，より小さな微生息場を設定することが可能である．一般に，微生息場の持続時間は 1 年未満（$< 10^{0}$ 年）とされ，落ち葉溜まりや礫単体などの場合には，出水の度に変化することが想定される．微生息場スケールは，水生生物の行動特性，空間や基質の選択性を検討するうえで有効な空間スケールである．

微生息場スケールはサブユニットスケールともよばれる（Grant *et al.*, 1990; Gregory *et al.*, 1991）．たとえば，流路幅が数十メートルを超える大きな河川では，蛇行部において，外岸側で水深の大きな「水衝部」と，内岸側で水深の小さな「寄洲縁辺部」が形成される（Nagayama and Nakamura, 2018）．これらは流路幅以下の空間サイズであるという点で微生息場スケールの区分と位置付けられるが，実際の空間サイズは「微」生息場というには甚だ大きい．そこで，具体な空間サイズを連想させない汎用な言葉として，サブユニット（スケール）を用いることがある．

サブユニットを用いた場合，礫単体やその小さなパッチなどを区別するより小さな空間スケールとして「粒子（particle）」が用いられることもある（流路幅の 10^{-3} 〜 10^{-2} 倍）（Grant *et al.*, 1990; Gregory *et al.*, 1991）．サブユニットは，先の例にあげた淵頭や淵尻といった地形に付随する構造で，粒子は必ずしも地形に付随しない構成要素と考えれば理解しやすいかもしれない．河川地形に付随する普遍的な構成要素であるか否かを意識することは，生息場の安定性や動態，それらに対する生物応答を考えるうえで，また，生息場の保全や改善を行う際，技術的な取扱いができるかどうかという点において，極めて重要である．

1.2.2 河川地形・生息場の分類

河川地形の分類は，河川における水生生物の生息場を体系的に理解しようとする河川生態学の動きの中で，生息場の分類として深化してきた．とくに，生物による生息場利用の詳細な検討が可能となるリーチスケール以下の空間スケールに対応して，詳細な類型化が行われてきた．これらは主に，アメリカ北西岸地域の山地河川（河川次数で3次以下）を中心に検討されてきたものであるが，そこで提案された生息場の分類は，より河川次数の大きな下流部にも活用可能とされる（永山ほか, 2015）．ここでは，河川生態学においてとくに重要となるセグメントスケール以下の空間スケールごとに，河川地形・生息場の分類を紹介する．なお，各分類タイプの形成プロセスや物理環境特性については，個々の文献や総説（Bisson *et al.*, 2006; 永山ほか, 2015），『河川生態学』の1.2（萱場, 2013）を参照されたい．また，ここでは詳しく触れなかったが，世界に先駆けて日本国内で発表された可児（1944）や川那部ほか（1956）の分類と，以下に紹介する分類との対応については，萱場（2013）や永山ほか（2015）を参照されたい．

A. セグメントの分類

河川最上流部によくみられ，山腹斜面の崩壊や土石流でもたらされた岩石等からなる急勾配の区間は崩積タイプ（colluvial），峡谷などを含む岩盤が露出している区間は基岩タイプ（bedrock），そして出水によって運搬・堆積した土砂が河床を構成する区間は沖積タイプ（alluvial）と分類されている（Montgomery and Buffington, 1997）（**図 1.2-4**）．崩積タイプは概ね最上流部に位置するが，他の2タイプに決まった縦断的配置はない．

この分類法に従うと，たとえば大きな支流が合流する前後の沖積性の区間で土砂特性や勾配が変化したとしても，どちらのセグメントも沖積タイプとなり区別はできない．また，扇状地，自然堤防帯，三角州が発達する沖積低地の河川にしても，沖積タイプとひと括りになってしまう（**図 1.2-4**）．これは，セグメントの区分・類型化の際の粗さの問題であるが，Montgomeryらは崩石，基岩，沖積の3タイプをさらに細かく分ける8つのタイプ分けを行い，後述するように，これをリーチタイ

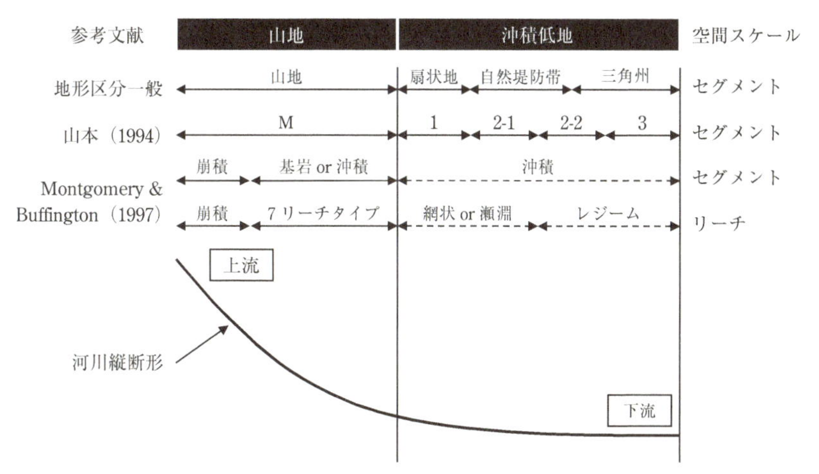

図 1.2-4　セグメントおよびリーチスケールにおける主要な地形・生息場分類とそれらの対応，ならびに河川流程における配置

実線の矢印は，各提唱者によって明示された適用範囲を示す．破線の矢印は，伸長された適用範囲を示す．

（永山ほか, 2015）

プとして位置づけている．

いっぽう，日本の河川工学分野でよく知られる山本（1994）のセグメント区分によると，沖積低地河川のセグメントは 1，2，3 に大別され，それぞれおおむね扇状地，自然堤防帯，三角州に相当する（**図 1.2-4**）．山本（1994）は，さらに，セグメント 2（自然堤防帯）を 2-1 と 2-2 に分け，相対的に勾配が急で砂州と瀬淵が発達する区間（セグメント 2-1）と，勾配が緩やかで瀬淵は不明瞭になり蛇行流路となりやすい区間（セグメント 2-2）を区別した．残念ながら，山本のセグメント区分は国際的には認知されていない．しかし，沖積低地河川におけるセグメント区分として実用的であり，河川生態学の調査においても有用である．

B.　リーチの分類

Montgomery and Buffington（1997）による提唱から再整理を経て，現在，主たる 8 つのリーチタイプが分類されている（**図 1.2-5**）（Bisson *et al.*, 2006）．そのうち 2 つは，セグメントの崩積タイプと基岩タイプを構成する崩積リーチと基岩リーチである．この 2 つのリーチタイプは，それぞれ崩積土と基岩に制約されるため，それ以外の特徴をもたない．いっぽう，沖積タイプのセグメントでは，河床材料や勾配の違いによって生じた特徴的な河床形態に基づき，6 つのリーチタイプが分類

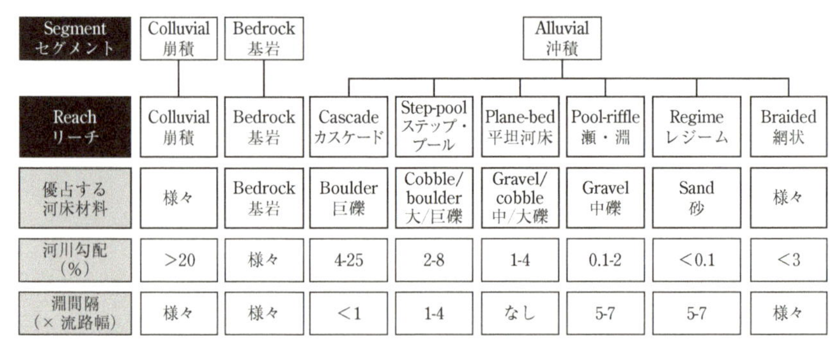

Segment セグメント	Colluvial 崩積	Bedrock 基岩	Alluvial 沖積					
Reach リーチ	Colluvial 崩積	Bedrock 基岩	Cascade カスケード	Step-pool ステップ・プール	Plane-bed 平坦河床	Pool-riffle 瀬・淵	Regime レジーム	Braided 網状
優占する河床材料	様々	Bedrock 基岩	Boulder 巨礫	Cobble/boulder 大/巨礫	Gravel/cobble 中/大礫	Gravel 中礫	Sand 砂	様々
河川勾配（%）	>20	様々	4-25	2-8	1-4	0.1-2	<0.1	<3
淵間隔（× 流路幅）	様々	様々	<1	1-4	なし	5-7	5-7	様々

図 1.2-5　リーチスケールにおける地形・生息場分類と主な物理環境の特徴

（Montgomery and Buffington, 1997 と Bisson *et al.*, 2006 を参照した永山ほか, 2015 を改変）

されている．これら沖積性の 6 つのリーチタイプは，理想的には縦断的に規則性をもって出現すると考えられる．しかし，実際には，山地河川の至る所にみられる基岩の露出や斜面崩壊等による狭窄部, 集積した流木や巨石による流水阻害等により，基岩リーチと沖積性の 6 つのリーチタイプは縦断的に不規則に出現する（**図 1.2-4**）．なお，流木や巨石，基岩によって，局所的に異なる特徴のリーチが形成された場合，それを強制リーチ（forced reach）とよんで区別することもある．

Montgomery らの分類は河川次数 3 次以下の山地河川を対象に行われたものであるが，沖積低地にも適用可能である（永山ほか, 2015）（**図 1.2-4**）．扇状地から砂州の発達する自然堤防帯（セグメント 1 と 2-1）までは，複列砂州や交互砂州に関連して網状リーチまたは瀬淵リーチが出現する．それより下流の自然堤防帯と三角州（セグメント 2-2 と 3）では，河床材料は砂で水面下に没したレジームリーチ（または砂堆・砂漣リーチ）であると判断できる．

リーチはセグメントを構成する単位とみなし得ることは前に述べた．それゆえ，同じリーチタイプが長距離にわたって連なれば，そのリーチタイプの特性を持ったセグメントとして認識することが可能となる（**図 1.2-6**）．このように考えると，現在，河道形状の分類体系として，セグメントタイプとリーチタイプというスケールの違いを含意する 2 つのよび名で分けられているが（**図 1.2-4**），これらは本質的には変わらない．Montgomery らは解像度の粗い分類をセグメントタイプ，より細かな分類をリーチタイプとして位置づけたものであり，どちらもセグメントの定義である「縦断勾配や河道形状特性がほぼ一様な区間」を類型化したものである．

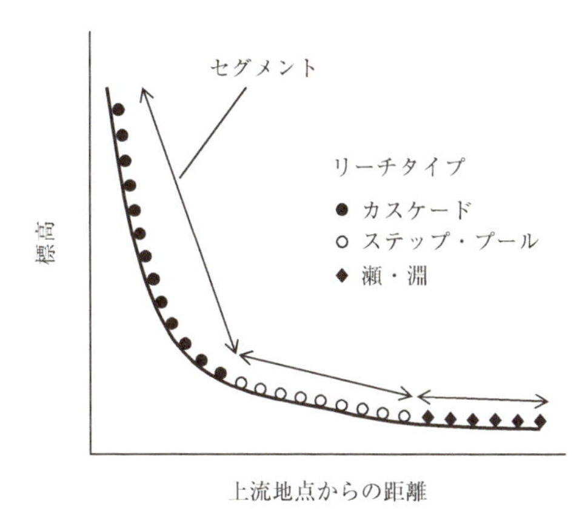

図 1.2-6　リーチとセグメントの関係を示した模式図

一定の縦断距離間隔で識別されたリーチタイプが長距離にわたって連なると，1つのセグメントと認識される．（永山ほか, 2015）

C.　流路単位の分類

Hawkins *et al.*（1993）による提唱から再整理を経て，現在，18 タイプの流路単位が分類されている（**図 1.2-7**）（Bisson *et al.*, 2006）．Hawkins らは段階が進むにつれてより特定の流路単位を識別できるように，第 1～3 までのレベルをもつ階層的な分類を行った．詳細な生物の生息場利用を考える場合には，第 3 レベルの分類が特に有用ではあるが，その 18 タイプの見極めは必ずしも容易ではなく注意が必要である（**2.1.1 D**）．

Hawkins らの流路単位の分類も河川次数で 3 次以下の山地河川を対象に行われたものであるが，沖積低地河川への適用も提案されている（永山ほか, 2015）．山地河川に比べて，沖積低地河川での流路単位タイプは少なく，5 タイプで網羅できるとされている（**図 1.2-8**）．これらすべてのタイプが，扇状地河川や自然堤防帯河川の砂州発達領域で出現し，砂州が水面下に没する自然堤防帯河川や三角州を流れる河川では瀬を除いた 4 タイプによって流路が構成される．

なお，流路単位は，河川ごとに，またセグメントごとに相対的に識別されるものである．それゆえ，ある特定の区間内であれば水深や流速等の物理環境によって相対的に識別可能であるが，どの河川やどのセグメントにも通用する普遍的な閾値が存在するものではない．よって，流路単位をタイプ分けする場合には，少なくともリーチスケールにおいて，対象となる河道の全体像をよく観察し，相対的に決まる各流路単位の特徴を把握することが極めて重要である．タイプ分けは調査の基本単

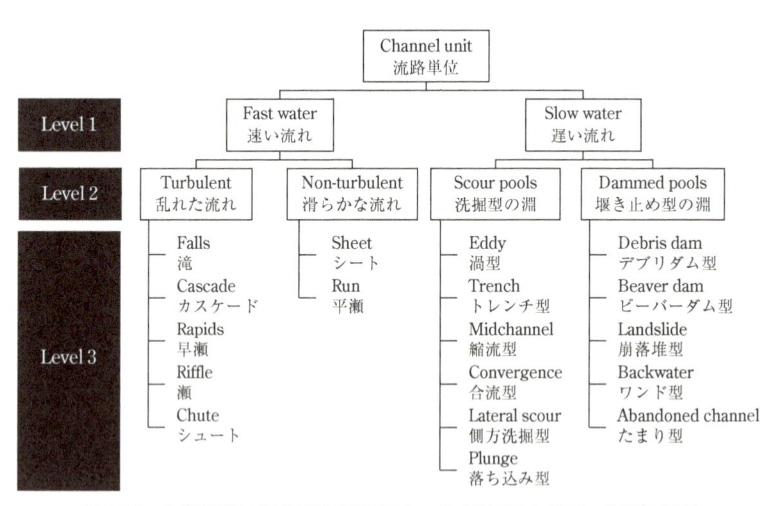

図 1.2-7　山地河川における流路単位スケールの階層的な地形・生息場分類

レベルがあがるとより詳細な分類となる.

（Hawkins *et al.*, 1993 と Bisson *et al.*, 2006 を参照した永山ほか, 2015 を一部改変）

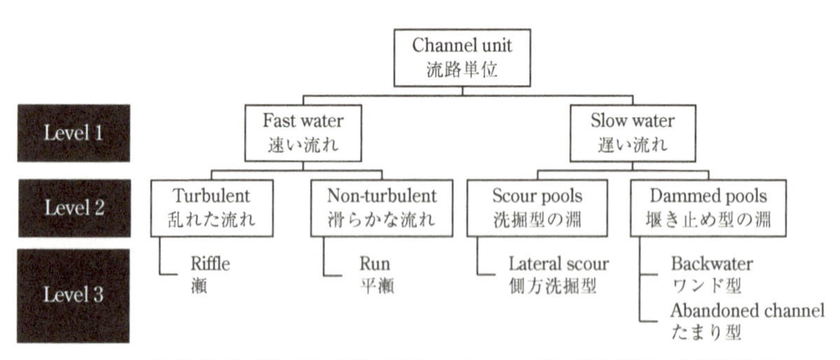

図 1.2-8　沖積低地河川における流路単位スケールの階層的な地形・生息場分類

（Hawkins *et al.*, 1993 と Bisson *et al.*, 2006 を参照した永山ほか, 2015 を一部改変）

位を決めることであり，得られるデータや結果の質を左右することを肝に銘じたい（詳細は **2.1** 参照）.

D.　微生息場の分類

流路単位のパッチである微生息場（または，サブユニット～粒子）は，調査者の視点でいかようにも分類することが可能である．魚類や二枚貝類の微生息場に関する研究では，個体が利用していたその場の微環境を流速，水深，河床材料などの物理変量で表現する手法がよく用いられてきた．また，流路をメッシュ状に区画し，流速や水深などの物理変量を用いて統計的にメッシュを類型化し，個体の分布と重ねて微生息場利用を把握することもよく行われてきた．これらの検討では，微生息場に特定の名称を与えないことが多いが，統計的に同一タイプと識別されたメッシュが，経験的に知られている環境要素と合致する場合には，特定の名称で区別されることもある．**1.2.1E** で例示した淵頭や淵尻，また，大河川の蛇行部における水衝部や寄洲縁辺部は，その典型である．

いっぽう，何らかの基質に由来する微生息場タイプは，基質に由来する名称とともに識別される．たとえば，Takemon（1997）は，底生動物の生息場利用の視点から，リターパック（litter pack）（**3.2.2** のリターパッチと同義）や岩盤上の蘚苔類マット（moss-mat on the surface of bedrock）といった 11 の微生息場タイプを識別している．これらは，底生動物に着目して便宜的にタイプ分けしたのであって，微生息場の種類を網羅するものではない．しかし，着目する生物に応じて場を識別しようとする微生息場分類の好例である．他にも，代表的な微生息場として，抽水植物や河岸から倒れこんだ草本植物，倒木や流木，底質のシルトなどがあげられる．

1.2.3　河川地形の計測とデータの活用

A.　概要

前述のように，河川地形は着目する空間スケールによってその変化を生じる時間スケールが異なる．したがって，河川地形あるいは生物の生息場を対象とした調査分析を行おうとする際には，着目する河川地形の空間スケールと河川地形を変化させる現象の時間スケールを検討し，その目的に見合った調査手法やデータが選択されるべきである．河川地形に関する情報は，**1.1** に示す地理空間情報データのほかにも，河川管理者が保有する調査データについても公開あるいは研究利用への協力が得られやすい環境が整ってきており，これらを活用した新しい研究展開がなされてきている．本節では，河川管理者が保有するデータに加えて，現地計測手法についても概要を述べる．河川地形の現地計測手法も技術革新が進んできていることから，新旧の手法について幅広く解説する．

B.　河川管理者が保有する調査資料の活用

河川管理者は河川管理のために，じつに多岐にわたる項目についてさまざまな調査を行っている．調査項目によって開始時期は異なるものの，定期的に実施されている調査が多く，各河川における経年変化を把握するうえで有用な基礎資料となる．

国土交通省河川砂防技術基準調査編（2014）によれば，水文・水理観測，河道特性調査，河川環境調査，水質・底質調査，測量・計測等が大まかな括りとして示されている．水位や流量等の水文観測データについては，後述することとし，ここでは主に河川地形にかかわる調査資料について述べる．

定期縦横断測量：河川地形にかかわる定量的なデータが得られる資料としては，もっとも歴史が古い．左右岸の距離標（**コラム 1.3** 参照）を結ぶ測線に沿って，左岸から右岸に向かって標高が計測され，河川横断図と座標データが記録されている．座標データは，左岸堤防の距離標からの水平距離 L と，その地点の標高 H がセットとなったデータのまとまりとして示されている．距離標の座標と組み合わせることで三次元座標に変換することも可能である．

また，各測線における最深河床高（河道内でもっとも低い点），平均河床高（低水路の河床高の平均値）を，河川縦断方向に示した河川縦断図も測量成果として利用できる．これらの成果は，経年的な河川地形の変化を定量的に検討するうえで，もっとも基本的でかつ信頼に足るデータといえる．しかしながら，定期縦横断測量が実施される間隔は，国が管理する河川であっても数年に一度，多くは 5 年に一度であって，洪水イベント等による短期間に生じる地形変化等を把握する資料としては，十分とはいえない（**図 1.2-9**）．

航空レーザー測量：航空機やヘリコプターに搭載したレーザープロファイラーによって，地上の各点の座標を高密度で取得する測量手法であり，2000 年代から急速に普及した．航空 LIDAR（Light Detection And Ranging）ともいう．レーザーの反射によって距離を計測するために，地形計測するうえで障害物となる建造物や植物の形状も捉えられている．これらの地上物も含む形状が捉えられた数値表層モデル（DSM：Digital Surface Model）と，これらを除去した地表面を示す数値標高モデル（DEM：Digital Elevation Model）の 2 通りの成果物が得られる．定期縦横断測量では得られない面的で高精細な河川地形の情報を得ることができるほか，DSM と DEM の差分を用いて河道内植生の樹高を把握するといった応用もなされている．従来の航空レーザー測量の弱点として，近赤外領域のレーザーが水面で反射するために水中地形の計測が難しいことがあげられるが，近年，水中でも減衰が少ないグリーンレーザーを併用することによって，水中地形の計測を可能とした ALB（Airborne LIDAR Bathymetry）が普及し，水中まで含めた河川地形の計測が可能となっている（**図 1.2-10**）．

日本の河川は，国土交通省が管理している区間（直轄区間）と，都道府県が管理している区間（指定区間）があり，一般的に，国土交通省が管理している区間（直

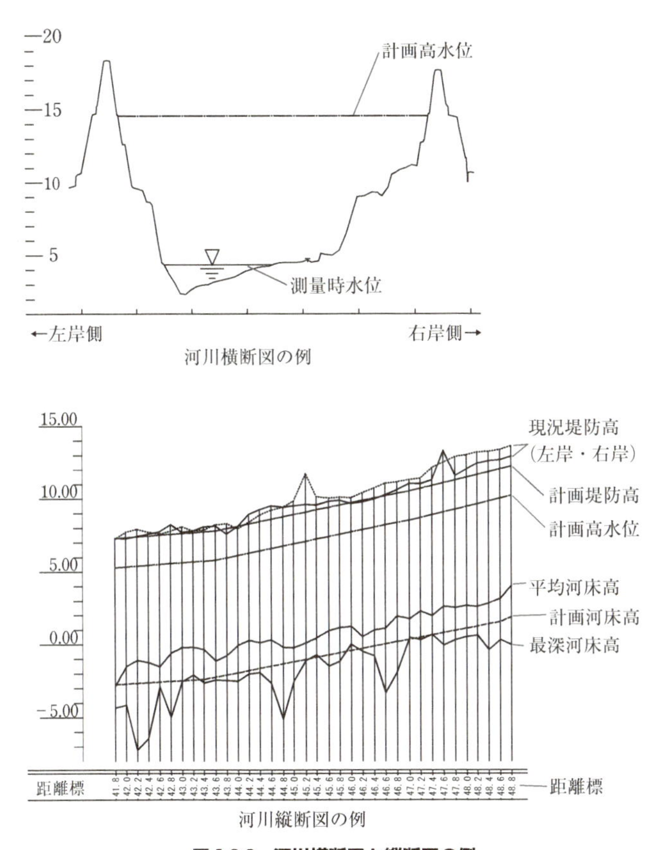

図 1.2-9　河川横断図と縦断図の例

轄区間）は定期的に調査が行われており，データもよく整備されているのに対し，都道府県などが管理している区間（指定区間）は相対的に調査の頻度も低く，データ整備もあまり進んでいないのが実情である．調査資料の貸与については，対象河川を管理する事務所に問い合わせ，貸与申請を行う必要があるが，河川管理者が保有するデータは河川管理のためのデータであって，研究への活用を前提としたものではないことに留意する必要がある．

C.　河川地形の現地計測手法

既存資料によらず河川地形を把握するためには，何らかの現地調査手法によって河川地形の計測を行う必要がある．調査の目的や必要とする精度，計測に要する労

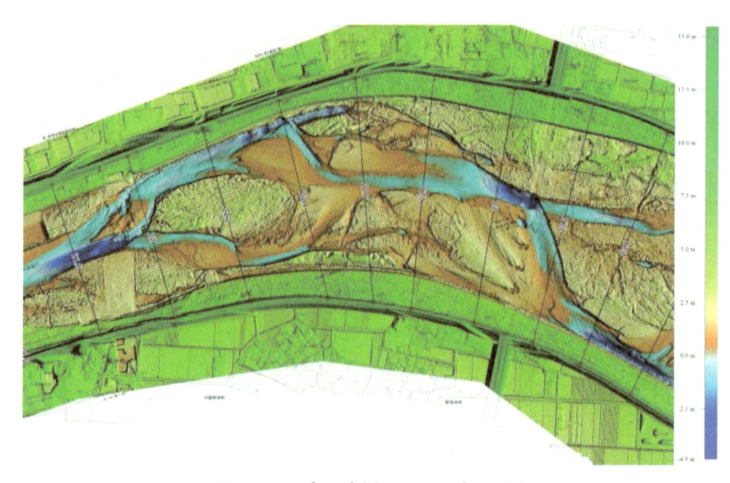

図 1.2-10　九頭竜川の ALB 計測の例

（山本ほか, 2017）

力を勘案し，適切な手法を選択することが望まれる．河川地形の計測は，直接的な測量手法によって把握することができるほか，写真や動画を用いた画像計測によって調査地の地形を得ることも可能になってきている．同じ地点で複数回にわたって地形計測を行なうためには，測量の基準となる基準点（ベンチマーク）や目印を調査地に設けておく必要がある．

地形測量：トータルステーション等の測量機材を用いた本格的な地形測量では，面的な河川地形を，多数の点の三次元座標を計測することによって把握する．しかしながら，本格的な測量機材は高価であり，重量も大きくもち運びには適していない．簡易な測量方法として用いられることが多いのは，水準儀（レベル）と巻尺と箱尺（スタッフ）を用いた横断測量である．まず，巻尺を測線に可能な限り水平に設置し，1 名が箱尺をもって移動し，測線上の距離を把握しながら，測定したい地点に箱尺を立て，もう 1 名が水準儀を覗いて箱尺の目盛を読む．これにより，水平距離と高さを記録する．水準儀を省略して，可能な限り水平に張り渡した巻尺を高さの基準として箱尺を読む方法もあるが，正確な計測を期待することはできない．ただし，水面が水平とみなせる状況であれば，水深を計測することによって，水中の河川地形をより正確に計測することも可能である．

水中地形の計測手法：水深が深く，容易に人が立ち入ることができない場所では，河川地形の計測そのものが困難となる．測量会社の専門家が用いる測量手法（深浅測量）としては，ボートの位置を把握しながら錘をつけたロープによって水深を測る手法，音響測深機によって水深を測る手法，超音波ドップラー流速計（ADCP）を用いて流速分布を計測すると同時に河床形状を取得する手法等がある．これらの機材は一般的に高価であるが，音響測深機はレジャー用の安価な製品や魚群探知機の活用も可能である．

ドローン，ポールカメラの活用：マルチコプター型のドローンは，簡単な操作で調査地の空中写真を手軽に撮影することが可能であり，河川地形の把握のほか，河川植生の変化など，さまざまな調査において有益な記録手段となりうる．しかしながら，ドローンの飛行には航空法による規制があり，人口集中地区（DID 地区）となっている区域では許可申請が必要であるなど，注意を要する．これに対し，長い竿状の器具の先端にカメラを装着するポールカメラは，撮影可能な高さが最長の製品でも 10 m 程度に限られている反面，安価で安全な代替手段となり得る．

写真画像を用いた地形モデル：ドローンやポールカメラを用いてさまざまなアングルから撮影した写真を用いて，三次元的な地形モデルを作成することが可能である．画像処理には，SfM（Structure from Motion）技術に基づくソフトウェアを用いる．ソフトによって生成された三次元モデルの精度は撮影条件や被写体によって変動するが，座標を付与することで実際の地形を概ね再現した三次元モデルを得ることができる．

GPS の活用：GPS は，米国が運用している複数の GPS 衛星からの電波を受信して受信点の座標を計測するシステムである．これまでのアウトドア用のハンディ GPS 製品や，スマートフォンに内蔵されている GPS の位置精度は，製品によって異なるものの，受信状態が非常によい場所（たとえば，複数の GPS 衛星からの電波を受信できる開けた場所）であったとしても数メートル程度の誤差が含まれていた．しかしながら，2018 年 4 月に運用を開始した日本の衛星「みちびき」による補正情報を用いることができる製品では誤差が 1 m 程度に改善されており，フィールド調査への活用が期待される．GPS を利用した測位誤差がさらに小さい計測システムとして，RTK-GPS と VRS-GPS がある．RTK-GPS は 2 台の GPS 端末の一方を既知点（測量基準点など）に配置し，もう一方を計測点に設置して計測を行うシステムである．VRS-GPS は GPS 端末 1 台だが，国土地理院が設置している電子基準点の GPS 観測値を通信により取得して RTK-GPS と同等の精度を得る．これらのシステムは測位誤差数 mm 程度の計測が可能である．このように，GPS は現地調査における計測・記録手段として有力であるが，山地に囲まれた現場や上空が樹木等によって覆われた現場では電波の受信そのものが難しいことも少なくない．

1.2.4 流れと底質の計測手法

A. 概要

自然河川の流れは人工水路にみられる一様な流れとは異なり複雑である．これは主に洪水時に流水と土砂との相互作用によって形づくられた河川地形による．河川地形を構成する河床材料（bed material）の分布も，これらの相互作用の産物であり，河川の生息場の多様性を支える重要な構成要素となっている（原田・萱場, 2015）．河床材料は，水理学的な観点からは，流水に対する粗度（roughness）としてふるまい，一般的には凹凸が大きいほど抵抗が大きく，流れは減速される．そのため，河川の表流水の流れは，流路の形状を与える河川地形と，粗度として作用する河床材料の空間分布に対応したものとなっている．また，河床表層に露出した個々の粒子には流水から受ける力が作用しており，河床表層では流れと土砂の性状に応じた土砂輸送が生じている．

河床に堆積した土砂は骨格となる粒子間に空隙を有した多孔質構造となっており，河川間隙水域（hyporheic zone）を形成する（**1.3** 参照）．河川間隙水域には河川地形と流れの相互作用によって浸透流が流れ，河川を流下する物質の動態，水温変動等に深くかかわっているほか，底生動物の生息場，底生動物及び遊泳性魚類の避難場や産卵場としても利用されるが，浸透流の流れやすさは河床材料の粒度分布によっても大きく変化する．さらに，空隙がより細かい粒径の土砂の流入により閉塞したり，逆に流出して空隙が増加したりと，時空間的な動態を有する．このように，河川の生息場を構成する物理的構成要素として，河川地形と流れと河床材料は切り離し難い関係性を有しており，生息場の分布とその特性を明らかにするためには，これらの物理環境についても適切な調査・解析がなされるべきである．

また，植物も河川地形の形成や土砂の動態に少なからず影響を与えていて，植物と河川地形との相互作用については地形学・生態学・工学分野でさまざまな研究がなされてきている．水際植物，抽水植物や倒流木（large woody debris, large wood）は，特徴的な生息場を形成しており，生息場回復の手段としても用いられている（Nagayama and Nakamura, 2010）．物理環境の観点から，これらの場が有する生態的機能が解明されることも期待される．

B. 水深と流速の現地計測手法

水の流れを水理学的な指標によって定量的によって表せば，もっとも基本的な指標は，水深 h(m)，流速 v(m/s)，流量 Q(m^3/s) であり，流れの断面積を A(m^2)，断面平均流速を V(m/s) とおけば，$Q=AV$ の関係がある．また，河川横断面を横断方向に細かくブロックに分割し，各ブロックの幅を B_i(m)，水深を h_i(m)，水深平均流速を v_i(m/s)とおけば，次式のようにも表現できる．

$$Q = \sum_{i=1}^{n} A_i v_i = \sum_{i=1}^{n} B_i h_i v_i$$

したがって，河川を横断方向に移動しながら，水深 h と水深平均流速 v を計測していけば，河川の流量を計測することもできる（流量観測）．河川管理者が行う流量観測では，流量が少ないときは流速計で，出水時は橋などから竿状の浮子を投入して，所定の距離を浮子が通過する時間から各測線の流速を計測し，水位計の水位と河川断面形状から求めた各測線の水深と組み合わせることによって流量を求めている．

流速の分布を河床から鉛直方向にみていくと，一般的には水面付近がもっとも大きく，底面付近でもっとも小さい．流れが一様な条件下ではおおむね対数で分布を表すことができる．粗面乱流の対数則を以下に示す．

$$\frac{u(z)}{U_*} = 8.5 + 6.25 \log_{10}\left(\frac{z}{k_s}\right)$$

ここで，$u(z)$：底面からの高さ z における流速(m/s)，U_*：摩擦速度(m/s)，k_s：粗度高さ(m)である．摩擦速度 U_* は，流れが一様であれば，$U_* = (ghI_b)^{1/2}$ で与えられる．ここで，g：重力加速度(m/s^2)，h：水深(m)，I_b：水路勾配(－)であり，水路勾配は無次元量，すなわち，水路両端の高低差を水路長で除した比率（m/m）で表す（以下，無次元量の場合は単位を「－」で示す）．粗度高さ k_s は，河床材料の粒径に応じて与えられる．

現地で流速を計測する際は，水面から水深の6割となる高さの流速を計測することが多いが，これは対数則分布で6割水深の位置の流速がちょうど水深平均値を与えることと対応している．6割水深1点の計測で，その地点における水深平均流速を把握しようとする計測法を1点法（one point method）とよぶ（**図 1.2-11**）．実際の河川の流速分布は一様ではなく，理想的な対数則になっていないことも多いため，

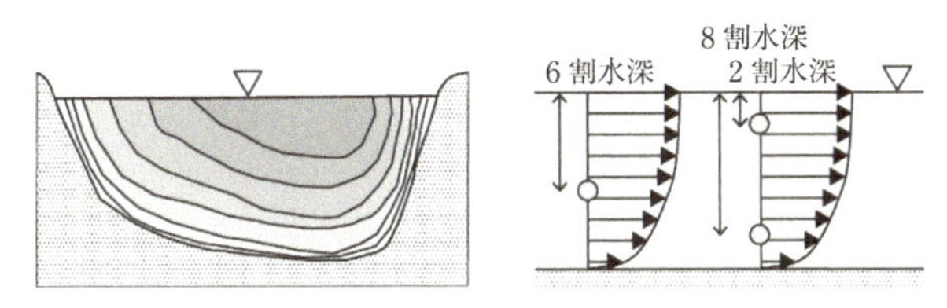

図 1.2-11　河川断面内の流速分布，鉛直流速分布のイメージと流速計測点

水面から2割水深と8割水深の2点を計測して平均をとる2点法（two point method），水面から一定間隔で計測して平均をとる精密法（precision method）がある．たとえば，底生動物の生息場について物理環境の議論をするのであれば，6割水深での計測に加えて，底面付近の流速を計測するなど，目的に応じた水深位置での計測が望ましい．

河川の流速を計測する機材にはさまざまなものがあり，かつてはプロペラ式流速計が主流であったが，近年はフィールド調査用の電磁流速計，超音波式流速計などが広く普及している．流速計には1次元，2次元，3次元の製品があり，1次元流速計ではある特定の向きの流速のみ，2次元流速計ではxy軸の流速，3次元ではxyz軸の3成分の流速が計測可能である．比較的安価で広く普及している1次元電磁流速計は，計測可能な軸と流向を合わせなければ，正しい計測ができない．流れの中に立つ観測者自身も流れに影響を与えているため，計測点の下流側または横に立って可能な限り計測点の流れを変化させないように留意して計測を行う．また，河川の流れは時間方向に一様でなく，周期が異なる乱れが多く含まれた乱流（turbulent flow）である．そのため，一定時間の時間平均値を計測するか，複数回の観測の平均値を採用することが望ましい．流速計による直接的な計測以外にも，浮子とストップウォッチを用いて表面流速を測る浮子観測手法，より高度な計測手法として，超音波ドップラー流速計ADCPによる流れの三次元計測，ビデオ画像解析により表面流速を求めるPTV法，STIV法などがある（**図1.2-12**）．

続いて，水深の現地計測方法について概要を述べる．水深の最も確実な計測手法は，調査地点の河床から垂直に箱尺を立て，水面の値を読み取ることである．流速の計測方法について前述したとおり，流速を計測すべき深さは水深に応じて変化することから，実際には水深を先に計測してから，同じ地点で流速を計測する手順をとるのが一般的である．流速計の中には，流速計を保持する支柱と水深を計測する標尺が一体化した製品もあり，複数点での計測を効率よく行うことができるよう工

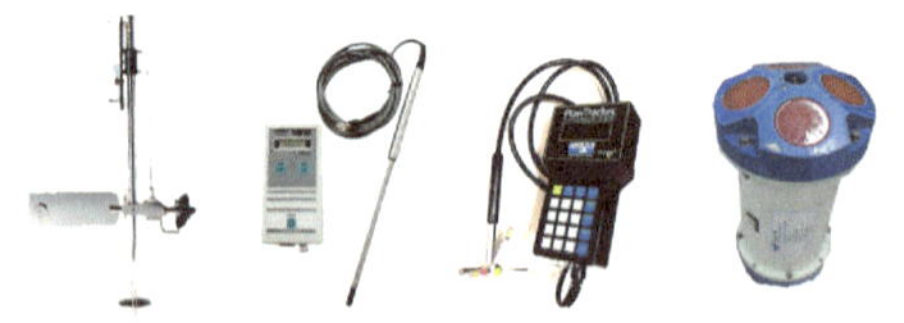

プロペラ式流速計　電磁流速計　超音波流速計　超音波流速計（ADCP）

図1.2-12　さまざまな流速計

夫されている．人が立ち入れないほど水深が大きい地点では，ボート上から測深竿で計測する．より深ければ，ワイヤー等に吊るした錘をボートから下ろして，ワイヤーの長さによって計測する手法などが行なわれてきたが，ハンディ型の音響測深器が用いられることが多い．流速と同様に，水深も時間方向に変動するため，水面の変動を観察して平均的な値を計測値として採用する．

水深・流速の計測点の配置と計測地点数は，調査の目的に応じて検討されなければならない．流路単位毎の物理環境指標の把握を目的とするのであれば，流路単位毎に統計処理が可能な程度の計測点を設ける方法，リーチ内の物理指標の幅をとらえる目的であれば，リーチ内にトランセクト（横断測線）を複数設置してトランセクトに沿って一定間隔で計測する方法，ある特定の生物が採捕された地点に着目して採捕地点で計測を行う方法などが考えられる．流路単位毎に計測点を設置する場合，流路単位毎に面積が異なるため，面積に応じて計測点数を増減させるか，同数とするかは，研究目的によって選択されるべきである．

実際の河川の流れにどれほどのバラつきがあるのか，萱場ほか（2003）による中小河川での計測例を**図 1.2-13** に示す．流路単位の河川地形に着目すれば，淵は水深が大きく流速が小さいこと，瀬は水深が小さく流速が大きいこと，平瀬はその中間に位置することがわかる．微生息場とみなされる水際は，水深も流速も小さい特徴がある（**図 1.2-13**）．

河川という場を特徴づける最も重要な現象の 1 つとして出水があるが，先に紹介したビデオ画像解析による表面流速の計測などの例外を除き，出水時に現地調査を

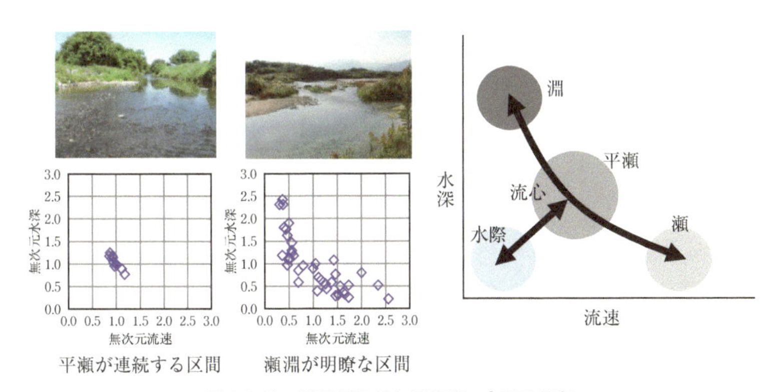

図 1.2-13 流路単位ごとの流速・水深の分布

無次元流速，無次元水深は，各地点の流速・水深を調査地におけるそれぞれの平均値で除したものを示す．
（萱場ほか, 2003 を元に作成）

行って流速や水深を計測するのは一般的には困難である．出水直後に水際に残された洪水痕跡と河川地形の計測結果をもとに，水理学的な関係に基づいて水深・流速を推定する方法や，近年急速に普及し身近なものとなった流れのシミュレーション（数値計算）によって推定する方法などが，出水時の流況を推定する有力な手法となる（**コラム 1.2** 参照）．

また，流速と水深の関係を与える実用的な経験式として，Manning の式を示す．

$$V = \frac{1}{n} R^{2/3} I_e^{1/2}$$

ここで，V：断面平均流速(m/s)，n：Manning の粗度係数（後述），R：径深（$= A/S$）(m)，I_e：エネルギー勾配である．Manning の粗度係数は，流路の粗さ，すなわち水の流れにくさに応じて与える係数であり，流路の状態に応じて一般的な値を設定することで，まずまずの精度で流速と水深の関係を得ることができる．径深 R は，断面積 A を潤辺長 S（流水断面を構成する辺のうち水面以外，河床面に接している辺長）で除した長さである．断面が矩形でかつ水路幅が十分に広ければ，径深 R は水深 h に漸近するため，h を代わりに用いてもよい．エネルギー勾配 I_e は，河川の流れを一様な等流とみなして河床勾配 I_b を与えることも多い．河川の横断面形と，Manning 式によって得られる流速と水深の関係を用いて，実際に計測が困難な流況についても大まかな推定値を得ることができる．また，両辺に断面積 A を乗じれば，流量 Q を求めることが可能である（**表 1.2-1**）．

C. 水流による土砂の輸送

河床表層に存在する土砂の粒子は，その上を流れる水流との間で作用反作用の関係によって力を受けている．水流による土砂の輸送やこれにより生じる諸現象を扱う学問は土砂水理学とよばれるが，ここでは概要についてのみ述べる．

河床面のある領域に着目すれば，河床面にはその上の流体塊から，河床面に垂直方向と，河床面に平行方向の 2 成分の力が作用している．土砂の移動にかかわるのは主に後者であり，この力を掃流力（河床面せん断応力）とよび，流砂現象を生じさせる外力の指標としてよく用いられる．掃流力 τ (Pa, N/m^2) は次式で表される．

$$\tau = \rho g h I_e$$

ここで，ρ：流体の密度（kg/m^3），g：重力加速度（m/s^2），h：水深（m），I_e：エネルギー勾配（－）であり，等流と仮定できる流れであればおおむね河床勾配 I_b に置き換えてもよい．また，掃流力を，速度の次元に置き換えた摩擦速度 U_* (m/

表 1.2-1　Manning の粗度係数の一般値

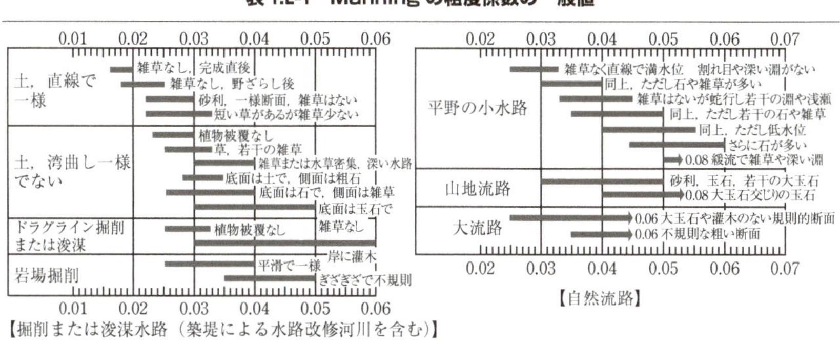

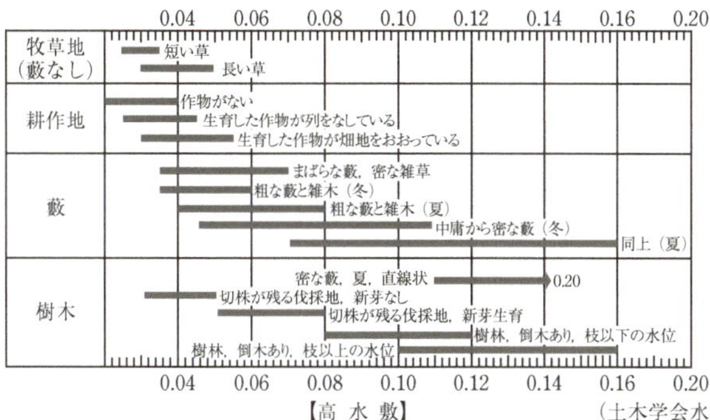

（土木学会水理委員会，2000 を参照して作図）

s）も，河床面に作用している外力の指標として良く用いられる．

$$U_* = \sqrt{\frac{\tau}{\rho}} = \sqrt{ghI_e}$$

これらの指標を用いることによって，土砂の移動が生じるか否か，移動する土砂の量（流砂量）はどれほどか，といった土砂輸送に係る定量的な記述が可能となる．ただし，土砂粒子の粒径や密度が異なれば，同じ外力が作用しても運動の状態は異なるので，これらの効果を織り込んで無次元化されたパラメータである無次元掃流力（シールズ数）τ_* が主に用いられる．

$$\tau_* = \frac{U_*^2}{sgd} = \frac{hI_e}{sd}$$

ここで，s：土砂粒子の水中比重，d：土砂粒子の直径（m）である．土砂粒子の水中比重 s は，土砂粒子の密度を σ(kg/m^3)，流体の密度を ρ(kg/m^3）とすれば，$s = (\sigma - \rho)/\rho$ であり，土砂粒子の比重から 1 を引いた値となる．たとえば，石英からなる珪砂の比重は 2.64 程度であり，この場合，水中比重 s は 1.64 となる．

ある粒径と密度の土砂粒子が流水による外力によって移動しはじめる状態におけるそれぞれの値を，無次元限界掃流力 τ_{*c}，限界摩擦速度 U_{*c} とよぶ．ある流れと土砂を想定して計算した無次元掃流力 τ_* または摩擦速度 U_* が，限界を上回っていれば，想定した土砂の移動が生じる状況であると判断される．

土砂水理学では，流水によって輸送される土砂を，大きく bed-material load と wash load に区別してきた．前者は，河床に存在する土砂が水流の状態に応じて移動するのに対して，後者は流水中では濁りとして認識され，自然堤防帯の後背湿地やデルタの河岸に存在する微細土砂をさす．また，bed-material load は，その運動形態によって，掃流砂（bed load），浮遊砂（suspended load）に分けて記述されてきた．水理公式集によれば掃流砂は「河床付近を河床と間断なく接触し，転動，滑動や小跳躍の繰り返しによって運ばれる」土砂をさし，浮遊砂は流水中の乱れによる拡散の影響を受けて，浮遊しながら運ばれる土砂をさす．少ない流量の条件下で掃流砂としてふるまっていた粒子であっても，流量の増加等によって水流による外力が大きくなれば，浮遊砂状の輸送形態へと変化する．

代表的な掃流砂量式として，Meyer-Peter and Müller 式（しばしばスイス公式ともよばれる）と芦田・道上式を以下にそれぞれ示す．

$$q_{B*} = 8.0 \times \tau_*^{3/2}\left(1 - \frac{\tau_{*c}}{\tau_*}\right)^{3/2}$$

$$q_{B*} = 17 \times \tau_*^{3/2}\left(1 - \sqrt{\frac{\tau_{*c}}{\tau_*}}\right)\left(1 - \frac{\tau_{*c}}{\tau_*}\right)$$

q_{B*} は無次元化された単位幅掃流砂量であり，次元を有する掃流砂量 q_B（単位幅あたりの体積，m^3/m）とは，次式の関係がある．ここに，s：土砂粒子の水中比重，g：重力加速度（m/s^2），d：土砂粒子の直径（m）である．

$$q_{B*} \equiv \frac{q_B}{\sqrt{sgd^3}}$$

浮遊砂量についても，同様にいくつかの評価式が提案されている．浮遊砂量式は，高さ方向に分布を持つ浮遊砂濃度 C(z) と流速分布 u(z) との積により表現されている．また，掃流砂と浮遊砂を合わせた bed-material load をまとめて表現する全流砂量式も提案されている．これらの取り扱いについては，水理公式集ほか専門書を参照されたい．

実際の河川では，小さい粒径から大きい粒径の幅広い粒径の土砂が河床に存在するため，大きい粒径の石礫は移動しないが，小さい粒径の砂だけは移動する状況なども普通に見られ，流砂量式によって流砂量を正しく表現することは難しく，流砂量式の精度向上自体が土砂水理学分野における研究テーマとして引き続き取り組まれているところである.

D. 河床材料の粒径区分

河床材料は，山地から河口までセグメントスケールで変化する（山本, 2010）．一般的には，土砂の生産源である山地の渓流では，巨石から，シルト・粘土といった非常に粒径が小さい土砂まで，非常に幅広い粒径の土砂がみられるのに対し，平野部の河川では，扇状地，自然堤防帯，デルタといったセグメントごとに，まとまった幅の粒径の土砂が見られる．沖積平野を流下する河川（沖積河川）の河床材料は，洪水によって運搬された土砂が堆積したものであるため，山地渓流と比べれば，河床材料の粒径の幅が限られている．下図は，ある河川のセグメントに応じた河床材料の変化を，粒径加積曲線で示した例である（**図 1.2-14**）．粒径加積曲線は，粒径を横軸に対数軸で表示し，縦軸に通過百分率（%）を示しており，どの粒径が何%程度含まれているのかを示す．扇状地区間では，礫が河床材料の大部分を占めるのに対し，自然堤防帯ではその大部分が砂であり，デルタではより細かい粒径の土砂が堆積している．

また，あるセグメントの中でも，流路単位スケール・微生息場スケールの河川地形に応じて河床材料が異なることに気がつく．たとえば，瀬は大きな石がまとまってみられるのに対して，淵の底には砂がたまっており，平瀬にはその両方がみられるといったように，河床材料は粒径によって異なる平面的な分布をもっている．また，平水時に水が流れている主流路と，出水時のみ冠水する場所では，堆積してい

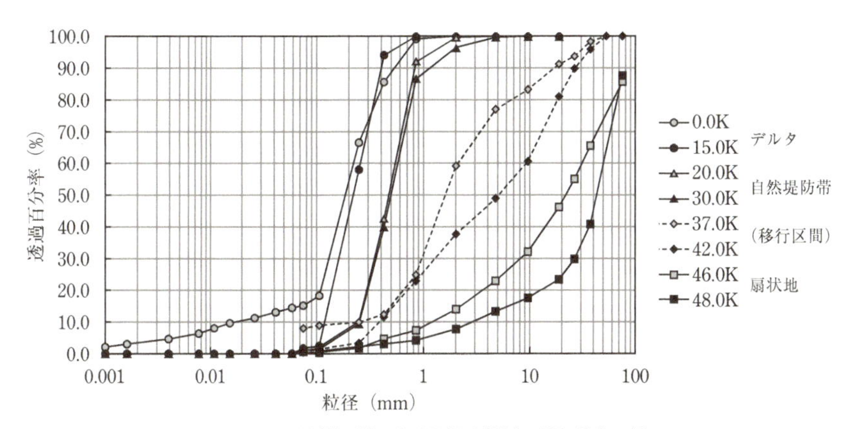

図 1.2-14　沖積河川における河床材料の流程分布の例

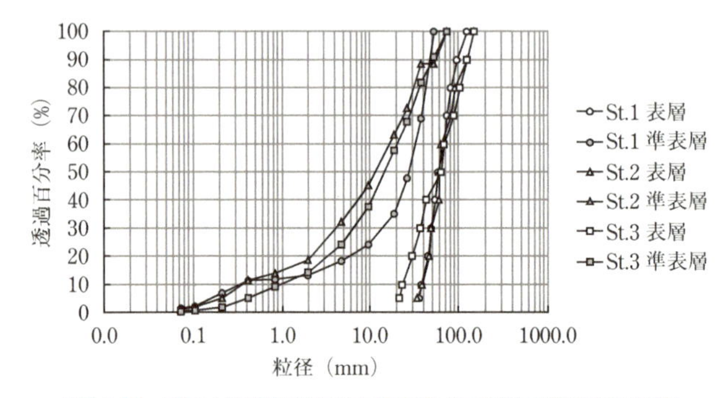

図 1.2-15　表層と準表層粒度分布の比較（長良川扇状地砂州の例）

る河床材料が異なる．このように，粒径や密度が異なる土砂が空間的に偏って存在している現象または状況は，河床材料の分級（sorting）とよばれ，河川の生物生息場を特徴づけるもっとも重要な現象の1つである．谷底平野や扇状地の河道にみられる砂州に着目すると，砂州の表面は石に覆われているが，表層の石をどけると，細かい砂が石の空隙を埋めており，表層と準表層では粒度分布がまったく異なっている．これも鉛直方向に分級が生じている典型的な例といえる（**図 1.2-15**）．

河床材料の粒径区分については，生態学分野と工学分野で異なる扱いを受けてきており，やや異なる表現体系がとられている．過去の研究成果を活用するためにも，双方における一般的な表現について解説する．

土砂は，その粒径に応じて巨礫，玉石，砂利，砂，シルト，粘土等の呼称により区分されるが，呼称が示す粒径の範囲は，欧米諸国で少しずつ異なる．広く普及しているAGU（アメリカ地球物理学連合：American Geophysical Union）の粒径区分は，Wentworth 階級（Wentworth, 1922）を元にしており（**表 1.2-2**），河川生態学のテキスト（Allan and Castillo, 2007）にも紹介されている．また，AGU の粒径区分は，mm 単位の粒径を2の $-\phi$ 乗で示す ϕ スケール（phi scale）により表現されることもある．日本の工学分野のうち，土砂水理学，河川工学においては，AGU の粒径区分と対応した分類が用いられることが多い（河村, 1982; 関根, 2005）．しかしながら，土質力学，地盤工学で用いる粒径区分（地盤工学会, 2009）は，粒径の範囲がやや異なっている．後述する土の粒度試験法の結果は，この区分に基づいて整理されている（**表 1.2-3**）．

日本の生態学分野での粒径区分はやや混乱している感があり，研究者や調査マニュアルによって，呼称の区分，各呼称が示す粒径の範囲ともに不一致がみられる

表 1.2-2 AGU による Wentworth 階級，ϕ スケール

名称	英文名称	粒径範囲（mm）	ϕ スケール	備考
大礫	large cobbles	128 ～ 256	−8 ～ −7	玉石
	small cobbles	64 ～ 128	−7 ～ −6	
中礫	very coarse gravel	32 ～ 64	−6 ～ −5	砂利
	coarse gravel	16 ～ 32	−5 ～ −4	
	medium gravel	8 ～ 16	−4 ～ −3	
	fine gravel	4 ～ 8	−3 ～ −2	
細礫	very fine gravel	2 ～ 4	−2 ～ −1	
極粗砂	very coarse sand	1 ～ 2	−1 ～ 0	砂
粗砂	coarse sand	0.5 ～ 1	0 ～ 1	
中砂	medium sand	0.25 ～ 0.5	1 ～ 2	
細砂	fine sand	0.125 ～ 0.25	2 ～ 3	
極細砂	very fine sand	0.062 ～ 0.125	3 ～ 4	
粗粒シルト	coarse silt	0.031 ～ 0.062	4 ～ 5	シルト
中粒シルト	medium silt	0.016 ～ 0.031	5 ～ 6	
細粒シルト	fine silt	0.008 ～ 0.016	6 ～ 7	
極細粒シルト	very fine silt	0.004 ～ 0.008	7 ～ 8	
粗粒粘土	coarse clay	0.002 ～ 0.004	8 ～ 9	粘土
中粒粘土	medium clay	0.001 ～ 0.002	9 ～ 10	
細粒粘土	fine clay	0.0005 ～ 0.001	10 ～ 11	
極細粒粘土	very fine clay	0.00024 ～ 0.0005	11 ～ 12	

表 1.2-3 地盤材料の工学的分類における粒径区分

粒径

0.005　0.075　0.250　0.85　2　4.75　19　75　300

<table>
<tr><td rowspan="2">粘土</td><td rowspan="2">シルト</td><td>細砂</td><td>中砂</td><td>粗砂</td><td>細礫</td><td>中礫</td><td>粗礫</td><td>粗石</td><td>巨石</td></tr>
<tr><td colspan="3">砂</td><td colspan="3">礫</td><td colspan="2">石</td></tr>
<tr><td colspan="2">細粒分</td><td colspan="6">粗粒分</td><td colspan="2">石分</td></tr>
<tr><td colspan="8">地盤材料</td><td colspan="2">岩石質材料</td></tr>
</table>

（水野・御勢, 1993; 竹門ほか, 1995; 国土交通省, 2016; 日本陸水学会東海支部会 2014）（**表 1.2-4**）.

工学分野では，土砂にかかわる現象の力学的な記述や土木建築材料としての利用の観点から定量的な記述がなされてきたが，生態学分野では現地調査における取り扱いの簡便さが重視されてきた結果，このような違いが生じているものと推察される．調査計画の立案にあたっては，いかなる基準に則って調査分析を行うか，目的に応じて選択し，手法としても明示することが好ましい．

表 1.2-4　各種の底質区分

陸水学会（2014）		国土交通省（2016）		谷田・竹門（1995）		水野・御勢（1993）	
名称	粒径範囲（mm）	名称	粒径範囲（mm）	名称	粒径範囲（mm）	名称	粒径範囲（mm）
巨礫	＞256	大石（LB）	＞500	岩（Rock）	＞500		2000～4000
		中石（MB）	200～500	巨石（Boulder）	250～500		1000～2000
						石	500～1000
							200～500
大礫	64～256	小石（SB）	100～200	石（Stone）	50～250		100～200
		粗礫（LG）	50～100			粗礫	50～100
中礫	16～64						
		中礫（MG）	20～50	砂利（Gravel）	4～50	中礫	20～50
小礫	2～16	細礫（SG）	2～20			細礫	2～20
				粗砂（Coarse sand）	1～4	中砂	0.5～2
砂	0.062～2	砂（S）	0.074～2	細砂（Fine sand）	0.125～1	細砂	0.075～0.5
				泥（Mud）	＜0.125		
シルト	0.004～0.062					シルト	0.005～0.075
		泥（M）	＜0.074				
粘土	＜0.004					粘土	＜0.005
		岩盤（R）	岩盤・コンクリート				

E.　河床材料の現地計測手法

河床材料の粒度分布の計測手法は，大きく分けて，表面サンプリング（Surface sampling, Areal sampling）と，容積サンプリング（Bulk sampling, Volumetric sampling）とに分けられる．表面サンプリング手法はサンプルをラボに持ち帰ることなくその場でデータ化できることが特徴であり，河床材料の粒径が大きい調査地での調査に適している．比較的簡易な手法から，定量的な粒度分布を得ることができる手法まで，幅広く提案されている．いっぽう，容積サンプリング手法は，後述する土の粒度試験法に代表されるように，サンプルをもち帰る手間がかかるいっぽうで，河床材料の厳密な粒度分布を得る目的に適している．詳細については，**2.3** を参照のこと．

ペブルカウント（Pebble count）：Wolman（1954）が提案したペブルカウントには，アレンジが加えられた複数の手法が存在するが（Kondolf, 1997; Bunte *et al.*, 2009），基本手順は以下のとおりである．

1. 対象とする調査地に，河川を横断するトランセクトを設定する．
2. トランセクトの水際に立ち，一歩踏み出して，つま先の前を手探りで触る．最初に指先に触れたものを拾い上げ，粒径または粒径区分を野帳に記録する．
3. 砂や砂利など細かい土砂は直径を計測して記録する．石礫は，長径，中径，短径の 3 軸のうち，中径を記録する．（3 軸をすべて計測して，後で算術平均

してもよい）

4. また一歩（または数歩）進み，対岸に着くまで同様に計測を行う．対岸についたら，新たなトランセクトを設定し，同様に計測を行う．川幅が狭い場合，上流に向かってジグザグに進んでもよい．
5. 河床材料の粒度分布を得るため，1 調査地あたり 100 サンプル程度を計測する．
6. データをもち帰り，粒径加積曲線，粒径区分ごとの頻度分布・割合として利用する．

ペブルカウント調査の効率を上げるため，石礫の粒径区分に応じた四角い穴が開けられた平面定規（Gravelometer）も用いられている（Diplas 2008）．

面積格子法・線格子法：面積格子法（Grid method）は，1 辺 1～2 m 程度の正方形の枠に，水糸などを一定間隔に張って格子状にした方形枠（コドラート）を調査地点に置いて，縦横の水糸が交差する格子点直下の土砂粒子の径を記録する手法である（**図 1.2-16**）．粒子の長径，中径，短径の 3 軸を記録する．一方，線格子法（Line Grid method）は，巻尺などを直線状に張ったトランセクトを設定し，一定間隔ごとに直下の粒子径を記録する手法であり，ペブルカウントに近い手法となっている．いずれも，計測する土砂粒子を拾い上げる際に，作為的であってはならない．また，格子の間隔は，ダブルカウントを避けるため，調査地にみられる最大粒径よりも大きくとらなければならない．

河村・小沢（1970）は，線格子法について，試料となる石の長軸，中軸，短軸を算術平均した粒径を用いると石の形状（扁平率）の影響を受けにくいこと，試料数は 100 個程度確保すべきこと，調査結果を粒径加積曲線で整理するにあたって，個数百分率を用いるべきこと等を示した．また，局所的な河床材料の粒度の変化を把握するには，面積格子法のほうが向いていることを指摘した．これらの検討を踏まえ，河川管理の実務では，河床材料の主構成材料を対象とした粒度分布調査におい

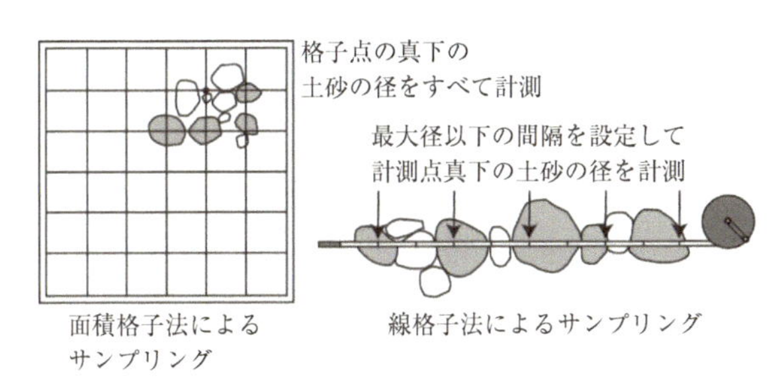

図 1.2-16　面格子法・線格子法

て，礫が主である場合は，表面サンプリング手法である線格子法または面積格子法，砂が主である場合は容積サンプリングしたうえで粒度試験法が用いられている（国土交通省, 2014）．

土の粒度試験法：現地で土砂をサンプリングし，室内分析により土砂サンプルの粒度分布を求める手法である．土の粒度試験法はJIS規格化されており，1950年の制定以来改正を経ながら現在まで用いられている（日本規格協会, 2009）．JIS規格では，75 mm～0.075 mmのふるい分析と，0.075 mmのふるいを通過した細粒分に対する沈降分析により，粒度分布を粒径加積曲線に整理することとされている．JIS規格による粒度試験は，河床材料が砂利や砂を主体とした河川区間には適しているが，75 mmを超過する石礫がみられる状況には適していない．これに対応する国際規格は，現時点では整備されていないが，米国では，容積サンプリング試料に対する分析手法はおおむね日本と同様であり，ふるい分析と沈降分析により行われる（Diplas, 2008）．容積サンプリングの一種であるKlingeman surface sampleは，最大粒径の10倍以上の直径の円を設定し，最大の石を取り除いた際の最深部と同じ高さまでの土砂を採取する手法である（Parker, 2008）．これらの室内分析は，土木工学分野ではごく一般的に行われているものの，さまざまな機材を必要とするため，試験機関に有償で分析を依頼することも多い．また，土の粒度試験にあたっては，土砂の密度を知る必要があり，土粒子の密度試験も同時に行うことが一般的である．

画像処理法：表面サンプリング手法の一種として，画像処理法がある．近年のデジタルカメラの高解像度化, PCによる画像処理技術の普及等により, 処理の自動化・省力化が進みつつある．オーストリアで開発された画像粒度解析ソフトウェアであるBasegrain（Detert and Weitbrecht, 2012）は, 石礫の輪郭を画像から抽出して, 個々の粒子の長径・短径を自動計測し，データ出力することができる．また，ドローンとBasegrainを組み合わせて面的な河床材料の分布を得ようとする試み（Detert *et al.*, 2018）もなされており，国内でも研究事例が増えつつある．画像処理法は，多量のサンプルを処理し得るため，河床表層粒度分布の時空間的な分布の調査への活用が期待される．

これらの粒度分布調査手法には，調査目的により向き不向きがある．すでに述べたように，河床材料の粒径の範囲が広い河川では，河川地形に応じた平面的な分級（Sorting）が生じているだけでなく，河床表層と準表層の粒度分布は異なることが普通であることから，研究の着眼点によって必要なデータが得られる調査手法を選択するとよい．また, 1地点の調査に要する労力・コストも勘案しなくてはならない．

面積格子法は表層粒度分布が高い精度で得られるいっぽう，100 個程度の石礫の 3 軸径を記録するのに，習熟した調査者でも 30 分程度要する．また，ふるい分け試験，沈降試験を試験機関に委託するには 1 サンプルあたり 2 万円前後の資金を要する．

ここまでは，主に河床材料の粒径や粒度分布を計測する手法について述べた．しかしながら，河床の生物生息場を規定する物理的要因は粒度分布だけではない．土砂の個々の粒子の物理特性を記述する要素として，粒径，形状，密度（比重）等があげられる．また，大径の石礫の存在様式や，石礫が形作る規則的な形態がもたらす生態的機能に着目した研究もなされている．

石礫群が形作る規則的な形態：大径の礫が形作る Mesoform の河川地形として，礫が流れを横断する方向に列状に並ぶ transverse rib（礫列），礫が円環上に並ぶ stone cell 等が定義されている（Hassan, 2008）（**図 1.2-17**）．また，Microform の河川地形として，大径の礫の周りに粒径が小さい礫が集積した stone cluster，流向に沿って礫が折り重なった imbrication（覆瓦構造）が示されている．研究者によっては，stone cluster をさらにいくつかの形態に分類している（Strom *et al.*, 2008 等）．imbrication や各種の stone cluster は，一度形成されると，石礫が単独で存在する状態と比べると，流れに対して動きにくくなる特性があり，底生動物の出水攪乱に対する流れ避難場の機能に注目した研究（Biggs *et al.*, 1997）等が行われている．

浮き石，載り石・はまり石：可児（1944）が提示した「浮き石・はまり石」の区分は，日本ではかなり普及している表現である．国土交通省が行う河川水辺の国勢調査では，「浮き石，沈み石」という表現に変更されているものの，底生動物調査

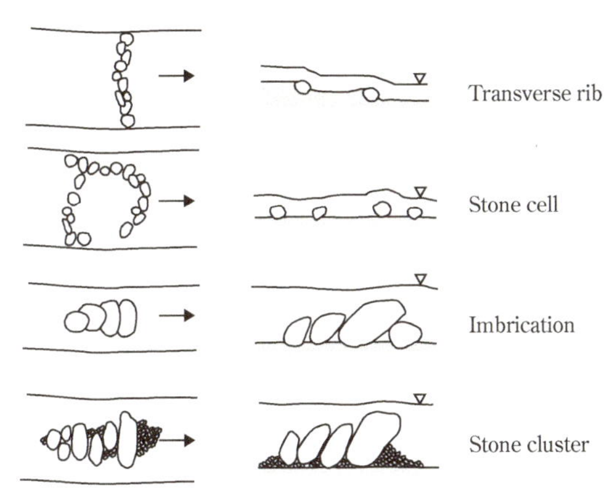

図 1.2-17 石礫が形づくるさまざまなメソフォーム

（Hassan, 2008 を参照して作図）

における標準的な調査項目に含まれている（国土交通省, 2016）．可児は，河床環境の特徴を，リーチスケール内の瀬淵区分と，河川横断方向の変化から定性的に観察しており,「浮き石・はまり石」の分布特性についても述べている．竹門（1995）は，可児の概念を拡張し，「浮き石・載り石・はまり石」に区分して，浮き石については，空隙の大きさにより大隙間・小隙間と分ける細区分と，浮き石の層の数による細区分を提示した（**図 1.2-18**）．

浮き石・はまり石の区分は，ともすれば，大径の石の存在状態のみに着目したものと捉えられがちであるが，その時空間分布は，流路単位スケールの河川地形と，土砂の侵食・堆積に伴って形成されており，生物群集の分布にも強く影響を与えている．

埋塞度（embeddedness）：大径礫が細かい材料に埋まった度合いを示すことを目的とした指標であり，主にサケ科魚類の産卵場，稚仔魚期の生息場の評価手法として北米で発展した河床表層の調査手法及び評価指標である（Sylte & Fischenich, 2002）（**図 1.2-19**）．埋塞度は基本的に，大径の礫の高さ（total height）に対する埋

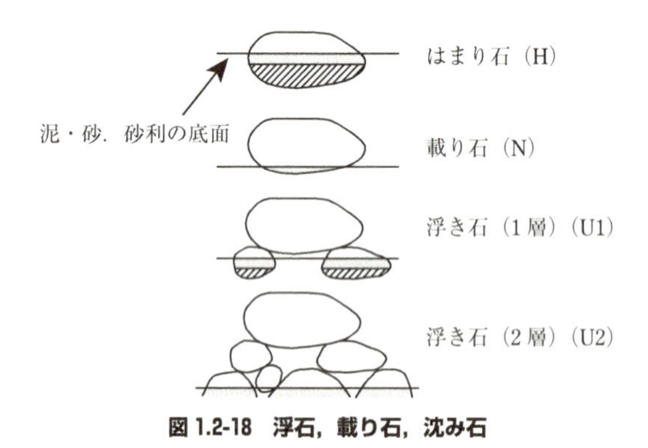

図 1.2-18　浮石，載り石，沈み石

（竹門, 1995 を参照して作図）

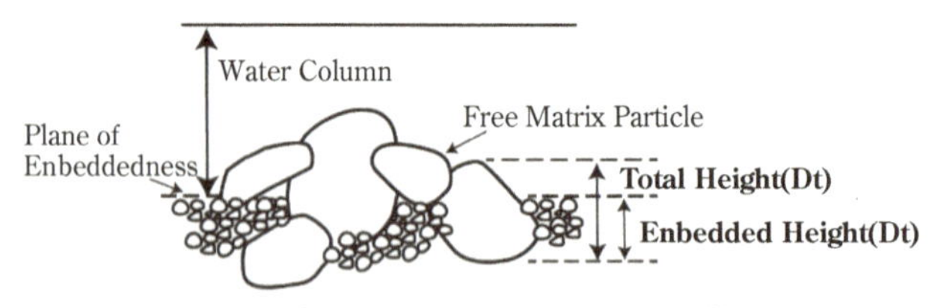

図 1.2-19　埋塞度（embeddedness）の模式図

（Sylte and Fischenich, 2002）

塞部分の高さ（embedded height）を百分率で表示するものであるが，埋塞度を算出するための計測手法および評価手法は複数提案されている．見た目で度合いを判断する方法から，金属製の太く短い筒を河床に置いて円筒内の石と砂の面積割合で判断する方法，細粒分のサンプリングと粒度分析を含む方法，河床材料の移動性の評価のための流速計測の併用などさまざまである．主要な5種の手法を現地調査により比較検討した結果，アメリカ環境保護庁によるUSEPA法が簡易かつ他手法の平均的な結果が得られるとの報告もある（Sennat *et al.*, 2006）．

続いて，河床の空隙を評価する手法について述べる．土砂粒子間の空隙は，河川生態系において重要な生息場を提供しているものの，これを直接的に計測することは一般的には困難であり，手法も限られている．

凍結コア法（Frozen core technique）：液体窒素を用いて土砂を凍結させて土粒子の三次元的な構造を保持したまま土砂サンプルを採取する手法であり，細粒土砂や空隙を利用する底生動物を流下させず採取できるなどの特徴がある（**1.3** 参照；Carling, 1981; 村上ほか, 2001）．サンプリングされた凍結コアの見かけの体積に対して，土砂の重量と密度から土砂の体積を得ることができ，みかけの体積との差が空隙である．

粒度分布から空隙率を推定する手法：粒径加積曲線に基づいて，土砂の空隙率（土砂の単位堆積あたりの空隙の割合，porosity）を精度よく推定する手法が提案されている．堤ほか（2006）は，球状のガラスビーズと数値モデルを用いて，粒度分布の幅が空隙率におよぼす影響を検討し，均一粒径では0.35程度，粒度分布の広がりとともに空隙率は0.2以下まで減少することを示し，粒度分布に対して空隙率を適切に評価することの重要性を示した．Sulaiman *et al.*,（2007）は，堤らの実験に基づき，空隙率を推定する経験式と手法を提案した．この手法では，まず粒度分布をlog-normal分布とTalbot分布のいずれかに機械的に区分した後，それぞれの分布に対する経験式によって空隙率を推定することができる．

1.2.5 水文データの計測とデータの活用

A. 概要

河川を流れる水の起源は，河川流域にもたらされた降水（降雨・降雪）によるものである．したがって，自然状態であれば，各河川を流下する流量の総量（総流出量）は，その河川の流域面積と降水量の積から，蒸発散や地下水の涵養等を差し引いた分におおむね等しい．日本における年平均降水量は1700 mm程度であるが，地域によって1000 mmに満たない地域から3000 mmを超える地域まで，国内だけをみても大きな差があることから，河川の流量は地形および気候の影響を強く受けている．また，河川の流量は年間を通じて大きく変動する．短期間にまとまった降水があれば，河川の流量と水位は増加し，出水となる．いっぽう，長い期間にわたって降水がなければ，流域から河川に流出する流量は減少し，いわゆる渇水となるが，川が完全に干上がってしまう河川は日本にはほとんどない．河川の表流水と地下水とは連続しており，地表付近の帯水層の地下水位と河川水位の関係によって，河川から地下水が涵養される状況（河川水位＞地下水位）もあれば，地下水が河川に流出する状況（地下水位＞河川水位）もあり，表流水の水位が低下した渇水時には地下水からの流出によって表流水の流量が次第に増加する区間もみられる．また，そもそも河川の水源の大部分を地下水からの湧水に依存している河川（湧水河川）もある．

出水を生じさせる気象現象としては，アジアモンスーン地域に国土が立地する日本では，梅雨前線や台風によってもたらされる集中豪雨がもっとも一般的ではあるが，冬季に降雪が多く梅雨前線や台風による降水があまりない地域（主に日本海側の地域や北海道など）では，春先の融雪出水が一年で最も流量が多い出水イベントとなる．また，流域面積が小さい中小河川では，局所的な集中豪雨でも流域内の降水が一時にまとめて流出することによって大規模な出水を生じることがある．

ある河川の地点に着目して水位と流量の変動を観測すると，水位・流量には，いくつかの時間スケールの変動がみられる．まず，短期間にまとまって降った雨による出水の場合，分単位，時間単位，日単位の変動がみられる．出水波形の長さは一般的には流域面積が広いほど，河川の勾配が緩いほど，長くなる．次に，雨が多い時期，雨があまり降らない時期といった季節性の変動がみられる．この場合，分単位や時間単位ではなく，日単位，月単位の変動として捉えるのが適当だろう．年間の水位変動と１出水における水位変動の例を示す（**図 1.2-20**）．なお，水位や流量の時系列データを示した図を，ハイドログラフとよぶ．

年単位より長い時間スケールでの変動としては，さまざまな周期性を有する気候サイクルによる気候変動および人間活動に起因するとされる気候変動（地球温暖化），土地開発や水資源開発といった流域の水収支に影響を与えるような人間活動の影響があげられる．これらの中長期的な影響は，さまざまな影響の重ね合わせの結果であるため，検出が難しいものもあるが，人為起源の気候変動が河川流量に与える影響に関する研究は，各種の全球気候モデルによる気候シミュレーションの結果を用いて盛んに行われている．

また，人間活動は，河川の水位・流量変動パターンにさまざまな形で直接的な影

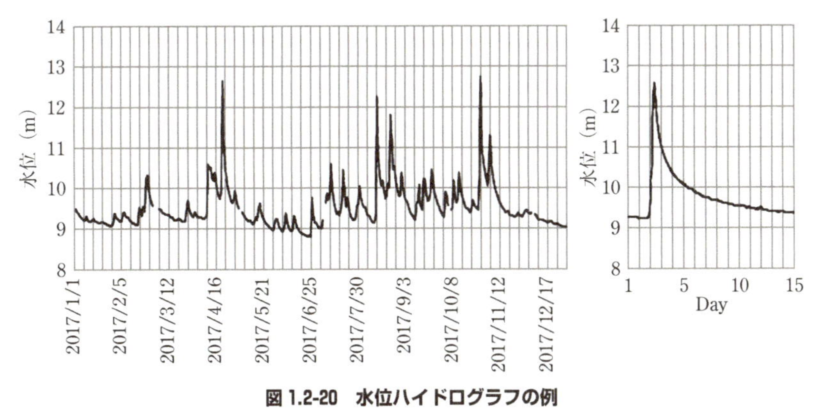

図 1.2-20　水位ハイドログラフの例

（左：長良川忠節観測所 2017 年の日水位／右：出水波形の例．時刻水位）

響を与えている．とくに，河川の流量を直接的に操作することができるダムは，運用開始した直後から，河川の流量変動に直接的な影響を与える．たとえば，洪水調節を目的としたダムでは，洪水時にダム下流の安全のためにダム貯水池への流入量よりも放流量を抑える操作（ピークカット操作）が行われる．また，「流水の正常な機能の維持」を目的としたダムでは，下流河川の流量が減少し渇水になりそうな時期に，貯水池からの放流を行って渇水を回避する．水力発電を目的としたダムでは，毎日特定の時間帯のみ一定流量の放流を行う．このように，自然流況とは異なる水位・流量変動がダムの目的に応じて生じることとなる．ダム以外にも，農業用水や工業用水の取水や放流は，さまざまな時間スケールで河川流量に影響を与えている．

本節では，河川の水位・流量に関するデータの活用，現地計測手法，降水量から流量を推定する計算手法（流出解析）の概要について述べる．

B.　水文観測データの活用

日本における河川の水文観測の歴史は長く，河川管理者から各地域在住の観測員への委託によって，水位等の目視観測を行っていた時代から数えると百年以上の歴史をもつ．水文観測の項目としては，水位，流量，降水量，積雪深，水質，地下水位等が対象とされ，現在はその多くの項目が自動観測されている．国が管理する河川の水文観測データは，「水文水質データベース」（URL: https://www1.river.go.jp/）から，閲覧・利用することができる．水文水質データベースが整備されたのは 2000 年代以降だが，年代をさかのぼってデータの電子化とデータベースへの登録がなされている観測所もある．水位観測所（水位のみ），水位流量観測所（水位と流量），雨量観測所等によって，閲覧できるデータの項目が異なり，観測所を選択して必要なデータを検索するインターフェースが整備されている．検索の結果は，テキストデータとしてダウンロードすることができるが，一度にアクセスできるデータは限られており，多量のデータをまとめて取得したい場合，国土交通省が中心となって開発され，頒布されている水理・水文解析ソフトウェア CommonMP（URL: https://framework.nilim.go.jp/）および水文水質データ取得ツールを使用するのが便利である．水文水質データベース等で入手可能な水位流量観測所のデータには，時刻水位（流量）と日水位（流量）の 2 通りがある．時刻水位はその名の通り毎正時の値であるが，日水位は時刻水位 24 時間分の平均値であることに留意が必要である．分析の対象とする現象の時間スケールに応じた使い分けが必要となる．

ところで，河川の水位流量観測所における水位と流量は別々に計測されているわけではなく，流量は水位から計算して求められた推定値である．**1.2.4** で述べた流量観測手法によって，水位と流量の関係を複数の水位について観測しておき，観測所の水位 H と観測所のある河川断面を通過する流量 Q の関係を H-Q 曲線とよばれる近似曲線に整理しておくことで，任意の水位に対する流量を計算によって求めている．H-Q 曲線は，一般的に以下に示す H の 2 次関数で表現されていることが多い．a，b は流量観測結果に基づいて決定される定数である．

$$Q = a(H + b)^2$$

1.2.4 に示した通り，流量 Q は断面積と流速の積でもあるから，出水によって河床変動が生じ，断面形が変われば，河川測量及び流量観測を行って，H-Q 曲線を更新しなくてはならない．また，水位によって断面積が大きく変化する場合，たとえば低水路と高水敷を有する複断面河道などでは，1 本の曲線で H-Q の関係を表現できないため，水位の範囲によって複数の H-Q 曲線が用意されることも多い．

国土交通省が実施している水文観測以外にも，気象庁（雨量，積雪量，その他気象観測データ），経済産業省，農林水産省，地方自治体等がそれぞれの目的で観測を行っている．気象庁の観測データについては，気象庁ウェブサイトから利用可能であるほか，気象業務支援センターから過去の気象データを購入することができる．都道府県管理河川にも，水位観測所が多く整備されているが，主に防災目的の用途であって，リアルタイムの水位データは公表されているものの，過去の観測データをデータベースとして整備・公表している地域はほぼみられない．

C. 水位・流量の現地計測手法

河川の水位を自ら計測するには，量水標を目視でカメラ記録等によって観測する方法もあるが，水位を計測するための圧力センサー・データロガー・バッテリーが一体となった投げ込み式の圧力式水位計や，センサー部と本体がケーブルで接続された水位計等が市販されており，これらの製品は一般的に，設定したインターバルで記録を蓄えることができるため，時系列のデータを得るのに便利である．

これらのセンサーを設置するにあたっては，出水時に流されないために，穴を沢山あけたパイプを河岸に打ち込み，その中にセンサーを入れるなどの工夫が必要となる．パイプ内でセンサーの高さがずれないようにしなくては，正確な水位変動は計測できない．また，渇水時に干上がるような小渓流では，河床より深い位置に設置しなくては水位を連続観測できないが，パイプ内に土砂が詰まることも予想され，調査地に応じた設置方法の工夫が求められる．

データを扱ううえでの留意点としては，圧力式水位計が計測しているのはあくまで圧力であるから，圧力から水深を算出し，センサー位置の高さに水深を足したものが水位となる．また，センサーが受ける圧力は大気圧に水の静水圧を足したものになるため，正確な水深を得るためには，大気中にも圧力式水位計を設置し，大気圧の時系列データを計測しておいて，その差として得られる静水圧から水深を算出することで，正しい値が得られることとなる．たとえば，大気圧が 1000 hPa，水深 1.00 m の位置におかれた圧力センサーには，静水圧 $p = \rho gh = 1000\ \mathrm{kg/m^3} \times 9.8\ \mathrm{m/s^2} \times 1.00\ \mathrm{m} = 9.8 \times 10^3\ \mathrm{Pa} = 9.8\ \mathrm{kPa}$ に，大気圧による約 100 kPa（1 hPa = 100 Pa）が加わっているため，計測値は 109.8 kPa となる．大気圧は標高によって異なるほか低気圧や高気圧の通過によって数％程度の変動がみられることから，大気圧補正を行わなければ水深にして数十センチメートルに相当する誤差を含む値となる．したがって，圧力式の水位計を用いるのであれば，大気圧補正用に 1 地点追加するか，調査地近くに気象庁の観測所等があれば，気圧の観測値を用いて大気圧補正を行うべきである．なお，水温によって水の密度も変化する．このため，圧力式の水位計の製品には同時に水温を計測・記録するものも多い．たとえば 0℃から 30℃の範囲では，水の密度は 0.5％程度変化する．したがって，圧力式水位計を用いる場合の誤差要因としては，水温変化による水の密度変化よりも大気圧変化の方がはるかに大きいといえる．

その他の測定原理による水位計としては，非接触型の電波式水位計，超音波式水位計等が実用化されているが一般的に高価であり，河川管理者が橋梁などに設置しているものに限られている．

河川断面を通過する流量の計測手法として，河川横断方向に複数地点で水深と流速を計測する手法（いわゆる流量観測）については**1.2.4**においてすでに述べた．しかし，この方法では川に入って流速を計測しなくてはならない．川に入らずに河川流量を推定する方法として，幅が広い堰などを越流して落下する流れの越流水深から，水理学的に河川流量を計算する手法もある．水が堰を越流する箇所や自由落下する地点では，水理学的に限界水深（critical depth）といわれる状態が生じる（**図1.2-21**）．

限界水深H_cと流量Qの関係は，q:単位幅流量（m^3/s），B:堰の越流幅（m），g:重力加速度（m/s^2）とすれば，次式のとおりである．

$$q = g^{1/2} H_c^{3/2}$$

$$Q = Bq = Bg^{1/2} H_c^{3/2}$$

また，堰の断面が台形や長方形の断面の場合には，H：堰の越流水深（m），C：流量係数（$m^{1/2}/s$）として，係数Cを堰の越流量公式により求め，次式により流量を算出することができる．各種の堰の越流量公式については，水理公式集等を参照するとよい．

$$Q = CBH^{2/3}$$

山地渓流からの流出など，より小規模な集水域における流量を計測するための設備として，検量堰，パーシャルフリューム等がある．検量堰は，堰の越流水深から流量を求めることを目的とした堰を設置するものであり，堰の上流には水をためて流れを整えるための桝を伴うのが一般的である．堰の越流部は，大型のものでは長方形，小型のものでは逆三角形の切り欠きが設けられている．これらの検量堰の越

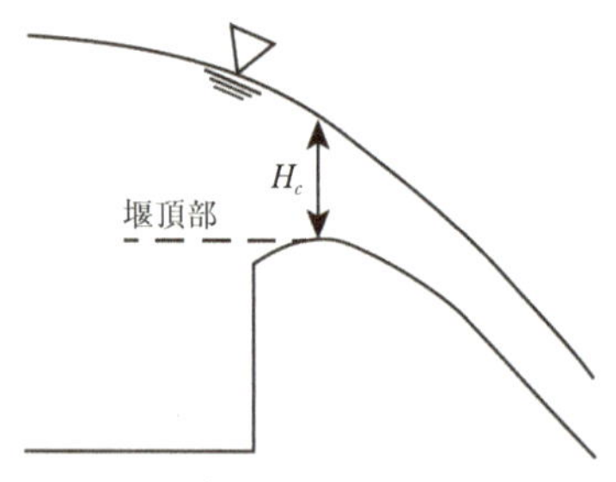

図 1.2-21 堰越流部で生じる限界水深

流水深と流量の関係は水理公式集に示されているほか，JIS 規格にも整理されている．パーシャルフリュームは，もち運び可能な固定堰の一種であり，本体の幅が狭い部分を通過する流れの水深から流量を求めるものである．これらはいずれも，水深に基づいて水理学的に流量を求める手法であって，水深を計測するセンサー・ロガー等を同時に用いることが前提となる．

D. 降水量から河川流量を求める

水位・流量などの水文観測記録がない河川地点の流量を推定したいとき，降水量の観測記録があれば，ある程度の確かさで流量を推定できるかもしれない．降水量と流域の情報に基づいて流出流量を推定する手法を，雨水流出解析（Rainfall-runoff analysis）とよぶ．流出解析は水文学に属する解析手法であるが，土木工学分野では，河川改修の計画や道路側溝のような雨水排水施設の設計のために，まとまった雨が降った際に想定されるピーク流量を求める必要などから，各種の流出解析手法が用いられてきた．各手法の詳細は専門書に譲るとして，最も簡易な流出解析手法の例として合理式（rational method）を紹介する．合理式は，日本では小河川における洪水ピーク流量 Q_p の算出，宅地造成や道路整備に伴う雨水排水施設の計画などに用いられている．合理式は次式で表される．

$$Q_p = \frac{1}{3.6} f_p r A$$

ここで，f_p：ピーク流出係数，r：洪水到達時間内の平均降雨強度（mm/h），A：流域面積（km^2）である．式中の$\frac{1}{3.6}$は，ピーク流量を m^3/s で表示するための単位の変換係数に過ぎない．ピーク流出係数は，降水量に対してどれほどの流出があるかを経験的に示した係数であり，世界各地でじつに多くの数値が提案され，実務に用いられている．流域内にさまざまな地形や土地被覆がみられる場合，それぞれの類型が占める面積により，各類型の流出係数を加重平均して流域全体の流出係数を求める．**表 1.2-5** に，日本において洪水ピーク流量を求める際に用いられている流出係数の一般的な値を示す．

合理式に用いる平均降雨強度の平均値をとる単位時間ともなる洪水到達時間とは，ピーク流量の計算地点より上流の集水域に降った雨が計算地点に到達するまでの時間であり，一般に流域面積が小さく，急勾配であるほど短い．すなわち，洪水到達時間が短い流域では，短時間に降った雨でもピーク流量が大きくなりうるが，洪水到達時間が長い流域では，短時間の雨では流量が大きくは増加しないといった

表 1.2-5 日本の合理式における流出係数の例

流域の状況	流出係数
急峻な山地	0.75 ～ 0.90
三紀層山地	0.70 ～ 0.80
起伏がある土地および樹林	0.50 ～ 0.75
平坦な耕地	0.45 ～ 0.60
灌漑中の水田	0.70 ～ 0.80
山地河川	0.75 ～ 0.85
平地河川	0.45 ～ 0.75
流域の半ばが平地である大河川	0.50 ～ 0.75

（土木学会水理委員会, 2019 より）

現象が表現されている．洪水到達時間の計算式は海外においても複数提案されているが決定的な手法はみられず，対象によって使い分けられているのが現状のようである．水理公式集に示されている洪水到達時間の計算法は 2 種あり，降雨が斜面を流れ下る過程を力学的に示したキネマチックウェーブ法と，建設省土木研究所が整理した経験式が示されている．後者の洪水到達時間は，自然流域と都市流域についてそれぞれ，

$$T_p = 1.67 \times 10^{-3}\left(\frac{L}{\sqrt{S}}\right)^{0.7} \quad \text{（自然流域）}$$

$$T_p = 2.40 \times 10^{-4}\left(\frac{L}{\sqrt{S}}\right)^{0.7} \quad \text{（都市流域）}$$

であり，ここで，T_p：洪水到達時間（h），L：流域最遠点から流量計算地点までの距離（m），S：平均流路勾配（－）である．上式の適用範囲は，自然流域では流域面積＜50 km^2，S＞1/500，都市流域では流域面積＜10 km^2，S＞1/300 とされている．

合理式は簡易な式であるが，たとえば，調査地が受けた洪水外力を，過去の降水量観測記録から算出したい場合などには有用な手法である．

本節では，河川生態系の調査，研究の基礎として，まず，河川地形の階層的な時空間スケールと，スケールごとの河川地形の分類について解説した．対象とするスケールによって用いる手法や材料も大きく異なるため，調査研究の対象とする河川地形の時空間スケールを明瞭に意識することの重要性は冒頭に述べたとおりである．また，河川地形及びこれを構成する物理環境のうち，流れ，底質等の現地計測手法と既存データの活用方法について解説した．本節では，河川の生息場を構成す

る物理環境要素のうち流水と土砂といった無生物を主な対象としたが，流水の水質や水温等の物理環境要素については言及できていない．日射や空気中の気温，湿度，風なども物理環境の構成要素であろう．また，河畔林，倒流木，抽水植物，付着藻類といった植物が，流水と土砂との間にさまざまな相互作用をもたらし，幅広い時空間スケールで河川地形にも影響を与えているほか，生息場を形成する重要な要素ともなっている．ここで述べた生息場の物理環境要素は完全な独立変数ではなく，個々の要素間の力学的関係あるいは生物化学的プロセスを介した関係性を有していることも自明であるが，その枠組みを河川地形の階層性の中に位置づけることで，より体系的な理解が可能となる．

（原田守啓・永山滋也・井上幹生）

コラム 1.2 河川のシミュレーションソフトiRICによる流れの数値計算

瀬・淵といった流路単位スケールの河川地形の中での，水深・流速・河床材料の空間分布は多様であり，流量が変化すればこれらの絶対値も空間分布も変化する．しかしながら，流れの物理環境を現地計測するには，必要な用具も調査労力も決して少なくない．そこで，河川の流れの数値計算ソフトウェアiRICを用いて，流れの数値計算を行う方法について紹介する．iRICは日米の河川工学者によって開発され，継続的に改善されてきた河川のシミュレーションソフトであり，共通したユーザインターフェース上で，異なる種類のシミュレーションソフト（ソルバーと呼ぶ）を使うことができる．学術論文等により公表されている信頼性の高いソルバーがウェブサイト（https://i-ric.org/ja/）で無料公開されている．河川工学分野や河川管理実務の分野ですでに普及しており，河川生態学分野においても物理環境を対象とした研究のツールとして今後より一層の活用が期待される．

ソルバーの種類 河川の流れのシミュレーションは，ある流量が川を流れる際の流速・水深を解くことを基本的な目的としており，河川地形と流速・水深の空間的な取り扱いによって，1次元解析，2次元解析，3次元解析に分けることができる．1次元解析は，河川縦断方向に複数の河川断面を設定して，河川断面ごとの平均流速と水深のみを扱う計算である．冒頭に述べたように，流速・水深の平面的な空間分布を扱うことができるのが平面2次元解析であり，3次元解析ではこれに加えて鉛直方向の流速も考慮される．扱う次元が増えるほど計算量も増加するため，セグメントスケールの長期間の解析であれば1次元解析，リーチスケール～流路単位スケールの解析であれば平面2次元解析，三次元性が強い場の解析であれば3次元解析といった使い分けがなされるのが一般的である．河川間隙水域の流れや地下水の流れは基本的に考慮されず，河床面より上を流れる表流水のみが考慮される．また，河川地形等の入力条件に対して，河川地形を固定して水の流れのみを計算する固定床計算，河川地形及び河床材料の入力条件に対して，水の流れと河川地形の変化を同時に計算する移動床計算に大きく分けることもでき，後者の計算が可能なソルバーでは，河床変動計算の機能をオフにすれば固定床計算を行うことができる．

iRICにはこれらの各種解析ソルバーが実装されており，利用者が異なる複数のソルバーの中から目的に合ったものを選択することができる．ここでは，「リーチスケールの対象区間に対して，流路単位スケールから微生息場スケールにおける水深流速の空間分布を計算したい」という目的を想定して，平面2次元河床変動計算ソルバーであるNays2DHを用いた解析例を説明する．

手順の概要　Nays2DHソルバーに限らず，大まかな手順はソルバー間で共通している．

①河川地形データの読み込み，計算格子の作成

まず，水が流れる河川の地形を与える必要がある．iRICは，河川測量データやDEM（Digital Elevation Model）データ，shpデータなど，各種のデータを読み込むことができる．基本的には，平面座標（x,y）と標高値（z）からなる三次元座標（x,y,z）により，河川地形を読み込ませることとなる．複数の異なる河川地形データを組み合わせて用いることもできる．また，計算を行う格子を半自動的に形成し，各格子点における標高値を，前述の河川地形データに基づいて与えることにより，河川地形を反映した計算格子を形成する．

②計算条件の設定

計算格子に，Manningの粗度係数（**1.2.4**参照）を与える．粗度係数は，流速と水深の関係を与える最も重要なパラメータであると同時に，河床変動計算を行う際には，河床面に作用する掃流力の計算にも用いられる変数であることから，妥当な値を設定する必要がある．また，必要に応じて，障害物，植生帯が存在する格子を設定する．河床変動計算を実施するのであれば，河床材料の粒度分布等も条件に加える必要がある．これらの値は，計算格子にかぶせるようにポリゴンを設定し，ポリゴンに値を設定することで，計算格子に対して値を設定することができる．

計算格子に対して与える計算条件とは別に，上流端・下流端の境界条件として，上流端から流入する流量と，下流端における水位を設定する．これらは一定値ではなく，時間的に変化するハイドログラフとして入力することもできる．水位流量観測所のデータが活用できる区間の解析であれば，計算区間の上流端と下流端をそれぞれ水位流量観測所に設定することにより，実測のハイドログラフを境界条件に設定した計算も可能である．

1計算ステップごとに進める時間Δtや，計算出力を行う間隔なども設定する必要がある．Δtが大きいほど計算ステップ数は少なくて済むが，数値計算の原理上，無暗に大きくすることはできず，計算格子の幅をΔxとしたとき，Δtは隣接する格子間の情報伝達速度よりも大きくなくてはならない．この条件はCFL条件とよばれる．やや正確さを欠くが，簡易的にCFL条件を満たすには，計算中に発生しうる流速の最大値よりも$\Delta x/\Delta t$が十分大きくなるように，Δtを設定すればよい．たとえば，格子間隔$\Delta x=5.0$ m，最大流速5.0 m/sが想定される計算では，Δtは1.0 sec以下である必要がある．ぎりぎりに設定すると，計算が数値振動を起こすなどして不安定になるため，CFL条件に対して余裕をもって十分に小さい値を設定するとよい．

③計算の実行

ソルバーによる計算を実行する．計算の進捗がテキストで表示されるが，何らかの原因によって計算が停止する場合，計算格子の不備，計算条件の不備などが疑われる．たとえば計算格子がよじれて格子点が密集している場合，計算条件に不適切な値を入力している場合などがある．ソルバーはFORTRAN等の言語で開発された数値計算プログラムであって，iRICで設定した計算格子や計算条件を受け取ってプログラムを計算しているだけなので，計算が停止してしまった際に，その原因が何かは自らつきとめなくてはならない．

④計算結果の可視化，エクスポート

iRICは標準機能として計算結果を各種の方法で可視化することができる．水深をカラーコンターで示す，流速をベクトルや流線で示す，これらを重ねてアニメーションさせる，といった高度な可視化機能が簡単な操作で可能であり，画像や動画ファイルとして保存できる．しかし，たとえば「各流路単位に含まれる格子の水深・流速を用いて検定や解析をかけたい」といった場合には，iRICの計算結果を出力して他の統計解析ソフトウェアで利用できるようにする必要がある．このような場合，ファイルメニューに含まれる計算結果のエクスポート機能を用いることで，任意の時間・格子における任意の変数をテキストデータとして出力可能である．

信頼性の高い水理計算を行うための留意点　流れの数値計算結果を材料として用いた研究では，計算の信頼性・妥当性が研究そのものの評価に直結することも多い．流れの数値計算の信頼性を確保するために，一般的な3つの留意点を示す．まず，1つめにソルバーの適用領域がある．流れの数値計算では，実際には連続していて複雑な挙動を示す水の流れを，質量保存則や運動量保存則に基づく基礎方程式によって時空間的に離散化して表現し，基礎方程式を繰り返し計算することによって，時空間的な流れの変化を計算している．したがって，基礎方程式が表現できていないような現象が含まれる流れを無理に計算しても，計算精度は確保されない．

2つめに入力条件の妥当性がある．まず，数値計算の対象である区間の河川地形が適切に表現されているか，計算格子の間隔は大きすぎたり小さすぎたりしないか，といった河川地形モデルに関わる妥当性がある．さらに，粗度係数の設定根拠，境界条件として与えた流量・水深の設定根拠などが求められる．

3つめに結果の検証の有無とその妥当性である．何らかの検証がなされていない計算結果は，その信頼性を証明することが難しい．よく行われる検証は，計算水位と実測水位による検証である．ある上流端流量，下流端水位を境界条件として与えた計算において，中間地点における水位を実測値等によりチェックすることがよく行われる．たとえば，洪水時の流況の再現を目的とした計算では，洪水時に堤防のり面などに残った複数地点の洪水痕跡と計算水位の比較による精度検証などがよく行われる．検証の結果，計算水位が実測水位と合わなければ，粗度係数を調整して再計算することもよく行われる．このようにして実測水位に合うように調整された粗度係数は逆算粗度係数とよばれる．平面流況の再現性を主眼においた計算では，たとえば現地観測を実施して計測された複数地点の流速・計算水深と計算流速・水深の比較によって検証を行い，粗度係数等を調整したうえで，現地調査を行えていない異なる流量の条件下における数値計算を行う，といったワークフローが考えられる．計算結果に対して何らかの検証を行い，計算条件を調整した計算を複数回行って，信頼性を確保することは，数値計算には普通に求められる．検証が十分に行えない場合は，計算結果に期待できる信頼性の程度に応じた活用に留めることが肝要である．

（原田守啓）

コラム 1.3　河川における縦断的な位置を示す河川距離標

日本の河川には，河川管理者によって距離標（キロポスト，kp）が設置されており，河口を有する河川であれば河口を，本川に合流する支川であれば合流点をゼロ点として，下流から上流に向かって位置が示される．河川堤防などに，コンクリートや石材による柱状の標識が設置されている．設置されている間隔は，国が管理する区間では，200 m（0.2 km）間隔で設置されていることが多く，両岸に設置された距離標の見通し線にそって河川横断測量が行われる．なお，距離標に表示される距離は河川の中心線に沿って計算されているため，河道が湾曲している区間などでは，内岸側と外岸側で距離標間の実際の距離は異なり，正確な距離を示すものではないが，河川における位置を示すもっとも基本的な表現である．たとえば，調査地の位置を示す際には「○○水系△△川 30.2 kp～30.4 kp」といった表現によって，河川内の位置を一意に表現することができる．

（原田守啓）

1.3 河川間隙水域 —見えない地下を探る—

河川間隙水域とは，流路に隣接する地下水域の一部で，表流水の影響も受ける領域のことである．表流水と地下水が混ざるエコトーンをなし（Vervier *et al.*, 1992），その領域は，流路形状や地形条件に対応した広がりをみせる．たとえば，瀬淵構造では，瀬頭から表流水が河床下に浸透し，淵で再び表流水域に戻る流れがつくられる（**図 1.3-1**）．交互に砂礫堆が発達する蛇行河道では，変曲点から表流水が砂礫堆の地下部に浸透，湾曲する流路をショートカットする流れがある．小さなスケールでは，巨石や倒木など表流水域の流れの障害物によっても，表流水が河床下に浸透し，再び表流水域に戻る流れがつくられる．そのため，河川間隙水域は瀬や砂礫堆などの河川地形，巨礫や倒木などの河床の凹凸の地下部に 3 次元的に広がっている（Kasahara and Wondzell, 2003）．このような表流水の浸透によって維持される河川間隙水域は，季節や水位変動に応じて縮小，拡大するため，極めてダイナミックな領域である．

河川間隙水域は，河川生態系でさまざまな役割を果たしている．底生無脊椎動物や魚類の中には河川間隙水域を生息場や産卵場，および洪水時や渇水時における避難場所として利用するものもいる（Dole-Oliver *et al.*, 2000）．水温の緩衝帯としても機能し，間隙水が湧出することで夏季の表流水の水温を下げ（Johnson, 2004），低水温を好む生物種に水温待避場を提供することも報告されている（Burkholder *et*

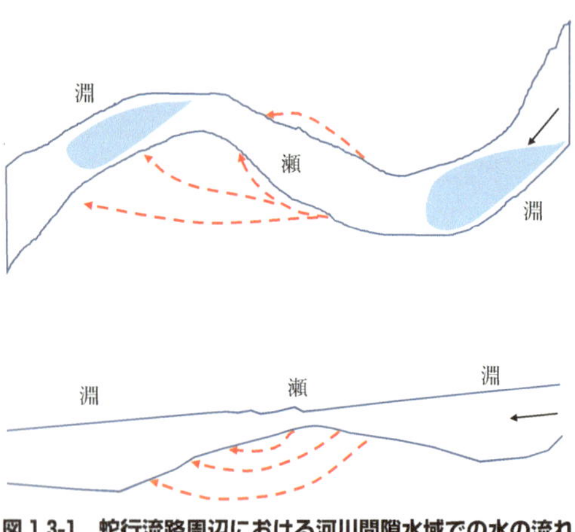

図 1.3-1　蛇行流路周辺における河川間隙水域での水の流れ

上：平面図，下：縦断面図．

al., 2008). 河川間隙水域は，物質循環の場でもあり，栄養塩の供給またはシンクの場として（たとえばKurz *et al.*, 2015, Zarnetske *et al.*, 2015），有機物の滞留や分解の場として（Navel *et al.*, 2010）機能していることも報告されている.

河川間隙水域は地下に広がる見えない領域である．そのため，観測や調査が容易ではない．しかし，河川生態系における重要性が認識されるにつれて，さまざまな方法で調査が行われるようになってきた．ここ20年ほどは，河川間隙水域における水理学的作用や生物地球化学的作用といった多面的プロセスを取り入れたモデル構築にも力が注がれている（Boano *et al.*, 2014）．本節では，現地調査に焦点を当て，水の流れ，物質の動態，および間隙生物に関する調査でよく使われている方法を紹介したい．なお，本節で紹介するサンプリング方法では，表流水の影響を受けていない地下水が採取されることもあり得る．しかし，地下水と河川間隙水（地下水と表流水の混合水）を厳密に区別するのは難しいため，本節ではそれらを区別せずに，堆積土砂内の地下水面下から採取した水を間隙水とよぶことにする.

1.3.1 水の流れを測る

流路を流れる表流水が河床下に浸透することで，河川間隙水域はつくられる．河川間隙水域の広がりや環境を知るためには，まず水の流れ，つまり表流水の浸透と間隙水の動きを把握する必要がある．現地調査に基づく方法は，ハイドロメトリック法（hydrometric method）と，トレーサー投入実験と溶質輸送モデルを用いて水の交換量を推定するトレーサー法の2つに大別される．ここではまず，両方法に共通して使われる現地観測の方法を紹介し，その後にハイドロメトリック法，そしてトレーサー法を紹介したい.

A. 現地観測

河川間隙水域の水の流れに関する現地観測では，水頭値や透水係数の空間分布の把握，およびトレーサーの到達確認のために，流路やその周辺に渡って短い距離間隔で井戸やピエゾメーターを複数設置することが多い（Peyrard *et al.*, 2011, Naranjo *et al.*, 2013（**図 1.3-2**）．井戸とピエゾメーターは，どちらも通水穴を施したパイプを地面や河床に打ち込んだものだが，その用途が異なる．井戸は，パイプの埋設部分のほぼ全体にわたって通水できるように穴が開けられたもので，地下水位（パイプ内の水位）を観測することができる．いっぽう，ピエゾメーターは通水穴の位置をパイプ先端付近の一部に限定したもので，河床や地表部に埋設されたピエゾメーター（パイプ）内の水位には通水穴の鉛直位置における水頭値（水がもつエネルギー

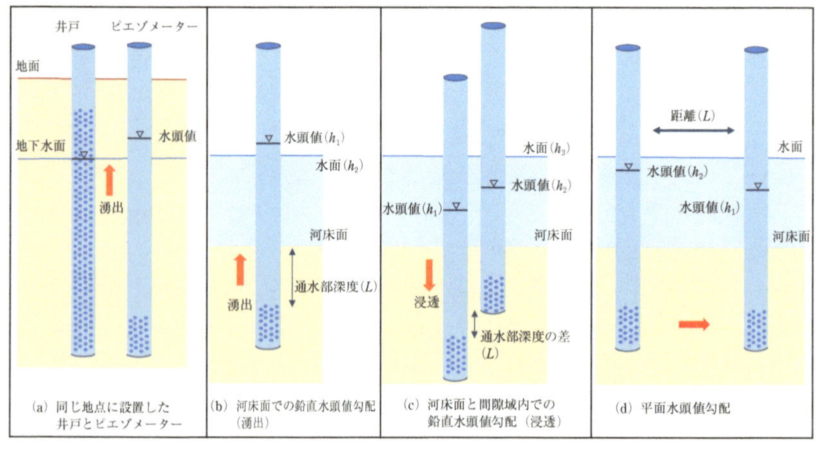

図 1.3-2 井戸とピエゾメーターと水の流れの方向

(a) 地表域に設置した井戸とピエゾメーター，(b) 表流水域河床に設置したピエゾメーター，(c) 同じ地点に異なる深度で設置したピエゾメーター，(d) 離れた2地点に設置したピエゾメーター．

を高さで表したもの）が反映される．水頭には，速度水頭値，圧力水頭，位置水頭の3つがあり，それらの総和を全水頭というが，地下を流れる水の流速は小さいため，ピエゾメーターの水位が示すのは圧力水頭と位置水頭の和（ピエゾ水頭とよばれる）である．また，このような地下水位と水頭値の測定以外に，井戸とピエゾメーターはともに間隙水を分析するための採水や間隙生物の採取にも用いられる（パイプ内の水を採水する）．

井戸は地下水位を観測するためのものなので，基本的に表流水のない地表部に設置される．たとえば，河畔斜面下部から流路にかけて河川横断方向に沿って井戸を設置し，地下水位の勾配を捉えることで地下水の流入方向や量を推定することができる．ピエゾメーターは目的に応じて，地表部にも流水部の河床（表流水域）にも設置される．たとえば，表流水域，冠水していない砂礫堆，河畔域など流路周辺に多数の観測地点を設定し，各地点に通水部の深さが異なる複数のピエゾメーターを設置して水頭値の3次元的な分布を把握することで，表流水がどの方向に向かって浸透しているのか，間隙水がどの部分で湧出しているのかといった間隙水の動きを推定することができる．

水が動くためには水頭値勾配が必要である．たとえば**図 1.3-2** (a) のように，ほぼ同じ地点に井戸とピエゾメーターを設置した場合でも井戸内の水位（地下水位）とピエゾメーター内の水位（水頭値）は異なることがあり，これらの水位差から水の動きがわかる．地下水位よりもピエゾメーター内の水頭値が高い場合は，鉛直上方への動きがあり（湧出，**図 1.3-2**（a）），逆に水頭値の方が低い場合は鉛直下方への動き（浸透）があることを示す．表流水域と河床下や河畔域地下部の水頭値を比較して，どこから表流水がどの方向に浸透しているのか，また間隙水が湧出しているのかを理解する．たとえば，**図 1.3-2**（b）のように，河川水位がピエゾメーター内の水位よりも低い場合は，鉛直上方への動き（湧出）があり，逆に，**図 1.3-2**（c）のように河川水位がピエゾメーター内の水位よりも高い場合は，鉛直下方への動き（浸透）がある．鉛直方向だけでなく，平面方向の水の流れの方向もピエゾメーターでわかる．**図 1.3-2**（d）は，左のピエゾメーター内の水位の方が右のパイプの水位よりも高いため，間隙水は左から右へと流れる．

井戸とピエゾメーターはともにポリ塩化ビニル（PVC）製のパイプ（塩ビパイプ）などで作成するが，その形状は少し異なる．前述のように，井戸として用いるパイプにはパイプ底から地表面近くまで通水穴（もしくはスロット）を開けるのに対して，ピエゾメーター用のパイプには，底から一定の長さの部分だけが通水できるように通水穴を開ける（Baxter *et al.*, 2003，**図 1.3-2**（a））．通水部分の長さやパイプの内径は，研究の目的や観測方法により異なる．採水と水頭値の実測のみでよければ，細いパイプ（たとえば，内径＜ 1.5 cm）でよいが，自記水位計や水質センサーを設置するのであれば，それらが入る内径のパイプを用いる．通水部が測定したい深さになるように埋設するが，1 地点に単体として設置する場合もあれば（Zarnetske *et al.*, 2011a），1 地点に複数本のピエゾメーターを異なる深さで設置することもある（Kasahara and Hill, 2006）．井戸もピエゾメーターも，通水部から土砂がパイプ内に入るのを防ぐために，目開きの細かいメッシュを巻くなどの工夫を行うと，パイプ内への土砂流入が軽減でき，メンテナンスがしやすくなる．

井戸またはピエゾメーターを，長期間設置して地下水位や水頭値を継続的に観測することも多い．その場合，観測期間中に水位が通水部より低くならないよう，水位の低い時期を選んで設置したり，井戸の底もしくはピエゾメーターの通水部が地下水面より 30 cm ほど深くなるようにするなどといった注意が必要になる．設置作業は場所によっては大きな労力や時間を要するが，一度設置すれば長期に渡って定点観測が可能となる．

砂やシルトが河床材料として優占する河川での設置は，比較的容易であり，表流水域の河床では手やハンマーでそのまま挿入できる場合も多い．河畔域（陸上）ではハンドオーガなどで開けた穴に挿入する．ただし，設置しやすいということは，流されやすいということでもあるので，流水部ではパイプよりも長い支柱をより深い深度まで打ち込み，その支柱にパイプを固定するなどの工夫が必要である．

大きな石や礫が優占する渓流や河川においては，パイプの設置が難しい．直接ハンマーなどで打ち込もうとすると，塩ビパイプであれば破損してしまう．また，ハンドオーガの使用も容易ではない．しかし，河床材料が粗いほど，透水性が高く河床の凹凸も大きい傾向があり，表流水域と河川間隙水域との水交換量も多いことから（Kasahara and Wondzell, 2003），井戸やピエゾメーターを用いた観測や調査の必要性が高い．ここでは，大きな石や礫が優占する場所で塩ビパイプを設置する方法の１つを紹介する．

・設置場所の探索（**図 1.3-3** ①）：長いバール（鉄製の棒）のようなものを河床に打ち込み，大きな石が埋まっていないか，パイプを予定の深さまで設置することができるかを確認する．バールの直径は，塩ビパイプの直径よりも小さいものを使い，最終的にパイプを打ち込みたい深さよりも少し深く打ち込む．山地河川では，大きな礫の隙間をみつけることは容易ではなく，１地点で複数回打ち込みを試み，やっとバールを目標の深さまで打ち込むことができることもよくある．よって，すぐにはあきらめないでほしい．大きな石にバールが当たると，ハンマーでたたいた時の音が変わったり，足に振動を感じたりするので，その際は場所を変える．地質によっては，バールで石を砕き，パイプを挿入する穴を開けることもできる．

・金属製パイプの打ち込み（**図 1.3-3** ②）：バールを引き抜いた穴に金属パイプを打ち込む．バールは塩ビパイプより直径が小さいこともあり，引き抜いた穴に直接塩ビパイプを挿入しようとすると塩ビパイプが破損してしまう．そこで，まずガイドとなる金属製パイプを打ち込む．ガイドとなるパイプは，たとえば単管など，頑丈で，塩ビパイプより直径が少し大きく，中にちょうど塩ビパイプを入れることができるものを使う．金属パイプの底には，尖っていて，かつ抜けやすいシャトルのようなものをつけ（単管の場合は「打ち込みロケット」，「先端ミサイル」といったよび名で売られているもので，単管以外の場合はワッシャとボルトなどを利用する），杭打ち（スライドハンマーなど）を用いてバールで確認した穴にパイプを挿入する深さまで打ち込む．

・塩ビパイプの設置（**図 1.3-3** ③④）：打ち込んだ金属製パイプの中に塩ビパイプを入れる．その後，金属製パイプを引き抜くが，そのときにシャトルなどの先端が外れやすいように，まず中の塩ビパイプを軽くハンマーで叩く．そして，外側の金属製パイプだけを引き抜く．塩ビパイプは地面に残り，挿入した深さでの間隙水の定点観測が可能になる．

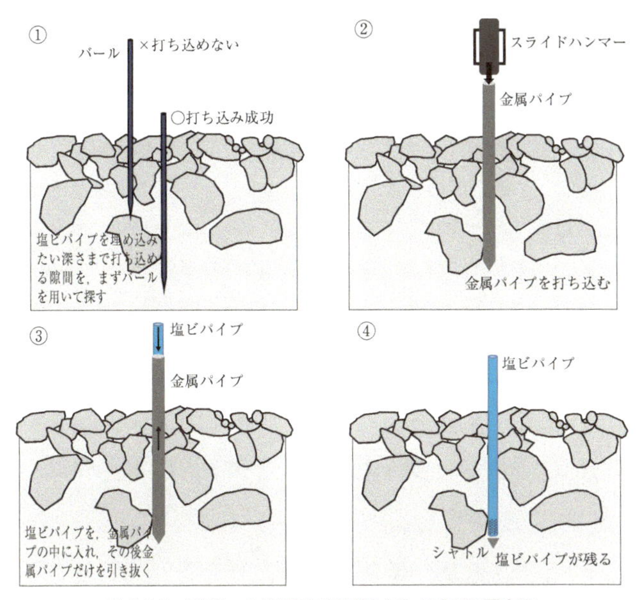

図 1.3-3　巨礫，大礫河床での塩ビパイプの設置方法

B.　ハイドロメトリック法

流水部である表流水域と河床下や河畔域に広がる河川間隙水域間との間での水の動きは，河川地形や河床材料の影響を受けて，その規模や方向が変動する．そのため，表流水が河川間隙水域へと浸透しているところもあれば，逆に間隙水が表流水域に湧出している地点もあり，リーチ単位でみると浸透と湧出を繰り返している(Gooseff *et al.*, 2006)．ハイドロメトリック法では，表流水域とその周辺に複数地点にピエゾメーターを設置して水頭値の空間分布を調べることで，そのような水の動きを把握する．また，河川間隙水域での水の流れを層流と仮定し，調査区間における水頭値と透水係数の分布から，ダルシー法則に基づいて間隙水の流れを計算することができる．

水頭値の測定と動水勾配:水頭値については，ピエゾメーター内の水位を，メジャーや水位計を用いて定期的に実測したり，自記水位計を設置して継続的に観測したりする．ピエゾメーターの位置や高さを測量しておくことで，水頭値分布の時間的・空間的変動が観測できる．流体である水は水頭値の勾配に従って動くので，水頭値の分布から間隙水の流れの方向がわかる．つまり，水頭値の高い地点から低い地点へと流れる．鉛直的に見れば，たとえば，河床に設置したピエゾメーター内の水位

（水頭値）とその地点における水面（河川水位）を比較したとき，河川水位がピエゾメーター内の水位よりも高い場合は表流水が間隙水域へ浸透し**図 1.3-2**（c），逆にピエゾメーター内の水位が河川水位よりも高い場合は，間隙水が湧出していることがわかる（**図 1.3-2**（b））．このような水頭値の勾配は，動水勾配として数値化される．動水勾配は，2 地点間の水頭値（水位）の差を 2 地点間の距離で除したものである．河床に設置したピエゾメーターの場合，河川水位とピエゾメーター内の水位（水頭値）との差をピエゾメーターの通水部の深度（河床面から通水部までの距離）で除した値が動水勾配（鉛直動水勾配）である（**図 1.3-2**（b））．河川間隙水域内の鉛直動水勾配は，深さの異なるピエゾメーターを設置し，それらの水位差（水頭値差）を通水部の深度の差で除して求められる（**図 1.3-2**（c））．水平方向での動水勾配は，たとえば，2 地点に設置したピエゾメーター間での水頭値差をその 2 地点間の距離で除して計算する（**図 1.3-2**（d））．つまり，動水勾配は以下の式で表される．

$$\text{動水勾配} = \frac{h_1 - h_2}{L}$$

ここで，h_1, h_2 は対象とする 2 つのピエゾメーターそれぞれの水頭値（cm または m），L は通水部深度やその差（cm または m），もしくはピエゾメーター間の距離（cm または m）である．

同じ地点に深さの異なる複数のピエゾメーターを設置すると，ピエゾメーター内の水位を比較することで，深度による動水勾配の違いを測定することができる．**図 1.3-2**（c）の例では，右のピエゾメーターで，河川水位とピエゾメーター内の水位の差（$h_3 - h_2$）を使って河床浅い部分（河床から右ピエゾメーターの通水部までの深さ）の動水勾配が計算でき，左右のピエゾメーターの水位の違い（$h_2 - h_1$）から少し深い部分（左ピエゾメーターの通水部から右の通水部までの深さ）の動水勾配が計算できる．それら計算した動水勾配を比較すると，**図 1.3-2**（c）の例では河床浅い部分のほうが鉛直下方への水の動きが卓越していることを示している．

透水性の測定：透水性の測定にもピエゾメーターを使う．ピエゾメーター内の水位を初期水位から変動させて，透水係数を測定するが，測定中に水位が変動する変水位試験と，一定の水位差を保って測定する定水位試験の 2 つの方法がある．河川間隙水域は透水性が高いことが多く，定水位試験が推奨されることもあるが，現地調査では持ち運べる器具も制限されることや，ピエゾメーター内の水深が限られている場合も多いことから，変水位試験を用いた河川間隙水域の調査も多い．ここでは，まず変水位試験，そして定水位試験の説明を行う．

変水位試験には，ピエゾメーター内の水位を瞬時に上昇させた後，初期（静止）水位に戻るまでの水位降下を観測する降下水位法（falling-head test）と，逆に瞬時に水位を降下させたのち，初期水位までの水位上昇を観測する上昇水位法（raising-head test）の２タイプがある（**図 1.3-4**（a））．河川間隙水域では，ピエゾメーター内の水深が限られていることが多いため，降下水位法が用いられることが多い．降下水位法では，金属の塊（slug）を入れて瞬時に水位を上昇させる方法と，水を投入することで上昇させる方法がある．間隙水域の研究では後者の方法が使われることが多いが，異なる水を間隙水域に投入するため，その後の採水時には水質への影響を考慮する必要がある．水位の上昇後，初期水位までの水位変化と時間との関係を Bouwer and Rice 法（1976）や Hvorslev 法（1951）などを用いて解析を行い，透水係数を算出する．ここでは，河床の浅い部分での測定にはより適しているとされる Hvorslev 法（Landon *et al.*, 2001）を説明する．

変水位試験（降下水位法）において（**図 1.3-4**（a））は，まずピエゾメーター内に水位計を設置し，水位が安定したところで初期（静止）水位の測定を行う．その後，瞬時に水位を上昇させ，初期水位から最高水位までの最大水位上昇 h_0 を測定する．ピエゾメーター内の水位はすぐに下がり始め，初期水位へと戻っていくが，その間一定時間間隔（たとえば１秒間隔）で水位の観測を行う．最高水位到達からの時間 t における水位と初期水位との差を h とし（**図 1.3-4**（a）），$h/h_0 = 0.37$ とな

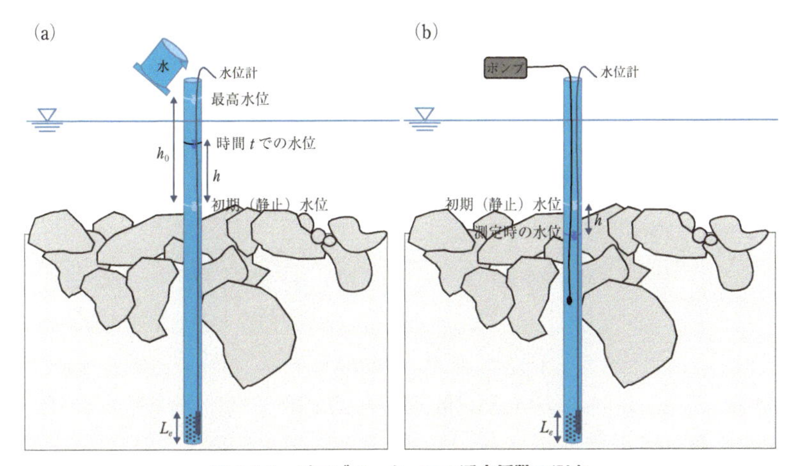

図 1.3-4 ピエゾメーターでの透水係数の測定

(a) 変水位－降下水位法を用いての透水係数の測定．h_0 は初期水位から最大水位までの水位上昇，h は時間 t における水位と初期水位との差．
(b) 定水位実験を用いての測定．h はポンプ使用中の安定水位と初期水位との差．

る時間（T_0, すなわち, 水位が37％まで戻る時間）を求める．T_0を以下の式に入れ，透水係数を計算する．

$$K = \frac{r^2 \ln(L_e/r)}{2L_e T_0}$$

ここで，Kは透水係数（m/day または cm/s），rは塩ビパイプの半径（m または cm），L_eは通水部の長さ（m または cm），T_0は水位が最高水位の37％の水位に戻るまでの時間（day または s）である．

河川間隙水域は透水係数が高く，変水位透水試験で初期水位に戻るまでの時間が短い（数秒）場所も多い．そこで，既存の透水試験を改善し，速い水位変化にも対応した方法も考案されている．たとえば，水位が37％回復するのにかかる時間を求めるのではなく，最高水位から初期水位に回復するまでの2点だけの水位と時間（100％水位回復）の測定から透水係数を推定する方法や（Baxter *et al.*, 2003），水の瞬時投入の効率を上げる方法（Datry *et al.*, 2015）などが工夫されている．

次に，定水位透水試験であるが（**図 1.3-4**（b）），初めのステップは変水位試験と同じで，ピエゾメーター内に水位計を設置し，水位が安定したところで初期（静止）水位の測定を行う．その後，ポンプを使って継続的に一定量の水をピエゾメーターから抜くことで，ピエゾメーター内の水位を初期水位とは異なる水位で安定させる．水位が安定したら，初期水位からの水位差と揚水量を用いて，透水係数を以下のHvorslevの式から計算する（Yamada *et al.*, 2005）．

$$K = \frac{Q_p}{2\pi h L_e} \sin \mathrm{h}^{-1}\left(\frac{L_e}{2r}\right)$$

ここで，Kは透水性（m/day または cm/s），Q_pはポンプを使ったピエゾメーターからの一定時間あたりの揚水量（$\mathrm{m^3}$/day または $\mathrm{cm^3}$/s），hは初期水位と測定時の水位との差，L_eは通水できる部分の長さ（m または cm），rは塩ビパイプの半径（m または cm）である．

ピエゾメーターを用いた透水係数の推定方法は，低コストであり，試験が簡単という長所があるいっぽう，ピエゾメーター付近の局所的な評価しかできないという欠点もある（Harvey and Wagner, 2000，Schmadel *et al.*, 2014）．よって，不均質な地下域を評価するには測定地点数を増やしたり，トレーサーの動きから透水性を算出したりすることもある．

水頭値分布と透水性から間隙水の流れを把握する：観測した水頭値の分布から，表流水が浸透している地点，河川間隙水域内での流れの方向，間隙水域が再び表流水域に戻る地点を把握することができる．地下水は3次元で動いているが，2次元の図を用いて表流水の浸透地点と間隙水の湧出地点を示している報告が多い（**図 1.3-1**）．間隙水の流れを把握するには，河川の平面図や断面図，縦断面図に，水頭値分布に基づいて，まず等水頭値線をひく．間隙水は等水頭値線を直角に交差するように流れるので，等水頭値線から流れの向きを把握できる（**図 1.3-5**）．それにより，表流水が浸透している地点と間隙水が湧出している地点，そしてその間の間隙水の流れがわかる．**図 1.3-5** は縦断面図の例を示したもので，等水頭値線（点線）より，表流水が瀬頭で間隙水域に浸透し，瀬の河床下を潜行する流れを形成した後，淵頭で再び表流水域に戻る水の流れを示している．また，平面図であれば，たとえば砂礫堆に設置した複数の井戸から地下水面の分布を把握し，表流水の砂礫堆への流入地点と間隙水の表流水域への湧出地点を示すことができる（たとえば Zarnetske *et al.*, 2011a）．

表流水が浸透する地点と間隙水が湧出する地点だけに着目するのであれば（つまり，河川間隙域内での流れを考慮しないとすれば），たとえば Anderson *et al.*, (2005) が行ったように，縦断方向に一定間隔で設置したピエゾメーターのそれぞれで鉛直動水勾配を測定し，それらの縦断変化を示すことで，流れに沿った浸透地点と湧出地点の分布を表すことができる．

水頭値の分布のみからでも，間隙水域での水の流れの方向は把握できるが，どのぐらいの表流水が河床下に浸透して，どのぐらいの間隙水が流路に湧出しているのかといった水量を求めるには，水頭値分布に加え，透水係数の分布が必要となる．

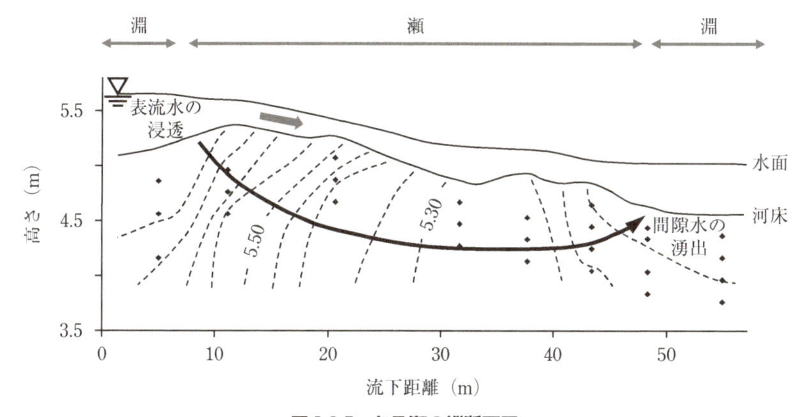

図 1.3-5　ある瀬の縦断面図

河床下の菱形のマーク（◆）はピエゾメーターの通水穴が開いている深さを示す．点線（-----）は，ピエゾメーターで測定した水頭値と透水係数を地下モデルを用いてシミュレートした水頭値の分布から引いた等水頭値線（5 cm 間隔）．実践矢印（━━▶）は，等水頭値線から推定した表流水の浸透と間隙水の湧出．

河川間隙水域の水の流れは層流であるので，ダルシー法則から以下の式を用いて流量を計算する．

$$Q = AK \times \text{動水勾配}$$

ここで，Q は流量（m/day または cm^3/s），A は断面積（m^2 または cm^2），K は透水係数（m/day または cm/s）である．

ピエゾメーターで測定した水頭値分布から動水勾配を計算し，同じくピエゾメーターで測定した透水係数を調査区間で一様だと仮定して，ダルシーの法則から水の浸透・湧出量を推定することができる（Harvey and Bencala, 1993）．しかし，間隙水域の透水性は不均一である．加えて，間隙水の流れは3次元的であり，浸透や湧出といった鉛直的な動きのみならず，流路から河畔域へと横断的な広がりもみせるので複雑である．透水性の不均一性を考慮して，かつ3次元的な地下水の流れを推定するには，地下水流動解析モデル（たとえば，MODFLOW）を用いることが効果的である．調査地にピエゾメーターを複数地点・複数深度で設置して水頭値と透水性を観測し，地下水流動解析モデルを用いて，透水性の不均一性を考慮した3次元の水の流動を解析している研究が多い（Kasahara and Hill, 2008; Feiner and Lowry, 2015 など）．

地下水流動解析モデルでの解析を行うと，構築したモデルをベースに滞留時間や物質輸送のシミュレーションもできる．粒子追跡モジュール（MODPATH など）を用いると，間隙水域へ流入した表流水が再び流路に戻るまでの滞留時間を計算することが可能である（Gooseff *et al.*, 2005）．さらに，物質輸送シミュレーション（MT3D など）を組み合わせると，水の動きに伴う溶質の動きを評価したりすることもできる（Lautz and Siegel, 2006; Hester *et al.*, 2014）．河川間隙水域は，表流水の流れの影響を受ける地下水域であるので，地下水流動解析モデルに表流水の流動解析を合わせて考察を行っている研究もある（Cardnenas and Wilson, 2007; Hester and Doyle, 2008）．

ハイドロメトリック法の利点は，間隙水の動態を空間的に把握できることにある．視覚的には捉え難い河川間隙水域での水や物質の動態を，水頭値や透水性の分布から明らかにでき，浸透する表流水量や湧出する間隙水量を定量化することもできる．

C. トレーサー法

河川間隙水域－表流水域間での水の交換量の推定には，トレーサーを表流水域に投入し，下流観測地点での破過曲線（breakthrough curve）を一次元の溶質輸送モデル（solute transport model）で解析する方法も幅広く使われている．河川には，河川間隙水域や流路側岸付近のよどみなど，表流水域内で優占する流れ（表流水域主流部）に比べて流速が著しく遅い部分がある．表流水の一部は，その流速の遅い区域に入り，一時的に滞留（transient storage）した後，また速い流れに合流する．河川間隙水域の研究で用いる溶質輸送モデルには，表流水域主流部での移流分散に加えて，この一時的滞留の概念が組み込まれている（**図 1.3-6**，Transient storage model, Bencala and Walter, 1983；以下，一時滞留モデル）．一時的な滞留の場には，よどみやたまりなど表流水域における一時的滞留（surface transient storage）と河川間隙水域での一時的滞留（subsurface transient storage）の両方が含まれる．しかし，表流水域よりも河川間隙水域での一時的滞留に入る水量のほうが大きく卓越するとの仮定のもとに，トレーサーを用いて測定した一時的滞留量から河川間隙水域の規模を評価している．

トレーサーとしては，塩素（Cl），臭素（Br）や染料であるローダミン WT など生物反応性がない非反応性トレーサー（conservative tracer）を使う（Gooseff *et al.*, 2005; Lautz *et al.*, 2006; Harvey *et al.*, 2013）．トレーサーの投入方法は，短時間で一度に投入してしまうパルス投入と，下流測定地点でのトレーサー濃度が安定するまで連続的に数時間～数日単位で投入する連続投入の 2 つに大別される．比較的滞留時間の長い河川間隙水域を評価するうえでは連続投入のほうが適している．しかし，その実施には大きな労力がかかるため，複数区間での比較研究ではパルス投入が使われることが多い（Harvey and Wagner, 2000）．

一時滞留モデルでは，表流水域の主流部とそれにつながる一時滞留域が 1 つ存在することを仮定し，表流水域主流部と一時滞留域との交換係数（α）および表流水

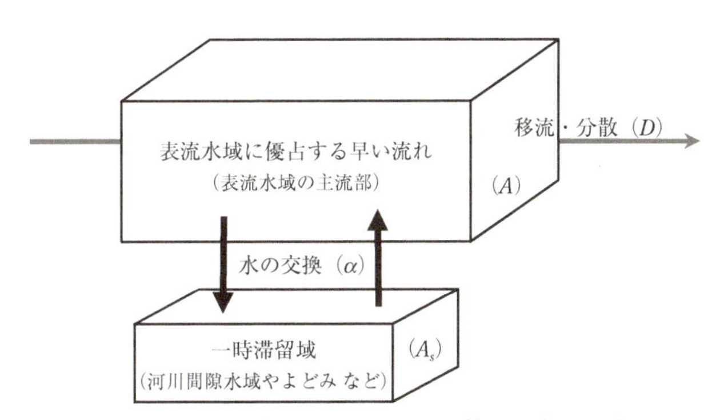

図 1.3-6　一時滞留域をもつ，一次元溶質輸送モデルの概念図

（Runkel *et al.*, 1998 を参照して作図）

域の主流部と一時滞留域との相対的面積（A/A_s）を求め，それらを指標に，一時滞留域（河川間隙水域）の規模を評価する（**図 1.3-6**）．これらのパラメーターのキャリブレーションや感度解析には，米国地質調査が出している OTIS（One-dimensional Transport with Inflow and Storage model；Runkel, 1998）や OTIS-P などが広く使われている．

$$\frac{\partial C}{\partial t}+\frac{\partial}{\partial x}\left(UC-D\frac{\partial C}{\partial x}\right)=\alpha(C_s-C)$$

$$\frac{dC_s}{dt}=\alpha\frac{A}{A_s}(C-C_s)$$

ここで，C と C_s（mg/L）は表流水域主流部と一時滞留域（河川間隙水）でのトレーサー濃度を示す．U（$=Q/A$）は表流水の平均流速（m/s），Q は表流水の流量（m^3/s），D は分散係数（m^2/s），α は交換係数（/s）A と A_s（m^2）は流路と一時滞留域の断面積を示す．

一時滞留モデルには，これまでにさまざまな改良がなされており，たとえば表流水域内での一時滞留と河川間隙水域の一時的滞留を分けて評価するために，滞留時間の異なる２つ以上の一時滞留域をもつモデルも複数考案されている（Choi *et al.*, 2000; Harvey *et al.*, 2005; Neilson *et al.*, 2010 など）．また，浸透した表流水の河川間隙水域内での滞留時間の頻度分布が指数関数的であると仮定する一時滞留モデル（OTIS など）は，滞留時間の短い一時的滞留にはうまく対応するが，滞留時間の長いものは過小評価する傾向がある．そこで，長い滞留時間をもつ間隙水をより評価するためには，間隙水の滞留時間の頻度分布にべき乗法則（power law）を用いたモデルのほうが適しているとの報告もある（Gooseff *et al.*, 2005）．その他にも，さまざまな改良がされた一時滞留モデル（たとえば，MRMT モデルや STIR モデルなど）が報告されており，それらのモデルの改良点に関しては，Boano *et al.*（2014）の総説を参照してもらいたい．

モデル上のパラメーター，たとえば α や A_s/A，は一時的滞留，すなわち間隙水域の規模，の評価に使われるが，実際の河川の物理量に直接結びつけることは難しい．また，ある河川で決定したパラメーターを，他の河川や，同じ河川でも流量の異なる時には当てはめることはできない（Harvey *et al.*, 2003）．そこで，トレーサー法によって得られたパラメーター（間隙水域の規模の指標）と河床の摩擦係数やストリームパワー，流量等といった河川の物理的変数との関係性をみいだすことを目的とした研究もなされている．たとえば，複数の小河川で物理的変数の測定とトレーサー投入実験を行ったり，同じ河川で異なる条件下（たとえば異なる流量条件下）

でトレーサー実験と物理的変数の測定を繰り返すことで，物理的変数とモデルパラメーターとの相関関係を解析している（Harvey *et al.*, 2003; Zarnetske *et al.*, 2007）.

トレーサー投入実験の破過曲線を用いるが，溶質輸送モデルとは違う方法で表流水域－間隙水域間での水の交換量を推定する方法もある．調査区間でのトレーサー質量の損失量から，間隙水域に浸透する表流水の量を推定する方法である．Payne *et al.*（2009）は，この方法を用いて，調査対象の渓流を流路長約 200 m の区間に区切り，各区間で間隙水域に浸透する表流水の量を推定している．また，この研究では，表流水の流量が増加する区間でもトレーサーの質量が損失することが示され，河床下からの湧出が優占する区間でも一部の表流水は間隙水域に浸透していることが明らかにされた．

水頭値の分布に基づくハイドロメトリック法と溶質輸送モデルを用いるトレーサー法では，概念や目的が異なる．ハイドロメトリック法は，地下水の流れの一環として河川間隙水域を調べるのに対し，トレーサー法は，表流水の流れの一環として河川間隙水域を評価する．また，ハイドロメトリック法は，流路単位やリーチスケール内での河川間隙水域の空間分布を明らかにすることを主な目的としていることが多いのに対して，トレーサー法はリーチを単位とし，リーチ間の比較を目的としていることが多い．ただし，トレーサー法でも，複数の井戸やピエゾメーターが設置されている区間においては，間隙水の採水を行うことで河川間隙水域内でのトレーサーの動きを明らかにすることができることから，リーチ内での空間的分布を調査することもできる．2つの方法の結果は同じものを表してはいないことにも留意する必要がある．

1.3.2 水質・物質循環

河川内で生じる有機物の滞留や分解，栄養塩の取り込みや生成といった物質動態プロセス（in-stream process）は，表流水の水質や生息場環境にも影響をおよぼす．これらのプロセスは主に河床や河川間隙水域で進行するため，河川間隙水域における有機物や栄養塩の生物地球化学的プロセスに関して，多くの研究が実施されてきた．とくに，溶質として流域内を移動し，人為的影響も強く受けている窒素の動態に関しては多くの調査研究がなされてきた．河川間隙水域での生物地球化学的プロセスの調査には，井戸やピエゾメーターが用いられ，間隙水のサンプリングと水質分析に加え，トレーサー投入実験や，モデルシミュレーションなどが行われる．ここでは，トレーサー投入実験を，表流水域に投入する方法（whole-stream tracer experiment：表流水域投入実験）と，直接間隙水域に投入する方法（well injection：井戸投入実験）に分けて紹介したい．

A. 表流水域投入実験

有機物の分解や栄養塩の生成といった物質の変化過程が，主に河床と河川間隙水域で進行すると仮定し，表流水域に同時に投入した2つのトレーサーの濃度変化から，その進行を測定する．たとえば，窒素の動態を調べる場合，無機態窒素（NO_3^-やNH_4^+）と生物反応性のない塩素（Cl）や臭素（Br）といった物質をトレーサーとして同時に投入する．前者は反応性トレーサー（reactive tracer），後者は非反応性トレーサー（conservative tracer）とよばれる．無機態窒素の取り込み，滞留や脱窒などがあれば，無機態窒素の濃度変化は，水の動きを表す非反応性トレーサーの濃度変化とは異なる．そのため，下流測定地点での無機態窒素と非反応性トレーサーの濃度比は上流投入地点に比べて低くなる．反応性と非反応性トレーサーの破過曲線の比較から，取り込み距離（uptake length），取り込み率（uptake rate）や取り込み速度（uptake velocity）を計算したり，硝化や脱窒，アンモニア化成などのプロセスを調べたりすることができる（Zarnetske and DeAngelies, 2011a）．

無機態窒素をトレーサーとして河川に投入すると，表流水の無機態窒素濃度を上げてしまう．濃度が高くなった状態で測定した取り込み率や脱窒速度などは，自然な状態でのそれらとは異なる（Mulholland *et al.*, 2000）．そこで，微量の濃度上昇で無機態窒素の動向が調査できる安定同位体を使う研究も多い．^{15}Nが濃縮された無機態窒素を反応性トレーサーとして用い，下流の測定地点での無機態窒素の濃度変化に加え，^{14}Nとの安定同位体比から無機態窒素の変化過程を評価する手法である．1996年から2006年まで，アメリカ合衆国の長期生態研究（Long-Term Ecological Research: LTER）ネットワークを中心に実施されたLotic Intersite Nitrogen Experiment（LINX）プロジェクトでは，河川内で生じる窒素動態プロセスの地域間比較や人為的影響の有無による比較を行うために，8つの地域（各地域9河川）で，^{15}Nが濃縮された硝酸を反応性トレーサー，ClやBrを非反応性トレーサーとして用いた表流水域投入実験が行われた．ここでは，LINX2プロジェクトの野外調査のプロトコールを簡単に紹介する．詳細はMulholland *et al.*, 2004などを参考にしてもらいたい．

- **調査区間の決定**：本実験を行うのと同じ時期に現地を視察し，支流が流入していない調査区間（500 m～1 km）を探す．他河川との比較を行う場合には同程度の流量の区間を選ぶ．
- **井戸の設置**：地下水からの硝酸の流入やその窒素の安定同位体比を調べるために，

調査区間の河畔に井戸を複数設置する.
- 予備実験：本実験を行う1～2週間前に，2～6時間のトレーサー連続投入実験を行い，硝酸濃度の上昇率等を把握するとともに下流側測定地点を決定する．予備実験の反応性トレーサーとしては ^{15}N が濃縮されていない硝酸を使う．下流測定地点については，硝酸と非反応性トレーサー，Cl，の濃度比が約95％の地点から約40～50％の地点までとばらつきをもつように決定する．複数区間の比較を行う場合には，硝酸濃度上昇が同程度となるようにする（このプロジェクトでは，100 μg/L上昇を基準としていた）．
- 本実験直前の採水：表流水と地下水を採取し，トレーサー投入前の硝酸濃度と窒素安定同位体比を測定する．
- 本実験：一定率で注入できるポンプを使い，24時間継続的に $K^{15}NO_3$ とNaClもしくはNaBrを表流水に投入し，予備実験で決定した測定地点で採水する．このプロジェクトでは，投入直前1回，投入中は2時間に1回，投入停止後は24時間後，72時間後，1週間後に採水を行っていた．

採取したサンプルは，ClやBr，硝酸，アンモニウム，全溶存窒素化合物（TDN），可溶の反応リン（SRP），全可溶性リン（TSP），溶存態有機炭素（DOC）等の濃度分析および，安定同位体比の分析に用いられた．また，LINXプロジェクトでは，水に加え，落ち葉，大型有機物片（LWD），河床堆積有機物，浮遊有機物や，付着藻類，コケ類の ^{15}N 濃度も測定された．これらの結果をもとに，取り込み距離，取り込み速度，硝化速度，脱窒速度，アンモニア化成速度などを計算し，渓流における窒素動態の地域間比較が行われた（Mulholland *et al.*, 2004, 2008）．

B. 井戸投入実験

井戸やピエゾメーターのネットワークが設置されている区間で，まず水頭値の分布から間隙水域での水の流れを把握し，透水性も測定しておく．表流水の浸透がみられる地点にトレーサーを投入する井戸を決め，反応性トレーサーと非反応性トレーサーを同時に投入する（Kasahara and Hill, 2007）．投入する速度は，透水係数を考慮しながら，水頭値を大きく変動させないように，定量ポンプを用いて投入する．投入後は，周辺の井戸やピエゾメーターから定期的に間隙水をサンプリングし，分析を行うことで，トレーサーの到達を確認する．表流水域投入実験と同様に，2つのトレーサーの濃度比から脱窒速度などを計算することもできる．Zarnetske *et al.*（2011b）では $K^{15}NO_3$ とNaClをトレーサーとして用い，トレーサーが検出された間隙水の溶質（$\delta^{15}NO_3^-$，$\delta^{15}N_2$，DOC，DO，Cl^-など）を分析することで，砂礫堆に広がる河川間隙水域で脱窒の起こっている場所やその速度を調査した．また，生分解性の高い有機物（NaAcO）も同時に投入することで，有機物の生分解性と脱窒速度との関係も考察している．

このように，トレーサー法は河川間隙水域における生物地球化学的プロセスの調査を行うのにとても有用な方法である．ここでは，最も研究の多い窒素に関する研究を紹介したが，たとえばリンに関してもトレーサーを用いた研究がある（Mulholland *et al.*, 1997）．

1.3.3 生物

河川間隙水域を扱った研究では，生物の生息場や産卵場，撹乱からの避難場所に関するものも多い（Boulton *et al.*, 1998; Bowerman *et al.*, 2014; Kawanishi *et al.*, 2017）．特に，無脊椎動物に着目した研究が多く，様々な方法で調査が行われている．ここでは，無脊椎動物のサンプリング方法を2つ紹介する．

A. 間隙水

間隙水を採取し，その中にいる無脊椎動物を調べる．ピエゾメーターのように，底から一定の長さで通水できるようにパイプを細工し，河床や河畔に調査したい深さまで打ち込む．パイプは設置したままにして，定期的にサンプリングすることもあれば，サンプリングのたびに設置することもある．パイプの中の間隙水をポンプで汲み出すと，細粒堆積物や有機物と一緒に間隙にいる生物も採取できる（Tanaka *et al.*, 2014）．採水用のパイプが設置できれば，サンプリングできるが，間隙生物が傷つくことや，定量化が難しいという問題がある．一つは，どの範囲から，間隙水を採取したのかがわからないからである．そこで，定量化に関しては，採取した間隙水の体積当たりの個体数で表したり，間隙水を採取した範囲がパイプから一様に広がると仮定して，河川間隙水域の間隙率と採取した間隙水の体積から対象となるサンプリングの範囲を算出し，間隙水域の体積当たりの個体数で表したりする（Fraser and Williams, 1997）．その他，採水するパイプの周囲を囲むようにシリンダー（ヘスサンプラー）を打ち込んで採水範囲を限定できるようにし，シリンダーで囲んだ部分の体積あたりの個体数で表した例もある（Dole-Oliver *et al.*, 2014）．

B. 堆積土砂

間隙水域の堆積土砂を採取し，その中にいる無脊椎動物を調べる．シルトや砂が

図 1.3-7　凍結コアサンプルの例

優占する河床材料の河川では，内径 3 cm 程度のパイプ状のコアサンプラー（stand-pipe corer：William and Hynes, 1974）を打ち込み，それぞれの深さで堆積土砂といっしょに間隙生物を採取することができる．礫や巨礫が優占し，上記のようなコアサンプラーなどが使えない河川では，凍結コアを用いて採取する方法もある．凍結コア法は，まず，先端が閉じていて尖った金属製パイプを採取したい深さまで打ち込む．打ち込み時に，生物がパイプ周辺から逃げる可能性があるので，すぐにコアを取るのではなく，2 日間程置くとよい（Olsen *et al.*, 2002）．また，凍結コアを採取する直前に，電気ショックを与えることで，凍結時の温度変化でパイプの周りから生物が逃げるのを防ぐこともできる（Fraser and Williams, 1997）．パイプの中に液体窒素を複数回に分けて流し込み，10 分程凍らす．パイプを引き抜くと，パイプの周囲で凍結した堆積物（凍結コア）が採取できる（**図 1.3-7**）．採取した凍結コアは深さ別に体積や質重量を測定することで，無脊椎動物の個体数や密度の鉛直方向の変動を測定することもできる（Fraser and Williams, 1997; Olsen and Townsend, 2003）．渓流の河床で凍結コアを採取すると，巨礫が入っていることもあり，その場合は深さ別に処理することは難しい．

河川間隙水域は，地下に広がる見えない領域で，現地調査が容易ではない．しかし，河川生態系で様々な役割を果たしていて，これまで様々な方法を用いて調査が行われてきた．ここで紹介した方法は，ほんの一部であり，個々の研究者が工夫しながら現地調査を行っている．見えない領域であるがゆえに，モデル解析を軸とした研究も増えているが，底生生物の活動が河川間隙水域の水の流れや物質循環に与える影響など，まだ未解明なテーマも多いので，現地調査を軸とした研究も並行して進めるのが望ましい．

（笠原玉青）

2　生き物の生息場としての河川

2.1　河川生息場を表す

川で魚などを採るのが好きな水辺生物愛好家や釣り師たちは，どの時期に，どのような生き物がどこにいるかといったことをよく知っている．川の生き物を対象に調査や研究を行っている人たちは，そのように経験的によく知られていることをデータとして記録し，分析的な過程を通して客観的に表すような作業を行う．ある生き物がどのような生息場を必要とするかといった問題について，データを基に見てみると，「現場で見たとおり」の結果になることもあれば，意外にも予想外の側面を見せつけられることもある．後者の場合, 調査者は「見たとおり」になると思っていた現象が思い込みや印象に過ぎなかったことに気付き，認識を改めることになる．そのような時に，生息場特性をデータとして表すことの重要性を思い知らされる．

河川は，陸域までも含めた集水域全体や，河道の一部をなす区間（リーチ：reach），さらにそれらの構成要素である瀬や淵（流路単位：channel unit）といったようにさまざまな空間スケールで捉えることができるが（1.2.1 参照），生き物の生息場特性をデータとして表現するとは，調査目的および対象生物にとって適切なスケールで生息場特性を数値化または類型化するということである．本節では，現地調査の対象となるリーチスケール以小のスケールで生き物の生息場特性を表す手法について説明する．まずは調査区間の設定から入り，次に，川を生き物の生息場として認識するための基本概念である流路単位（瀬／淵）の特定手法について解説する．そして，リーチスケールでの生息場特性の計測手法について説明した後に，リーチよりも小さいスケールでの手法について述べていきたい．

2.1.1 調査区間の設定と流路単位

河川は，場所や条件によってさまざまな様相を呈す（**図 1.2-4，5**）．**1.2** では，セグメントタイプやリーチタイプとして紹介されているが，たとえば，このような河道形態の違いに注目し，河道特性とそこに生息する魚類の生息密度との対応関係を解析することを想定しよう（**6 章**参照）．この場合，対象とする河道形態タイプ毎に複数の調査区間を設定し，各調査区間においてどのような魚種がどのくらい生息しているかを調べるとともに（**4.2** 参照），各調査区間の生息場特性を表す必要がある．まず何よりも初めにやるべきことは調査区間を設定することであるが，その際には，瀬や淵といった流路単位を読み取る目をもつことが重要である．

A. 調査区間の設定

まず，調査区間を決める際の最初の問題は，調査区間の長さをどのくらいに設定すべきかということであろう．調査区間は，その場の環境を代表できるように，すなわち，その場に存在する環境の変異性を網羅することができるように設定するのが望ましい．よって，調査区間は長ければ長いほどデータの信頼度は高まるであろう．しかし，長いほどより多くの労力が必要となるので，調査者としてはできるだけ短くしたい．区間長設定に際して，その目安として用いられるのは，川幅（平均的な水面幅）の倍数である．河川流路は，水深が浅く流れが速い「瀬」と，水深が深く流れが緩やかな「淵」が繰り返す波状形状（凹凸形状）と捉えることができる．そして，この繰り返し間隔は，緩勾配の瀬淵河道では川幅の 5～7 倍程度（Keller and Melhorn, 1978），急勾配のステップ・プール河道では川幅の 2～4 倍程度（Grant *et al.*, 1990）であることが知られている（これらの文献で用いられている川幅は水面幅 wetted channel width ではなく，それよりもやや大きい砂礫堆と水面を含んだ active channel width のようであるが，論文中の流路の模式図を見る限り水面幅に置き換えても大きな支障はないと思われる）．よって，緩勾配河川および急勾配河川では，それぞれ，水面幅の 5～7 倍および 2～4 倍程度の長さの区間を設定すれば繰り返し構造の 1 セットが含まれることになる．この繰り返し構造 1 セットを含む区間長が，最低限必要な調査区間長となるであろう．実際に，生息環境の解析を行うことを目的とした論文では，「調査区間は，瀬 - 淵の繰り返しを少なくとも 1 セットは含まれるように設定した」という記述がよく見られる（たとえば，Lanka *et al.*, 1987）．もしくは，水面幅の 10～14 倍（Bozek and Rahel, 1991）や 30 倍（Rahel and Hubert, 1991）といった表現も見られるが，これらは，繰り返し構造が 2 セット（10～14 倍），および 5 セット（30 倍）含まれるように区間を設定したという意図として読み取れる．Simonson *et al.*（1994）は，そこに生息する魚種と環境の変異性を網羅する調査区間長として水面幅の35倍を推奨している．この目安は，水面幅が2～3 m程度の小河川では現実的に無理のない設定と思われるが，比較的大きな川で多数の調査区間を設定する場合には，魚類の個体数推定や環境計測に莫大な労力がかかることを覚悟する必要がある．適切な区間長は，調査の目的や必要とするデータの信頼度に依存するが，既存の論文を概観すると，水面幅の10～30倍程度の事例が多いように思われる．

B. 流路単位区分における難しさと着眼点

1.2や萱場（2013）および永山ほか（2015）で説明されているように，区間（reach）は，瀬や淵といった流路単位（channel unit：サイズ的には水面幅の数倍規模）の連続体として捉えられる．個々の流路単位は，河川流路の構成単位として，かつ，魚類をはじめとする河川生物の生息場の基本単位として扱われており，habitat unitともよばれる．河川生物の生息場という観点から，国内では可児（1944）以来，海外ではWinn（1958）やBisson *et al.*（1982）をはじめとして，さまざまなタイプの類型化がなされてきた（**1.2**参照）．調査区間内におけるある特定の流路単位タイプの量（たとえば，淵の面積割合，淵の体積など）は生息場特性を表す変数としてもしばしば用いられる（Rosenfeld *et al.*, 2000; Mellina and Hinch, 2009）．そのような定量化の必要がない場合であっても，前述のように，調査区間を設定する場合には，対象河川がどのような流路単位から構成されているのかを把握することは「繰り返し構造」を認識するうえで重要である．流路単位およびその類型化に関しては萱場（2013），永山ほか（2015）および本書の**1.2**に解説されているが，実際に川の流れを前にして流路単位を区分しようとすると，教科書通りには区分できそうにないように思えることもあるであろう．

河川調査の初心者であっても，調査対象とする河川流路から「典型的な淵」や「典型的な瀬」を抽出することは，おそらく，さほど難しくない．流路単位区分の難しさは，「判別しやすい典型的な部分」のみを抽出するのではなく，対象とする区間全体を区分し類型化しなければならないという点にある．区間を流路単位に分割する際には境界を決めねばならず，その特定には迷いが生じがちである．また，分割された流路単位を各タイプに分類する際にも，「これを淵とよんでよいのか？」といった迷いが生じる．そして，そのような迷いは，「調査する者によって区分のしかたやタイプ分けの結果は異なるものとなってしまうのでは？」という不安，すなわち，データとしての信頼性に対する疑念につながる．河川流路は，水の流れと土砂堆積によって創出される天然の造形物であるため，明瞭な境界線を引いて区分できるとは限らない.むしろ明瞭な境界線を特定できないことのほうが多いであろう.しかし，流路単位の区分においては，そのことを認識したうえで，「あえて便宜的に境界を決める」という態度が必要となる．そして，1）流路単位の定義と，2）各流路単位タイプの選別基準の2点を意識することで，ある程度客観的で統一的な，調査者の主観による影響を極力おさえた区分が可能となる.

C. 流路単位の定義

流路単位の概念は，「河川流路は凹凸形状の繰り返しであり，水面幅の数倍の間隔で現れる河床勾配の変換点等を基に区切ることができる」という考えに基づいている．つまり，流路単位の長さは水面幅以上であり，流路単位とは，流路に沿って区切られる長方形（流路縦断方向が長辺，横断方向が短辺）に近似した区画として定義される．先に述べたように，境界線は曖昧な場合も多いが，流路を流路単位に区分するとは，河床勾配の変換点や流れの状態の移行部を境界にして，長方形の区画に分割していくことである．この区画を特定する際には，各流路単位がどのようにタイプ分けされるかという「タイプの選別」も同時に意識することで境界の特定もより容易になると思われる.

なお，流路単位の長さの定義については，ここで用いる「水面幅以上」という基準が一般的かつ広く適用可能と思われるが，個別の調査・研究では対象河川の河道形態に応じて，独自の定義を用いてもよいであろう（水面幅の0.5倍など)．たとえば，長大な緩流部の間に短い瀬が出現するような河川下流域では，「水面幅以上」という基準にとらわれると，生息場単位としての適切な分割が難しくなることもあるかもしれない．しかし，いずれにせよ，長さの基準を川幅の倍数として定義しておくことは重要である.

D. 流路単位の選別

今から70年以上も前に可児（1944）が河流構成要素とよんだ早瀬，平瀬，および淵は，まさに現代の流路単位タイプの概念に相当する．**1.2**にあるように，現在では18もの流路単位タイプが分類されている（**図 1.2-7，8**)．これはBisson *et al.*（1982）による分類を発展させたHawkins *et al.*（1993）の階層的な分類システムを基本としている．この分類は，おそらく，すべてのタイプの小河川でみられる流路単位のバリエーションを完全に網羅し，体系的に，かつ，できる限り正確な表現で整理することを試みたものと思われる．よって，完成度は極めて高く，河川調査の

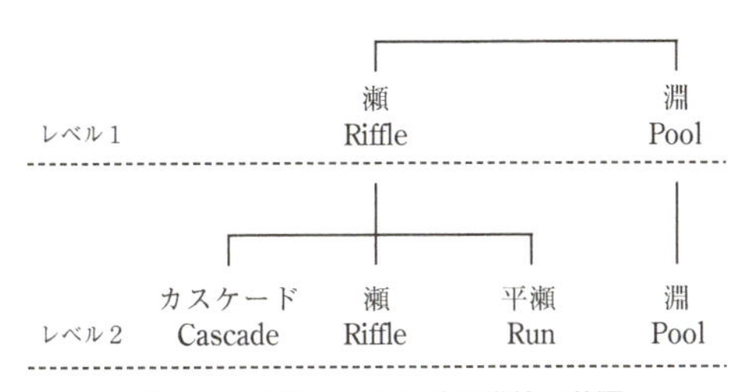

図 2.1-1 本節における流路単位の分類

経験を積んだ者にとっては適用範囲が広い優れた分類システムである．しかしいっぽうで，さまざまなタイプの川を見る経験が豊富でない者にとっては，細分されたそれぞれの流路単位タイプをイメージしにくく，その結果，分類システムの全体像もイメージしにくいという側面もありそうに感じられる．

ここでは，流路単位の選別を説明するにあたり，Hawkins *et al.*（1993）に基づく分類システムを少し修正・簡素化した2段階4タイプの分類体系を用いたい（**図 2.1-1**）．まず，河川流路を流路単位に分割していくにあたり，心にとめておくべきことは，分割された個々の流路単位は2つのグループに選別できるということである（**図 2.1-1** および**図 1.2-7**，**8** のレベル1）．2つとは，一般的には「相対的に水深が浅く流速が速いもの（瀬）」と「相対的に水深が深く流速が遅いもの（淵）」のいずれかであり，この表現が文献上で瀬と淵を定義づける際にはよく用いられる（Keller and Melhorn, 1978; Bisson *et al.*, 2006）．しかし，おそらく実際には，瀬と淵といった流路単位を論じる地形学者および生態学者の多くは「相対的な水深，流速の大小」という要素だけで瀬と淵を認識しているのではなく，「凹部（洗掘部，窪み）をもつかどうか」という点も大きな判定基準としているのではないかと筆者らは推測する．すなわち，「凹部の有無」という観点をとりいれたほうが流路単位の分割およびタイプの選別は容易になると考えられる（**図 2.1-2**）．この考えに従えば，流路単位は，「相対的に浅く流れの速いもの（瀬）」と「相対的に深く流れが緩やかで，凹部が区画の比較的広い部分を占めるもの（淵）」の2つに選別される（**図 2.1-1**，レベル1）．この際に，たとえば，区画（流路単位）内に瀬のような流れの速い部分があり，水深は相対的には深いといえるものの，さほど深くはない（つまり，「典型的な淵」とはいい難い）と感じられても，凹部の発達が認められればそれは淵として選別されることになる．また，区画全体の平均的な流速は相対的には速いが，「典型的な淵」の流心部の流れに比べれば穏やかに見え，また，水面も滑らかで「典型的な瀬」のように波だった流れが見られない区画もあるだろう．この

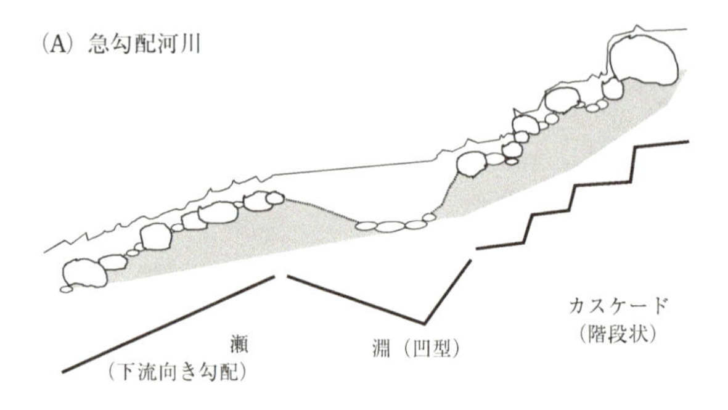

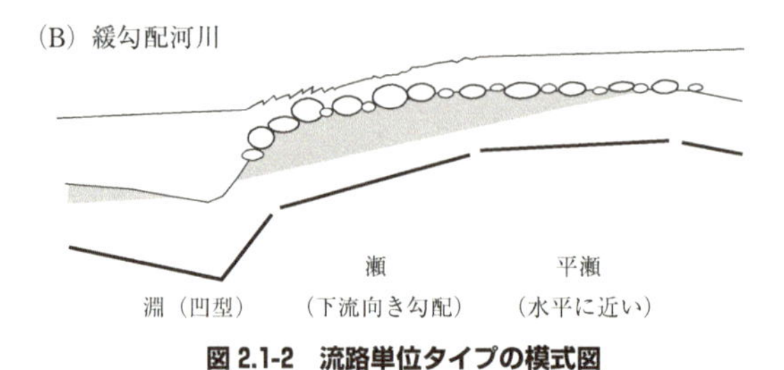

図 2.1-2 流路単位タイプの模式図

流路縦断図の下に示した実線および括弧内は河床形状の概観.

場合, 凹部が無ければそれは定義的には瀬に選別される (ただし, 後述するように瀬の 1 タイプであるカスケードは複数の凹部を持つ).

ここで, 典型的な瀬や淵には見えないために迷いが生じる例を 2 つあげたが,「相対的な水深, 流速の大小」と「凹部の有無」の 2 つの基準で流路単位を瀬と淵に選別すれば,「瀬」,「淵」の各タイプ内にもさまざまなバリエーションが認められることが実感される. それらのバリエーションをいくつかに類型化したのが**図 1.2-7** および**図 2.1-1** のレベル 2 以降である. ここで用いる分類システム (**図 2.1-1**) では, レベル 1 での瀬は, カスケード, 瀬, 平瀬の 3 つに分類され, それらに淵をあわせた 4 つの流路単位タイプがレベル 2 での分類となる. 緩勾配河川では (筆者らの経験的には河床勾配 < 2% 程度), 流路単位タイプは瀬, 平瀬, 淵の 3 タイプに選別することができ, 急勾配河川 (河床勾配 > 2% 程度) ではそれらにカスケードを加えた 4 つに選別できる (**図 2.1-2**).

緩勾配河川では, レベル 1 で瀬と選別された流路単位は, 水面が波立ち浅く速い流れをもつものと, 水面が滑らかで波立たず, 流速, 水深が全体にわたって比較的一様なものの 2 つに分類される. 前者がレベル 2 の瀬であり (可児, 1944 の早瀬),

後者が平瀬である．平瀬は，raceway（Winn, 1958），glide（Bisson *et al.*, 1982），run（Hawkins *et al.*, 1993; Jowett, 1993; Bisson *et al.*, 2006）に相当する．このタイプの特徴を描写する際には,「水面が滑らか」,「一様な流れ」,「瀬（riffle）と淵（pool）の中間的な特性」といった表現が用いられるが，河床形状に着目すれば，河床が平坦でほぼ水平という点も判別の助けになるであろう．流路単位として区切られた区画の河床形状（勾配）に着目すれば，凹部をもつ区画，すなわち，下流に向かって下向きの勾配とそれに続く上向きの勾配をもつ区画，勾配がなくほぼ水平の区画，下流に向かって下向きの勾配をもつ区画に分別されることになり，これらが，それぞれ，レベル２の淵，平瀬，瀬に該当する（**図 2.1-2**（B））．

急勾配河川では，カスケードという流路単位タイプがみられる．流路単位は基本的に「相対的な水深，流速の大小」と「凹部の有無」によって瀬か淵の２つに選別できると述べたが（レベル 1），カスケードに限ってはこの基準を適用するのは妥当ではない．急勾配河川では，巨礫が流路を横断するように列状に集積するステップ（step）やリブ（transverse rib）とよばれる構造が形成されるが（**1.2.4**），それにより小規模な急流部（小滝）と小さな淵（落ち込み）が連続する階段状の河床となる．カスケードとは，そのような階段状構造をなす小滝と落ち込みの連なりの部分をまとめてひとつの流路単位として認識したものである（**図 2.1-2**（A））．構造的には急勾配区間に配置された瀬（または滝）と淵の連続ともみなしうるが，どちらも単独で流路単位と認めるには小さすぎるため（水面幅×水面幅よりも小規模），それら一連の連なりをもって流路単位とみなしたものといえる．よって，巨礫によるステップ構造の有無がカスケードの判別基準となる．ただし，岩盤河床では，巨礫ではなく岩盤自体の形状によって階段状構造が形成されることもあるが，これもカスケードとよべるであろう．急勾配河川で流路単位区分を行う際には，「どの部分がカスケードとして区分されるか」を気にしながら流れを眺めつつ，「カスケード以外は水深，流速および凹部の有無によって２つのタイプに選別できる」という見方をするのがよいであろう．

以上のように,「階段状河床をなす区画であるカスケード」,「階段状構造は発達しないが下流に向かって下向きの勾配をもつ区画である瀬」,「河床が平坦でほぼ水平の区画である平瀬」および「凹部をもつ区画である淵」という４タイプを認識することができる（**図 2.1-1** のレベル２；**図 2.1-2**）．この４タイプは判別基準が明瞭であるため，調査者の主観による違いをかなり排除できる分類レベルであると思われる．

E. Hawkins らの流路単位タイプとの対応

筆者らの用いた分類システム(**図 2.1-1**)のレベル 2 で瀬と分類される流路単位は，白波を立てて激しく流れるものと波だってはいるが比較的穏やかな流れを呈するものの 2 タイプに分けられそうにみえる．これらを区別したのが Hawkins *et al.*（1993）がレベル 3 で分類した rapid と riffle である（**図 1.2-7**）．激しい流れのほうが rapid で穏やかなほうが riffle（Bisson *et al.*, 1982 では low-gradient riffle）であるが，この違いを生み出すのは勾配や流れの集中 / 分散の違いである．rapid は勾配がより急であるか，流れがより集中した部分であるか，もしくはその双方が同時にはたらいたものである．典型的な rapid と典型的な riffle を区別して認識するのは可能であるが，これら 2 タイプの間に明確な判別基準を設けるのは難しい．Bisson *et al.*（1982）では，rapid と riffle（low-gradient riffle）の判別基準として便宜的に河床勾配 4% を用いているが，その後の Hawkins *et al.*（1993）や Bisson *et al.*（2006）の解説では rapid と riffle の判別基準は示されていない．rapid と riffle の区別は，Bisson らのように，河床勾配や流速等に基づく便宜的な境界値を決めない限り難しく，また，その境界値は対象河川特有のものになると思われる．なお，Hawkins *et al.*（1993）のレベル 3 にあるシュート（chute）とシート（sheet）はともに，剥き出しの岩盤が広範囲に優占する河道（基岩リーチ bedrock reach: **1.2.2** 参照）に特有のタイプであり，基岩リーチにおける瀬（fast water）に属するタイプを，礫床河川の瀬（fast water）と区別したものと解釈される．シュートは礫床河川における瀬（rapid および riffle: fast water & rough）に，シートは礫床河川の平瀬（run: fast water & smooth）に対応するものと思われる．

今回用いた 2 レベル 4 タイプの分類システム（**図 2.1-1**）の，Hawkins *et al.*（1993）（**図 1.2-7**）からの修正は，Hawkins *et al.*（1993）のレベル 3 にあるシュートとシートおよび滝を除くことで簡素化し，厳密には区別するのが困難と思われる rapid と riffle をまとめて瀬（riffle）とした点にある．Hawkins *et al.*（1993）では，レベル 2 において fast water を流れの状態を基に rough と smooth に，slow water を形成要因を基に scour pool（洗掘）と dammed pool（堰止め）にと異なる基準で選別している．しかし，前述のようにカスケード，瀬，平瀬および淵の 4 タイプは，相対的な水深，流速の大小および河床の勾配と形状という統一的な判別基準で選別可能なことから，同一レベルに位置づけるほうが理解しやすいと考え，筆者らの分類システムではレベル 2 に位置づけた．また，Hawkins *et al.*（1993）による淵のさらなる分類（**図 1.2-7**）については，それぞれの特徴を解説した Bisson *et al.*（2006）および萱場（2013）を参照されたい．なお，淵の分類については，Hawkins *et al.*（1993）

がレベル2に位置づけている洗掘型と堰止め型の2タイプについては比較的明瞭に判別できると思われるが，レベル3にあるさまざまなタイプに選別する際には先に述べたrapidとriffleの場合と同様に，明確な判別基準をもって特定するのが難しい場合もあるであろう．

F. 現場で，川の流れを前にして

以上のような流路単位の概念や各流路単位タイプの特徴を頭の中でイメージできたとしても，実際に川の流れを前にすると，やはり流路単位の区分は難しく感じられる．そのような際には，川を眺めるだけでなく，川の最深部（thalweg：流路横断方向上でもっとも水深が深い点を流路に沿ってむすんだ線，谷線，流心線）に沿って歩いてみるのがよい．流心線を歩くと，単に岸辺から眺めただけではわからない河床の凹凸や勾配（つまり，流路単位の選別基準）をくっきりと感じ取ることができる．流心線が明瞭な部分（流れの集中部分が明瞭な区間）と流心線を特定しづらい部分（流れが分散した区間）が交互に現れることも実感されるであろう．流れの集中／分散は，水面幅の狭さ／広さからも読み取ることができ，それを意識すれば，先に述べたような，流れが分散傾向にある瀬と集中傾向にある瀬（Rapid）の違いも認識できる．また，平瀬の特徴に合致する部分では勾配が緩やかで水平に近いことも，歩くとより実感しやすい．そのようなことを足で感じ取りながら流心線を一往復ぐらい歩くと，流路単位の境界線の候補が見えてくる．

境界線の候補は必ずしも水面幅以上の間隔で出現するとは限らず，水面幅以下の間隔しかないものもあるであろう（**図 2.1-3**(A)）．そのような間隔の短い境界によって挟まれた区画は，流路単位として認めるには小規模であるため，上流側か下流側に隣接する区画に併合することになる．よくある例では，「平瀬」に該当する「波立たず，一様な流れを呈し，河床が勾配をもたず水平な部分」は，淵尻とよばれる淵の下流側部分に必ずといってよいほど出現する（ただし，「平瀬」が常に淵の下流側に位置するとは限らない）．この部分の長さが水面幅より長い区間にわたって続く場合はそれを単独の流路単位（平瀬）として認めるが，その部分が水面幅より短い場合は「淵」の一部とみなす（上流側の流路単位に併合する）ことになる．このように，境界線候補を取捨選択して流路単位を認識していくことになる（**図 2.1-3**(B)）．

なお，教科書的には「瀬と淵は繰り返す」と描写されているが，流路単位に分割した際，必ずしも個々の流路単位としての瀬と淵が交互に繰り返されるわけではない．上流から，「瀬・瀬・瀬・淵・平瀬」や，「瀬・平瀬・瀬・淵・淵」といったように，同じタイプの複数の流路単位の連続を認識できることも多い．このようなケー

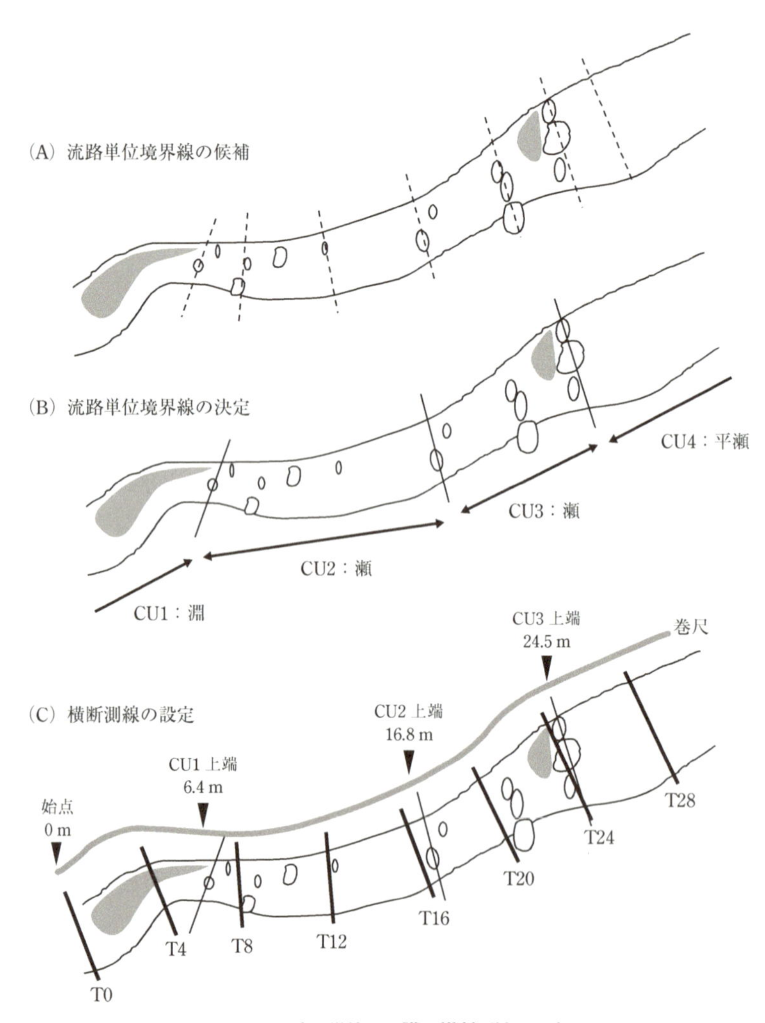

図 2.1-3　流路単位の認識と横断測線の設定

(A) 点線は，流路単位の境界線の候補．灰色の部分は洗掘部　(B) 境界線を決定し（実線），4つの流路単位を認識（CU1-4）(C) 巻尺に沿って，4 m 間隔の横断測線（太実線）を設定．測線番号（T0-28）は始点からの距離．

スでは，たとえば，「瀬・瀬・淵」という3つの流路単位と認識するか，2つの瀬をまとめて「瀬・淵」の2つとして認識するか迷う場合もあるかもしれない．このように同じタイプとみなされる流路単位が連続する際にそれらの境界線を認めるか認めないかについては，調査者による個人差が入りやすい部分といえる．

2.1.2 リーチスケールで表す

調査区間（リーチ）の特性を表す基本要素として，河川サイズ，河床勾配，水深，流速，および底質があげられる．河川サイズは川幅と平均的な水深で表されるが，具体的には水面幅（wetted width），低水時には冠水していない砂礫堆部分まで含めた河岸満水幅（bankfull width：1～2年に1度の出水で形成される河道の幅），平均水深，および流量といったものが指標となる．

ここでは，調査区間の特性を表現するにあたり，横断測線（トランセクト）を用いて水面幅，水深，流速，および底質を数値化する方法を概説する．なお，河床勾配は地図情報から測定することもできるが（**1.1**），現地で測定する場合は，水準儀（レベル）と箱尺（スタッフ）を用いて区間上流端と下流端との高低差を測定し（**1.2.3C** 参照），高低差を区間長で割り算してパーセントで表したものがよく用いられる．また，流量の測定方法については **1.2.4B** を参照されたい．

A. 水面幅，水深，流速を計測するための横断測線設定

水深と流速の測定方法については **1.2.4B** に解説されているが，どちらも基本的には「点」で計測することになる．よって，調査区間全体の水深や流速を表すためには区間内に多数の計測点を設定して計測することになるが，その設定の際に多用されるのが横断測線である（**図 2.1-3**（C））．流路に沿って，流れを垂直に横断するような測線を等間隔に設定（想定）し，水面幅を計測するとともに，測線上の複数の点で水深と流速を計測するというのが一般的な手法であろう．そして，調査区間内におけるそれら計測値の平均値（平均水面幅，平均水深，平均流速）を用いて調査区間の特性を表すことができる．また，標準偏差やそれを平均値で割り算した変動係数を算出すれば，流れの変異性，複雑さの指標ともなり得る．

水面幅，水深および流速の計測自体はさほど難しくないと思われるが，このときに問題となるのは，測線の間隔をどの程度の距離にすればよいか，また，測線上に設定する水深と流速の計測点の数をどのように決めればよいのかといったことであろう．測線の間隔を決める際にも，水面幅の倍数が目安となる．区間内の水深や流速の空間変異は河床形状や勾配によって規定されるため，流路単位に対応して繰り返される．この繰り返し構造が，前述したように，緩勾配河川では水面幅の5～7倍，急勾配河川では2～4倍であるという目安を念頭におけば，流路単位長を考慮しながら測線間隔を水面幅の1～2倍程度の距離に設定すると，1つの流路単位に測線が1～2本は含まれることになり，異なる流路単位に由来する環境要素の変異を捉え得るであろう．

筆者による，測線間隔の粗さに伴う計測精度低下の検討例によれば（井上, 2019），水面幅，水深および流速の区間平均値を得ることを目的とした場合，水面幅の 0.5 倍の測線間隔であれば十分な信頼度，水面幅の 1.5 倍程度までは比較的高い信頼度が得られることが示されている．また，平均水面幅のみに限れば，測線間隔を水面幅の 2～3 倍程度まで粗くしても比較的高い信頼度が得られている．いっぽうで，水面幅，水深，流速それぞれの標準偏差を得ることを目的とした場合の信頼度は，平均値を得る場合よりも低いことが示されている．つまり，平均値のみでなく標準偏差や変動係数といった分散傾向の指標を用いる際には，測線間隔は水面幅の 1.5 倍程度よりも短めに設定したほうがよい．なお，井上（2019）による測線間隔に関する文献調査では，リーチスケールでの調査に該当する 26 例の論文うちの 70% 以上のものが水面幅の 2.0 倍以下，50% 以上のものが 1.0 倍以下の設定となっていた．測線間隔の設定においては，目的とするデータの精度や対象とする調査区間の区間内および区間間での環境の変異を考慮して決める必要がある（井上, 2019 参照）．よって，一概に最適な測線間隔を示すことは難しいが，リーチスケールでの環境特性を表すための測線間隔としては，水面幅の 0.5～2.0 倍程度が一般的と思われる．

水深，流速の計測においては，測線上にさらに何点かの計測点を設定することになる．たとえば，1 m 毎に計測点を設定する，もしくは，各測線上 7 点といったように測線上の計測点数を定めて等間隔になるように計測点を設定するような方法がとられる．この場合も，対象河川のサイズ（水面幅）や横断方向での流れの変異性を考慮して測定間隔や測点数を決めることになる．どの測線でも一律に計測点の間隔を定める前者（1 m 毎）と，一律に測点数を定める後者（7 点）とでは，厳密にいえば，前者のほうがより正確に流れの状況が反映されるであろう．後者の場合，水面幅が広い部分での状況が過小に，狭い部分での状況が過大に評価されるからである．とはいえ，一律に測点数を定める方法（5 点や 7 点が多い）は，横断方向における変異性をより均等にとらえ得るという利点があるためか，または，現場での作業がより容易なためか，よく用いられる手法である．このような違いを認識したうえで目的に応じて使い分ければよいと思われる．流速の計測点については，さらに各計測点における鉛直方向での位置も設定する必要があり，**1.2.4B** では，6 割水深の 1 点で代表させる 1 点法，2 割水深と 8 割水深の 2 点を用いる 2 点法，一律等間隔を設定する精密法の 3 つが紹介されている．これら以外にも，目的に応じて，表層（水面直下），中層（6 割または 5 割水深），底層（河床直上）の 3 点や，表層のみ 1 点といった設定もあり得るだろう．

B. 目的に応じた測点の設定 ―水深，流速の場合―

前節では，リーチスケールでの流れの特性を，水深，流速の平均値や標準偏差（または変動係数）で表すことを想定して説明した．これは多数の計測値の要約統計量を用いる一般的な手法であるが，目的によってはそれとは別の表し方もある．それは，特定の水深帯や流速帯の量（頻度）として表現するものである．たとえば，「水深 50 cm 以上の部分」や「流速 10 cm 以下の流れの穏やかな部分」といったように，対象となる魚種（生物）にとって好適とされる範囲を想定できる場合，それらの頻度を表すもので（たとえば，全計測点 50 点に対して流速 10 cm 以下の計測点が 20 点であれば 40%），平均値や標準偏差といった要約値で表現するよりも，より直接的に生息場の特性を表現することができる．このように，特定の範囲の出現頻度で水深や流速を表す必要があり，かつ，調査区間内におけるそれらの分布が局所的な場合は，測線および計測点間隔はより細かく，また，測線上の測点設定は一律同数ではなく一律等間隔にする必要がある．

いっぽうで，たとえば水深について，河川サイズの一指標という位置づけしか想定せず，変異に富む多数の調査区間間での相対的な平均水深の違いが表現されさえすればよいといった場合であれば，各測線の最深部（thalweg）のみを計測するだけで事足りるかもしれない．また，流れに沿った河床の凹凸度合いを，水深の変異（標準偏差や変動係数）を指標として表すことを意図すれば，同様に計測点は各測線の最深部 1 点のみとし，そのかわりに測線間隔を短くするといった方法もあるだろう．流速に関しては，上記のような生態学的意義を想定できる特定の流速帯の頻度を表現する場合には，それ相応の労力を投入せざるをえない．しかし，単に多数の調査区間間での流れの状況の相対的な違いを平均流速で表すというだけの目的であれば，流れの状態を反映しやすい表面流速のみで代表させるということも考えられる．極端に言えば，流速の計測自体必要ないかもしれない．平均流速や流れの状況はより簡便な変数，たとえば河床勾配や流路単位構成等に反映され得るからである．生息場特性の計測手法を複数の論文で論じている Simonson らも同様なことを述べている（Simonson *et al.*, 1994）．調査区間全体での流速の平均値や標準偏差は，リーチスケールでの魚類の生息量を説明する変数としては有効とは限らない．実際に，その類の研究において，調査区間の特性を表す変数に流速を含めていないものも少なくない（たとえば，Murphy *et al.*, 1986）．流速は，流れを表す変数としてもっとも基本的な要素であることには違いないが，その計測にはそれ相応の労力がかかる．よって，どのような目的で，最終的にどのような変数として用いるかをよくイメージしたうえで計測設定やその必要性の有無を検討したほうがよいであろう．

C. 底質を表す

底質は，河床堆積物（河床材料）の粒径組成や河床の状態を類型化することによって表される．河川地形学や水理学といった川の流れを物理学的に扱う分野では河床堆積物の粒径自体を定量し粒度分布（粒径加積曲線：**図 1.2-14**）として表すのが基本のようであるが，生き物の生息場として底質を表す際には必ずしも粒径の計測は不可欠ではなく，粒径等に基づいて河床表面を類型化することが多い．粒径組成を得るには個々の礫の長径や短径を計測したり，砂利や砂泥の場合はそれらを持ち帰り篩にかけるといった作業を必要とするが（**1.2.4E** 参照），類型化による評価は現場で記録するだけでよく，より簡便な手法といえる．ここでは，リーチスケールでの底質の表し方として，類型化に基づく手法を例示する．なお，粒径組成の評価手法については **1.2.4** および **2.3.5** を参照されたい．

底質の類型化は，基本的に河床堆積物の粒径に基づいて行われるが，**1.2.4** に紹介されているように，その分類にはさまざまなものがあり目的と対象河川の状況によって使い分けることになる．ここでは，魚類の生息場評価ではよく用いられる Wentworth 階級に基づく 6 段階，すなわち，1＝岩盤（bedrock），2＝砂泥（sand: 粒径＜ 2 mm），3＝小礫（gravel：2-16 mm），4＝中礫（pebble：17-64 mm），5＝大礫（cobble：65～256 mm），6＝巨礫（boulder：＞ 256 mm）という分類を用いる．これらは，河床表面の状態を表層堆積物の粒径によって類型化し，「粗さ」を基に 6 段階に順位づけしたものである．調査区間内の河床表面をこの 6 段階に類型化し，それぞれの占める割合（出現頻度）で底質構成を表すことができる．そのためには，調査区間全体を網羅するように多数の評価地点を設定し，それぞれの地点を類型化し記録することになる．この地点設定の際にも横断測線を利用できる．

調査区間の生息場特性を調査する際には，底質のみならず水深や流速も計測することが多いので，水深，流速の計測点を底質の評価にも用いることができる．ただし，水深は「点」で計測するのに対して底質は「面」で評価するため，「面」の範囲を設定する必要がある．この範囲については，一辺 20～50 cm 程度の正方形が適当と思われる．各計測点の河床にこの方形区を設置（または想定）し，方形区内に優占する底質を上記 6 段階のいずれかに判別し，記録する（**図 2.1-4**（A））．この方形区のサイズが大きいと方形区内の底質が不均一になることも多く，1 つのタイプに判別するには迷いを生じやすくなる．その点に留意して方形区のサイズを設定する．筆者らの経験では，50 cm 四方だと大きすぎる場合が多く，20～30 cm 程度が適当ではないかと感じている．

横断測線上での地点数については，たとえば，「測線上に 5 点」といった設置基

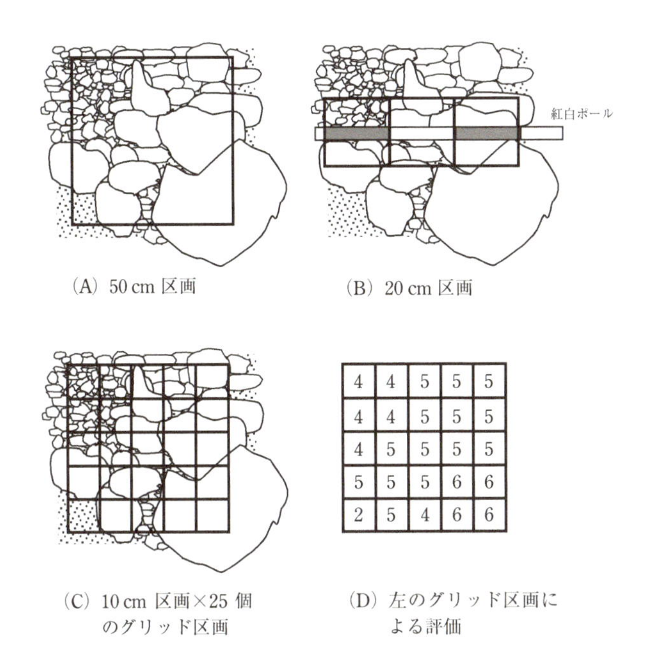

4	4	5	5	5
4	4	5	5	5
4	5	5	5	5
5	5	5	6	6
2	5	4	6	6

（A）50 cm 区画　（B）20 cm 区画

（C）10 cm 区画×25 個のグリッド区画　（D）左のグリッド区画による評価

図 2.1-4　類型化による底質評価：1＝岩盤，2＝砂，3＝小礫，4＝中礫，5＝大礫，6＝巨礫の 6 段階（6 タイプ）で評価してみる（礫サイズは本文参照）

（A）評価地点直下の 50 cm 四方の範囲で優占するタイプ．「5（大礫）」と判定されそうだが，左上の細かい礫や右下の巨礫が気に懸かる．

（B）紅白ポールに沿って 20 cm 区画毎に評価：左から「4，5，5」と判定

（C），（D）10 cm 四方の小区画毎での評価：この結果から判定すると，50 cm 四方の優占タイプは「5（大礫）」

準の場合，「平均水深を得るには支障なさそうだが，底質評価においては粗すぎるのではないか」と感じることもあるかもしれない．とくに山地渓流では底質が不均一な場合が多く，また，岸際部に特異的な底質を持つ場合もあり，「測線上に 5 点」という設置では特定のタイプを過小評価してしまうような不安も生じやすい．それが気懸かりな場合，評価地点を多くすることになるが，究極的には測線上すべてを評価するという方法もある．たとえば，測線上を 20 cm の小区間に分割し，その小区間（20 cm × 20 cm の区画）に優占する底質を 6 段階のいずれかに評価するのである（**図 2.1-4**（B））．この方法だと，測線（水面幅）が 4 m の場合，測線上の 20 か所において，連続的に，「2,2,3,3,5,5,…」（砂，砂，小礫，小礫，大礫，大礫…）と記録していくことになる．この方法では，評価地点数がかなり多くなってしまうが，実際には，「2,2,3,3，あとはすべて 5（2 が 40 cm，3 が 40 cm，それ以外は 5）」，といった記録になる場合も多く（水面幅の記録があれば，「5」の出現数は算出可能），

小さな河川であれば，現場での負担はさほど大きくないかもしれない．この手法には，河床を広く網羅できるという利点がある．しかし，「測線上に5点」といったように水深，流速の計測点と同じ地点で評価する場合には，水深，流速，底質の3種類の変数が対応したデータとなるが，測線上を分割してすべてを評価する手法では，水深，流速のデータと底質との対応は得られない（ていねいに記録すれば，調査後に対応させるのは可能）．そのことに留意する必要がある．

このように各評価地点を6段階のいずれかで記録すると，調査区間から多数の数値が得られるが，それぞれのタイプの出現頻度を用いて調査区間の底質構成を表すことができる．また，1～6までの数値を，粗さを表す順位変数とみなして，調査区間内で得られた数値の平均値と標準偏差で表すこともできる．平均値は粗さを表す底質粗度（substrate coarseness），標準偏差は変異性を表す底質変異（substrate heterogeneity）として用いられる．出現頻度を用いた場合，底質は6つの変数で表されることになるが，それらを要約統計量として2つにまとめたことになる．この手法は，Bain *et al.*（1985）によって考案されたものである．今回の例では，岩盤に対してもっとも粗度の低い「1」を割り当てているが，Bain らは，反対に，岩盤を巨礫よりも粗度が高い，もっとも高い段階に位置づけている．また，Bain らは，底質の評価範囲の設定については，河床に這わせたロープ上を長さ10 cmの範囲毎に評価している．粗さの順位設定や，評価範囲の設定は対象とする河川の状況に応じて変わるであろう．

底質に関する解説では，多くの場合，堆積物の粒径に焦点が当てられる．ここでも粒径に基づく6タイプ（段階）の類型化で例示したが，河床表面は必ずしも岩盤や土砂堆積物とは限らない．落葉などのリターが堆積した部分や，沈水植物に覆われている部分も珍しくはない．そのような場合は，リター，沈水植物といった分類項目を追加することになる．この場合，各タイプの出現頻度で表す際には問題ないが，上記のように順位変数化して粗度を評価する際には難しい．底質粗度の算出時にはリターや沈水植物といった植物体の底質は除外して算出するといった工夫が必要となろう．

D. 現場での作業手順

以上のような環境要素を測る作業手順については，調査者によってさまざまな工夫が為されているであろう．ここで示すのは一例である．まず，調査区間を設定したら，区間長を計測するために流路に沿って巻尺を伸ばして固定する（**図2.1-3**(C)）．そして，区間を構成する流路単位を区分し，それぞれの流路単位タイプを判別するとともに，その境界を調査区間下端からの距離として記録する．これにより，各流路単位の長さが記録される．次に，設定した測線間隔ごとに各環境要素を計測，評価していくことになるが，各測線の下端からの距離を測線の識別番号として用いるのがよいであろう（たとえば，測線間隔が 4 m であれば，測線 0, 4, 8, 12, …; **図 2.1-3**（C）の T0-T28）．上記のように，流路単位の境界を下端からの距離で記録すれば，どの測線がどの流路単位に対応するのかがわかりやすい．

そして，まずは水面幅を計測することになるが，一人で作業する際には，後述するように，巻尺よりも箱尺や紅白ポールのような棒状のもので測るほうが楽であろう．箱尺であれば，横断方向に伸ばして大きなモノサシのようにして使用する．ただし，箱尺は重い．一人で測る場合は長さ 1 m または 2 m の紅白ポールで測ると楽であるが，通常は長さが足りないため，想定された測線に沿ってつなぐように繰り返し計測することになり，精度は箱尺や巻尺に比べて若干低くなるかもしれない．道具選びとその使い方は調査者の好みによるであろう．水面幅を計測後，測線に沿って水深，流速の計測点を定めることになるが，この際に，箱尺，紅白ポール，または巻尺を水面上にあてがって水際からの距離を確認しつつ位置を定めることになる．巻尺だと流れに乱されて煩わしいため，箱尺や紅白ポールのほうが使いやすいであろう．計測点の設定は，どの測線でも一律一定間隔に設定するか，もしくは，一律一定の地点数を定めるかのどちらかになるが，後者の場合，たとえば，測線上 5 点の場合は，中央とその両側（水面幅の半分）それぞれを 3 等分した分割地点が計測点となる．7 点の場合は，中央とその両側それぞれを半分に分割し（1/4），さらに，その 1/4 の部分を半分に分割した地点を定めれば 7 点となる．このようにして定めた計測点で，水深や流速，底質を計測，評価する．なお，測線全体で連続的に底質を評価する場合には，河床に紅白ポールをあてがうとやりやすい．紅白ポールは通常，20 cm 間隔で紅白に塗り分けられているので，それぞれの 20 cm 区間（または，40 cm 区間）で評価すると便利である（**図 2.1-4**（B））．

このようにして計測すると，各流路単位の面積は，流路単位長とその流路単位に含まれる測線での水面幅の平均値をかけあわせることで概算できる（**図 2.1-3** の流路単位 CU1 の場合，「測線 T0 と T4 での水面幅の平均値」× 6.4 m）．それぞれの流路単位の面積の合計が調査区間の水表面積となり，各流路単位タイプの面積割合を算出することができる．また，淵の場合はその体積を変数として使用することも多いが，その場合は流路単位長×平均水面幅×平均水深で算出するのが一般的である（たとえば，Taylor, 1997）．なお，**図 2.1-3**（C）の場合だと，たとえば流路単位 CU1 の水面幅は測線 T0 と T4 の僅か 2 つの水面幅の平均値で表されることになり，流路単位面積の概算値の精度は粗いものに感じられるかもしれない．それが問題だとすれば，測線間隔を水面幅以下にまで短くする必要がある．それに伴う水深や流速の計測点の増加を避けたければ，流路単位面積を測定するためだけに，より細かい間隔の測線を設定する（水面幅のみ短い間隔で計測する）という方法もあるだろう．なお，流路単位タイプ構成を得る必要がなく，単に調査区間の水表面積のみを得たい場合であれば，区間全体での平均水面幅×調査区間長で水表面積を概算してもよいであろう．

E.　リーチを表す変数

このような調査を行うと，河床勾配，平均水面幅，平均水深，平均流速，流路単位タイプ構成（各タイプの占める面積割合），底質構成（各タイプの頻度）といった変数が算出され，調査区間の概要を表すことができる．調査区間間での魚類の生息密度を説明する変数として用いる場合（**6章**参照），目的に応じて，前述のように，特定の水深帯もしくは流速帯の頻度や河床の凹凸度（水深の変動係数），底質粗度および底質変異といったものも算出できる．

魚類の生息密度に対する説明変数として，平均流速は必ずしも有用ではないという私見を述べたが，これとは対照的に平均水面幅や平均水深は意外に重要である．これらは**1.1.4**にある集水面積(流域面積)とともに河川サイズを表す変数であるが，魚類の生息密度との高い相関がしばしば検出される（Murphy *et al.*, 1986; Bozek and Rahel, 1991; Rosenfeld *et al.*, 2000）．このような，応答変数に対して強い相関をもつ変数のおかげで，他の変数の影響がみつかる場合も少なくない．通常，生息密度を環境要因によって説明するような解析では複数の説明変数の組み合わせによって説明することが試みられる（**6章**参照）．そのような場合，単独では効果が検出されない変数であっても，他の変数と組み合わさることによって検出可能となる変数もある，たとえば筆者らは，サクラマスに対するカバー（下記参照）の影響（Inoue and Nakano, 2001），ニジマスに対する競合種（サクラマス）の影響（Inoue *et al.*, 2009），およびアマゴに対する人工林の影響（Inoue *et al.*, 2013）を論じたことがあるが，それらの要因は，河川サイズ（平均水深，平均水面幅，または集水面積）との組み合わせによって検出されている．逆にいえば，河川サイズを表す変数がなければ，カバーや競合種，人工林の影響を検出するのは難しかったかもしれない．そのような経験から，河川サイズを表す変数は，リーチスケールでの生息場を表す変数として必須なものと筆者らは考えている．

水面幅や水深のみならず，これまであげたようなリーチスケールでの個々の変数は，必ずしも詳細な生態学的因果関係を推測できるような変数であるとは限らない．たとえば底質は，底生魚のような河床条件に依存しそうな生き物にとって極めて重要なものに感じられるが，その重要性は各底質タイプの頻度のような粗い変数では表せそうにないように思われる．しかし，底質に関する微細な条件を表現できるような手の込んだ変数を広範囲，多区間にわたって計測するのは労力的に困難な場合も多い．リーチスケールの解析には，どのような要因が生息の有無や多寡にかかわっているかについての概略を抽出し，次のステップでどこに的を絞るべきかという道筋を示すといった役割もある．そのように位置づければ，各変数の粗さに対する不安（不満）を感じたとしてもそれを許容することができるであろう．川西らは，底生魚であるヒナイシドジョウの生息環境を解析するにあたって，広範囲，多区間での解析から，対象種の干上がり攪乱に対する耐性や河床条件の重要性を見出したうえで（Kawanishi *et al.*, 2011），その後により小さなスケールでの詳細な調査（Kawanishi *et al.*, 2010; 2017）や野外実験（Kawanishi *et al.*, 2013; 2015）を行うことによって対象種にとっての河川間隙水域の重要性を明らかにしている．広範囲だが粗めの変数が用いられるリーチスケールでの調査結果を基礎に，その後の調査へと展開することができた事例である．

F. カバー

ここまで，河道特性を表す基本的な変数について述べてきたが，魚類の生息環境要素としては，カバーもしばしば用いられる．カバー（cover habitat）とは，捕食者や苛酷な環境条件（たとえば，強い水流や強い日差し）からの隠れ場所として機能する生息場のことで，魚類のみならず陸上の野生動物等においても用いられる．一般的な定義としては，上記のように概念的，抽象的なものとなるが，個別の調査や論文では，対象種にとってカバーとして機能するであろうと想定されるものをカバー（cover material, cover object）として具体的に定義し，その量を定量化する．河川性魚類の生息環境に関する研究では，「倒流木（large woody debris，または large wood）」，「渓岸部のえぐれ（undercut bank）」，「水面上に近接するように張り出した植生（overhanging vegetation）」，「落枝などが集積したブッシュ状の構造物（brush）」，「水草（aquatic macrophyte）」などが，しばしばカバーとして用いられる．

これらカバーには，空間（えぐれ）や物体（倒流木）など異なる属性をもつものが含まれており，統一的に「量」として計測するのは難しい．よって，多くの場合，調査区間の面積に対するこれらカバーの占める割合や，出現頻度といったかたちで数値化する．前者の場合，これらのカバーが水表面に投影された範囲を特定し，そ

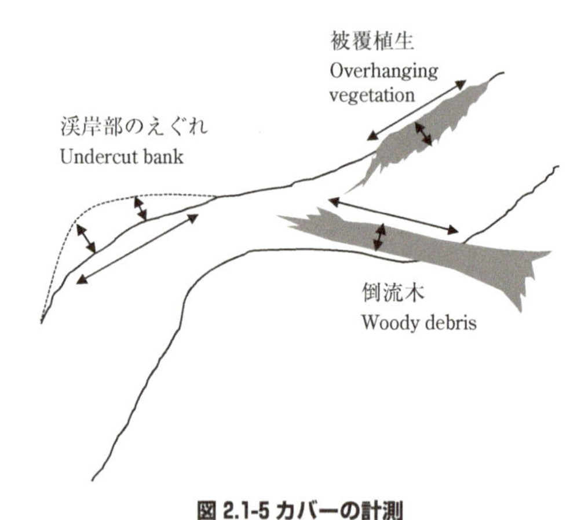

図 2.1-5 カバーの計測

水表面に投影された面積を，長さ（長軸）と平均的な幅（短軸）の積で概算．

の長さと幅を掛け合わせることによって面積を概算する（**図 2.1-5**）．また，後者の場合，調査区間内に多数設定されたそれぞれの横断測線上でのカバーが占める長さを記録し，全測線長（水面幅の合計）に対するカバー長（カバーの占める長さの合計）の割合というかたちで頻度を算出することもできる．ただし，カバーは出現頻度が低く局所的に分布するような場合も多い．そのような場合，後者の横断測線を用いる方法では，カバーが測線上にかかりにくくなるため，調査区間間でのカバー頻度の違いの検出力は低くなる．いずれにせよ，カバーとして機能するものを定義する際には，その最小サイズも同時に定義する必要がある（たとえば，20 cm × 20 cm 以上の範囲を占めるもの）．なお，倒流木については，それらが河川地形や生態系におよぼす影響が注目され，多くの研究がなされてきた（芳賀ほか, 2006 参照）．そのような研究では，最小サイズ（たとえば，直径 10 cm 以上，かつ，長さ 1 m 以上）を定義したうえで，本数や体積で定量している（**2.3.6** 参照）．

淵も，定義上はカバーとみなし得るであろう．たとえば，魚にとって深い淵はサギ類のような陸上捕食者からの避難場所として機能しうる．しかし，淵をカバーとして扱っている調査・研究は，おそらくない．淵は，前述のように流路単位や生息場の基本単位（habitat unit）として，カバーとは別格として扱われる．カバーは，スケール的には流路単位よりも小さい微生息場スケールでの生息場要素とみなされるべきであろう．河床礫は，定義上もスケール的にもカバーとみなしてよさそうである．しかし，巨礫（boulder）をカバーとみなして計測するような論文はあるものの（たとえば，Bjornn *et al.*, 1991），個々の大礫（cobble）や中礫（pebble）をカバーの一種として扱う調査・研究もほとんどない．実際に，ある種の魚にとって大礫や中礫がカバーとして機能し得るのは明らかであるが（たとえば，Finstad *et al.*, 2007），河床礫は，カバーとしてではなく底質として定量化されるのが一般的である．淵や河床礫といったものが，河川流路が基本的に備えている要素であるのに対して，「カバー」は，暗に，それら基本要素に対して付加的に加えられる特殊な生息環境要素という意味合いの認識があるのであろう．

G. 河床環境のいろいろな表し方

河床環境は，さまざまなサイズや形状の礫や砂およびその間を流れる水流によって形成され，複雑な様相を呈す．リーチスケールでの河床環境の概況を表す手法として底質の類型化によって表す方法を解説したが，何度か述べてきたように，生き物の生息場としての河床環境の特徴はそれでは十分には表現できないような気もするであろう．粒径に基づく類型化では表現しえない気懸かりな環境要素は，おそらく，砂礫間の隙間とそこでの水の流れであろう．ここでは，そのような要素の計測例について簡単に紹介する．

まず，もっとも簡易的な方法は，隙間に基づく類型化である．**1.2.4** で紹介されているように，日本では昔から「浮き石，はまり石」という概念が広く認識されている．これは，礫間の隙間もしくは礫の安定性に基づく類型化といえる．調査区間に設定された底質の評価地点を，「浮き石／はまり石」と類型化することで，前述の粒径に基づく6段階の類型化と併用することができるであろう．ただし，この「浮き石／はまり石」の概念は，砂泥底や砂利底には適用できない．よって，礫サイズによる条件付けを行う必要がある．たとえば，渡辺ほか（2001）では，底質評価にあたって粒径に基づく6段階の評価に加えて，中礫サイズ以上の礫が優占する場合は「浮き石／はまり石」の評価を行い，調査区間における浮き石の割合を算出している．

この方法は，「浮き石／はまり石」の2つに大別した類別変数での評価となるが，より詳細な隙間の大きさや，礫の「はまり度合い」といったことが気になるかもしれない．「はまり度合い」に関しては，バネ秤を用いた測定で表現できるかもしれない．この方法は，個々の河床礫を対象に，礫を動かすのに必要な力をバネ秤で測定するものである．対象とする礫をバネ秤にとりつけたフックで引っ掛けて引っ張り，礫が動いた際の目盛りの読み取り値を基に算出する（動いた瞬間の数値を読み取るのは難しいので，最大値が記録されるような工夫や秤への細工が必要）．この方法は，本来は河床礫の安定性を評価するためのもので，Downes *et al.*（1997）および Takao *et al.*（2006）に説明されている．Takao *et al.*（2006）は，ヒゲナガカワトビケラ幼虫による営巣（造網）が河床礫を安定させることをこの手法を用いて示している．

礫間の間隙サイズについては，三角定規を用いた計測例がある．Onoda *et al.*（2009）は，底生魚であるヨシノボリの生息環境を解析するにあたり，礫下の隙間に三角定規を挿入し，計測された奥行きと三角定規の角度（30 度）を基に隙間の高さを算出している．Finstad *et al.*（2007）は，同様な礫下の間隙サイズを柔らかいビニール製（PVC: ポリ塩化ビニル）チューブで評価している．サケ幼魚（体長 10 cm 程度）にとっての礫間隙の重要性を示した実験的研究であるが，細い PVC チューブを礫下に挿入し（径 5 〜 22 mm までの範囲で 5 段階のサイズを使用），3 cm 以上挿入できる場合は隠れ場所（シェルター）となり得ると判定し，そのシェルターの数で評価している．なお，間隙の奥行きは挿入したチューブの長さで，間隙の大きさは使用したチューブの直径で段階評価することができる．これらの手法は，基本的には個々の礫を単位に測定されるものだが，リーチスケールで評価する際には，調査区間全体を網羅するような評価地点を設け，その地点直下にある礫を対象に行うといった設定や（対象とする最小礫サイズを決める必要がある），前述した 6 段階での底質評価の場合と同様に，区間内に設定された一定サイズの区画（たとえば 30 cm 四方）内における間隙の数とそれぞれのサイズを定量するといった「面」での評価も可能であろう．そして，たとえば，Finstad らのように一定サイズ以上の隙間を有効な間隙と定義して，区間内におけるそれらの頻度（間隙数／全計測点数）で表すといった方法がある．

以上のような礫の安定性や間隙の数値化は，主に大礫サイズ（cobble：65 〜 256 mm）以上の大きさの礫を対象にしたものであるが，中礫（pebble：17 〜 64 mm）や小礫（gravel：2 〜 16 mm）が優占するような砂利底については，とくにサケ科魚類の産卵床としての好適性という観点から間隙や透水性が評価されてきた．サケ科魚類の卵は河床の砂礫中に埋設されるが，健全に発育するためには，透水性が保たれるための適度な間隙が必要である．そのような底質の環境条件を評価するために，河床堆積物（土砂）の粒径分布や礫間隙での水流が調べられる．現場で採取された土砂の粒径分布からは，間隙を埋めてしまう細粒砂（＜ 0.85 mm，＜ 2 mm といった基準が用いられる）の割合や，粒径の中央値である D50 といったいくつかの指標が得られる（Chapman, 1988; Kondolf, 2000 参照）．また，礫間隙での流れに関しては，透水性を表す透水係数と，河床堆積物中の鉛直方向での流れ向き（湧昇／沈降）を示す鉛直動水勾配（vertical hydraulic gradient: VHG）がよく用いられる

(Baxter and Hauer, 2000). これら堆積物の粒度分析や透水性, 動水勾配については, **1.2**, **1.3** および **2.3** の他に, 村上ほか (2001), 卜部ほか (2004), Baxter *et al.* (2003) が参考になるであろう.

粒径組成や透水性および動水勾配も, 基本的には「点」で評価される. よって, リーチスケールでの代表値を算出するためには, 調査区間内に多数の計測点 (粒径組成の場合は土砂採取地点) を設置することになる. 土砂サンプルについては, 仮に調査区間で 50 地点から土砂サンプルを採取したとすれば, それぞれの採取地点毎に 50 の粒径組成を得ることもできるし, または, 50 のサンプルをすべてまとめたかたちで 1 つの粒径組成に集約することもできる. 前者の場合は, たとえば, 調査区間内における「2 mm 以下の土砂が 10% 未満のサンプル (隙間が多い河床)」の頻度といったように, 特定の条件の河床環境が区間内にどれくらい存在するかを表すような使い方ができる. いっぽう, 調査区間全体での粒径組成を得たいときには後者のような処理となるであろう.

2.1.3 より小さなスケールで見る

ここまで, はじめにあげた「河道特性とそこに生息する魚類の生息密度との対応関係を解析する」という想定に従い, 調査区間の環境特性をリーチスケールで表すことを前提に説明してきた. 「リーチスケールで表す」とは, データ処理・解析において区間 (リーチ) を単位としてデータを集約するということである. 水深, 流速, および底質の計測, 評価は「点」または「点」とみなしうる局所的な「面」でなされるが, それらに基づくデータは, リーチよりも小さいスケールで集約することもできる. 区間 (リーチ) は流路単位から構成され, 流路単位もさらに小さな特性の異なる微生息場 (サブユニット) からなる (**1.2.1**, **1.2.2** 参照). 生き物および環境要素のデータを, より小さなスケールで集約して対応関係を見ていくと, リーチスケールとは違った側面が見えてくる. ここからは, 流路単位スケールと, それよりも小さな微生息場スケールでの調査について概説する.

A. 流路単位スケール

調査区間を流路単位に分割し, 個々の流路単位毎に魚類の生息密度を調べると, 調査区間内での魚類密度の濃淡が表される. このような流路内での魚類の分布は, 生息場利用として捉えられる. 流路単位タイプ間で魚類の密度を比較することにより, 魚類がどのような場所を利用しているか, 河道形態が魚類の生息場としてどのように機能しているかといったことを検討することができる (Nickelson *et al.*,

1992; Inoue and Nakano, 1999).たとえば,Nickelson *et al.*(1992)は,季節を通して,さまざまな流路単位タイプ(**図 1.2-7** のレベル 3 に相当)間でギンザケ幼魚の生息密度を比較し,冬季の生息場として堰止め型(dammed pool, backwater pool)や渦型の淵(alcove)が重要であることを示している.同様な流路単位タイプ間での生息量の比較は,底生無脊椎動物でもよく行われている(Angradi, 1996; Halwas *et al.*, 2005).

生物の生息量調査と同時に流路単位毎の環境特性を計測することで,それらの間での対応関係を検討することもできる.流路単位特性は,水深,流速,底質で表され,基本的には前述のリーチスケールの場合と同じ手法で定量化できる.調査区間を単位にデータを集約(たとえば,平均値を算出)するか,個々の流路単位を単位に集約するかの違いである.流路単位スケールでの調査では,流路単位間の環境特性の違いが反映されるように,リーチスケールの場合よりも横断測線の間隔は細かく設定される.筆者らは,魚類の生息密度と環境要素との対応関係を流路単位スケールで検討したことがある(Inoue *et al.*, 1997).その際には,各流路単位に 4 本の横断測線を設け,各測線上の 5 点で水深を計測した.底質については,各測線全体を 20 cm 区間毎に評価した.そして,各流路単位の特性を平均水深,平均流速,流速変異(変動係数),底質粗度,底質変異,およびカバー被度(%)を用いて表したが,これらの変数の計測・算出法は,流速以外は前述のリーチスケールでの方法と同じである.流速については,直径 3.5 cm 程度のボール(中性浮力に細工した卓球用の球)を流路単位上端から 60 個流し,それぞれのボールについて下端に到達するまでの時間を測定することで計測したが(60 の流速値の平均値と変動係数),横断測線上で流速計を用いて計測し平均流速と変動係数を算出する方法の方が一般的であろう.

B. 微生息場スケール

瀬や淵といった流路単位は,「比較的均一な環境を持つ部分」などと表現されることがある(Bisson *et al.*, 2006).とはいえ,実際には流路単位内の環境は不均一であり,そこに生息する生き物たちは,それらの差違に反応して暮らしている.このような流路単位よりも小さなスケールでの不均一性に着目して生息環境を捉えたものが微生息場(またはサブユニット)スケールである(**1.2.1** 参照).魚類を対象とした場合,調査区間毎および流路単位毎に個体数を把握し,生息密度として表現するのは可能かつ適切である.つまり,リーチおよび流路単位スケールは,どちらも魚類の生息量を把握する単位として適切なスケールといえる.しかし,流路単位よりも小さい何らかの微生息場（サブユニット）を単位として，魚類の個体数を把握するのは困難または不適切に感じられることも多いであろう．魚体サイズや魚の日常的な活動範囲に対して，このスケールが小さ過ぎてしまうからである（ただし，川が大きければ，サブユニットのサイズは大きくなるので，サブユニットレベルでの個体数調査も可能かつ妥当となる．たとえば，Nagayama and Nakamura, 2018）．いっぽう，より体サイズの小さい，水生昆虫のような底生無脊椎動物の場合，調査区間や流路単位の全範囲からこれらを採集するのは不可能であり，採集や個体数調査は，流路単位よりも小さなスケールを単位として行われる（たとえば，サーバーネット：**4.1** 参照）．つまり，底生無脊椎動物の生息量を把握するにはこの微生息場スケールのほうが適切である（彼らにとっては，「微」とはいえないかもしれず，その点で「サブユニットスケール」のほうが妥当なよび方かもしれない）．よって，微生息場スケールは，底生無脊椎動物を対象とする場合は，生息量の空間変異を捉えるのに適したスケールであるが（**4.1** 参照），魚類を対象とする場合は生息量というよりは利用場所や行動様式を捉えるためのスケールといえるであろう．

この微生息場スケールで魚類の生息環境を捉える際には，**4.2.6** で紹介されているように，魚類個体がいる位置を点として捉え，その点の特徴をいくつかの環境要素で特徴づけるような手法が広く用いられる．この手法では，「魚類個体がいた点」と「流路内において魚類が潜在的に利用可能な場所」を対比することによって，生息場に対する選好性を検討することができる（**4.2.6** 参照）．後者の「潜在的に利用可能な場所」は英語では habitat availability とよばれ，それは，調査区間全体を網羅するように多数設定された計測点によって表される．そして，各点の特徴を表す変数としては，水深，流速，底質，カバー等が用いられる．すなわち，この類の調査では潜水観察等によって特定された魚類個体の位置と調査区間全体に設定された計測点において，水深，流速などの変数を測定することになる（**4.2.6** 参照）．

調査区間全体にわたる計測点の設定においては，すでに述べたような横断測線が用いられる．ここでは流路単位内にみられる環境の変異性に注目しているため，それを捉えることができるように，細かい間隔で計測点を設定する必要がある．先にも触れた筆者による横断測線間隔の検討に基づけば（井上, 2019），この類の調査においては，測線間隔は水面幅の半分以下の間隔が必要と思われる．実際に，このスケールでの既存文献調査では，調べた 22 例の論文のうちの 70％以上のもので測線間隔が水面幅の半分以下に設定されていることが示されている．また，測線上の計測点の配置については，「測線上に 7 点」というような一律同数よりも「50 cm 間隔で」といったような一律等間隔のほうがよいであろう．前述のように，一律同数にすると，水面幅（測線の長さ）の違いによりデータに偏りが生じるからである．

各計測点で計測する変数は調査対象や目的にもよるが，水深と流速は基本といえる．リーチスケールでは流速は必ずしも有効とは限らないと述べたが，この微生息場スケールや流路単位スケールの調査では流速は必須的で，かつ，表層，中層，底層といったように鉛直方向に複数の点での計測が必要な場合が多いであろう．底質については，リーチスケールの場合と同様に各地点直下の底質を類型化する方法が考えられるが（たとえば，前述の 6 段階評価），計測点直下を面として捉えそれをさらに小区画に細分して評価するという方法もある．たとえば，50 cm × 50 cm の区画を，25 個の 10 cm × 10 cm の小区画に分割したグリッド区画を用いて小区画毎に 6 段階で評価すれば（**図 2.1-4**（C），（D）），各計測点から 25 個の数値が得られる．この 25 個の数値から各タイプの割合として 4% 刻みで表現することも可能だし，25 個の値の平均値（底質粗度）と標準偏差（底質変異）を用いて表すこともできる．また，計測点直下を類型化するのと同じことになるが，もっとも優占したタイプ（25 区画中もっとも頻度の高かったタイプ）のみで代表させることも可能である．このように何通りかの方法で表現可能な柔軟な手法ではあるが，1 地点あたり 25 もの数値を記録する必要がある．しかし，10 cm 四方という小さな区画内では底質の不均一性が制限されるため，それぞれの区画を 6 段階のいずれかに選別するという作業は，大きなサイズの区画（たとえば，50 cm 四方）を一括して評価する場合よりもずいぶん容易である．よって，25 区画を評価する一連の作業は，慣れればさほど苦痛ではないかもしれない．カバーに関しても，「点」で評価することになるが，計測点からもっとも近いカバーまでの距離を記録したり，計測点から 50 cm 以内にカバーがあれば「有」といったような基準を設け，有／無で評価するといった手法がとられる．

その他，リーチスケールで紹介したような，礫の安定性や隙間を表す変数，粒度組成や透水性といったものも，「点」を単位として調査・数値化される変数であるため，微生息場を表す変数として直接的に使うことができる．先にも触れた Kawanishi *et al.*（2010）では，ヒナイシドジョウの生息場利用の解析にあたって，通常よく用いられる水深，流速，底質に加え，鉛直動水勾配を変数に用いている．なお，底質については，上記のグリッド区画を用いた類型化と，採取した土砂サンプルから細粒土砂量を計測する方法の 2 通りを使っている．それらにより，礫間隙や湧昇流（正の動水勾配）に対するヒナイシドジョウの選好性を明らかにしている．これはサケ科魚類の産卵環境に関する調査手法を参考にしたものだが（たとえば，卜部ほか, 2004），底生魚の生息場利用の解析においては，河床環境の表現法を工夫することで，目では見えにくい意外な側面が明らかになっていくかもしれない．

本節では，生き物の生息場として，川の流れや川底の状況を表すためによく用いられている調査手法を紹介したが，調査者が川に入って直接計測するような調査を想定している．よって，河川サイズとしては流路の大部分で水深が腰よりも浅いような小河川を想定し，河道形態（リーチタイプ）としては小河川で普遍的にみられるステップ・プールおよび瀬・淵リーチを想定した内容となっている．従って，大河川の下流域など，ここで紹介した手法を直接的に適用するのが難しい場合もあるが，河道形状の見方や計測点の設定に関する基本概念については汎用性の高い部分もあるであろう．また，説明を具体化するために，魚類を対象とした調査を想定している部分が多いが，基本的には，調査区間（リーチ），流路単位，流路内の地点（微生息場）の３つの空間単位それぞれでの環境特性の表現手法を概説したものである．よって，底生無脊椎動物や両生類といった他の分類群への応用も可能であろう．

何らかの環境要素を計測して生息場の特性を表す場合，**6 章**にあるように，その主体となる生き物側のデータ（たとえば，生息密度）との対応関係を解析することも多いが，調査の際には，最終的にどの空間スケールを単位として生き物データと環境データを対応させるかということを明確にイメージしておく必要がある．水深や流速は「点」，カバーであれば基本的に「面」といったように，環境要素によって計測の際の空間単位は異なる．また，計測する際の空間単位と表現したい「川」の空間単位（たとえば，集水域全体，区間，流路単位など）が一致するとは限らない．水深や流速を「点」で測る場合，1 つ 1 つのデータの把握単位は微生息場スケールに該当するが，これまで見てきたように，それらを積み上げて，区間（リーチ）や流路単位といったより大きなスケールを単位としたデータに集約することもできる．いっぽう，地図情報から読み取ることができる「集水域（流域）における土地利用割合」といった環境要素の場合（**1.1** 参照），この把握単位はリーチよりも大きい水系スケール（集水域スケール）ではあるが，たとえば「調査区間上流側の集水域における森林率」というかたちで調査区間（リーチ）を特徴づける変数とすることが可能である．生息場を表すデータを効果的に得るためには，どの環境要素をどのようにして対象とする空間単位に集約するかについて，あらかじめ整理しておくことが肝要である．

（井上幹生・永山滋也）

2.2 撹乱を表す

2.2.1 河川における撹乱

A. 撹乱の影響

生物個体を除去することにより生態系，群集，個体群の構造を破壊し，餌資源や生息基質，物理的環境を改変する時間的にやや不連続な出来事を撹乱（disturbance）とよぶ（Resh *et al.*, 1988）．降雨や融雪により発生する流量の増加は出水または洪水とよばれ，河川における主要な物理的撹乱である．出水撹乱は物理的除去により直接的に河川生物の減少を引き起こす．とりわけ出水にともなう砂礫の移動は，河床砂礫を生息基質とする底生性の生物を著しく減少させる．さらに出水撹乱は，河川地形，物理的環境，餌資源環境など，河川生物の広範な環境要素を改変する．このため，出水撹乱は河川生物の多様性や河川生態系の特性の支配的要因とみなされている（Poff *et al.*, 1997）．したがって，河川生態系において観察されるさまざまな現象を理解するためには，河川生物とその生息場所環境に出水撹乱が及ぼす影響を考慮することが重要である．

出水撹乱の影響は流量増加の程度にともない大きくなる．小規模な出水ではサイズの小さな砂礫の移動が起こり，一部の河川生物がもとの生息場所から移出する．大規模な出水では河川地形の改変など生息場所の大幅な改変が起こるとともに，多くの河川生物が除去され，個体数が著しく減少する（**図 2.2-1**）．さらに，河道内におさまらない規模の大洪水が発生すると，流水があふれて氾濫する範囲（氾濫原）にまで撹乱影響が及ぶ．ただし，湧水河川など流量の安定した河川では，同程度の降雨があった場合でも出水による水位上昇は小さく，撹乱の程度は小さくなる．このように，撹乱が河川生態系におよぼす影響の大きさは，出水の規模や河川特性により異なるため，出水撹乱を定量的に評価することが求められる．

河川生物は出水撹乱により個体数が減少し，その後に回復するサイクルを繰り返している（Boulton *et al.*, 1992）．また，河川生物相（種構成）は長期的な流量変動状況（流量レジーム，flow regime）に起因する撹乱の生起状況（撹乱レジーム disturbance regime）により強く制御されている．このため，河川生態系に対する影響要因として撹乱を扱う際には，時間的な観点を取り入れる必要がある．すなわち，対象とする時点より昔の流量変動や撹乱発生状況を考慮しなくてはならない．

出水撹乱が河川生態系および氾濫原域に与える影響についての詳しい解説は，『河川生態学』（中村, 2013）の 4.1 節「流量変動・撹乱の重要性」および 4.2 節「氾濫の生態的意義」を参照されたい．

図 2.2-1 複数の台風襲来にともなう出水攪乱の発生前（上，2017年5月）および発生後（下，2017年11月）の河川の様子

愛媛県重信川の重信橋上流における河道（左）と河床（右）の写真（筆者（三宅）撮影）．河川地形や付着藻類の繁茂状況に著しい変化が起こっている．この間，底生動物の生息密度は10%程度に低下している．

B. 攪乱を評価する試み

河川における攪乱生態学的研究は歴史的に増加傾向にある（Stanley, Powers and Lottig, 2010）．この過程ではさまざまな攪乱評価手法の開発や，河川工学など他学問分野からの知見の導入と河川生態学への適用を目指した改良があった．河道内の攪乱の評価手法には，流量変動解析による水文学的手法，掃流力の算出などによる水理学的手法，砂礫移動の観測などによる直接的計測，観察に基づく記述的手法，地形測量や地理情報解析を用いた地形学的手法などがある．また，河畔域や氾濫原における攪乱評価手法としては氾濫頻度の推定などがある．手法により適用できる空間的スケールおよび時間的スケールが異なり，要する専門的知識，機材，労力は幅広く，対象となる生物もさまざまである．

本節では，既存の攪乱評価手法のうち，生物に対する攪乱影響をよく反映することが過去の研究で明らかになっており，河川生態学において頻繁に用いられているものを解説する．日本国内での導入事例がある，または将来的な導入が期待できる手法にはとくに注目した．

2.2.2 流量データに基づく攪乱の評価

A. 流量レジームの定量化

出水攪乱は流量の増加により引き起こされるため，流量レジームを定量化することにより攪乱レジームを評価することができる（Poff and Ward, 1989）．**1.2.5** で紹介されているように，流量を自ら計測することも可能であるが，公的機関による水文観測データの利用や水文学的シミュレーション（流出解析）の実施により流量データを得ることもできる（Ryo *et al.*, 2015）．生物への影響を検討する際には，生物調査地点で得られた流量データを利用することが望ましい．それが難しい場合は，大きな支流の流入や取水による流量の増減が少なく，調査地点と流量変動が類似した河川区間（同一のセグメント）におけるデータを得る必要がある．

流量レジームの定量的評価は，治水・利水を目的とした河川管理において重要である．もっともシンプルな水文学的指標（hydrologic metric または hydrologic index；以降，水文指標とする）として，注目する期間における最大流量と最小流量がある．最大流量は治水計画にとって，最小流量は利水計画にとって，それぞれ必要不可欠な情報である．年間の最大－最小流量比は河況係数とよばれ，流量変動幅の大きさを表す．年間の日平均流量を大きい順に並べた流況曲線は流量変動状況を視覚化できる．国内において，流況曲線上で 95 番目，185 番目，275 番目，355 番目に大きい流量は，それぞれ，豊水流量，平水流量，低水流量，渇水流量とよばれ，流量変動についてより詳細な情報を与える．うち低水流量と渇水流量は，環境保全を目的とした維持流量および利水流量からなる正常流量を定めるために利用される．

B. 攪乱を評価するための水文学的指標

河川生物に対する攪乱の評価には，生物にとって意味のある水文指標を用いることが求められる．河川生態学研究においては長期的な流量レジームが注目されるため，10 年以上を解析対象期間とすることが多い（Olden, Kennard and Pusey, 2012）．計算量の制限により，一般的には日平均流量（以降，日流量とする）に基づいて水文指標が算出される．ただし，極端な流量変動を表す最大流量などの指標を扱う際には，時間的解像度を高めるため，時間平均流量（時間流量）の使用が推奨されることもある．また，流量そのものを使用する指標（たとえば最大流量，単位：$m^3\ s^{-1}$）も少なくないが，河川規模の影響を軽減するため，事前に日流量を期間平均流量で除して標準化した値が算出に用いられることも多い．

これまでに数百種類の水文指標が提案されている（たとえば，Olden and Poff,

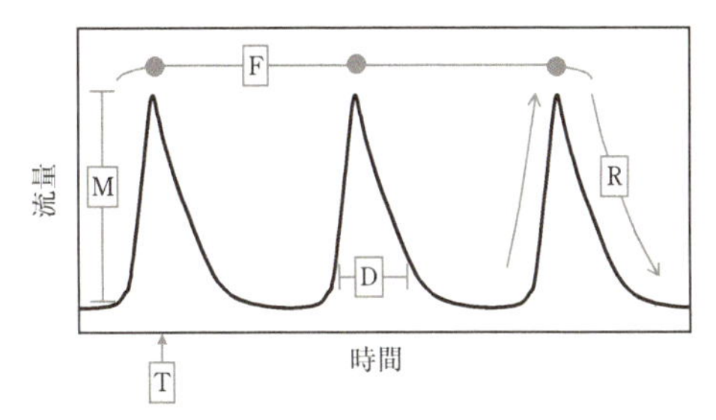

図 2.2-2 流量・攪乱レジームの 5 要素に関する模式図

M：規模，F：頻度，D：持続期間，T：タイミング，R：変化率．

表 2.2-1 流量・攪乱レジームを表す水文学的指標の例．連続する複数年で得られた日流量データに基づき算出される．定義末尾の括弧内は Olden and Poff（2003）で用いられた略号

要素	指標名	定義
規模 (Magnitude)	平均日流量	日流量の期間平均値（MA1）
	中央日流量	日流量の期間中央値（MA2）
	日流量の変動	日流量の期間変動係数（MA3）
	中央年最大流量	年最大日流量の期間中央値を年中央流量の期間平均値で除した値（MH14）
頻度 (Frequency)	出水パルス回数	75% 流量を超える出水の年間発生回数の期間平均値（FH1）
	出水パルス回数の変動	75% 流量を超える出水の年間発生回数の期間変動係数（FH2）
	出水頻度	中央値の 75% 流量を超える出水の年間発生回数の期間平均値（FH9）
継続期間 (Duration)	出水パルスの継続期間	75% 流量を超える出水の継続時間の期間平均値（DH15）
	出水パルス継続期間の変動	75% 流量を超える出水の継続時間の期間変動係数（DH16）
	出水期間	中央値の 3 倍流量を超える出水の継続時間の期間平均値（DH18）
タイミング (Timing)	年最大流量日	年最大流量が記録された通日の期間平均値（TH1）
	年最大流量日の変動	年最大流量が記録された通日の期間変動係数（TH2）
変化率 (Rate fo change)	流量増加率	流量が増加した場合の変化率の期間平均値（RA1）
	流量減少率	流量が減少した場合の変化率の期間平均値（RA3）
	流量変動の反転	流量が増加から減少に，または減少から増加に転じた回数（RA8）

2003)．それらは大まかに，規模（magnitude），頻度（frequency），持続期間（duration），タイミング（timing），変化率（rate of change）の 5 要素を表すものとして分類される（Richter *et al.*, 1996，**図 2.2-2**）．次に，各要素と代表的な水文指標を紹介する．ただし，水文指標には出水（高水）以外に，低水流量や平均的流量の特

性を表すものもあるが，ここでは出水攪乱の程度を表するものを主に扱う．

C. 流量レジームの5要素

「規模」は流量の多寡や流量変動の程度を表す要素である．代表的な指標としては年最大流量の解析対象期間における中央値がある（**表 2.2-1**）．大規模な出水が発生する河川ではこの値が大きいため，生物への攪乱影響も大きくなる．解析対象期間における流量の年変動係数（標準偏差を平均値で除した無次元量）のような，流量の時間的な変異の程度を表す指標もある．また，日流量の期間平均値のような，平均的流量に関する指標も含まれる．

「頻度」は，一定期間内に出水が発生する回数を表す要素である．ある基準流量を超える出水の年間発生回数の期間平均値などの指標がある（**表 2.2-1**）．出水が頻発する河川ではこの値が大きいため，生物への攪乱影響も大きくなる．また，年出水発生回数の解析対象期間における変動係数（年による発生回数のばらつき）を表すような指標もある．基準流量値としては，日流量の期間中央値の整数倍値（1 倍，3 倍，7 倍など）や，流況曲線における 25%値または 75%値などが用いられる．

「持続期間」は攪乱が続く時間長を表す要素である．ある基準流量を超える出水あたりの，その流量を超え続けていた日数の期間平均などの指標がある（**表 2.2-1**）．基準値には頻度の指標と同様の値が用いられる．持続期間が長いと攪乱が影響し続ける時間が長いことを表すため攪乱の程度は大きくなる．ただし，頻度や（後述の）変化率が高いと持続期間は短くなる傾向があるため，持続期間の長さが必ずしも攪乱の程度の大きさを表さないことには注意が必要である．

「タイミング」は予測可能性（predictability）ともよばれ，流量変動イベントが発生する時間的な規則性を表す要素である．年最大流量が発生した通日（1 月 1 日から通しで数えた日数）の期間平均値が代表的な指標である（**表 2.2-1**）．日本国内の多くの河川では初夏から秋に最大流量を記録するため 200 前後の値になるものの，融雪出水の影響が大きな一部の河川では 140 程度の値を示すこともある．また，年最大流量が発生した通日の期間変動係数（年によるばらつきの大きさ）などの指標は生物にとって重要である．この指標の値が大きい河川では年間流量変動の規則性が低くなり，河川生物は流量変動攪乱の影響を生活史適応により軽減しづらくなる．

「変化率」は流量変動の急激さ（flashiness）を表す指標である．日毎の流量増加率または減少率（いずれも，ある日の流量を前日の流量で除することにより得られる）の期間平均値などの指標がある（**表 2.2-1**）．この値が大きな河川では急激な流量変動が起こる傾向があるため，生物への攪乱影響は大きくなる．流量が増加から減少に，または減少から増加に転じた回数を表すような指標もある．

D. 水文指標を利用した流量レジームの解析

水文指標を算出することにより，複数の地点間で流量レジームを定量的に比較し，それらの空間的変異（河川間または河川地点間の違い）を明らかにすることが可能になる．また，注目する地点を対象に異なる複数期間の流量レジームを比較し，時間的変異（歴史的な変化）を把握することもできる．既往研究では単一期間を対象として河川間比較を行っている事例が多いため，ここでは多地点間比較を例として，日流量を用いた流量レジーム解析の一般的な手順を紹介する．

流量レジームの解析は，人為改変の程度が一様に小さい自然河川の流量レジーム（自然流況，natural flow regime）を対象として行われることがある（たとえば，Kennard *et al.*, 2010）．他方，貯水ダムの建設などにより人為的に改変された流量レジーム（改変流況，altered flow regime）を対象とし，改変強度の違いによる流量レジームの変異を把握しようとする例も多い（Poff *et al.*, 2007）．流量レジームに影響を及ぼすさまざまな自然・人為要因については **1.2.5A** を参照されたい．いずれにしても，目的に沿った地点近傍の流量データを取得するところから解析は始まる．

流量データが 10 分間隔や 1 時間間隔で得られている場合，まず日平均流量を算出する．次に，流量データは往々にして計測ミス等に起因する異常値や欠測値を含むため，データのスクリーニング（整正）を行う．ハイドログラフ（経時的な流量変動を表すグラフ）や 3D グラフ（年，通日に対して流量をプロットしたグラフ）によりデータを視覚化すると異常値を発見しやすい．解析対象とする地点や期間があらかじめ特定されていない場合は，スクリーニング結果からデータの利用可能性を検討し，もっともデータの整備状況が良好な地点セットと期間を選ぶことになる．

研究・解析の目的を考慮して算出する水文指標を選ぶ．河川生物に対する攪乱を表し得る水文指標は数多く提案されている．対象とする生態学的現象が限定されている場合は，その現象に関連する少数の指標を選ぶことができる．たとえば，春に稚魚が孵上するニジマス（*Oncorhynchus mykiss*）に対しては，流量変動の季節性を表す指標が分布・侵入状況ともっとも対応することが明らかになっている（Fausch *et al.*, 2001）．しかし，広範な流量レジーム特性を把握したい場合は，多数の指標を検討することになる．この場合，指標には類似した流量レジーム特性を表すものが多いため，既往研究等で提案されている水文指標のセットが参考になる．

Richter *et al.* (1996) は流量レジームの人為的改変を評価するための 64 種類の水文指標（Indicators of Hydrologic Alteration：IHA）を提案している．ウェブ上で同名の計算プログラムをダウンロードすることができることもあり，世界中で多くの導入例がある．Olden and Poff (2003) が整理した，過去の 13 論文で使用された 171 種類の水文指標セットもまた既往研究への導入例が多い．なお，この論文ではアメリカ国内の 420 流量観測所について水文指標を算出し，指標間の冗長性を検討している．その結果, IHA の指標セットは観測所間の流量変異をよく表していたが，出水の規模および頻度に関する数個の指標を追加することをすすめている．このような，既往研究で推奨されている水文指標セットを用いている研究事例は多い．ただし，既往研究がみられない地域で解析を行う場合は，最初は幅広い水文指標を使用して, 当該地域で重要な指標を精査することから解析を進めるのが妥当であろう．

水文指標の算出は，流量データが整っていれば，おおむね簡単な表計算で可能である（比流量などの算出には各地点の流域面積も必要となる．**1.1** 参照）．上記の IHA プログラムを使用すればより簡単だろう．ただし，多地点において多数の水文指標を対象とする場合，既往研究では独自に開発されたプログラムを使用して一括に算出していることも多い．ウェブ上でダウンロードできるものもあるが，導入事例が多く信頼性が広く確認されているプログラムは現時点ではみられない．

多数の水文指標を算出した場合，情報の集約が試みられることが多い．指標間の相関を検討し，相関係数の高い複数の指標から 1 つを選択する手法が用いられることがある（Iwasaki *et al.*, 2012）．他方，主成分分析（Principal Component Analysis：PCA）により少数の主成分軸で流量レジーム特性を表す場合も多い（Chinnayakanahalli *et al.*, 2011）．多数地点を流量レジームの類似したグループに分類する場合には，クラスター分析がしばしば試みられる（Olden, Kennard and Pusey, 2012）．

E. 流量レジーム解析の研究例

Kennard *et al.* (2010) は流量レジーム解析の好例である．オーストラリア全土の自然度の高い河川に位置する 830 流量観測所で得られた 15〜30 年間の日流量データを用いて 120 種類の水文指標を算出している（メンバー限定公開の River Analysis Package を使用）．**2.2.2D** で紹介した Olden and Poff (2003) が推奨する水文指標セットに，オーストラリアで重要になると想定された主に低水流量に関する指標を追加している．これら指標を用いたクラスター分析により，830 地点を 12 個の異なる流量レジーム特性を有する水文学的クラスに分類している．さらに，これらクラスと環境変数との関係を検討することにより，自然流況が気候，地質，地形および植生により決定されることをみいだしている.

Mori, Onoda and Kayaba（2018）は国内で初めて多数の水文指標を用いて全国スケールの流量レジーム解析を実施している．この研究は，ダムによる流況改変を把握するために，ダムへの流入量とダムからの流出量のデータを利用している点でユニークである．全国25基の治水機能を有する貯水ダムを対象に，10年間の流入量および流出量の日平均値から算出された計31種類の水文指標を解析に用いている．水文指標の選定にあたっては，Olden and Poff（2003）で推奨された31種類の年流量変動を表す指標から，ダム流入－流出量比較で不要とみなされた比流量と（国内では稀である）0流量日に関する指標を除外し，さらに指標間の相関を考慮して2つを追加している．流入量－流出量比を用いた解析により，洪水調節ダムはその目的どおりに流量変化率の低下と最大流量の減少を引き起こしていたが，同時に出水および低水の頻度や持続期間も改変していることが明らかになった．さらに，流入量の流量レジームと流況改変の程度は緯度により異なることも示している．なお，日本全国の河川を対象として Kennard *et al.*（2010）のような流量レジーム解析と水文学的分類をおこなった研究としては渡辺ほか（2019）がある．

2.2.3 河床に注目した攪乱の評価

A. 河床の攪乱

流量増加と水位上昇にともない河床に作用する力が増大する．これにより移動限界を超えた河床砂礫から選択的に移動をはじめる．流量増加が著しい場合は砂礫の多くが移動し，大規模な河床の攪乱が引き起こされる．河床には底生魚類，底生動物（水生昆虫など），大型植物（水草など），コケ植物，付着藻類など多様な生物が生息している．これら生物にとって河床攪乱は生息場所の破壊を意味する．よって，底生生物への攪乱を評価するならば，流量増加よりも，結果として引き起こされる河床攪乱に注目する方がより直接的である．実際に，流量レジームや砂礫の性質により河床が不安定な河川では，安定な河川と比較して，河床に生息する生物が量的に少なく多様性も低くなることが示されている（Schwendel *et al.*, 2011）.

河床攪乱（河床安定性）を評価するためにさまざまな手法が開発されている．それらの多くは微生息場所（流路幅× 10^{-1}）からリーチ（流路幅× 10^{1}）のような，比較的小さな空間的スケールを対象としている．時間的スケールについても週～月程度であり，流量レジームによる手法と比較して短い期間の攪乱を評価している．本稿では，これらのうち適用事例の多い，水理学的手法，現地観測による手法および定性的手法を紹介する．その他，河床変動計測による評価法などについては

Schwendel, Death and Fuller（2010）の総説を参考にされたい．

B. 水理学的な手法による河床攪乱の評価

a. 掃流力と河床砂礫の移動

砂礫移動の程度は，河床に作用する力と砂礫の性質との関係により評価することができる．ただし，増水中の河川で調査を行うことは難しい．このため，平水時の調査により得られた河川地形および河床砂礫についての計測結果から，特定の流量条件における河床砂礫の移動の程度を推算し，河床攪乱の程度を定量化する．

河川生態学においては，砂礫粒子を下流へ押し流そうとする掃流力（河床せん断力）と河床砂礫の粒径分布より河床攪乱の程度を評価する手法が導入されている（Schwendel, Death and Fuller, 2010）．対象となる空間的スケールは，主に河川リーチ（流路幅× 10^1 程度の河川区間）である．各粒径の砂礫の移動を引き起こす限界掃流力と出水時の掃流力との関係から，その出水が発生した際に移動し得る砂礫の割合を求める．水位条件としては，実際に起こった出水の最高水位や満水位が用いられる．掃流力は水深や河床勾配のような計測が簡単な地形変数より算出される．粒度分布は，河床や周辺の砂礫堆における100回程度の無作為抽出により簡易的に求められることが多い（Wolman, 1954）．掃流力や粒度分布の評価方法についての詳細は **1.2** や **2.3** を参照されたい．

水理学的手法は実施が比較的容易であるため導入事例は少なくない．ただし，攪乱指標として単独に用いられることは稀で（他の攪乱評価法と併用される），河川生物の攪乱への反応との間に密接な関係がみられた例は少ない．実際の河床砂礫は形状や配置状況（はまり具合など）がさまざまであり，粒径のみによる単純化された推算では精度が低くなることがこの原因としてあげられている（Schwendel, Death and Fuller, 2010）．しかし，水理学的手法は河川工学との親和性が高いため，数値シミュレーションによる河床攪乱の評価手法の開発などへの将来的な活用が期待される．

b. 水理学的な手法の導入例

Cobb, Galloway and Flannagan（1992）は，カナダ・マニトバ州を流れる Wilson Creek（農地河川）の 4 調査地にて，継続的に水理学的手法による河床安定性の評価を行っている．これら調査地には河床勾配と河床材料構成（不安定な頁岩を含む）について大きな差異がある．掃流力（τ kg m^{-2}）は次の式により算出されている（掃流力の式については **1.2.4C** も参照）．

$$\tau = D \times S \times 1000$$

ここで，Dはピーク流量時の水深（m）で，調査区間内に設けた数本のトランセクトで50 cmおきに計測されている．Sは河床勾配で，対象とする流路（流路長約60 m）の上下流端の高低差を水準測量により測定し，それを流路長で除した値（m/m）が用いられている（この論文では，河床勾配Sの単位が%で表示されているが，%値を上記の式に代入すると算出される掃流力は誤った値となるので注意が必要）．右辺に乗じられている1000は水の比重量（kg m^{-3}）である．澪筋（thalweg）を歩きながら調査地あたり96個の河床を覆う礫（細粒砂礫は対象としてない）を採取し，平均粒径（長軸径，中軸径および短軸径の平均値）を算出して，粒径加積曲線を作成している．丸みを帯びた砂礫の移動を引き起こす限界掃流力は中央粒径（cm，この研究では平均粒径で代替）とほぼ等しいことを利用し（頁岩の場合は限界掃流力の約1/2），任意の水位において移動を始める砂礫の割合（%）を粒径加積曲線より求めている．この結果，各調査機会について河床砂礫の移動割合は0～75%程度の範囲にあると推定された．同時に採取した水生昆虫の生息密度は河床安定性が低下するほど低くなることが示されている．

C. 現地観測による河床安定性の評価

a. 河床の安定性

河床安定性（bed stability）は現地観測により定量的に評価できる．**2.1**で紹介されているバネ秤を用いた方法により，礫単位で安定性を評価することができる．堆積および侵食により生じる河床変動を観測する方法も数多く，地形測量による堆積・侵食深や地形変化量の計測，チェーンや着色礫の埋設による侵食深の計測などがある．本稿では礫の移動を観測する手法を紹介する．この手法は生物反応と良好な対応性がみられることが示されている（Townsend, Scarsbrook and Dolédec, 1997; Schwendel *et al.*, 2011）．

b. 着色礫をトレーサーとした河床安定性の評価

河床礫の移動状況と河床安定性の評価には，標識した礫をトレーサーとする手法がよく用いられている（以降，トレーサー法とする）．この手法は河川リーチ（流路幅× 10^1 程度の河川区間）くらいの空間スケールを対象としている．人工的な物質をトレーサーとすることもあるが，本稿では調査対象区間で典型的にみられる礫を選んでトレーサーとして用いる手法を紹介する．この手法は注目する河川区間で起こる砂礫移動を再現し，その結果を観測することをめざしている．

まず，調査区間の河床や砂礫堆に実際に分布する礫からトレーサーを選定する．平均的な大きさの礫を用いる場合，礫径分布から複数サイズクラスの礫を用いる場合（たとえば，50%，75%，90%の礫径クラスなど），生物採取を行った大きさの礫を用いる場合などがある．次に礫を標識してトレーサーを作成する．速乾性に優れた市販のアクリルラッカースプレーで着色する方法がもっとも簡単である（**図 2.2-3**）．現地河床の色合いにより白や黄色など目立つ色を用いるのがよい．

続いてトレーサーを河床に設置する．対象区間全体の河床安定性を評価できるよう，均等に設けた横断側線上に等距離で設置するなど，規則的にトレーサーを設置する．トレーサーの個数は 15 個程度で十分とされている（Death and Zimmermann, 2005）．砂礫へのはまり具合などを考慮し，周囲の自然礫と同じような設置状態になるよう心掛ける（**図 2.2-3**）．実際に河床にある礫にドリルや鏨（たがね）で傷をつけて標識し，設置の不自然さ回避する手法がとられることもある（Matthaei, Arbuckle and Townsend, 2000）．河床礫に IC タグを直接取り付けて移動を追跡した例もみられる（Schwendel *et al.*, 2011）．

一定の時間間隔でトレーサーの観察を行い，河床安定性を算出する．間隔は 1 か

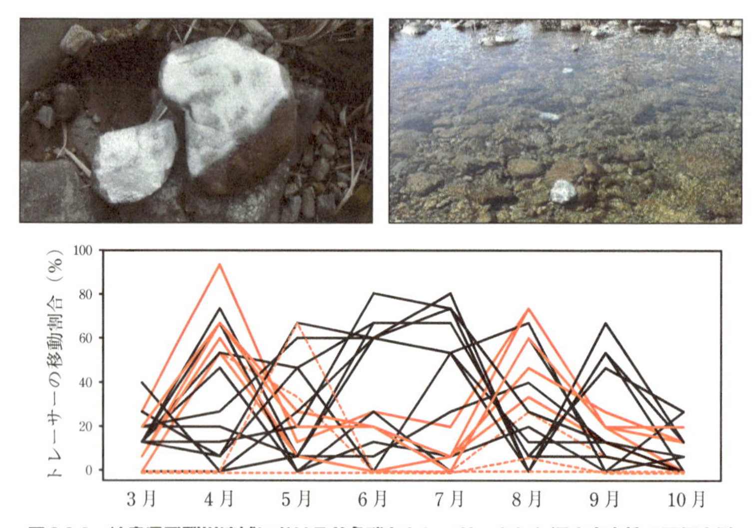

図 2.2-3　岐阜県飛騨川流域における着色礫をトレーサーとした河床安定性の評価事例

（左上）白色に着色された礫（設置前），（右上）設置状況（横断方向），（下）流域の 19 地点におけるトレーサーの移動割合の時間的変動（赤線：Miyake and Akiyama（2012）の対象地点，破線：ダム下流地点）．

月程度が一般的である．移動が確認された場合には，新たにトレーサーを設置する．設置したトレーサーの移動割合がもっとも簡単な撹乱指標になる．観測期間中の最大移動割合を撹乱強度の指標とする場合や，一定割合以上の移動が起こった頻度を指標とする場合もある（Townsend, Scarsbrook and Dolédec, 1997）．トレーサーの移動距離を計測し，これを河川区間毎の移動頻度に加味して河床安定性を評価する場合も多い．しかし，出水撹乱時に大規模な河床砂礫移動が起こる急勾配河川ではトレーサーの再発見は一般的に難しい．

筆者（三宅）が岐阜県飛騨川流域の19地点（15トレーサー／地点）で8か月（2～10月）にわたり観測した例では（**図2.2-3**），全2280機会のうち549機会（約24.1%）でトレーサーの移動が観察されたが，移動したトレーサーを再発見できたのは3例に過ぎなかった．なおこの適用例では，地点・時期間で河床砂礫の移動割合に大きなばらつきが観察されており，トレーサー法によって河床安定性の時空間的変異を把握できることが示唆されている．

c.　トレーサー法の研究例

Miyake and Akiyama（2012）はトレーサー法により国内河川の河床撹乱を評価している．調査対象地は**図2.2-3**の19地点のうち，貯水ダムの上下流に位置する計8地点である．各調査地（50 mの河川区間）に等間隔に5本のトランセクト（横断測線）を設定し，各トランセクト上に等間隔に3箇所の観測点を設けている（調査地あたり15トレーサー）．アクリルラッカースプレーにより白色に着色した礫を2月下旬に設置し，その後，約1か月毎に2回の観察を行っている（3月および4月）．現地の礫サイズ分布より長径で50%，75%，90%にあたる礫をトレーサーとして使用している．この結果，ダム上流では期間中に平均して40%のトレーサーが移動したいっぽう，ダム下流では9%の移動しか観測されなかった．とくに，規模の大きなダムの下流に位置する2地点ではトレーサーの移動がまったく観測されなかったことから，ダムによる流量制御と土砂供給量の減少により河床の安定化が起こっていることが明らかになっている．さらに，底生動物の群集構造を検討することにより，固着性が高く移動能力が低い分類群が河床安定化により増加することを示している．

D. 目視観察による定性的な河床安定性の評価

a. 河床の外観と安定性

出水攪乱を受けた河床には独特の外観がある．細粒の砂礫が堆積している，礫から付着藻類やコケ類が剥離しているなどの「見た目」は，出水にともなう河床に作用する力の増大や砂礫移動の結果として生じる典型的な外観である．いっぽう，出水により砂礫が移動しやすい河床も共通の外観を有する．たとえば，河床の大部分が丸石で覆われていたり，浮き石が多かったり，細粒の真砂で構成されていると，出水時に高い割合の砂礫が移動する傾向がある．以上のような外観的特徴に基づき，目視観察により河床安定性を定性的に評価する方法がある．

これらの方法は基本的に1回の訪問と観察により実施することができる．適用されるのは主に河川リーチスケール（流路幅× 10^1 程度）である．長期観測データの取得・整理や定期的な現地観測は必要としない．このように非常に簡易な手法であるにもかかわらず，複数の攪乱評価法を比較した既往研究により，生物反応との関係性が比較的高いことが明らかになっているのが興味深い（Townsend, Scarsbrook and Dolédec, 1997; Schwendel, Death and Fuller, 2010）．

b. Pfankuch の河道安定性指数

河床安定性の定性的な評価法は複数あるが，河川生態学研究に広く取り入れられているのは，Pfankuch の河道安定性指数（Pfankuch's channel stability index）を用いた手法である（Pfankuch, 1975，以降 Pfankuch 法とする）．Pfankuch 法（日本語の発音では「プファンクッチ」が近い）は，15の視覚的な評価項目についてそれぞれ4段階評価を行い，各段階に経験的に与えられたスコアの合計から河道の安定性を総合的に評価する（不安定なほど合計スコアが大きくなる）．評価項目は，河岸上部（4項目），河岸下部（5項目）および底質（6項目）の3要素に分けられている．本稿では，河川生態学において導入例が多い底質要素（bottom component）のみを用いた方法を紹介する．

底質要素を構成する6項目は，①礫の角張り具合（rock angularity），②礫の明度（brightness），③礫のはまり具合（consolidation or particle packing），④安定な河床材料の割合（percentage stable materials），⑤洗掘・堆積の度合い（Scouring and/or deposition），⑥水生植物（付着藻類・コケ類）の生育状況（aquatic vegetation）である（**表 2.2-2**）．各項目について，excellent，good，fair，poor の4段階で評価する．同じ評価段階でも項目により与えられる点数が異なることから，項目間で重要性に差があることを想定していることがわかる（項目⑤の重要性がもっと

表 2.2-2 Pfankuch 法（底質要素）による河床安定性の評価

6 項目の合計点により評価する．不安定なほうが合計点が高くなる．

項目	点数	評価基準
①礫の角張り具合	1	礫の縁が鋭く尖っており，平坦面はざらざらしている
	2	礫の角や縁が丸みを帯びており，表面はなめらかで平坦
	3	礫の角や縁が二次元的によく丸みを帯びている
	4	礫はどこから見てもよく丸みを帯びており，表面はなめらか
②礫の明度	1	河床は光沢が無いか，暗色か，または着色しており，明色の河床は 5% 以下
	2	河床は全体的に光沢が無く，明色の河床は 35% 以下（大きな礫もある程度明色になる）
	3	河床の半分程度が明色（35 ～ 65% の範囲）
	4	河床の 65% 以上が明色で，礫表面が露出している
③礫のはまり具合	2	礫はサイズによる分級が進み，堅くはまり込み重なりあっている
	4	礫はある程度はまり石の状態にあり，重なりあっている
	6	大部分が浮き石で礫は重なりあっていない
	8	はまり石はみられず，分級はなく，簡単に移動する
④安定な河床材料の割合	4	大礫など安定な河床材料の割合が 80 ～ 100%（複数回観察が可能な場合：河床砂礫サイズの変化はみらない）
	8	大礫など安定な河床材料の割合が 50 ～ 80%（複数回観察が可能な場合：河床砂礫サイズにわずかな変化）
	12	大礫など安定な河床材料の割合が 20 ～ 50%（複数回観察が可能な場合：河床砂礫サイズに中程度の変化）
	16	大礫など安定な河床材料の割合が 0 ～ 20%（複数回観察が可能な場合：河床砂礫サイズに著しい変化）
⑤洗掘・堆積の度合い	6	5% 以下の河床が洗掘・堆積の影響を受けている
	12	5 ～ 30% の河床が洗掘・堆積の影響を受けており，狭窄部での洗掘や淵での堆積がみられる
	18	30 ～ 50% の河床が洗掘・堆積の影響を受けており，水衝部，狭窄部，屈曲部，淵などで洗掘や堆積がみられる
	24	50% 以上の河床材料が年間を通して流動的または可変的な状態にある
⑥付着藻類・コケ類の生育状況	1	河床全面に，年間を通して濃緑色の付着藻類・コケ類の繁茂（立体的な生育）がみられる
	2	付着藻類が緩流域や淵に繁茂しており，コケ類は流れの速い箇所にも生育する
	3	止水的水域などに局所的に繁茂しており，季節的には流水的な箇所に繁茂することもある
	4	付着藻類・コケ類の恒常的な繁茂は稀であり，藻類の短期的な繁茂がみられる程度

も高い）．合計スコアの取り得る範囲は 15～60 である．

主観による評価のため，練習を積んだ単一の従事者の現地訪問により実施することが推奨される．水位が高いと河床の観察が困難である．評価対象区間のほとんどが長期的に安定していたようなタイミングで観察を行うと，いずれの区間でも付着藻類が繁茂するため，項目②や⑥で差が生じなくなる．評価項目の内容より，濁度の高い河川や大規模河川は対象とならない．砂泥底の河川を対象として複数の河川

図 2.2-4 Pfankuch 法（底質要素）による河床安定性の評価事例

愛媛県を流れる 4 河川の河床の写真．括弧内の合計スコアが大きいほど河床が不安定であることを表す（提供：泉哲平氏）．

間で比較を行うことも難しい．さらに，人間活動による著しい改変を受けた河川への適用例はみられない．これは，排水の流入による栄養塩濃度の上昇，河畔林の喪失による光量の増大，河川改修による物理的環境の改変などが評価結果に影響するためである．

国内河川で Pfankuch 法を導入した研究成果はみられない．しかし，筆者（三宅）らが愛媛県内の中小河川で試行したところ，評価結果（合計スコア）には大きなばらつきがみられ，Pfankuch 法の適用可能性が示唆されている（**図 2.2-4**）．ただし，河道が直線化された改変河川ではトレーサー法による評価と大きく異なる結果が得られていたり，間欠流区間（瀬切れ区間）が恒常流区間と比べて安定と評価される傾向があるなど，問題点もみられていることには注意が必要である．

c. Pfankuch 法の研究例

Pfankuch 法は他の攪乱評価手法と並行して用いられることが多い．Schwendel *et al.* (2011) は，ニュージーランド北島を流れる人為インパクトの小さな 12 山地河川にて，底生動物を指標として各種攪乱指標の有用性を比較している．対象とした攪乱評価手法は，Pfankuch 法（底質要素のみ）の他に，地形学的手法（洗掘および堆積による河川地形変化の総量），せん断応力を用いた水理学的手法およびトレーサー法である．1 年間の調査期間中に Pfankuch 法に基づく 2 回の底質の観察を実施し，それらの平均値を解析に用いている．得られた平均スコアの範囲は 25～57

程度であった．底生動物の多様度指数との関係を解析した結果より，Pfankuch 法はトレーサー法とともに，河床安定性を評価する有用な手法であると結論付けられている．

2.2.4 河川地形と水文データに基づく冠水頻度・指標の評価

河川における自然攪乱の1つとして，氾濫または氾濫による冠水という現象があげられる．降雨等により増水した河川は，水位が高まると同時に，横断方向にも浸水，氾濫し，湿地や池沼を含む氾濫原を冠水させる．冠水は氾濫原の環境を特徴づける重要な現象であり，その頻度などによって，生物の種構成や生息分布は強く影響される．それゆえ，氾濫原における動植物の生態，生息環境，さらには物質動態などを検討するうえでも，対象とする場の冠水の頻度や持続時間など（または連結性）を把握することはとても重要である．ここでは，冠水頻度と冠水指標（たとえば，本川からの比高）の評価について基本的な考え方を整理し，その推定に必須となる地形データと水位データ，それらを用いた具体的な評価事例を紹介する．

A. 冠水頻度・指標の評価の考え方

冠水頻度をもっとも正確に把握する手法は直接観測である．たとえば，インターバルカメラを用いた連続写真撮影や，ロガーによる水位や水温の連続観測（Negishi *et al.*, 2012）などが考えられる．同時に，対象とする場が冠水するときの本川流路の水位や流量を把握でき，かつそれらの時系列データが入手できれば，冠水に関する過去の実態や今後の予測も可能となる（Bornette *et al.*, 1998; Van den Brink *et al.*, 1993）．ただし，これらの手法は，観測機器を設置した場所のみにデータが限られるため，広域な検討を行うには限界がある．また，観測中の冠水頻度を正確に把握することはできるが，それが対象とする場の一般的な冠水特性を代表するとは限らないことにも注意が必要である（たとえば，観測年が異常渇水の年にあたるかもしれない）．

こうした問題を解決する手法として，氾濫原の地形データと，河川の縦断的な水位データを組み合わせた評価がよく実施されている．評価軸としては，冠水頻度を直接求めるものと，冠水指標として比高を用いるものの2つに大別できる．前者では，河川水位以下の高さの氾濫原が冠水するという考えのもと，時間的な水位変動を考慮して任意地点の冠水頻度を求める．後者では，平常時の本川水位と氾濫原の地形標高の差である比高を求め，冠水の指標として用いる（比高値が大きいほど冠水頻度は低い）．ここで重要なことは，いずれの評価軸においても，いかに精度の良い地形標高と縦断的な水位標高を得るか，という点であり，これまでいくつかの方法が試みられている．

B. 氾濫原の地形データ

特定の場所における高精度の地形標高を知りたいだけなら，現地における実測が有効である．たとえば，調査地近傍にある標高が既知の基準点を利用した現地での水準測量や，電子基準点を利用したVRS測量がある（**1.2.3** 参照）．特定の植物群落や動物の営巣場所，また計測点数を増やせば面的な冠水頻度・指標の検討に使うことができる．ただし，現地での作業が必須のため，調査地へのアプローチが困難な場合，調査地が多数の場合，広域かつ面的な検討を実施したい場合には向かない．

それらの課題をクリアする手法として，広域かつ面的で高精度な地形標高データを取得できる航空レーザー測量（LIDAR）が用いられている（Cobby *et al.*, 2001; Negishi *et al.*, 2012）．本測量データは専門業者に依頼して独自に取得することも可能であるが，費用は高額である．国内では，本測量データから生成された5 m メッシュの数値標高モデルが全国規模で整備されており，氾濫原の高精度な地形データとして使用可能である（**1.2.3** 参照）．ただし，データの蓄積は未だ少なく，2000年代後半に一度取得されただけという河川が多い．河川地形は相対的に変化が速い．それゆえ，研究の目的に照らして，データ使用の妥当性を事前に十分検討する必要がある．なお，最近では，UAVによるレーザー測量が可能となっており，今後の普及にともなう研究への応用が期待される．

データの蓄積という点で，長期にわたって繰り返し取得されている横断地形測量データは貴重である．これを利用することで，長期にわたる地形変化の検討が可能であり（Arnaud *et al.*, 2015; Nakamura *et al.*, 2017），過去の水位データとあわせれば，過去の冠水頻度・指標を検討することも可能である（永山ほか, 2014）．国内では，国が直轄管理する河川区間において，縦断200 m 間隔で設定された定期横断測量線において，長期的な横断地形データが蓄積されている（**1.2.3** 参照）．これをArc-GISといった地理情報解析システムの機能を用いて内挿補間することで，やや粗くはなるが，面的な地形データに変換することができる．

C. 縦断的な水位データ

特定箇所の水位を知りたいだけであれば，先に紹介した近傍の基準点や電子基準点を使った水準測量やVRS測量を行えばよい．また，投げ込み式の圧力式水位計（**1.2.5** 参照）を用いれば，特定箇所の水位の時間変化を記録することもできる．しかし，広域かつ面的な氾濫原の冠水頻度・指標の評価を行うには，縦断的に連続した水位データが必須となる．水位標高は縦断的に変化（下流ほど低下）する．そのため，対象区間が縦断的に長い場合，その変化を考慮することが必要となる．しかし，多くの場合，リーチやセグメントスケール（数 km～十数 km）で設定される調査区間において，縦断的に連続した水位標高データが得られていることは，ほぼない．そのため，調査区間を包含する水位・流量観測所や自身で設置した観測点等で得られた，縦断的にまばらなデータから推定することになる．

もっとも単純な例としては，複数の観測点水位を線形で結び内挿補間する推定方法があげられる（永山ほか, 2014）．この推定方法は簡便ではあるが，勾配がどこでも一定であることを前提とするため，実際の適用はかなり制限される．観測点の水位と河川縦断距離を用いて，非線形の回帰モデルを構築し内挿補間する推定方法も試みられている（Negishi *et al.*, 2012）．また，水理計算に基づく手法では，設定した河川断面ごとの水深を 1 次元解析で求め，縦断的な水位を推定することも実施されている（Karim *et al.*, 2013）．いずれの方法においても，任意断面における水位は一定である（横断方向の水位差はない）と仮定して，水位標高を面的に展開させる．

氾濫原の本川からの比高の導出を目的とし，平常時の水位に特化したユニークな推定方法も提案されている（宮脇ほか, 2018）．ここでは，縦断 200 m 間隔の横断測量線における最深河床高を使って，上流に向かって常に増大する縦断形（これを「基準高」とよぶ）を生成し，上下流で得られている観測点の水位を基準高に沿わせて結ぶことで縦断的に連続した水位標高を推定する．これは，平常時には水深が浅く，河床の起伏に計算結果が影響されやすい水理計算の欠点を補い，また横断構造物の水位への影響も簡単に考慮できる手法として，調査地によっては実用性が高い．

D. 冠水頻度・指標の評価事例

特定箇所の評価事例として，調査地近傍の基準点を用いた水準測量によりピンポイントで地形と水位の標高を計測し，氾濫原の植生パッチと冠水（連結性）との関係について，比高を指標とした検討が行われている（Poole *et al.*, 2002）．

水理計算によらない水位推定を用いた評価事例として，縦断 200 m 間隔の横断測量データを内挿補間した氾濫原地形データと，水位観測所間で線形補間した推定水位をもとに，面的に氾濫原の冠水頻度が評価されている（永山ほか, 2014）．また，航空レーザー測量に基づく高精細な氾濫原地形データと，3 つの水位観測所の水位データを利用した非線形回帰モデルによる推定水位を使い，調査区間内に存在する多数の氾濫原水域の冠水頻度が評価されている（Negishi *et al.*, 2012）．これらの研究では，単年の水位変動に評価結果が支配されないように，おおむね地形データの取得年から過去10年間の水位データを使用して冠水頻度を評価している．また，この評価では，使用した水位データの期間中，地形は変化しないことを前提としている．これは，厳密な意味での冠水頻度を評価していることにはならないが，氾濫原地形の変化が少ない河川では有効だと考えられる．

水理計算に基づく水位推定を用いた評価事例として，7つの湿地が本川と接続する年間の日数やタイミングを，湿地や水路がほぼドライの時に取得した航空レーザー測量に基づく高精細な氾濫原地形データと，ネットワークを形成している河川の1次元解析に基づく推定水位を用いて検討した事例がある（Karim *et al.*, 2013）．また，同様に航空レーザー測量による氾濫原地形データを使い，平面2次元解析によって本川水位とその変化に応じた面的な冠水を，冠水経路とともに直接表現してしまう方法も実践されている（Meitzen *et al.*, 2018）．この研究は，氾濫原水域への魚類の侵入経路の検討を目的として実施された．水理計算に関しては，**コラム1.2**も参照されたい．

本節では，河川において普遍的に発生し，生態系に対して支配的な影響をおよぼす攪乱の評価手法について解説した．各手法は適用できる空間スケール，時間スケール，生息場所（河床，氾濫原など），および生物分類群が異なる．また，実施にあたって必要となる調査項目や取得するデータの種類，労力などもさまざまである．このため，何に対するどのような攪乱を評価しようとするのか，さらにはどの程度の時間と労力を投入できるかを明確にし，もっとも適した手法を選択するのが肝要である．

手法の選択が難しい場合には，既往研究の多くでみられるように，複数の手法を併用して攪乱評価を試みることも検討すべきである．しかしながら，攪乱評価では多大な労力を要することがしばしば問題になる．出水イベントは発生の予測が難しく，計画的な調査を実施できないことが大きな原因である．このためPfankuch法のような簡易な手法を改良して適用性を拡大することが将来的には望まれる．近年では地理情報解析（Zhou *et al.*, 2017）や数値シミュレーション（Nukazawa, Kazama and Watanabe, 2015）を導入して生物に対する攪乱を評価する手法も提案されはじめており，今後の発展が期待される．

攪乱評価手法は開発途上にあり，いずれの既存手法も適用できない状況に行きあたることもある．このような場合は，既存手法の改善や新たな手法の開発が必要になる．たとえば，Miyake and Nakano（2002）は，河床が小粒径の軽石で構成される湧水河川で河床安定性を評価するために，針金を折り曲げたピンを河床に埋設して微細な堆積および侵食の頻度を計測している．この手法はトレーサー法に着想を得て，対象河川の特性に応じて開発されたものである．Inoue *et al.*（2009）は，多数の河川間で撹乱強度を簡易に比較するために，平水時と満水時の水面幅の比率を用いて評価する手法を開発している．撹乱の評価手法は数多くあるが，現在のところ広範な河川に適応可能な手法はみられない．上記のような取り組みは，個別事例における撹乱評価を可能にするばかりではなく，将来的に期待される汎用的な撹乱評価手法の開発にも貢献するだろう．

河川で撹乱を評価することが難しいことから，河川生態学では古くから野外実験により撹乱に対する河川生物（とくに底生動物）の反応が研究されてきた（Mackay, 1992）．実験的な河床撹乱の再現や（たとえば，Matthaei, Uehlinger and Frutiger, 1997; Miyake, Hiura and Nakano, 2005），人工基質の設置による撹乱後の回復過程の把握（たとえば, Downes *et al.*, 1998; Miyake *et al.*, 2003）を試みた事例は数多い．もしも撹乱に対する生物の応答に主要な興味がある場合には，いつ発生するかわからない自然撹乱の発生を待つよりも, 実験を行うほうがむしろ効率的なことがある．

世界的に河川における撹乱研究が増加傾向にある原因として，地球規模の人為的な気候変動がある．気候変動にともなう降水パターンの変化は，河川における流量変動の極端化を引き起こしている（Herring *et al.*, 2017）．出水のみならず，もうひとつの流量変動撹乱要素である低水の発生状況の変化も注目されている（Lake, 2003; Datry, Fritz and Leigh, 2016）．他方，ダム建設や運用方法の改善，土地利用状況の変化など，多様な人間活動要因が関与する流量・撹乱レジームの変化も予想される．河川生態学における撹乱研究の重要性は今後も高まっていくだろう．河川管理においても流量変動撹乱に対してこれまで以上の配慮が必要になることが予想される．これらを支援・推進するためには，本節で紹介したような，生物に対する撹乱影響を評価する手法の発展が重要である．さらには，撹乱影響評価にとって不可欠である，気候，地形，流量，河川環境，生物相などについての長期的データを整備・拡充することが強く求められる．

（三宅　洋・永山滋也）

2.3 水辺林を調べる

水辺林では，環境や攪乱の違いに対応した異なる植物群落（あるいは発達段階の異なる小林分）がパッチ状に分布することが多い．草本群落を含むこれらの植生パッチは，現地での観察や空中写真によってある程度明瞭に識別できる．ひとつひとつのパッチは河川の流れ方向に細長く分布し，それぞれのパッチで優占する樹種や樹齢が異なるのが一般的である．これら異なるパッチが氾濫原にモザイク状に分布するのが水辺林の特徴で，過去の洪水攪乱と定着後の遷移によって形成される（**図 2.3-1**）．また，水辺林が成立している地形面の水面からの高さ（比高とよばれる）は林分（群落）パッチによって異なり，一般的に樹齢が大きい林分が高い地形面に成立し，樹齢の小さい林分は低い地形面で河川の澪筋に近い場所に成立する．

水辺林のパッチモザイク構造や，各パッチの植生構造は，流域の山地渓流，扇状地河川，後背湿地帯河川などのセグメントによって変化する（**図 2.3-2**）．これは，河川の上流から下流に向かって，川底を構成する礫や砂の大きさが変化し，攪乱体制（土石流，洪水，湛水など）も異なるからである．水辺林のモザイク構造もセグメントで異なり，山地渓流では水辺林の成立できる範囲は狭く，谷底部が広がる場所において比高の高い林分パッチが細長く分布する．扇状地では河川は谷壁の規制から解放され，右や左に流路を変動しながら網状形態を呈する．このため，自然状態の河畔林は幅広く分布し，もっとも複雑なモザイク構造が形成される．後背湿地

図 2.3-1　水辺林のモザイク構造（北海道札内川）

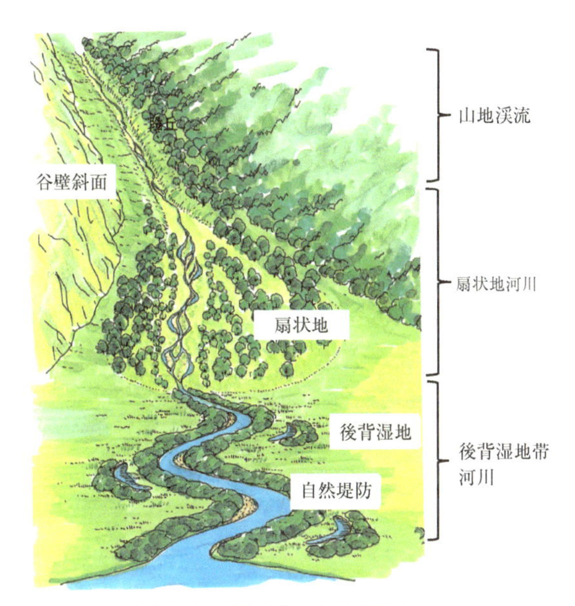

図 2.3-2 流程に沿った水辺林の変化

帯では蛇行河川が形成され，湾曲部外側では発達した水辺林が侵食を受け，内側では徐々に砂礫堆が形成されることによって蛇行河川は動的に維持される．このため，水辺林は蛇行の痕跡を表す筋状の林分パッチを形成し，樹齢は河川から離れるにしたがって大きくなる．また，三日月湖も形成され，周辺には湿地林が形成される（崎尾・山本, 2002）．

現地調査を実施するにあたっては，こうした水辺林の特徴をふまえて，調査目的にあった調査地を設定し，調査手法を選択することが肝要である．

2.3.1 植生図をつくる

A. 植生図とは

水辺林のパッチ，とくに若齢の林分は，土石流や洪水攪乱後すぐに，もしくは種子散布時期の遅れから１年後に，一斉に侵入して形成される．最初に侵入し若齢林分を形成するのは，樹木種の場合，種子が風によって分散する（風散布型）ヤナギ属やハンノキ属などの先駆性樹種が多く，単独または少数の樹種が優占するある程度はっきりした一斉の同齢林を形成することが多い．いっぽうで老齢の林分では，先駆性樹種がハルニレやヤチダモなど（暖温帯ではエノキやムクノキなど）の遷移中期，後期樹種に入れ替わり，樹種構成はやや複雑になる．水辺林に限らず，植生をタイプ分けしてその分布を地図化したものが植生図であり，パッチモザイクが大きな特徴である水辺林では，植生図がその実態を表すもっとも基本的な情報となる．

B. 植生図の作成手順

植生図には「相観植生図」（**図 2.3-3**）と「植物社会学的植生図」がある．相観植生図は，林分において優占する樹種や群落の高さなどをもとに，ケショウヤナギ林，ヤチダモ林，ハルニレ林，竹林など，見てわかる大まかな区分（相観）によってその分布を図化するものであり，植生図の作成は通常この手法で行われる．

相観植生図を作成する場合，まず，空中写真判読を実施し，判読素図を作成する．この際，空中写真は近年撮影されたもっとも新しいカラー画像を入手することが重要である．空中写真が準備できたら，実体鏡を用いて実体視しながら色，きめ，高さ，密度，樹冠の形や広がり等で，ある程度均質な植物群落を判読する．判読素図の区分の境界は，空中写真上に重ねたマイラーや透明フィルム等に記録し，平面図に移写して判読素図とする．空中写真以外にも，高解像度の衛星画像やドローン（無人航空機：UAV）で撮影した画像からも，同様に判読素図を作成できる．

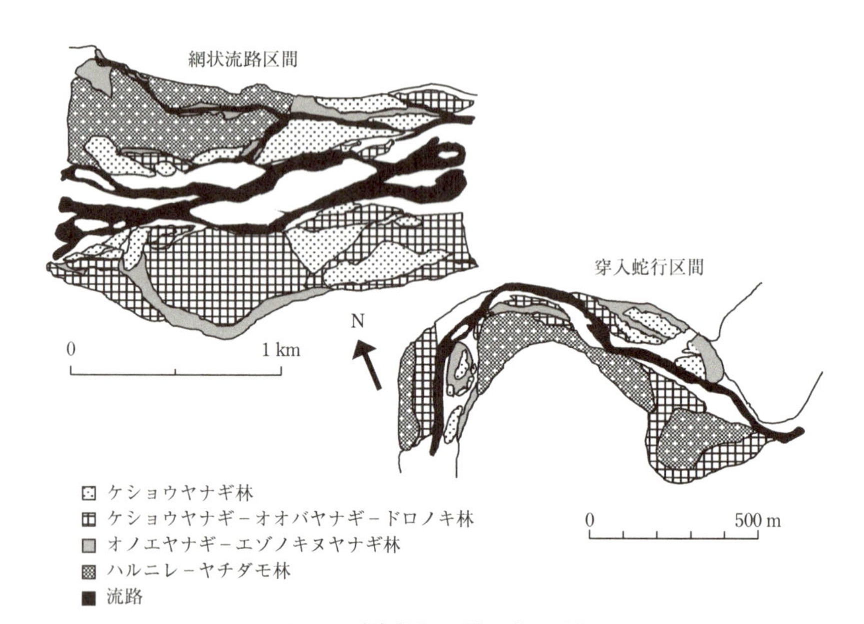

図 2.3-3 相観植生図（北海道歴舟川）

空中写真はレンズの中心に光束が集まる中心投影なので，レンズの中心から対象物までの距離の違いにより，歪みが生じている．このため地図と重ね合わせたりするためには，オルソ化といって空中写真を正射変換して補正する必要がある（**図 2.3-4**）．オルソ化した空中写真をオルソ画像とよび，歪みが補正されているため，画像上で位置，面積及び距離などを正確に計測することができる．このオルソ画像に実体視した判読素図の結果を移写することができれば正確な地図化が可能になる．空中写真のオルソ化は写真測量ソフトウェアを用いて作成できるが，手作業による工程が多くソフトが高額であるため，業者に注文する方法もある．近年では，コンピュータビジョンの技術を用いた SfM（Structure from Motion）ソフトウェアが発達しており，これらを用いることで比較的容易にオルソ画像を作成できる．その他，一部の GIS ソフトウェアでは，デジタル標高データ（DEM）と地形図などから取得した位置座標を用いて，簡易にオルソ化する方法も考案されている．また，近年はドローンを用いて独自に撮影した画像を自動でオルソ化できるソフトウェアも市販されており，狭い範囲で高精度のオルソ画像を得たい場合は非常に有効である．なお，すでにオルソ化された画像は民間企業より入手できるほか，国土地理院でも「電子国土基本図（オルソ画像）」の整備を行っている．

次に，作成した判読素図をもとに現地調査を実施する．現地調査に空中写真を持参し，フィールドで実体視しながら現地確認するのもよいが，雨や汚れがつく恐れがある．そのため，スキャナーを用いて空中写真の電子化を行い，印刷してフィールドに携帯するのがよい．電子化した空中写真は拡大，縮小が可能であり，汚れを気にせずに観察記録を書き込むことができるので利用しやすい．

過去の調査結果等の植生情報なしに，空中写真で植物種まで判読することはきわ

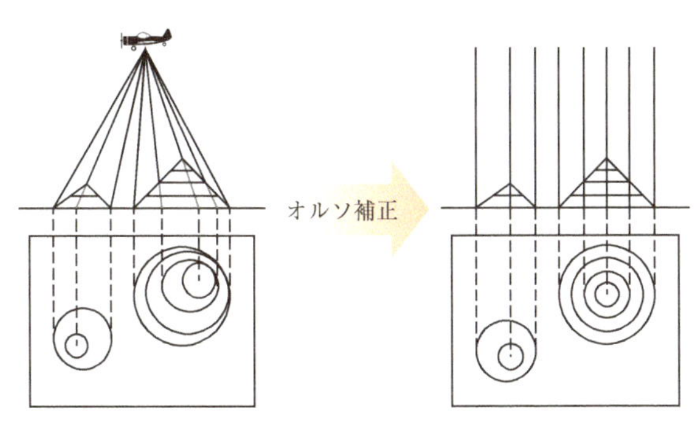

図 2.3-4　オルソ補正

（株式会社パスコのホームページ https://www.pasco.co.jp/recommend/word/word019/ より）

めて難しい．そのため現地調査においては，空中写真で判読できなかった植物群落の優占種や群落を特徴づける植物種を記録し，群落名をつける．他の調査と比較できるよう，ある程度統一した群落名をつけたほうがよい場合，河川水辺の国勢調査基本調査マニュアル［河川版］（河川環境基図作成調査編）（http://mizukoku.nilim.go.jp/ksnkankyo/）が参考になる．空中写真判読によって決めた群落パッチの境界が現地踏査によって異なると判断された場合や，1つの群落として判読されたパッチが実際には複数の群落に分けることができると判断された場合，判読素図を改良して植生図を完成させる．

植物社会学的植生図は，「群集（Association）」を基本単位とする植物社会学の群落分類体系にのっとった植生区分を地図化したものである．植物社会学的な植生分類では，生物種の階層的な分類体系（たとえば，科－属－種）のように植生が階層的に分類されている（たとえば，群目－群団－群集）（宮脇ほか, 1994）（**図 2.3-5**）．この方法は植物の組成によって群落の特徴を詳細に規定して分類する手法であり，

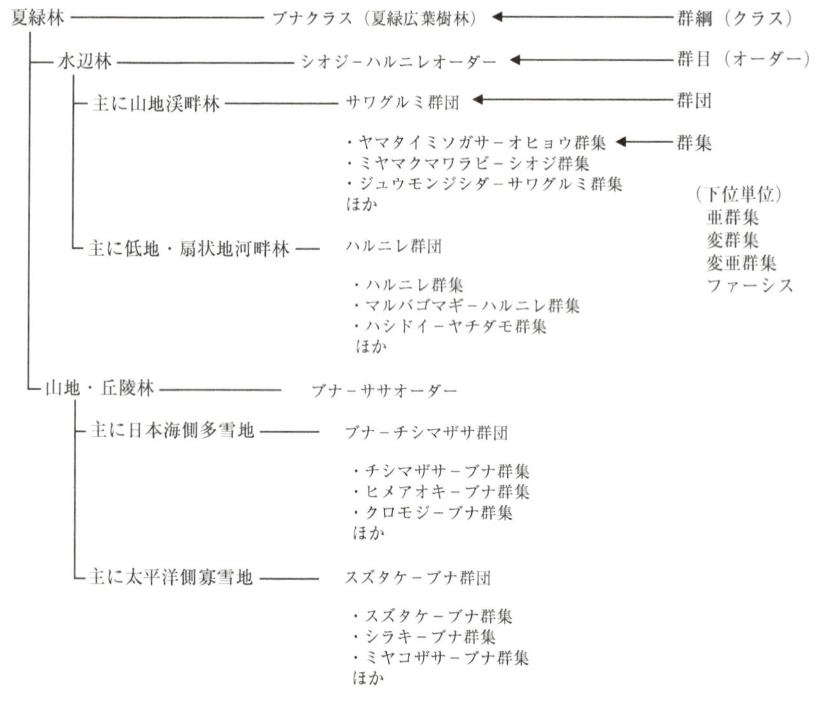

図 2.3-5　わが国の夏緑広葉樹林自然群落の体系の例

（宮脇ほか, 1994 より一部抜粋・改変）

より詳細な植生の定義が可能であると同時に（玉井ほか, 2000），他の場所で調べられた群落と比較しやすいという利点がある．ただし，植物社会学上の群集は主に極相群落（十分に発達した群落）を対象として分類されており，攪乱後の発達途上の群落については詳細な分類が行われていない場合も多いので注意が必要である．植物社会学的植生図を作成する場合は，この後述べるように，均質と判断される植生パッチを代表する箇所に調査区を設定し，調査区内に生育する植物種すべてについて，被度（ある植物種が地表を覆う割合で，目視による段階評価が一般的）や群度（ある植物種の群がりの度合い表し，目視による段階評価が一般的）を記録して群落の組成と各種の優占度，広がりを把握する（**図 2.3-6**）．これらのデータに基づいて植生を分類し，分類された植生単位を凡例として植生図を作成する．植物社会学的な植生調査や植生分類の方法の詳細については，他の参考書を参照されたい（佐々

被度階級：カバー，面積的な優占

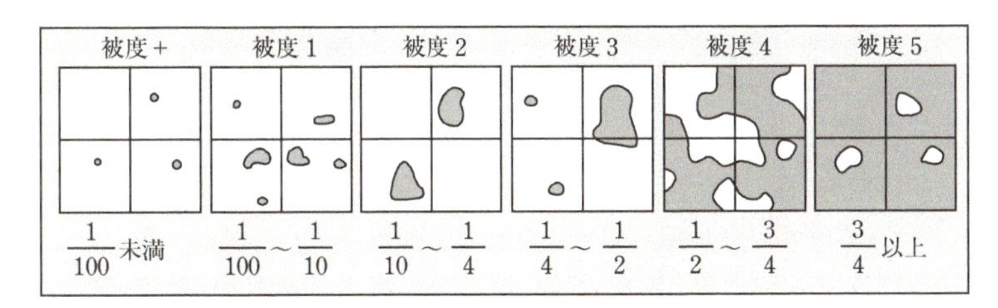

群度階級：分布のまとまり度合い

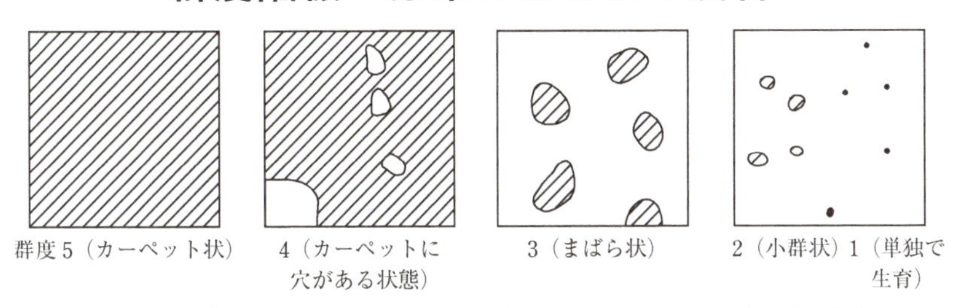

群度 5：同種個体の枝葉が相互に接触して全面をおおう，いわゆる純群落の状態．
群度 4：群度 5 の状態に穴があいている，または他種が穴の部分に生育している．
群度 3：群度 4 の植物被覆部分と穴の部分が逆の関係になっている．
群度 2：群度 3 が小規模になったもの．
群度 1：単独で生育する状態．

図 2.3-6　植物社会学的植生調査法における被度・群度階級の模式

木, 1973; 伊藤 ; 1977).

C. 既存情報の利活用

植生図を空中写真判読や現地調査で作成する前に，調査対象地域において実施された研究論文等の文献調査を実施し，想定される群落の種類などの情報を収集しておくことが肝要である．また，大学研究者，博物館職員などの地域の専門家に聞き取り調査を行うことによって，希少性の高い重要な植物群落の存在や外来種問題などを把握できる．

また，調査目的に応じて，「緑の国勢調査」と呼ばれる「自然環境保全基礎調査」の植生図が利用できるかもしれない．1973 年度より実施されており，植生図については，1979～1998 年度までの間に 5 万分の 1 植生図が全国を網羅するかたちで整備された．また，1999 年度からは，より精度を上げた 2 万 5 千分の 1 植生図への全面改訂に着手し，まもなく終了する予定である．さらに，国土交通省が実施する「河川水辺の国勢調査」でも植生図が整備されている．この調査は国土交通省が全国の 1 級水系（ダム湖を含む）と主要な 2 級水系を対象に実施する動植物に関する定期調査で, 1990 年から始められ,「魚介類」「底生動物」「植物」「鳥類」「両生類・爬虫類, 哺乳類」「陸上昆虫類」「動植物プランクトン（ダム湖のみ）」の項目に分け，毎年いずれかの項目を調査し, 5 年で各項目が全国一巡するように調べている（**1.1.3** 参照）．河川水辺の国勢調査には河川版とダム湖版があり，河川環境もしくはダム環境基図調査のなかで 1/2,500 または 1/5,000 程度の大縮尺で植生図が作成されている．主な対象が 1 級河川の国土交通省管理区域とダム区域であるため，下流域やダム周辺の特殊な地域に限定されるが，目的によっては利用できるかもしれない．

2.3.2 植物群落の組成を詳しく調査する

A. 調査区（コドラート）の設定

植生図が完成し，さらに各群落パッチを構成する植物種やその優占度を詳細に把握したい場合，各パッチを代表する場所に調査区を設定する．調査区の形に制限はないが，一般的には正方形か長方形のものが多く，方形区（コドラート）とよばれる．コドラートの大きさはパッチを構成する植物種が網羅できる範囲，というのが理想的であるが，あまり大きくなると多くのコドラートを設置することは実質的に無理になる．このため木本群落では最大樹高程度（成熟林で 20 m 程度，若齢林で 5～10 m 程度），草本群落では 2 m 程度の方形区を設定することが多い．コドラートの設定は，コンパスと巻尺，紅白ポールによって直角を確認しながら実施する．

コドラートの4隅に杭を打ち，テープ等を張って方形区が確認できるように工夫する．

B. 調査の項目

木本群落の場合，階層構造や個体のサイズが重要になることが多く，また大きなコドラートで目視によって被度を正確に計測するのは困難なため，毎木調査を実施することが多い．毎木調査とはコドラート内に生育する一定の樹高もしくは胸高直径（胸の高さの幹直径：一般には地上高1.2 mまたは1.3 mで計測される）以上のすべての樹木個体について，樹種，樹高，胸高直径（もしくは胸高周囲長），樹冠の広がりなどを測定するものである．用いる機材は，高木種の判読のための双眼鏡，樹高測定のための測高ポール，デジタル樹高測定器のバーテックス，胸高直径測定のための直径巻尺，コンベックス，樹冠幅測定のための巻尺などである．

毎木調査の対象となる樹木個体は，一般的には樹高1.3 mや1.5 m以上を基準にすることが多いが，周囲長で15 cm以上の個体（胸高直径で4.78 cm），樹高2 m以上などの場合もあり，プロットの大きさや調査目的によって基準を決めればよい．この基準以下の個体は林床植生もしくは下層植生とよばれるもので，後述するように，コドラート内にさらに小面積調査区を設けて調査する．

樹高は，個体レベルの重要な情報であるが，下から見上げて梢頭の位置を決めることはきわめて難しく，測高ポールの長さ以上の高木個体については，目測を併用することが多い．このため，その精度は粗くならざるを得ず，時間と労力もかかる．いっぽうで，樹高と胸高直径は強く相関することが知られており，胸高直径のみの測定で調査目的を達成できる場合も多い．また，樹冠投影領域（樹冠が地面をおおう面積）は幹の胸高断面積に比例することが多いことから，測定した胸高直径を基にそれぞれの樹種の胸高断面積の合計を算出し，群落内での各樹種の胸高断面積合計の構成割合を群落内での各樹種の優占度（相対被度）の指標として利用することも多い．したがって，毎木調査の測定項目は，調査目的に応じて適宜取捨選択すべきである．

調査林分の中には，樹木個体がなかったり，稚樹個体で構成され毎木調査に適していない群落パッチも認められる．こうした場合の調査方法は，後述の林床植生の調査方法に準ずる．また，水辺林の群落パッチは細長い形状を呈するのが一般的であり，こうした際は長方形の調査区を設置することになる．

群落パッチが細長く小さい場合，パッチによってコドラートの面積を変えて調査しなければならない場合がある．面積の異なるコドラートの調査結果から，各林分における種数をそのまま比較することはできない．種数・面積関係を求めて（文献等から仮定する場合もある），それによって補正する必要がある．他にも，コドラート内で得られた種組成データに対して個体のランダムサンプリングを繰り返し，サンプリングした個体数 N に伴う種数の増加傾向を解析し，飽和的状態になる（漸近する）値として種数の推定値を導く方法も開発されており（Colwell and Elsensohn, 2014），フリーソフト EstimateS で解析できる（http://viceroy.eeb.uconn.edu/estimates/）．

また，森林の調査において，樹木個体の樹冠の広がりを 4 方向測定し，それを林分単位で図示した「樹冠投影図」が描かれることがある（**図 2.3-7**）．希少樹木の生育状況把握や日射の遮断機能の評価など，調査目的によっては必要となる情報ではあり，森林の樹冠構造を俯瞰するには適しているが，非常に労力がかかり，さらなる解析に用いることは難しい場合が多い．ただし，最近はドローンとその画像解析技術の普及により，低高度空中写真を用いた樹冠投影図の簡易作成も試行されてい

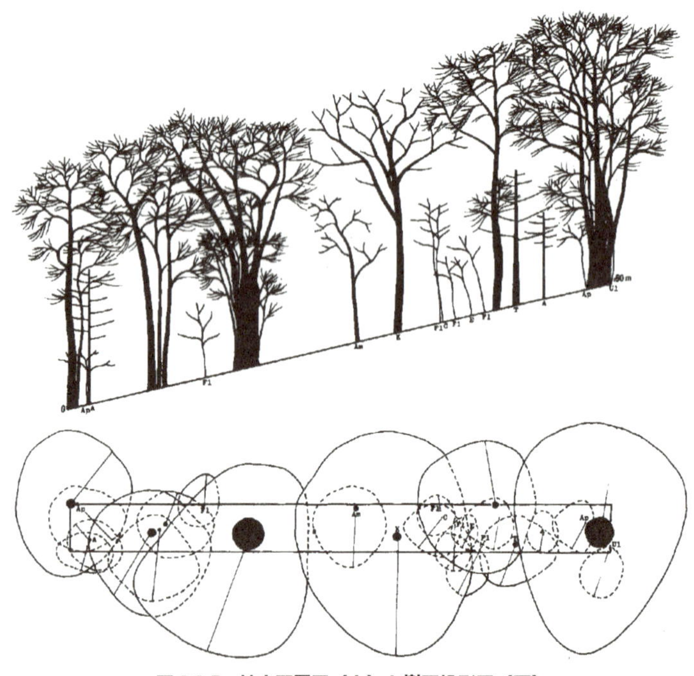

図 2.3-7　林木配置図（上）と樹冠投影図（下）

（五十嵐恒夫, 1986 より抜粋）

る．この方法を使えば，少なくとも群落最上面に樹冠が出ている樹木については，比較的簡便に樹冠投影図を作成することができる．

先に述べたように，毎木調査の基準に満たない林床植生を調べる場合は，小面積調査区を設ける．調査区の面積は，上層を構成する森林構造にもよるが，2 m × 2 m が実用的である．小面積調査区は対象林分の典型的な林床植生を反映できる箇所に設置するが，土壌や微地形の変化などを考慮し，調査目的に従って複数箇所設置するのが一般的である．調査内容は，小面積調査区内に出現する植物種の優占度や被度，群度などである．

C. 群落の種組成の分析方法

このようにして得たデータを使って植物群落の種組成を分析する際の方法を概観しておこう．種組成の分析には大きく2つのアプローチがある．ひとつは種組成による群落の「分類」であり，もうひとつは群落の「序列化」である．いずれのアプローチも，群落間の種組成の「類似度」（多くの場合，植物種の優占度の組み合わせで評価される）を用いる．

群落の分類とは，種組成が似ている（類似度の高い）ものを同一の群落に，似ていない（類似度が低い）ものを別の群落に組み入れていく作業であり，大きな集団を段階的に複数のグループに分割していく一元的分割法と，似た群落同士を順番にグループに組み入れていく多元的統合法がある．いずれも林分の関係を表すデンドログラム（樹状図）をつくる作業と考えてよい（**図 2.3-8**）．植物社会学的分類法は一元的分割法の考え方であり，対立的な出現傾向を持つ植物種（識別種）を抽出し，その有無あるいは多寡を群落間の類似度の指標として群落タイプを分類していく．識別種の抽出は複雑な組成表（群落－出現種の優占度行列）の操作が必要であり，熟練を要する場合が多いが，識別種を統計的に抽出して群落分類を行う方法（Two-

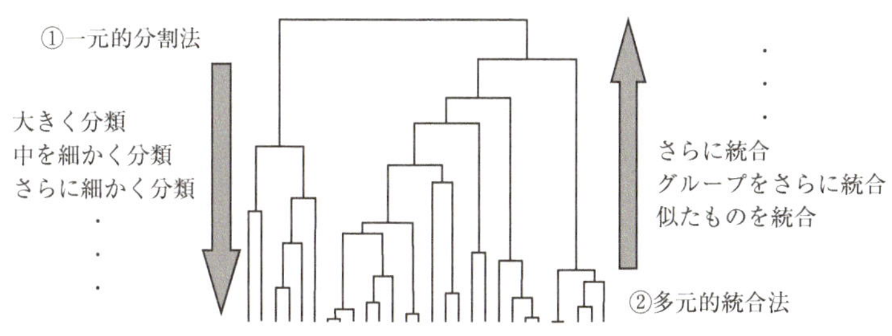

図 2.3-8　植生分類における一元的分割法と多元的統合法の考え方

いずれの方法でも，最終的にはデンドログラム（樹状図）を作成する．

way Indicator Species Analysis：TWINSPAN など）も提案されており，植生分析用統計ソフトウェアにしばしば実装されている．いっぽう，多元的統合法の代表的な手法がクラスター分析であり，社会科学や集団遺伝学などを含む広い分野で使用されている．群落分類におけるクラスター分析では，種組成の表から林分同士の距離（＝非類似度）を算出し，距離の小さいもの同士を統合してグループをつくる．これらの手法で群落を分類することで，植生図の凡例に種組成からみた根拠を与えることができ，また後述するように群落タイプと立地環境との対応を分析することができる．

ここまで述べた群落分類は，環境の「違い」に対応して種組成が異なるという考え方に基づいている．いっぽう，環境は連続的に漸変するものであり（すなわち環境傾度），植物群落は漸変する環境に応じて連続的にその種構成を変えると考えることもできる．後者の考え方に立てば，群落を分類するのではなく種組成の連続的な変化を評価する必要があり，その手法として林分間の種構成の違いを 2 軸もしくは 3 軸の主要な変数に要約してプロットする方法が用いられる．この手法を「序列化（ordination)」とよぶ．植物群落に限らず，群集データの組成によって序列化する方法としては，DCA（Detrended Correspondence Analysis：除歪対応分析）や NMDS（Non–metric Multidimensional Scaling：非計量多次元尺度構成法）が知られている．解析方法の詳細については他の参考書を参照されたい（佐々木ほか, 2015)．なお，序列化は植物群落に影響する環境変量を分析するうえでも有用な手法である（**2.3.5** で詳述)．

2.3.3　植物群落と地形との対応を調査する

植物群落の組成を調べる目的は，植生図の情報を補完するためだけではない．また，水辺林の調査を実施するにあたって，常に植生図が必要になるわけではない．目的に応じた適切な調査方法を選択して組み合わせるべきである．その典型的な例として，植物群落と地形との対応の調査方法をいくつか紹介する．

植物群落と地形との対応を知るもっとも直接的な方法は，相観的に分類されたパッチではなく，地形区分ごとにコドラートを設定する方法である．そのためには，まず対象地の地形を区分する必要がある．山地上流域の水辺林(渓畔林とよばれる)の場合，田村の微地形区分（田村, 1996）がよく用いられてきた（**図 2.3-9**)．渓畔林の特徴は，渓流のみならず斜面地形やその発達プロセスの影響を強く受けて成立していることにある．丘陵斜面から渓畔域にかけての植物群落は，地形形成プロセスの違いに応じて異なることが多い．田村の区分は，後氷期に形成された遷急線(側

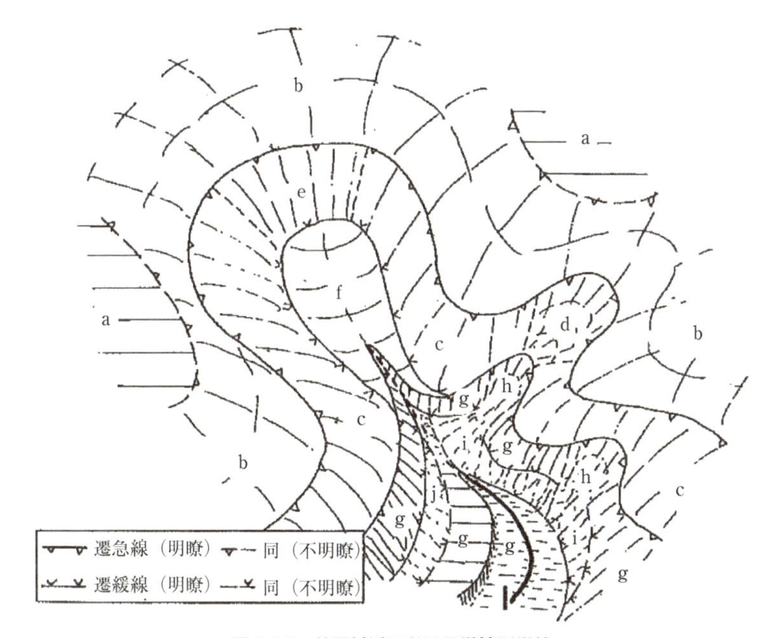

図 2.3-9　谷頭付近における微地形単位

a 頂部平坦面，b 頂部斜面，c 上部谷壁斜面，d 上部谷壁凹斜面，e 谷頭斜面，f 谷頭凹地，g 下部谷壁斜面，h 下部谷壁凹斜面，i 麓部斜面，j 小段丘面，k 谷底面，1 水路．（田村, 1996）

壁斜面に形成される勾配の変換線）などで谷頭部の微地形が詳しく示されており，地形プロセスの違いもうまく反映されていることから，この地形区分ごとに攪乱と植物群落の関係が研究されている（Nagamatsu and Miura, 1997）．対象地の微地形を田村の方法で区分できる場合は，これに基づいたコドラートの設定が有効な調査方法になるはずである．

いっぽう，谷底に氾濫原が存在する場合，水辺林が成立する地形面の氾濫頻度は，多くの場合出水攪乱頻度と置き換えることができ，水辺林の種組成や構造（胸高直径や樹高，樹齢，密度など）を決定するもっとも重要な要因のひとつとなる．こうした攪乱頻度は最初に述べた通り，比高の違いによっておおむね把握できる．比高が高い地形面は稀にしか出水攪乱を受けず，比高の低い地形面は頻繁に攪乱を受けるため，河川の横断地形は攪乱頻度の異なる地形面が形成されるのが一般的である．この横断地形面と植生の関係を調査するためには，レベル測量機とコンパス，もしくはトータルステーション等を用いて河川の流れ方向に対して直角に，ある群落内またはいくつかの群落を横切って調査ラインを設定する調査方法が有効である．この調査ラインに触れる植物を記録し群落の組成を解析するのが線状法（ライントランセクト法）で，それに沿った一定幅の帯状の調査区を調査して植生の変化を記録したり，群落の境界を決定するのが帯状法（ベルトトランセクト法）である．調査ライン上にコドラートを設定する場合もある．

河川の広い谷底部や扇状地に成立する水辺林（河畔林とよばれる）においては，横断地形がさらに重要になる．このため水位や攪乱頻度によって地形面を区分し，その地形面ごとに代表する群落を調べる方法がある．もっとも簡便な調査方法は，河床地形の横断測量を実施し（**1.2.3** 参照），最低河床からの比高を攪乱頻度の代替指標として用いる方法である（有賀ほか, 1996）．この場合，同じ横断面において高さの異なる地形面の氾濫頻度を相対的に正しく評価できるが，異なる横断面間での比較は難しい．同じ洪水流量でも，広い河床区間では全体的に幅広く浅く流れるのに対して，狭い河床区間では狭く深く流れるためである．

次に簡易な方法は，横断地形において水位と流量の関係を推定する方法である．この場合，流速は断面内で一定とし，河床材料から河床粗度を推定し，マニング則によって算出する（**1.2.4** 参照）．この流速と流下断面積を乗ずることによって流量が算出でき，水位との関係を得ることができる．流量は **1.2** の水文計算に基づいて確率規模が決定されているので，その確率規模の流量に対して水位がどの程度上昇するか，それによって対象とする地形面のどこへ氾濫するのかを把握することができる．氾濫頻度は，攪乱頻度と同義と捉えることができる（ただし，強度は異なる）．氾濫頻度を推定すると，多くの場合，植生図の群落区分とよく対応する．一般的に，水辺林の構造（サイズや樹齢，密度）や種組成は，攪乱頻度によって変わってくることが既存研究から明らかとなっているため，氾濫頻度の異なる地形面にコドラートを設置して植物調査を実施することで，攪乱体制と水辺林との関係を把握することができる（Shin and Nakamura, 2005）．

さらに，詳細にそして正確に氾濫頻度を把握したい場合，準二次元もしくは二次元不等流計算を実施する必要がある．ここで準二次元不等流計算とは，河道横断面を粗度状況や水深等が同一とみなせる区間ごとに分割して等流近似の下で横断方向流速分布を算定し，一次元解析に組み込んで水理量（断面平均流速や水位等）の縦断分布を算定するもので，二次元不等流計算とは，水深方向に平均した水理量を対象として，水理量の平面分布を算定するものである．これらを計算するために，米国陸軍工兵隊（US Army Corps of Engineers）が公開している HEC-RAS（https://www.hec.usace.army.mil/software/hec-ras/）がよく利用されている（Takahashi and Nakamura, 2011）．また，**1.2** で説明されている iRIC でも同様な計算が実施できる（**コラム 1.2** 参照）.

2.3.4 年輪情報から更新時期，過去の変動履歴を知る

樹木個体の樹齢は，いつ頃林分が成立したか，もしくはいつ頃樹木個体が更新したかを知るうえで重要な情報となる．樹齢を知るには過去の成長経過をたどるいくつかの方法がある．たとえば，マツ科の樹木では毎年の幹の伸長と輪生枝（幹から放射状に分枝した枝）の形成が明瞭であり，これらの数を数えることで，ある程度の年齢まで遡って成長年数を把握することができる．ただし，このような特徴が明瞭な樹種は限られるため，樹齢の計測は伐採して年輪を数える方法と成長錐による方法がもっとも一般的である．このうち，伐採して幹に形成されている年輪を数えるのがもっとも確実である．正しい樹齢を得るためには地表面の年輪を調べるのが望ましいが，地表面の高さで樹木個体を伐倒することはきわめて難しく，一般的には根際部分，たとえば地表面から 30 cm くらいの位置で伐倒し，30 cm に達するのに要する時間を若齢のサンプルから推定し，その年数を加えて樹齢とすることが多い．しかし破壊的な方法なので許可が得られない場合もあり，得られたとしても若齢の個体に限られることが多い．老齢の大径個体は伐倒するにも危険を伴うからである．

年輪は春から夏にかけて成長した部分（早材）と夏から秋にかけて成長した部分（晩材）で形成されるが，このように正常に形成された年輪のほかに，偽年輪とよばれるものがある．これは，さまざまな原因により正常な成長が妨げられ，早材ができる部分に晩材に似た密な材が形成されたり，晩材ができる部分に早材に似た疎な材が形成されるためである（深沢編, 1990）．偽年輪は異常気象，外傷，虫害等が原因となって形成されるといわれており，完全な円周にならないことが多いので正常な年輪と区別できるが，現地で判別することは難しい．そのため，厚さ 3 cm 程度の円板を採取し，実験室にもち帰って顕微鏡によって確認することが望ましい．

成熟した林分における大径の個体など，伐倒による年輪調査ができない樹木の樹齢を知るためには，成長錐が用いられる（**図 2.3-10**）．成長錐とは樹木の幹から年輪判読のためのコアサンプル（円柱状の材のサンプル）を抜く道具で，中空になっている管状の錐（きり）のような形状をしている．これを幹の中心に向かってねじ込み，引き戻すと細長い円柱の形をした木材のサンプルが採取できる．得られたサンプルの年輪を数えることで樹齢を判読する．現地でコアサンプルの年輪数を数えることも可能だが，正確に計測するためには，ストローやコアサンプルを固定できる溝を入れた台木（添え木）を用意し，実験室に持ち帰って，円板サンプルと同様

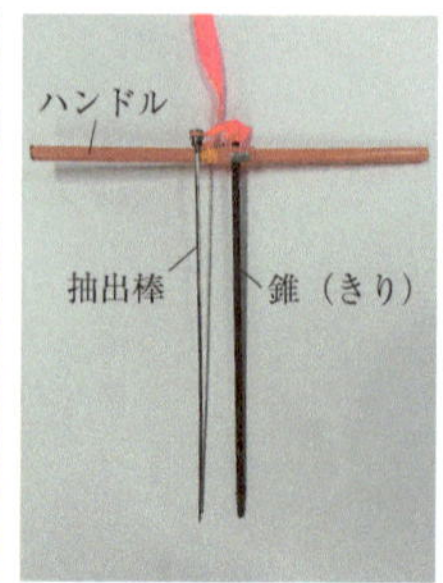

図 2.3-10　成長錐

（(左) 提供：Haglöf Sweden AB, 株式会社 GI Supply）

に顕微鏡下で年輪数を数えるのが望ましい.

成長錐の管状の錐が，樹木個体の髄（年輪の中心部分）をとらえることはそれほど簡単ではない．針葉樹は比較的狂わずに髄をとらえることが可能であるが，広葉樹大径木では偏心成長している個体がほとんどで，複数回実施して髄に近いコアサンプルを採取するか，サンプル地点の胸高直径から中心の位置を推定して補正するかなど工夫が必要である．また，成長錐でコアサンプルを採取する位置は，胸高直径を測定する胸の高さ（1.2 または 1.3 m）が一般的であり，この高さまで成長するのにどの程度の年数が必要になるかは別途推定しなければならない．多くの場合，同種の若齢個体から樹高と年輪数の関係を導き，サンプル採取高までの年数を加えて樹齢とする．

成長錐の利点は伐倒の必要がない点であるが，幹に 1 cm 程度の穴をあけることになり，わずかではあるが材の物理的損傷は避けられない．また，損傷部分から材への腐朽菌の侵入などが起こる可能性もある．その結果，成長を低下させたり枯死させたりするリスクは伴うが，石川（1995）が実施した数少ない研究事例では，穴も数年でふさがり，直径 5 cm 以上の個体では，成長や生存にはほとんど影響していないとの結果が得られている．コアサンプル採取後の個体への影響を軽減するために，成長錐であけた穴をコルクや余分なコアサンプルなどでふさぐこともあるが，どの程度効果があるかは定かではない．コアサンプル採取の影響をできるだけ軽減する必要がある場合は，庭園樹木の剪定後に使われる薬剤を損傷部分に塗布する方法もある．

水辺林では，河川によって河岸が侵食されたりすると，根元の支持を失った樹木の幹が傾く．その結果，樹木自身が傾いた幹を立て直すために，幹の根元近くの年

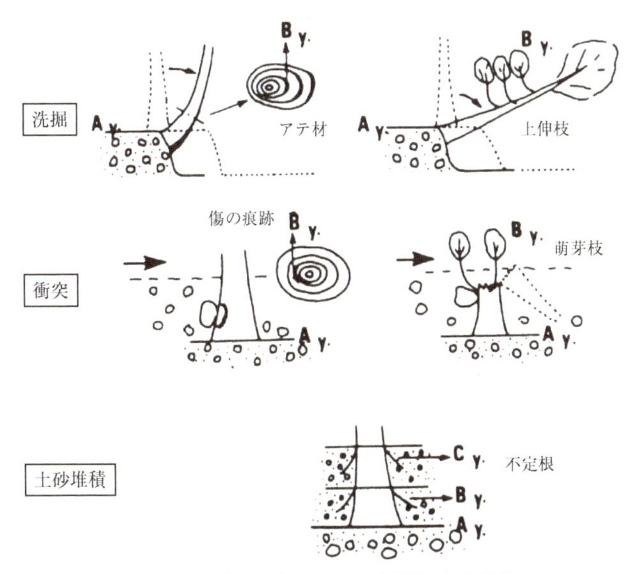

図 2.3-11　樹木指標による土砂移動の年代推定

（Nakamura *et al.*, 1985 より引用）

輪内にアテ材とよばれる特殊な組織構造を持つ材を形成する．また，傾くことによって幹の上部から上伸枝（不定枝）が芽生え成長することもある．このような樹木の反応を利用して，傾倒した樹木から年輪を採取しアテ材の形成年代を把握したり，上伸枝の年輪を調査することによって，河岸侵食年代を推定できる（**図 2.3-11**）．また，土石流や洪水によって，運ばれてきた石礫が樹木個体に当たることによって傷が形成されたり，幹折れが発生する．傷は樹木年輪に残され，幹折れした部分からは萌芽枝が成長する場合があるため，年輪解析することによって発生年代を推定できる（東，1979）．さらに，運搬される土砂によって幹が埋没したりする．大規模な堆積に対して樹木個体は耐えることができず枯死するが，ヤナギ類やハンノキ類などは中小規模の堆積に対して埋没部表層から不定根を伸ばして生き延びる．不定根にも年輪は刻まれており，切断して年輪数を数えることにより土砂堆積が発生した時期を推定できる（水垣・中村，1999，**図 2.3-11**）．

2.3.5　植生を説明する環境変量を調査する

種組成あるいは相観によって分類された植物群落が，どのような環境に成立しているかを知るためには，温度や土壌水分など，種組成を規定する環境変量を植物群落間で比較する必要がある．この場合，植物群落の調査時に調査区で環境変量を調べておいて分類後に集計するか，あるいは群落を分類した後にそれぞれの群落で環境変量の調査を行うことになる．環境変量の比較には，分散分析などの一般的な統計手法が用いられることが多い．

いっぽう，生物群集はさまざまな環境に応じて，連続的にその種構成を変える．この考え方に則って分析を行うのが，環境傾度分析である．環境傾度とは，植物の場合，温度や土壌水分などの環境変量の変化の程度をさす．こうした変量を基準にして種組成の変化を解析する方法を「直接傾度分析」とよび，群集を規定する環境変量が不明で構成する種情報のみから間接的に環境傾度を導き出す解析方法を「間接傾度分析」とよぶ．間接傾度分析の場合，先に述べたDCAやNMDSなどで群落の序列化を実施し，その軸の意味を構成樹種の優占度の変化などから間接的に議論することになる．いっぽう，直接傾度分析には，環境変量との相関を組み込んだCCA（Canonical Correspondence Analysis：正準対応分析）やRDA（Redundancy Analysis：冗長分析）などの多変量解析が用いられる．これらの直接傾度分析では，調査群落とその構成種の序列化，および環境変量軸の3つの関係が同時に検討でき，統合的に解釈できるため，広く用いられている（**図2.3-12**）．CCAとRDAは，双方とも分析過程の中で植生データと環境変量との重回帰分析を行うが，両者の違いは，CCAが環境変量に対するある種の頻度分布が一山型の分布を想定しているのに対して，RDAは直線的であるか，少なくとも単調であることを前提としている（佐々木ほか, 2015）．したがって，環境変量の性質に応じた適切な分析手法を選択する必要がある．また，これらの多変量解析を実施する場合，調査した環境変量を常にすべて使うのではなく，分析対象の植生の違いに大きく影響しそうな環境変量をある程度絞り込んでから分析を行ったほうが，有効な結果が得られることが多い．

水辺林や水辺植生の種組成や構造を決定する要因としては，これまで植物が成立する地形面の土壌成分や河床材料が注目されてきた．その理由は，これらの要因にしたがって，水分量や窒素・リンなどの栄養塩量が異なり，その結果生育できる植物種が規定されるためである．また，これらの環境変量は，**2.3.3**で述べた渓流谷底部や沖積河川の地形に影響を受け変化するため，立地を規定する環境変量を調査する前に，まずは流程にそった大きなスケールの地形と植生の関連を把握し，調査地がどの区間に位置しているのかを把握しておくことが肝要である．さらに，種組成に影響を与える環境変量も，山地渓流，扇状地河川，後背湿地河川によって異なることが知られており，攪乱体制や水文環境を考慮して，環境変量を選択する必要がある．ここでは，これまでの水辺林の研究から，群落間での比較や直接傾度分析

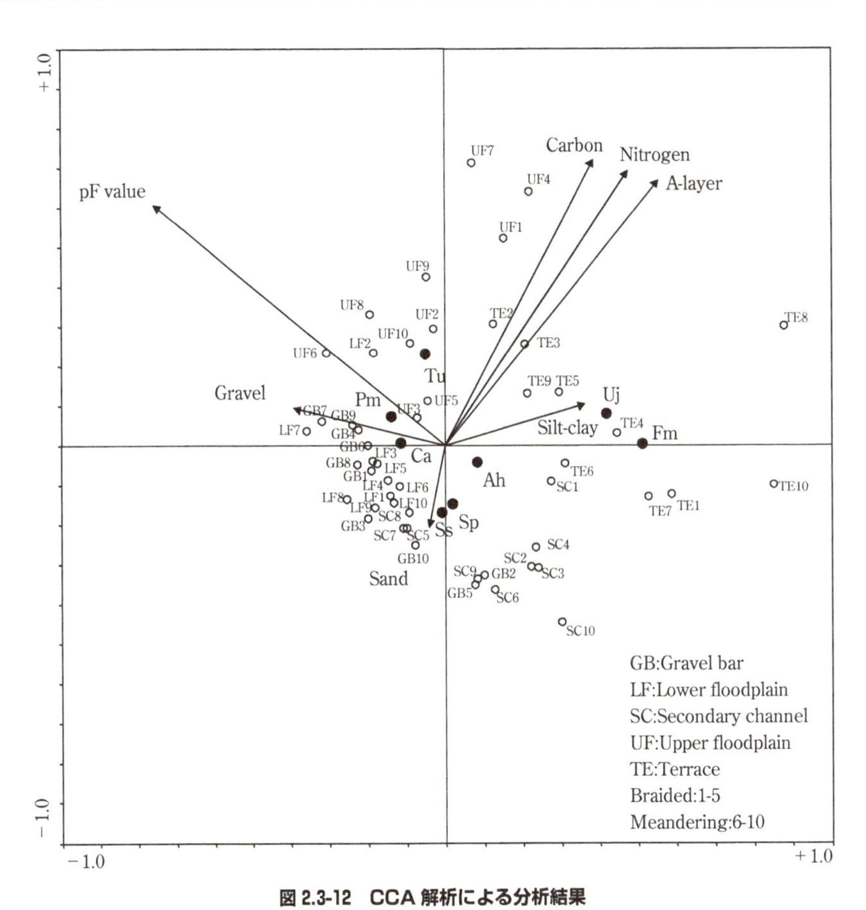

図 2.3-12　CCA 解析による分析結果

矢印は環境変量，●は樹種，○はサイトを表す　(Shin and Nakamura, 2005)

に必要な環境変量のうち，代表的な要因について調査手法を解説したい．

A.　粒径

山地渓流や扇状地河川（『河川生態学』26-28 ページおよび 154-160 ページ参照）の水辺を構成する渓畔林や河畔林では，基質を構成する河床材料が大きな礫の場合が多く，粒径組成との関係が調べられてきた．方法は，現地で篩を使う「容積サンプリング法」がもっとも確実である．河床から調査に必要な量の河床材料を直接採取し，篩をかけて通過する質量百分率を求め，粒径加積曲線を作成する（**1.2.4** 参照）．使われる篩のメッシュサイズは，対象とする砂礫の大きさによって異なるが，

0.075 mm～75 mm の篩が使われる．この方法を適用できる礫の大きさは最大 5～10 cm 程度で，これ以上の礫を測定したい場合，現地で長径（a），中径（b），短径（c）をコンベックス等を用いて計測し，それらの径から算定される体積（V）に単位体積重量を乗ずることで質量を算定することが多い．バネ秤り等で測ることが可能な大きさならば，秤を持参し，現地で測定することもできる．

礫の体積を求める数式は幾つか提案されているが，長径，中径，短径の幾何平均（もしくは相乗平均）を直径とする球形を仮定して，

$$V = \frac{\pi \cdot a \cdot b \cdot c}{6}$$

で求める場合が多い．

そのほかにも

$$V = (a \cdot b)^{1/2} \cdot c^2$$

で計算する場合もある（河村・小沢, 1970）．

また，長径，中径，短径を測定した場合の代表粒径は，中径を使う場合，3 軸長の算術平均 $\frac{a+b+c}{3}$ もしくは幾何平均（$(a \cdot b \cdot c)^{1/3}$）を使う場合がある．

粒径加積曲線が求められると，平均粒径（m，mean），淘汰度（σ，standard deviation），歪度（α_3，skewness），尖度（α_4，kurtosis）などを求めることができる．その際，Friedman（1961）の積率公式を用いるために，粒径を次式により ϕ スケールに変換する．

$$\phi = -\log_2 X$$

ここで，X は粒径（mm）である．

$$m = \frac{1}{100} \sum f_i \cdot x_i$$

$$\sigma = \left(\sum f_i \frac{(x_i - m)^2}{100} \right)^{1/2}$$

$$\alpha_3 = \left(\frac{1}{100} \right) \sigma^{-3} \sum f_i (x_i - m)^3$$

$$\alpha_4 = \left(\frac{1}{100} \right) \sigma^{-4} \sum f_i (x_i - m)^4$$

ここで，x_i は各粒径階の中間値，f_i は各粒径階の重量パーセントである．なお，淘汰度は粒径の分級の度合を表し，値が小さいほど粒度分布曲線の広がりが狭く，分級性がよいことを示す．歪度は粒度分布曲線の対称性を表し，平均粒径を中心に粗粒側へ偏っている場合には正の値を，細粒側へ偏っている場合には負の値を示す．尖度は粒度分布曲線における尖りの度合を表し，値が大きいほど突出した分布曲線を示す．すなわち，分布曲線において最頻値部分への粒径の密集度を示している（Friedman, 1961）．

こうした容積サンプリング法に基づいて粒径加積曲線を作成するのは労力的にも大変で時間もかかる．そのため，表面に現れている礫のみでサンプリングする面積格子法と線格子法（詳しくは**1.2.4**参照）がある．この方法は，糸を張った格子もしくは巻尺を用いて測定対象河床上の最大礫径の間隔程度で糸の交点下の礫を採取し，測定する方法である．さらに，なるべく歪みのないように河床表面の写真を撮り，写真上でサンプリングする方法がある（箱石ほか, 2011）．表面に現れている砂礫は，必ずしも地表面下の砂礫の構成と同じとはいい難いが，それによって代替する方法であり，砂礫堆で実施される．このサンプリング方法は簡便ではあるが，水辺林の成立する立地ではほとんど利用できない．なぜなら，水辺林が成立した場所では，林床植生が繁茂したり，礫層より上層に森林土壌が形成されていたり，また水辺林内では洪水時の流速低下にともなって細粒の土砂が堆積しており，多くの礫が表面に現れている砂礫堆とはまったく異なるためである．

水辺林が成立する立地を構成する砂礫の粒径は，直接的に水辺林の組成や構造に影響をおよぼすのではなく，後で述べる土壌水分や栄養塩を通して影響をおよぼすと考えられる．そのため，河床材料の中でも大きな礫が重要ではなく，礫間に充填されている小礫や砂，シルト部分がその役割を果たしているとの考えから，大きな礫成分は除外して 4～5 mm 以下の成分を対象に粒径組成を調査することも多い．また，分画も礫（2 mm 以上），砂（0.045～2 mm），シルト・粘土（0.045 mm 以下）に簡略化して篩にかける研究事例も多く認められる．それぞれの調査目的にあった形で選択する必要がある．また，大きな礫成分は，時に日陰を提供し，礫下からの水分蒸発を抑えたり，流されにくく安定した立地を提供するなど，植物の初期定着や成長に大きな影響をおよぼすとも考えられる．こうした効果を検討するためには，充填成分だけの分析では不十分であることにも注意を要する．

B. 土壌水分

土壌水分は植物の発芽，定着，成長に大きな影響をおよぼす．また，上記**2.3.5A**

で述べた粒径によっても土壌水分,特に植物が吸収することができる土壌水分量(生育有効水分量)は大きく変化する.土壌に含まれる水分量を把握するためには,固相(s)と液相(w),気相(a)からなる3相分布を考え,次の3つの表現方法が導かれる.

固相(s)と液相(w),気相(a)それぞれの質量をm_s,m_w,m_a,体積をV_s,V_w,V_a,採集した土の全体積をV_tとすると,

含水比:$w = \frac{m_w}{m_s}$

体積含水率:$\theta = \frac{V_w}{V_t}$

飽和度:$Sr = \frac{V_w}{(V_w + V_a)}$

で表される.

土壌水分を直接測定する方法に,定容積採土法がある.すなわち,一定の容積になるように円筒形のサンプラーで土壌もしくは堆積物を採取し,通常105℃で24～48時間かけて乾燥させる.乾燥前後の質量差(m_w)を容器の容積で除して体積含水率(θ)を,乾燥後の質量(m_s)で除して含水比(w)を求めることができる.この方法は,特殊な機材を現地で必要としないのが利点といえるが,測定にやや手間を要する.また,採土サンプルを実験室にもち帰って分析するため,同じ場所での経時的な変化を追うことはできないという欠点がある.

この欠点を補うかたちで利用されるのが間接法であり,土壌の誘電率から体積含水率をほぼ非破壊的に測定する方法である.水の誘電率は土粒子と比較して非常に高いので,含まれる水の量によって土壌の誘電率が変化する性質を利用するものである.その誘電率の計測方法として広く使われているのはTDR(Time Domain Reflectometry)法であり,この原理を利用したさまざまな土壌水分センサーが開発されている.TDR法では,誘電率と体積含水率の関係をあらかじめ調べておき,現地で測定した誘電率を体積含水率に変換する.一般的なTDR水分計にはロッドとよばれる細長い金属製の電極棒があり,これを測定する深度の土中に挿入して計測を行う(**図 2.3-13**).TDR水分計は機能性が高く,手軽にフィールドでも使用できるので急速に普及した.データロガーにつなげることにより,自記記録が可能である.また近年は,含水率に加えて,この後の**2.3.5D**で述べる電気伝導度も同時に計測可能な小型のセンサーも開発されており,農学や森林学の分野で広く使用されている.

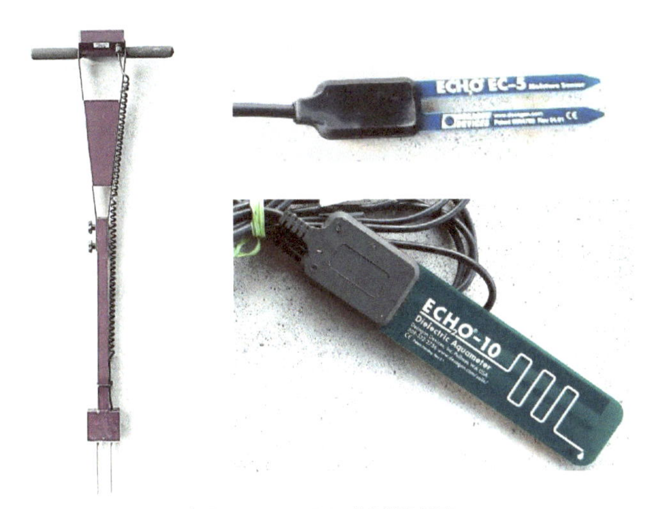

図 2.3-13　TDR 式土壌水分計

左は下端に 20 cm のプローブを付けたもので，GPS と連携して位置情報の記録が可能である．
右のセンサー 2 つはデータロガーに接続するタイプ．電気伝導度等を同時測定できるものもある．

土壌水分のもうひとつの指標として，土壌の水ポテンシャルがある．上に述べた体積含水率，含水比および飽和度が体積や重量で水分量を表現するのに対して，水ポテンシャルは単位体積当たりの水のポテンシャルエネルギーを負の圧力で表現する指標である．pF という値で表現されることも多いが，現在は圧力の単位（Pa：パスカル）で表記するのが一般的になってきている．ここでは，土壌の水ポテンシャルの計測でよく用いられるテンシオメーター法を例に，pF 値や水ポテンシャルの意味とその計測方法を概説する．

テンシオメーター法は，先端にポーラスカップとよばれる素焼きのカップをとりつけた管を土中に埋めて計測を行う方法である（**図 2.3-14**（a））．テンシオメーター内には水を満たしておき，ポーラスカップ周辺の土壌が乾燥していると容器内の水が外部の土壌に吸引されて容器内に負圧が発生する．この土壌吸引圧（＝水ポテンシャル）の程度を同等の力となる水柱の高さ（cm）の常用対数で表したものを pF 値とよぶ．つまり，水柱で 100 cm の負圧が生じた際に pF＝2.0 となる．pF 値が大きいほど水が土壌に吸着されている力が強く（すなわち水ポテンシャルの負の値が大きく），乾燥していることを意味し，pF＝0 で土壌は水で飽和状態（水ポテンシャルが 0）になっていることを意味する．pF 値や水ポテンシャルは，体積含水率とは異なり，植物が吸収するために必要となるエネルギーを表している．その違いを

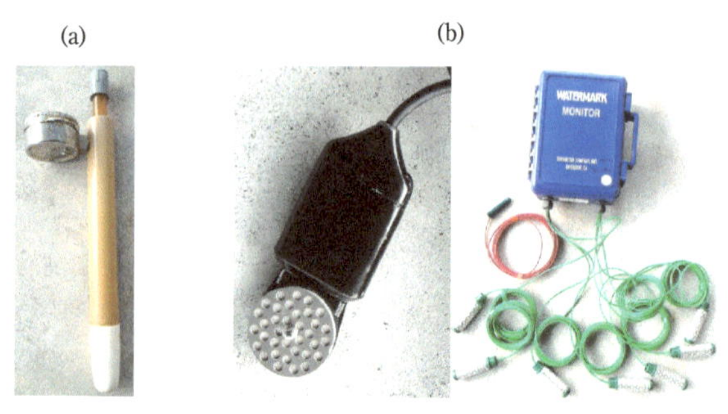

図 2.3-14 (a) テンシオメーターと (b) 水ポテンシャルセンサー

生じる要因はいくつかあるが，おおむね，水が吸着されている土壌孔隙のサイズが小さければ小さいほど，植物がその水を吸収するために多くのエネルギーが必要になると考えればよい．つまり，同じ含水量でも，その水を吸着している土壌孔隙の大きさなどによって，植物による利用のしやすさが異なるわけである．このため，植物の生育を考えるうえでは，単なる体積含水率を求めるよりも，植物にとっての乾燥状態を表す pF 値や水ポテンシャルをそのまま利用したほうがよい．一般的に植物が土壌から吸収できる水分量の目安は「生育有効水分量」とよばれ，pF 1.8～3.0 の範囲の土壌水分量をさす．この値は，まとまった降雨の翌日，余分な水が重力水として排除された土壌の水分のうち，植物の根が比較的容易に吸収できる水分の量を表している．求め方は，pF 1.8（－ 6 kPa）のときの体積含水率と pF 3.0（－ 98 kPa）のときの体積含水率の差から求める．

テンシオメーターを用いた実際の測定では，ポーラスカップの中心が測定深度になるように管を土壌に挿入する．この際，カップに土壌粒子が密着するように設置する必要があるが，水辺林の立地となる礫質土壌ではかなり難しい．あらかじめ小さい孔をあけて挿入しやすくしたり，粘質土をカップにつけてから挿入し周辺の土壌粒子に密着させる必要がある．また，データロガーと組みあわせることによって自記計測も可能になるが，テンシオメーター内の水は定期的に補給する必要がある．現在は，やや高価であるが，水の補給なしに土壌の水ポテンシャルを直接連続測定できる小型の水ポテンシャルセンサーも開発されている（**図 2.3-14** (b)）．

なお，この pF 値を体積含水率に変換するためには，対象とする土壌の水分特性曲線（土壌水分吸引圧～体積含水率の関係）が必要になる．この関係は土壌によって変化するので注意を要する．

C.　有機物量ならびに栄養塩量

土壌有機物は，多くの土壌動物や微生物のエネルギー源となり，分解された無機養分（窒素やリンなど）は植物によって吸収されるなど，水辺林の発達に重要な役割を果たしていると考えられる．土壌中の有機物量を測定する方法としてもっともよく利用される方法は，強熱減量法である．まず，乾燥させた土壌試料の重量を測定し，その後試料をるつぼに入れてマッフル炉で700～800℃，1時間加熱する．加熱後の試料の重量を測定し，減少した量を強熱減量（灼熱減量ともいう），すなわち有機物量として把握することができる．

従来から土壌中の有機炭素を測定する手段としてチューリン法，窒素を測定する手段としてケルダール法などが個別に実施されてきたが，非常に熟練を必要とし，分析にも長時間要するため，近年では乾式燃焼法による機器分析が広く使われるようになっている．これによって，炭素，窒素を同時に短時間で分析することができ，多くのサンプルを処理することが可能になっている．この方式の機器は，一般的にはCNコーダーやNCアナライザーとして販売されている．1000万円近くする高額機器が多く，大学等の共同利用施設を使うのがよい．いずれも原理は試料を完全に燃焼させ，発生した燃焼ガス中の炭素はすべてCO_2に，窒素はすべてN_2の形態にすると同時に他の成分は取り除き，最後にCO_2とN_2を別々に熱伝導度検出器によって検出するもので，全炭素と全窒素が同一試料から定量される（日本土壌肥料学会監修, 1986）．供試料は500～1000 mg以下であることが一般的で，供試料の粒径が細かいほど機器内で容易に燃焼することから，供試料を調整する際には分析前にメノウ乳鉢やボールミルなどを用いて入念に磨砕し混合することが肝要である．

土壌中に含まれるリン酸のうち，植物が吸収可能な画分の定量を目的とした方法は，土壌中のリン酸の一部を適当な溶液で抽出することによって定量しており，トルオーグ法をはじめとしてさまざまな方法が紹介されている．これらについては他の解説書を参照されたい．

D.　地下水位，電気伝導度，酸化還元電位

地下水位は，水辺植生の立地環境を構成する変量の中でも，種の分布を規定するもっとも重要な変量の1つである．地下水位を測定する際は，適当なサイズの塩ビ管にストレーナ加工（穴やスリットを入れて地下水が自由に行き来できるようにする）して地中に埋め込み，地下水位を測定する（**1.3**参照，**図2.3-15**（a））．地下水位の測定方法は手動の触針式水位計がよく使われるが，長期間の地下水位変動を観測する場合，自動計測が必要となる．自動水位測定の手法にはいくつかの種類があ

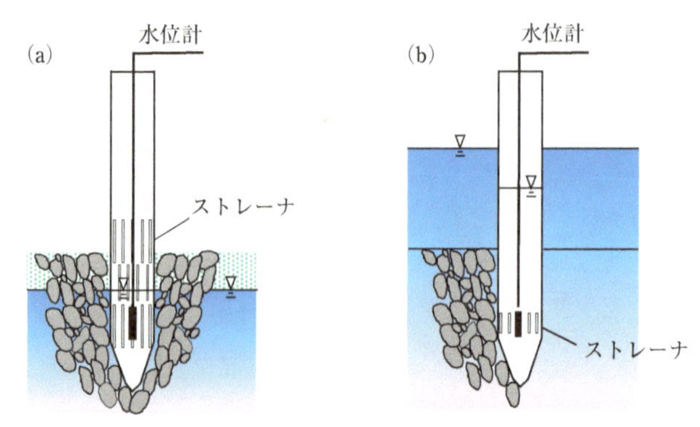

図 2.3-15　地下水位（a）と水頭値（b）の測定方法

り，フロートの上下を機械的にチャート紙に記録する方法や，圧力センサーを用いてデータロガーに記録する水位測定法等があるので，調査目的に応じて使い分ける必要がある．また，水位測定が終わった段階で，井戸に雨水や落葉，虫などが入らないように蓋をする必要がある．塩ビ管の地中部全体ではなく，一部のみにストレーナ加工をして埋め込んだ場合，塩ビ管の末端ストレーナ地点における水頭値を測ることになり，ピエゾメーターとよぶ（**図 2.3-15**（b））．**1.3** の河川間隙水域を調査して，地下水の動態（浸出か湧昇かなど）を知りたいときに用いる．塩ビ管を埋め込む方法として，砂・シルト成分の立地においては，ハンドオーガー等で穴を掘って容易に埋め込むことが可能であるが，礫質立地では不可能であり，ハンマーと鉄の棒を用いる方法が必要になる（詳しくは **1.3** 参照）．

水質の指標のひとつとしてよく用いられる電気伝導度（EC：Electrical Conductivity）は，電気の通しやすさを表し，水中のイオン性の物質の多寡を把握することができる．地質を起源としてイオン濃度が高まることで電気伝導度が高くなる場合もあるが，土地利用に伴う栄養塩の流入によって水質が汚染された場合にも高い値を示すことがある．地下水の電気伝導度は，地下水位を測る観測井戸（塩ビ管）を用いて測定することができる．採水する前に，孔内の水の濁りがなくなり，水温や電気伝導度が安定するまで十分に揚水したのち，観測井戸（塩ビ管）に溜まった水をポンプで採水する．電気伝導度は，市販の電気伝導率計を用いて測定することができる．

酸化還元状態を把握するために，観測井戸に供給される地下水の酸化還元電位を測定する場合もある．湿地植生の立地環境を説明する要因として土壌や地下水の酸化還元電位を測定する場合もある．ここでは土壌の酸化還元電位について説明したい．酸化還元電位（ORP：Oxidation Reduction Potential あるいは Eh）は，土壌中に酸素が多く含まれる状態なのか，酸素が少なく還元的（嫌気的）な状態なのかを判断する目的で測定される．Eh または E という記号で表されることが多い．酸化的な土壌で酸素が多く含まれる場合は Eh が高く，還元的な土壌で酸素が少ない土壌では Eh が低くなる．基本的に湿地において測定することが多く，Eh メーターが必要になる．

2.3.6　水辺林の機能を調べる

水辺林は河川生態系に対してさまざまな影響を与える．なかでも，河川の水温や藻類生産に影響をおよぼす日射遮断機能，底生無脊椎動物の餌となる落葉などの外来性有機物ならびに魚類の餌となる陸生無脊椎動物の供給機能，およびステップ・プールなどの河川微地形に大きな影響を与える大型有機物片（倒木）の供給機能が重要である．ここでは，日射遮断，陸生無脊椎動物供給および大型有機物片供給について解説する．なお，外来性有機物に関しては **3.2** で詳述されている．

A.　日射の遮断機能

樹冠による日射遮断機能を評価するためには，河川に射し込む日射量，もしくはそれを妨げる樹冠による被陰率をはかる必要がある．それぞれ必要となる計器類は異なるため，調査目的に応じて変える必要がある．

太陽からの日射エネルギーは日射量とよばれ，河川水温に与える熱量を求めたい場合，日射計や放射計を用いることになる．可視域～近・中間赤外域における日射（短波放射）と遠赤外域における赤外放射（長波放射）について，それぞれの下向き放射と上向き放射を独立して測定する必要がある．近年は，短波と長波，さらに下向きと上向きの 4 成分を測る放射計も販売されている（**図 2.3-16**（a））．

熱収支計算などを行なう必要がなく，水辺林の樹冠によってどの程度河川内が暗くなるのかを評価する場合，照度計や光量子計がよく使われる．それぞれ照度(Lux)または光合成光量子束密度（μmol/m^2/s）などを測定することができる．植物が光合成に利用する波長域のエネルギー量を観測したい場合は光量子束密度が適する．樹冠による日射遮断効果の強さを相対的に測定したい場合は照度計で十分で，2 台用意し，林道などのオープンな場所と樹冠下における同時測定を実施し，その相対的違いによって評価する場合が多い（**図 2.3-16**（b））．これを相対照度とよぶ．相対照度は，同じ林内でも場所によって大きく変動するため多数の点で測定し，その平均値をとる必要がある．

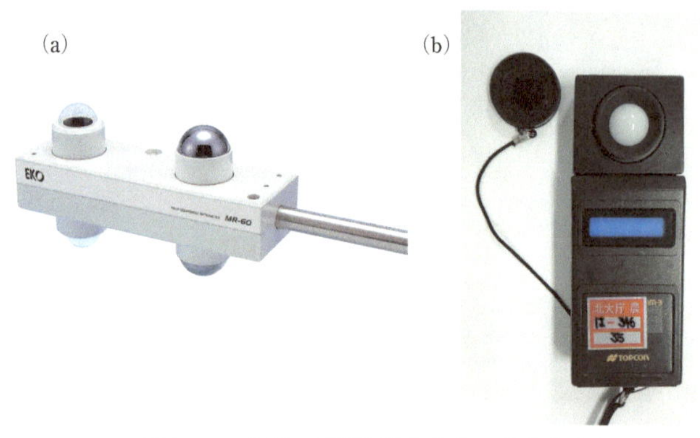

図 2.3-16 短波・長波放射計（a）と照度計（b）

（(左) 英弘精機株式会社 長短波放射計 MR-60，(右) 東京オプチカル デジタル照度計 IM-3）

照度や光量子束密度は，時間的にも空間的にも大きく変動する．このため，簡易で時間に左右されずに光環境を広範囲に把握する安定的な方法として，魚眼レンズとカメラで撮影した全天空写真が有効である．河川中央の直上で，視野角 180 度の魚眼レンズを用いて全天空写真を撮る．レンズは水準器を参照しながら真上に向ける．撮影した写真には水辺林樹冠の枝葉のある部分と空が見える部分(林冠の空隙)が写る．この画像をパソコンの解析ソフトを利用して，ピクセル単位で白黒に 2 値化し，太陽光が通過する部分とそうでない部分の割合を求めることにより樹冠の影響を把握することができる．

B. 陸生無脊椎動物供給機能

陸上からから河川へと供給される陸生無脊椎動物は，藻類生産が制限される夏季に，河川魚類にとって重要なエネルギー補償（subsidy）となる．陸上（水辺林）から河川へのその供給量を調べる際にはパントラップ（お盆型の捕捉器）を用いることが多い．長方形または円形のお盆状の容器に水を入れて流路上や河畔に設置し，容器内に落下する陸生無脊椎動物を採集，定量する．本来，昆虫採集に使用される手法なので，通常は黄色やオレンジ色など昆虫が誘引される色の容器を使うが（馬場・平嶋, 2000），河川生態学分野では自然に落下する量を把握したい場合が多いため，誘引効果を抑える茶色や灰色のトラップを使うことが多い．

トラップのサイズは，開口部が 0.1～1.0 m^2（30 × 30 cm～1 × 1 m）程度で，このようなトラップを流路内河床に固定した金属ポールか杭の上に設置し，匍匐による陸上からの昆虫侵入を排除する（**図 2.3-17**; **3.2** のリターフォールトラップも参

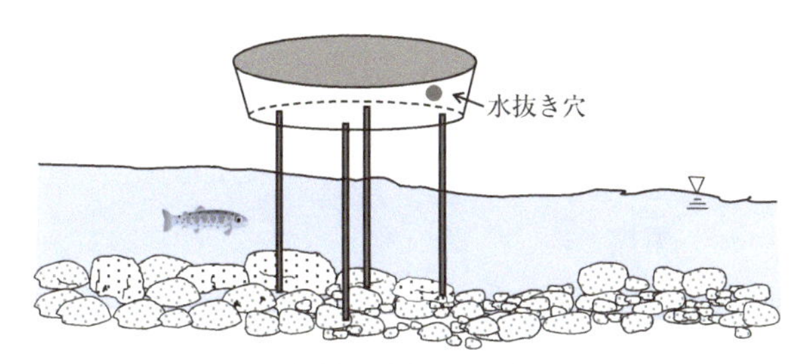

図 2.3-17　河川に設置されたパントラップ

照）．また，降雨が溜まることによる溢水を防ぐため，トラップ側面には水抜孔を設けるとよい．トラップ内には水を注ぎ，昆虫脱出防止のための少量の中性洗剤（界面活性剤）を入れる．誘引効果を抑えるために無臭洗剤を使うことが多い．なお，脱出防止効果により落下量が過大評価になることを避けるため洗剤を用いない例もあるが（Studinski and Hartman, 2015），洗剤を用いる例のほうが多い．

トラップの設置数は，区間長 50 m あたり 5～10 個程度であり，目的にもよるが，落下量の日変動が大きいため，1 週間程度の採集期間を設ける（たとえば，Kawaguchi and Nakano, 2001; Inoue *et al.*, 2013）. トラップされた無脊椎動物は網ですくって回収し，80％程度のエタノールに入れてもち帰る．この回収作業は 1～4 日程度の間隔で行う．とくに気温の高い地域，季節では長期間放置するとサンプルの腐敗が進むので注意が必要である．また，気温の低い地域，季節でトラップ内の水が凍るおそれがある場合，不凍液を入れる必要がある．

採取したサンプルは目的に応じて分類群に分け，個体数や現存量を定量するが，サンプルの処理作業については **4.1** に解説されている底生無脊椎動物の場合と同様である．

C.　大型有機物片（LWD）供給機能

河畔から供給される倒木は，そのままでも，また流木となって流されても，河川にすむ生物の生息場所，時にエネルギー補償として機能する．また，上流から流れてくる落葉やデトリタスを捕捉する．このため，これまで多くの研究が実施されてきた．これらの倒木，流木を大型有機物片（large woody debris：LWD; 近年では large wood とよぶことが多い）とよぶ（**図 2.3-18**（a））

まず，大型有機物片の定義であるが，多くの研究で直径 10 cm 以上，長さ 1 m 以上の倒木もしくは流木を LWD と定めることが多い．体積については，円柱で近

(a)

(b)

図 2.3-18 河畔から流入した倒木（a）と倒流木の集合的堆積（b: log-jam）

似する場合が多く，

$$V = \pi \cdot (d1^2 + d2^2) \cdot \left(\frac{L}{8}\right)$$

で求められる．ここで，$d1$ と $d2$ は，LWD の上端と下端の直径であり，L は LWD の長さである．

LWD は時間と共に腐朽し，河川生態系に与える影響も異なってくる．このため，腐朽の度合いを定性的に把握し，腐朽度の低いランク 1 から腐朽度が進んだランク 4 程度までの順位尺度によって評価する場合が多い．ここでランク 1 は，倒木として河道に流入したばかりの LWD で，枝や樹皮などがしっかりついている状態を指す．ランク 2 は，枝や樹皮はついているが，樹皮が剥がれかけている状態をさす．ランク 3 は，枝や樹皮は剥がれているが材は固い状態，そしてランク 4 は，枝や樹皮が剥がれ指で押すとへこむほど材が柔らかく腐朽している状態を指す（Seo and Nakamura, 2009）．

また，LWD が単木か集合的に堆積しているかによって，河川地形に与える影響や魚類等の生息環境に与える影響も大きく異なる．そのため，これまでの多くの研究で，単木堆積か集合的堆積かが区分され，後者にはぎっしり詰まった状態を表す言葉 "jam" という用語が使われている（**図 2.3-18**（b））．jam の体積を構成する流木 1 本 1 本個別に測ることは難しく，全体を六面体もしくは立方体に分割して近似し，間隙率を考慮してjamの総体積を概算する方法が用いられる．間隙率としては0.3程度が使われ，その場合，立方体等に近似したjam体積に0.7を乗じることによって単木部の総体積を概算する（Seo and Nakamura, 2009）．

LWDの分布については，踏査や空中写真（ドローンなどの利用も可能）などにより，あらかじめ用意した地形図上に落とす方法が用いられる．この際，斜面や河岸から倒木として直接供給されたLWDなのか，その後流水によって運ばれて堆積したLWDなのかは，根返りや根株などの痕跡が斜面や河岸にあるかどうかで，ある程度判断できる．

LWDの移動については，LWDにタグを打って識別し，個別単位で追う方法が用いられてきた．しかし，腐朽や破砕をうけて小さなLWDになってしまい，タグがとれたり，発見できなかったりすることが多い．それ以外には，斜面に定点ビデオを設置し，流下状況をビデオで観測する方法が用いられている．しかし，この方法も日中における移動は観察できるが夜間の観測は難しい．また，ほとんどのLWDは浮力によって浮いて流れてくるが，部分的に沈んでいる場合が多い．洪水時は水が濁っている場合が多く，沈んだ部分のLWDを確認することは難しい．

いっぽう，ダムに集積したLWDの量から流出量を把握する方法がある（**図2.3-19**）（Seo *et al.*, 2008）．日本の場合，ダム湖に集積した流木は，洪水後もしくは集積後（1年に一度程度）除去される．ダム湖に集積したLWDを除去し廃棄物処理するため

図2.3-19 ダム上流に集積した流木群

には多大な予算がかかるため，毎年どの程度の流木が集積するかを粗々推定している．方法は，網場に集積した面積に平均厚や間隙率を乗じて体積を算出する方法，LWD を外部へ運搬するために必要となったダンプカーの延べ台数に 1 台当たりに積める LWD の体積を乗ずる方法など，さまざまである．精度の高い推定法とはいえないが，流域からの LWD 流出量を概算として把握できる貴重なデータである．

（中村太士・伊藤　哲）

3　河川生物群集のエネルギー源

3.1　付着藻類

藻類（algae）は，真核生物の中で，蘚苔類（コケ類）と維管束植物を除いた酸素発生型の光合成生物の総称である．ただし，河川生態学では，原核生物のシアノバクテリア（Cyanobacteria）をラン藻として取り扱うことが多い（野崎, 2013）．付着藻類（periphyton）は，着生する基質の違いにより，石面や岩盤等，硬い基質上に生育するもの（epilithic algae），砂泥や堆積物上に生育するもの（epipelic algae），水草や大型の糸状緑藻の表面に生育するもの（epiphytic algae）の3つの生活型に大別されている（Low and LaLiberte, 2007）．

3.1.1　採集

A.　石の表面に付着する藻類

1）現存量を河床 m^2 単位で評価する場合には，調査地点の川底に，一辺が25～30 cm，面積 625 cm^2～900 cm^2 の方形枠（コドラート）を置き，中に入った石を全てバットに拾いあげる方法で行う．石が大きい場合には，一辺が 50 cm，面積 2500 cm^2 の方形枠を用いる．

2）付着物を金属ブラシで剥ぎ落とし，バット上で蒸留水（水道水）を用いて洗い流す．カワシオグサ（*Cladophora* 属），アオミドロ（*Spirogyra* 属），ヒビミドロ（*Ulothrix* 属）等の肉眼視できる大型糸状藻が優占している場合は，先に糸状緑藻を摘み取り，その後，ブラシで残った付着物を剥ぎ取る（野崎・加藤, 2014）．

3）バット上の水を手つきポリカップ（容量1～2 L）に移し，水量を野帳に記録し，よく撹拌後，一部をポリ瓶（容量 250～500 mL）に入れて実験室にもち帰る．気温の高い時期は保冷袋やクーラーボックスを用いる．以上の採集を1地点で3～5か所で行う．

4）最後に，他の採集方法を簡単に紹介する．アルミホイルを用いて，一辺が5～

10 cm 程度の正方形を作成し，それを石面に押し当て，25 cm^2 や 100 cm^2 の面積から採集する方法がある．この場合は，アルミホイルで覆った部分以外を先に剥ぎ取り，最後に覆っていた部分を剥ぎ落とし，定量的に採集する．石面を簡単な図形で近似し，採取面積を推定する簡便な方法もある（野崎・加藤, 2014）．

岩盤の場合は，アクリル繊維不織布を用いて，一定面積内の付着藻類を擦り取る方法が提案されている（谷田ほか 1999）．ただし，ここで紹介されているアクリル繊維不織布は生産終了であり，同等の効果を持つ製品としてはスピック T-3（北川義株式会社，旭化成工業株式会社シャレリア）がある．

B. 砂利や砂泥上に付着する藻類

a. シャーレ（ペトリ皿）を用いた採集

1）調査地点の流心に下流から静かに近づき，シャーレの内側部分を川底に押し当てる．シャーレの下側にヘラを入れ，砂利や砂泥を採集する．Goto *et al.*（1998）は，和歌浦干潟（和歌山県）の砂泥帯において，深さ 0.5 cm，内径 2.5 cm および深さ 1 cm，内径 5 cm のシャーレを，Nozaki *et al.*（2003）は，琵琶湖北湖沿岸の砂利～砂浜帯において，深さ 1 cm，内径 9 cm のシャーレを，それぞれ用いている．

2）泥の場合は，そのままスプーンでポリ瓶やビニール袋に入れる．実験室に持ち帰り，蒸留水で希釈し試料とする．

3）粒径の大きな砂や礫の場合は，蒸留水で洗浄しながら，その上澄みを手つきポリカップ（容量 1～2 L）に入れる．洗浄水がおおよそ透明になってきたところでポリカップの水量を野帳に記録し，よく撹拌（かき混ぜた）後，一部をポリ瓶（容量 250～500 mL）に入れて実験室にもち帰る．以上の採集を 1 地点で 3～5 回行う．

b. 自作の簡易コアサンプラーを用いた採集

Goto *et al.*（2000）は，内径 4 cm，長さ 8 cm のポリカーボネート製のパイプを用いて，簡易コアサンプラーを自作し（**図 3.1-1**），三河湾一色干潟（愛知県）で付着藻類を採集している．パイプの下端は砂泥に挿入しやすくするため斜めに切り落とし鋭角にしている．これを砂泥に差し込みコア試料を採取して，下端をシリコンゴム栓で密栓し，上端に通気孔を設けたラップ等をかぶせて，研究室にもち帰る．抜き出す時は，パイプの内径に合わせた押子（プランジャ）をつくって，コアを押し出して，必要な表層だけを取り出す．

図 3.1-1 簡易コアサンプラー

C. 水草に付着する藻類

まず採集する部位を決め，水草を採集する．葉であれば図形，茎であれば円筒に近似し，面積の算出に必要となる寸法を野帳に記録する．その後は，**3.1.1A** と同じ手順で採集する．水草の表面を傷めないために，ブラシは柔らかな歯ブラシやスポンジを用いる．

3.1.2 現存量

A. クロロフィル量

a. 分析試料の準備

1）濾過器に直径 47 mm のガラス繊維濾紙（Whatman 社の GF/C，GF/F や ADVANTEC 社の GA-100，GF-75 等）を設置し吸引瓶にはめ込む．

2）ポリ瓶に入れた藻類試料を良く攪拌し，懸濁物質を均質にする．

3）懸濁物質の濃度に応じて藻類試料 10～50 mL をメスシリンダーで量りとり，濾過器に流し入れ，吸引瓶につなげた電動ポンプや手動ポンプで吸引する．濾過した水量は必ず記録する．

4）藻類試料を集めた濾紙は，試料面を内側にして半円形に二つ折りする．

5）アルミホイルで濾紙を包み，試料名（採集地点），採集日を明記し凍結保存する．

b. 吸光光度法によるクロロフィル量の分析

UNESCO 法（SCOR/UNESCO, 1966）と Lorenzen 法（Lorenzen, 1967）を紹介する．前者はクロロフィル *a*，*b*，*c* 量を，後者はクロロフィル *a* 量とその分解物であるフェオ色素量とを分けて測定できる．以下の 1）～4）は UNESCO 法の測定手順であり，同じ試料に 5）～7）の手順を加えると Lorenzen 法となる．

1）冷凍保存しておいたガラス繊維濾紙をハサミで細かく裁断して三角フラスコに入れ，90％アセトンを 15 mL 注入する．

2）三角フラスコの口をラップで密封し，原則として 10 時間程度，暗条件で放置する．

3）ロートに紙濾紙（ADVANTEC 社，No.2，125 mm など）を設置し試験管に入れ，三角フラスコのアセトンを濾過する．

4）分光光度計で濾液の 750, 665, 645, 630 nm における吸光度を測定する．750 nm の吸光度は濾液の濁り成分を示しているので，後で差し引く．測定が終わったら，濾液のアセトン溶液を試験管に戻す．

5）試験管に戻したアセトン溶液に，1 規定塩酸 2 滴を添加し数分おく．

6）再度 750，665 nm の波長で吸光度を測定する．

7）各波長における吸光度から 750 nm における吸光度を差し引いた値（それぞれ E665，E645，E630）を求め，**式 1～式 3** から UNESCO 法によるクロロフィル量を算出する．

$$\text{クロロフィル}\ a(\mu\mathrm{g\ mL^{-1}}) = (11.64 \times \mathrm{E665}) - (2.16 \times \mathrm{E645}) - (0.10 \times \mathrm{E630}) \quad (\textbf{式 1})$$

$$\text{クロロフィル}\ b(\mu\mathrm{g\ mL^{-1}}) = (-3.94 \times \mathrm{E665}) + (20.97 \times \mathrm{E645}) - (3.66 \times \mathrm{E630}) \quad (\textbf{式 2})$$

$$\text{クロロフィル}\ c(\mu\mathrm{g\ mL^{-1}}) = (-5.53 \times \mathrm{E665}) - (14.81 \times \mathrm{E645}) + (54.22 \times \mathrm{E630}) \quad (\textbf{式 3})$$

8）**式 4**，**式 5** から Lorenzen 法によるクロロフィル *a* およびフェオ色素量を計算する．ここで，E665，E665A はそれぞれ酸添加前後の吸光度から 750 nm における吸光度を差し引いたものである．

$$\text{クロロフィル}\ a(\mu\mathrm{g\ mL^{-1}}) = 26.7 \times (\mathrm{E665\text{-}E665A}) \quad (\textbf{式 4})$$

$$\text{フェオ色素}(\mu\mathrm{g\ mL^{-1}}) = 26.7 \times (1.7 \times \mathrm{E665A\text{-}E665}) \quad (\textbf{式 5})$$

9）**式 1～式5** で得られた値は，試験管の中に入っているアセトン 1 mL に含まれているクロロフィル量である．アセトンは 15 mL 加えているので，得られた量を 15

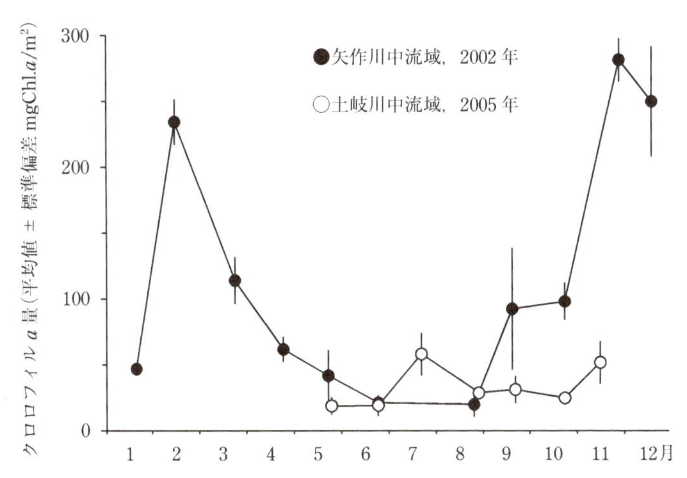

図 3.1-2　河床が玉石で覆われている矢作川中流域と砂礫で覆われている土岐川（庄内川）中流域における付着藻群落のクロロフィル a 量の季節変化

（野崎・志村, 2013）

倍すると濾紙に集めた藻類試料全体のクロロフィル量になる．付着藻類のクロロフィル量は単位面積当たり（mg m^{-2}）で表すため，採取した石の面積（cm^2），懸濁させた水の量（mL）および濾過量（mL）から逆算して算出する．

図 3.1-2 は，河床が玉石で覆われた矢作川中流と砂礫で覆われた土岐川（庄内川）中流におけるクロロフィル *a* 量（Lorezen 法）の季節変化である（野崎・志村, 2013）. 矢作川では, 出水が多い夏期に現存量が低下する傾向がみられた．土岐川は, 矢作川よりも窒素・リンといった付着藻類の成長を促進する栄養塩濃度が高いにもかかわらず，河床材料が不安定なために付着藻類が流出しやすく現存量は低く抑えられている．

c.　蛍光光度法によるクロロフィル量の分析

蛍光光度法は，付着藻類から抽出したクロロフィル *a* を含む溶液に青色励起光を照射し，その際に発生する赤色蛍光の強度からクロロフィル *a* 量を算出する方法である．ここでは，付着藻類群集で優占する緑藻に含まれるクロロフィル *b* やクロロフィル分解産物からの蛍光の影響を受けにくい Welschmeyer（1994）の方法を以下に記述する．

1）試料採取後はできるだけ速やかに下記 2）の色素抽出を行う．直ちに，色素抽出ができない場合は，試料に含まれる水分をできるだけ除去した後，－ 80℃以下で保存する．－20℃で保存する場合は数日以内に色素抽出を行う（Graff and Rynearson, 2011）．

2）試料を蓋つき遠沈管（容量 15 mL）に入れ，90％アセトンあるいは *N*, *N*-ジメチルホルムアミド（DMF：毒性があるので取扱には充分注意する）を 10 mL 注入し，色素を抽出する．色素の抽出効率が悪い場合は，前処理や抽出溶媒などを変えることで抽出率を上げることができるので検討する（Hagerthey *et al.*, 2006）．

3）試料を冷暗所（－20～－15℃）で 8～12 時間静置して色素抽出を行う．この間に，超音波ホモジナイザーなどで細胞を破壊すると抽出時間を短くし，抽出率が上がる．

4）色素抽出後の試料を遠心（2500～3000 rpm，5～10 分）した後，上澄みをシリンジフィルターなどで濾過・精製し，色素抽出液とする．

5）蛍光光度計を用いて色素抽出液およびブランク（90％アセトンあるいは DMF）の蛍光強度を測定する．本法を適用できるクロロフィル *a* 測定に特化した蛍光光度計（たとえば，Turner Designs 社 10-AU や Trilogy）が市販されているが，一般の蛍光光度計を使う場合は，励起光を 436 nm，蛍光波長を 680 nm，スリット幅を 5～20 nm に設定する（鈴木・垂木, 2005）．本法は吸光光度法の数十倍以上の感度を有するため，蛍光光度計の測定範囲を越える場合は，色素抽出に用いた有機溶媒で希釈する．

6）以下の**式 6** を用いて色素抽出液中のクロロフィル *a* 量を算出する．

$$\text{色素抽出液中のクロロフィル}\ a\,(\mu\text{g L}^{-1}) = (F_s - F_0) \times factor \qquad \textbf{(式 6)}$$

ここで，F_s と F_0 はそれぞれ色素抽出液とブランクの蛍光強度を示し，factor は蛍光強度を物質量（クロロフィル *a*）に変換する係数（μg L^{-1}）を示す．変換係数の求め方は鈴木（2016）あるいは鈴木・垂木（2005）を参照されたい．この変換係数は少なくとも半年に一回は測定・算出することが望ましい．上式で算出した値から色素抽出に用いた試料に含まれるクロロフィル *a* 量を求め，単位面積あたりのクロロフィル *a* 量（mg m^{-2}）に換算する．

d. 携帯式蛍光光度計を用いたクロロフィル量の直接測定

ドイツの bbe 社から，Bentho Fluor，Bentho Torch の商品名で販売されている携帯式クロロフィル蛍光光度計を用いて，クロロフィル量を現地で直接測定することが可能になっている．短時間で多数の測定を行うことが可能であり，付着藻類群集の平面分布をこれまでよりも精確に評価することができる（高尾ほか, 2006）．ただし，藻類細胞から射出されるクロロフィル蛍光強度は，背景光（太陽光の光量子密度）や細胞の生理状態に大きく影響されて変動するため，得られたデータの解釈には注意を要する．

B. 強熱減量

a. 分析試料の準備

1）ガラス繊維濾紙に鉛筆で番号を記入し，水分と有機物を除去するために電気炉で550℃ 30分加熱する．加熱終了後の濾紙は，ピンセットでデシケーターに入れ，乾燥状態を保ちながら放冷させる．

2）デシケーターから濾紙をピンセットで1枚ずつ取り出し，電子天秤で乾燥重量を測定する（a mg）．乾燥重量は実験ノートに記録しておく．

3）クロロフィル量を測定する試料と同様に（**3.1.2A** 参照），試料をガラス繊維濾紙上に捕集する．ガラス繊維濾紙は，上記1），2）で準備したものを用いる．試料は濾過する前によく攪拌し，濾過量 V（mL）を必ず記録する．

4）濾過後の濾紙は，100～110℃に設定した電気炉に入れ，48時間以上乾燥させる．デシケーター中で放冷した後，濾紙の重量（b mg）を測定する．試料の乾燥重量は $b - a$ となる．すぐに分析できない場合は，湿気による有機物の変質を避けるためにデシケーターに入れ保存する．

b. 強熱減量の測定

1）アルミホイルで長方形（30 × 15 cm 程度）の皿（バット）をつくり，濾紙を番号順に並べる．鉛筆で記入した番号は分析中に消えてしまうので，番号の並び順が後から判別出来るように記録しておく．

2）濾紙を並べたアルミホイルの皿を電気炉に入れ，550～600℃で3時間熱する．加熱終了後，濾紙を番号順にデシケーターに入れ，濾紙の重量（c mg）を測定する．

3）試料の灰分重量（d mg）は，$c - a$，強熱減量は $b - c$ となる．さらに，濾過量 V mL と試料の採取面積から単位面積（mg m^{-2}）あたりに換算する．

C. 細胞数と細胞体積

a. 試料の保存

試料は，30～100 mL 容量のガラス瓶やポリ瓶に入れ，ホルマリンを3～5%濃度になるように加える．なお，ホルマリンは酸性に変化するため，長期保存の場合，珪藻の殻が溶けてしまうことがある．それを防ぐために，リン酸ナトリウム等を添加し中性に調整したホルマリンを用いるとよい．

b. 細胞数の計数

1）シオグサ，アオミドロ等の大型糸状藻の計数には，動物プランクトン用の計数盤を用いる．動物プランクトン用は，ます目の周囲に高さ1 mmのゴム製の枠が貼ってあり，容量は1 mLである．大型糸状藻は細胞が均一に懸濁できるように，計数前にハサミを用いて群体を5～10 mmに細かく切断しておく．微小藻類の計数は，枠が無い計数盤を用い，ます目が印刷されている部分にビニールテープを3～5枚重ねて貼り，中心部をカッターナイフでくり抜いて枠をつくる（野崎・石田 2014）．

2）試料をよく攪拌し，糸状緑藻等，大型の藻類については駒込ピペットで1 mL，微小藻類の場合はマイクロピペットで50 μLを計数盤の枠の内部に入れる．静かにカバーグラスをかけて，2～3分静置すると細胞が底に沈み，顕微鏡観察が容易になる．

3）数取器や集計用紙を用いて，種あるいは属ごとに計数する．大型糸状藻は試料1 mL中の細胞数全てを計数する．微小藻類は，1 × 1 mmのます目単位で計数し，*Phormidium* 属，*Homoeothrix* 属に代表される糸状のシアノバクテリアは細胞が細かく計数が困難であるため，糸状体や群体で計数する．

4）計数値（細胞数）は，採集面積（cm^2），剥ぎ取り洗い流した水量（mL），計数盤に入れた試料の量（mLまたはμL），計数したます目の数という情報を用いて，単位面積当たりの細胞数として算出する（細胞数 cm^{-2} または m^{-2}）．

5）種や分類群を同定する際の入門書としては，小島ほか編（1995），日本水道協会（2008），滋賀の理科教材編集委員会編（2008），月井（2010）を推薦する．珪藻を分類する際の試料の処理については，内田（2014）に詳しい．

c. 細胞体積

藻類は，種によって細胞の大きさが著しく異なる．そのため，細胞数が多くても小さいために，量として優占していないという状況もあり得る．そこで，浮遊藻や付着藻群落の構造解析のために細胞体積（容積）が利用される（一瀬ほか, 1995; Nozaki, 1999; Low and LaLiberte, 2007）．細胞体積を求める場合は，藻類を幾何学的な立体に近似し，体積を算出するために必要な寸法を，対物ミクロメーターで倍率ごとに測定した接眼ミクロメーターの値を用いて計測する．

D. クロロフィル *a* 量，強熱減量および細胞体積の関係

図 3.1-3 は，琵琶湖北湖沿岸帯で採集された付着藻群落の強熱減量とクロロフィル *a* 量との関係，**図 3.1-4** は，細胞体積量とクロロフィル *a* 量との関係である（Nozaki, 1999 に未発表資料を加えた）．いずれも決定係数（r^2 値）は，0.7～0.8 程度であり，やや強い関係が見られる．しかしながら現存量が高い時には，ばらつきが大

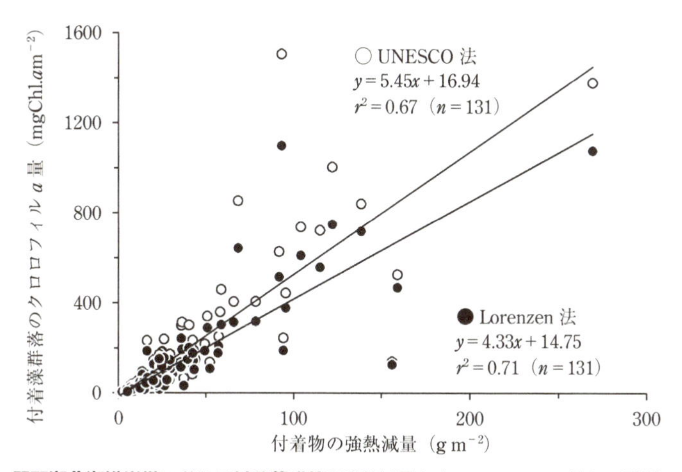

図 3.1-3　琵琶湖北湖沿岸帯における付着藻群落の強熱減量とクロロフィル *a* 量との関係

（Nozaki, 1999 に未発表資料を加えて作図）

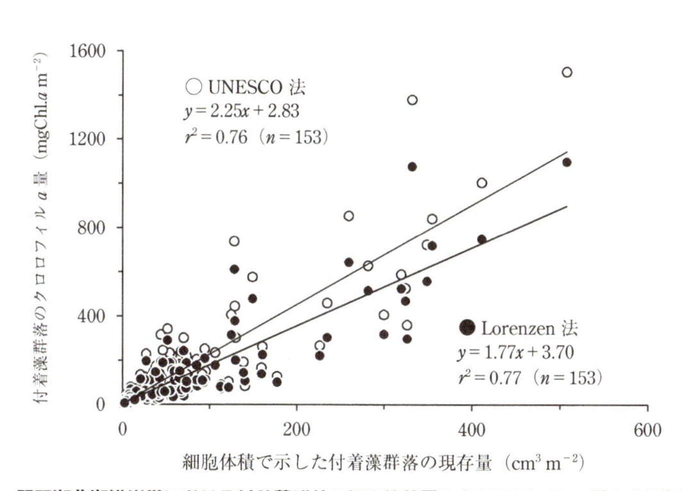

図 3.1-4　琵琶湖北湖沿岸帯における付着藻群落の細胞体積量とクロロフィル *a* 量との関係

（Nozaki, 1999 に未発表資料を加えて作図）

きくなっていた．

3.1.3 光合成

光合成は，水中に入射する光エネルギーを利用して水の光分解から副産物として酸素を生成し，その過程（光化学反応）で生じる還元力 NADPH と化学エネルギー ATP を利用して，二酸化炭素をグルコースなどの有機化合物に固定する反応（炭素固定反応）である．光合成はいつくかの生化学過程が組み合わさった非常に複雑な反応であるが，その物質収支は以下の**式 7** に要約される．

$$6CO_2 + 12H_2O \xrightarrow[\downarrow]{\text{光エネルギー}} C_6H_{12}O_6 + 6O_2 + H_2O \quad \text{（式 7）}$$

この**式 7** に基づいて，光化学反応で発生する酸素量あるいは炭素固定反応で同化される炭素量を測定することにより，光合成速度を求めることができる．なお，**式 7** では，発生する酸素と同化される炭素のモル比（光合成商：$PQ = O_2/CO_2$）は 1 であるが，光合成の最終産物に応じて，この値は変化する．付着藻類などの水生生物の場合，PQ は一般に 1～1.5 程度の範囲にあり，もっとも一般的な値は 1.2 とされている（Wetzel and Likens, 2000; Reynolds, 2006）．

光合成によってある一定期間に生産された有機物の総量を総一次生産量（GPP）とよび，総一次生産量から藻類自身の呼吸量（R）を差し引いたものを，純一次生産量（NPP）とよぶ（**式 8**）．植物プランクトンの場合であるが，NPP/GPP 比はおよそ 0.5 前後の値が多く報告されている（Hashimoto *et al.*, 2005; Goto *et al.*, 2014）．

$$NPP = GPP - R \quad \text{（式 8）}$$

付着藻類の純一次生産量は，藻類細胞の増殖量に相当する粒状態有機物の生産量（NP_{POM}）と細胞外有機物（NP_{EOM}）の生産量の和である（**式 9**）．

$$NPP = NP_{POM} + NP_{EOM} \quad \text{（式 9）}$$

付着藻類は光合成によって生産した有機物の一部をさまざまな形態で細胞外に分泌する．これは細胞外有機物（extracellular organic matter：粘着性を持つ多糖類が主成分）とよばれる．ある種の羽状目珪藻は純一次生産量の 50％以上を細胞外有機物として細胞外に分泌することが知られており，細胞外有機物は河川生態系の炭素循環や食物連鎖を評価するうえで重要な要素となっている（後藤, 2002; Goto *et al.*, 2006）．

A. 酸素法

酸素法では，付着藻類を含む試水を明瓶と暗瓶に満たして数時間培養した後，培養前後の溶存酸素量の差から光合成速度を算出する．光を照射した明瓶では付着藻類の光合成によって酸素量が増加し，いっぽう，暗瓶では呼吸のために酸素量は減少する．明瓶の酸素量の増加量に暗瓶の減少量を加えると培養時間内における総一次生産速度（GPP）を求めることができる．しかしながら，付着藻類の暗呼吸が暗所よりも明所で高い場合や，二次的な酸素消費（光呼吸，メーラー反応）が起こった場合は，GPP を過小評価することになる．培養開始時における各試水の溶存酸素濃度を測定することにより，純一次生産速度（NPP）と呼吸速度（R）も算出することができる．ただし，試料に付着藻類以外の従属栄養生物が含まれる場合は，それぞれ，純群集生産（NCP）と群集呼吸速度（CR）となる．

溶存酸素濃度の測定は，一般に，ウィンクラー法に基づいて測定される（Winkler, 1888; Carignan *et al.*, 1998）．本法では，最初に，試水中の溶存酸素を水酸化マンガンと反応させることにより，マンガン酸化物として固定する（**式 10**）．続いて，ヨウ化ナトリウムの存在下で試水を酸性にすると，マンガン酸化物は還元されて，ヨウ素分子が形成される（**式 11**）．このヨウ素分子をチオ硫酸ナトリウムで滴定することにより溶存酸素量を求めることができる（**式 12**）．この一連の反応で，酸素 1/2 分子はチオ硫酸ナトリウム 2 分子と反応する．

$$Mn(OH)_2 + 1/2O_2 \rightarrow MnO(OH)_2 \quad (式 10)$$

$$MnO(OH)_2 + 2I^- + 4H^+ \rightarrow Mn^{2+} + I_2 + 3H_2O \quad (式 11)$$

$$I_2 + 2S_2O_3{}^{2-} \rightarrow 2I^- + S_4O_6{}^{2-} \quad (式 12)$$

なお，試水に妨害物質（亜硝酸イオン，金属イオン，硫化物，有機物など）が比較的多く含まれる場合，本法による測定は困難であるため，妨害物質に応じたウィンクラー変法（アジ化ナトリウム法や次亜塩素酸法など）を用いる必要がある（佐伯, 1957; 松本・野崎, 2014）．

溶存酸素濃度の測定は，上記のウィンクラー法以外に，酸素透過性の隔膜電極を用いた溶存酸素計（隔膜電極法）もこれまで広く利用されてきた．しかし，隔膜電極法には測定上，精度上のいくつかの問題があった．そこで，最近では，ウィンクラー法と同等の測定精度をもち，かつ，応答時間が数秒以下の光学式溶存酸素計も市販されるようになってきた（Hasumoto *et al.*, 2006）．

a.　試薬

1）1.5M 塩化マンガン溶液（固定試薬Ⅰ）

塩化マンガンⅡ四水和物 60 g を純水 200 mL に溶かす．なお，作成した溶液は褐色容器で遮光して保存する．

2）2M ヨウ化ナトリウム－ 4M 水酸化ナトリウム溶液（固定試薬Ⅱ）

ヨウ化ナトリウム 60 g を純水 60 mL に溶かし，ヨウ化ナトリウム溶液を作成する．水酸化ナトリウム 32 g を純水 60 mL に溶かし，水酸化ナトリウム溶液を作成する．水酸化ナトリウム溶液にヨウ化ナトリウム溶液を冷やしながら加え，最終的に純水で 200 mL にする．固形物が残った場合は，ガラス繊維濾紙等で濾過して除去する．なお，作成した溶液は褐色プラスチック容器で遮光して保存する．

3）6 M 塩酸

純水 100 mL に濃塩酸（12M）100 mL を加える．

4）0.01 M チオ硫酸ナトリウム溶液

2.5 g のチオ硫酸ナトリウム五水和物を 1000 mL の純水に溶かす．チオ硫酸ナトリウムは時間とともに徐々に分解・変質し濃度が変化するため，使用のつど，一次標準物質（ヨウ素酸カリウムなど）を用いて標定し，精確な濃度を求める必要がある（松本・野崎, 2014）．現在，精確に濃度が調整された安定剤入りのチオ硫酸ナトリウム溶液が市販されているので，これを利用することもできる．

b.　培養試料の準備

調査地で採取した付着藻類を，事前に懸濁物を濾過した河川水で希釈し，クロロフィル *a* 濃度でおよそ 50～200 μg chl.*a* L^{-1} 程度に調整する．事前に，分光蛍光光度計を使用して，クロロフィル *a* 濃度と蛍光強度との関係式を求めておくと，調整した試水のクロロフィル *a* 濃度を速やかに見積もることができる．各試料について，容量 100 mL の明瓶，暗瓶（アルミホイル等で遮光する），コントロール瓶をそれぞれ 2 本以上準備する．なお，各瓶の容積は，事前に純水を用いて重量法で精確に測定し，また，共栓部に傷や亀裂がないか確認する．付着藻類の濃度を均一に保ちながら，サイホン等を用いて試水を酸素瓶の底から静かに注入する．空気と接触した試水を除去するため，酸素瓶容量の 1/2 倍以上をオーバーフローさせる．その後，気泡が入らないように酸素瓶に蓋をして密栓する．上記の操作は，作業に支障のない程度の薄暗所で行う．コントロール瓶については培養開始時に溶存酸素の固定を行う．

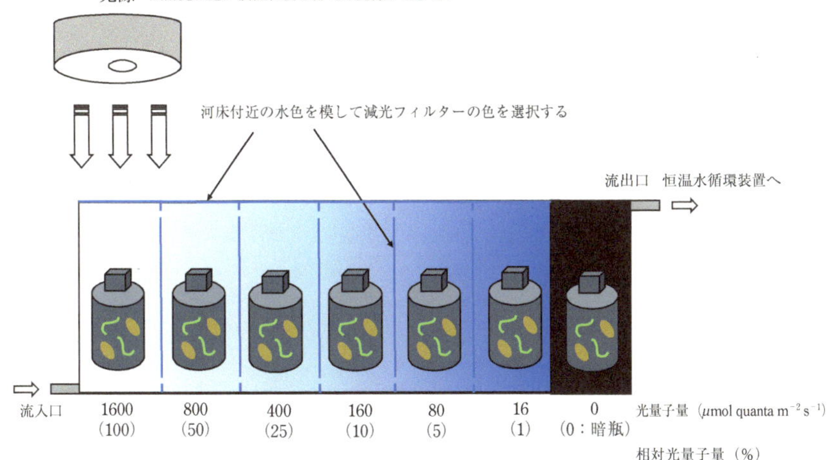

図 3.1-5　光合成－光曲線を作成する培養実験例

c.　培養時間と培養条件

明瓶と暗瓶の培養時間は，試水に含まれる付着藻類現存量（クロロフィル *a* 濃度）に応じて設定することになるが，容量 100 mL の酸素瓶を使った場合，クロロフィル *a* 濃度で 50～200 μg chl.*a* L^{-1} 程度であれば，1～3 時間程度の培養時間で光合成速度を測定できる．培養は，水温と光条件を制御できる人工気象器（ふらん器）の利用，または暗室に設置した水槽に光源を照射し恒温水を循環させることで行う．

光合成に使われる光はおよそ 400~700 nm の波長域（可視光）の光エネルギーで，光合成有効放射（PAR：Photosynthetic Active Radiation）とよばれる．光合成有効放射は標準光源で校正されたスカラー型水中光量子センサーなどによって測定され，単位は光量子束密度（光量子量：mol quanta m^{-2} s^{-1}）として表現される．付着藻類の生理状態や一次生産量の推定（疑似現場法による単位面積あたりの日間一次生産量）に利用される光合成－光曲線を測定・作成する実験では，光量子量を 0～2,000 μmol quanta m^{-2} s^{-1} の範囲で 5～8 段階に設定する（**図 3.1-5**）．真夏の晴天時の光量子量はおよそ 2,000 μmol quanta m^{-2} s^{-1} である．光合成－光曲線の測定に関しては，古谷ほか（2000）にいくつかの考慮すべき点が詳述されている．なお，光合成－光曲線の各光段階における測定は，水中光量子センサーを酸素瓶内に入れて行うことが望ましい．

d.　固定

1 mL の注射器等を用いて，試水に固定試薬 I を 1.0 mL，次いで，II を 1.0 mL 加えた後，空気が入らぬように酸素瓶を密栓する．このとき，試薬の巻きあがりを抑えるため，静かに注入する．密栓後，溶存酸素を $Mn(OH)_2$ と十分に反応させるため，酸素瓶を十分に転倒混合させる．その後，褐色のマンガン酸化物を完全に沈殿させるため，冷暗所にて 6 時間以上静置・保存する．試水が大気に触れる固定作業はできる限り短時間かつ酸素瓶内に気泡（地表付近における大気の O_2 濃度は水中のおよそ 30 倍）が入らないように注意する必要がある．

e.　滴定

溶存酸素を固定した後，24 時間以内に滴定を行うことが望ましい．酸素瓶の蓋を静かに開け，6 M 塩酸 2.0 mL を添加し，蓋をした後，転倒混合によって沈殿物を完全に溶解させる．その後すみやかに，自動滴定装置（自動ビュレットと終点検出器を兼備した装置）を用いて，事前の標定によって精確な濃度を求めたチオ硫酸ナトリウム溶液（0.01 M）で滴定を行う．自動滴定装置を使用しない場合，ヨウ素デンプン反応を利用して滴定終点を目視で判定し，滴定量を求めることができる（佐伯, 1957; 松本・野崎, 2014）．ただし，分析精度は自動滴定装置を利用した場合と比較して低いため，明・暗瓶およびコントロール瓶間における溶存酸素濃度差が小さい場合は分析に注意を要する（宮尾ほか, 2013）．ヨウ素は時間とともに揮発していくので，1 試料あたりの滴定時間はおよそ 10 分以内に終了することが望ましい．

f.　計算

各瓶中の溶存酸素濃度（DO）は，以下の**式 13** を用いて算出する．

$$\mathrm{DO}(\mathrm{mg\ O_2\ L^{-1}}) = 8.0 \times a \times c \times f \times \frac{1000}{(V - r)} \quad （式 13）$$

a は滴定量（mL），c と f は，それぞれ，チオ硫酸ナトリウム溶液の濃度（M）とファクター，V は酸素瓶の容積（mL），r は固定液の添加量（mL）を示す．明瓶，暗瓶，コントロール瓶の溶存酸素濃度を，それぞれ，LB（$\mathrm{mg\ O_2\ L^{-1}}$），DB（$\mathrm{mg\ O_2\ L^{-1}}$），CB（$\mathrm{mg\ O_2\ L^{-1}}$）とすると，培養時間（t）における総一次生産速度（GPP），純一次生産速度（NPP），呼吸速度（R）は以下の**式 14～式 16** で求めることができる．

$$\mathrm{GPP}(\mathrm{mg\ O_2\ L^{-1}\ hr^{-1}}) = \frac{(LB - DB)}{t} \quad （式 14）$$

$$\mathrm{NPP}(\mathrm{mg\ O_2\ L^{-1}\ hr^{-1}}) = \frac{(LB-CB)}{t} \quad (式 15)$$

$$\mathrm{R}(\mathrm{mg\ O_2\ L^{-1}\ hr^{-1}}) = \frac{(CB-DB)}{t} \quad (式 16)$$

上記の各速度を炭素量で表す場合は，光合成商（PQ）と呼吸商（RQ）を考慮した以下の**式 17**～**式 19** を用いて換算する．

$$\mathrm{GPP}(\mathrm{mg\ C\ m^{-3}\ hr^{-1}}) = \frac{(LB-DB)\times 0.375\times 1000}{(\mathrm{PQ}\times t)} \quad (式 17)$$

$$\mathrm{NPP}(\mathrm{mg\ C\ m^{-3}\ hr^{-1}}) = \frac{(LB-CB)\times 0.375\times 1000}{(\mathrm{PQ}\times t)} \quad (式 18)$$

$$\mathrm{R}(\mathrm{mg\ C\ m^{-3}\ hr^{-1}}) = \frac{(CB-DB)\times 0.375\times 1000}{(\mathrm{RQ}\times t)} \quad (式 19)$$

上式中の PQ と RQ は藻類種や光合成最終産物，環境条件などによって変動するが，一般には，それぞれ 1.2 と 1.0 が用いられる（Wetzel and Likens, 2000）．なお，一次生産速度をクロロフィル *a* 濃度で除すれば，同化数（Assimilation number）を算出できる．通常，付着藻類の同化数はおよそ 0.1～10 mg C（mg chl.*a*）$^{-1}$ hr^{-1} の範囲にある（Boston and Hill, 1991; Hawes and Smith, 1994）．

光合成の光依存性を解析する場合，適当な近似式を用いて光合成－光曲線を作成することで，光合成に関するいくつかのパラメータを得ることができる．たとえば，以下の Platt *et al.*（1980）の式は比較的広く使われている．

$$P = P_s \cdot \left[1-\exp\left(\frac{-\alpha\cdot E}{P_s}\right)\right]\cdot\left[\exp\left(\frac{-\beta\cdot E}{P_s}\right)\right] \quad (式 20)$$

ここで，P と P_s は，それぞれクロロフィル *a* で規格化した光合成速度と強光阻害がない時（強光阻害がない場合は $\beta=0$ とする）の最大光合成速度を，E は光量子量を，α と β はそれぞれ初期勾配と強光阻害係数を示す．

図 3.1-6（a）は砂質干潟に生息する付着藻類の光合成－光曲線である（Goto *et al.*, 2000）．弱光域において光合成速度は光量子量の増加とともに直線的に増加し，やがて，最大光合成速度（P_{max}）に達する．この弱光域における直線の傾き（初期勾配 α）は光利用効率の指標として用いられ，その直線の延長と P_{max} が交差する光量子量は E_k とよばれ，光合成速度の光飽和が始まる光量の指標となる．P_{max} における光量子量（E_{max}）を越える強光下においては，光合成速度は低下することがある（**図 3.1-6**（b））．この現象は強光阻害とよばれ，付着藻類よりも植物プランク

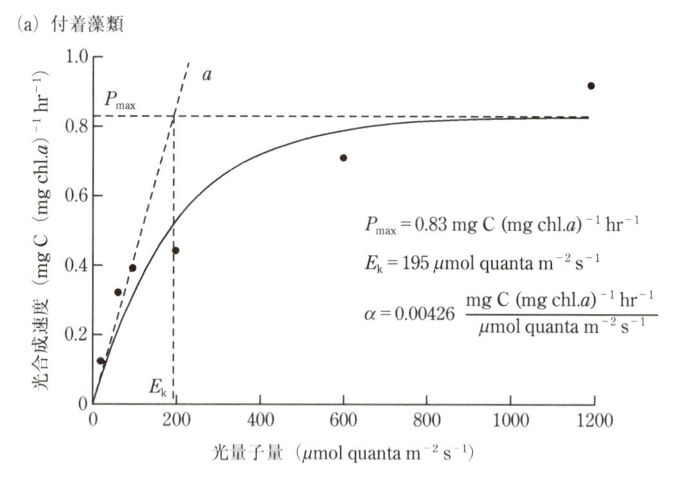

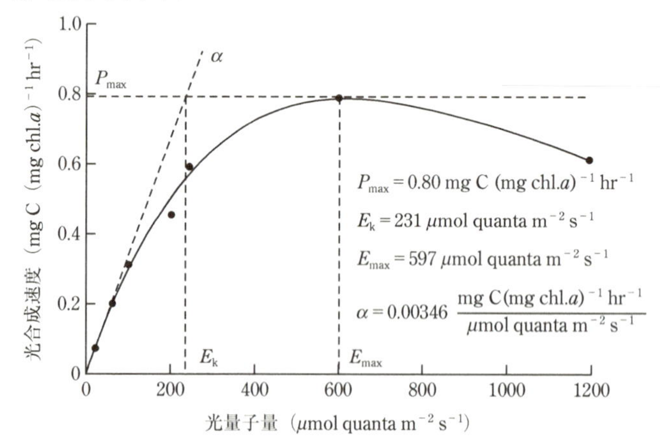

図 3.1-6　三河湾砂質干潟における（a）付着藻類と（b）植物プランクトンの光合成－光曲線

（Goto *et al.*, 2000 を一部改変）

トンにおいて頻繁に観察される現象である．上記の各光合成パラメータは**式 20** の各項を用いて以下の**式 21**～**式 23** で求めることができる（Platt *et al.*, 1980）．

$$E_k = \frac{P_{max}}{\alpha} \qquad \text{（式 21）}$$

$$P_{\max} = P_{\mathrm{s}}\left[\frac{\alpha}{(\alpha+\beta)}\right]\left[\frac{\beta}{(\alpha+\beta)}^{\frac{\beta}{\alpha}}\right] \quad （式 22）$$

$$E_{\max} = \left(\frac{P_{\mathrm{s}}}{\alpha}\right)\log_{\mathrm{e}}\left[\frac{(\alpha+\beta)}{\beta}\right] \quad （式 23）$$

B. 炭素法（トレーサー法）

炭素法では，付着藻類を含む試水に放射性同位元素 ^{14}C あるいは安定同位元素 ^{13}C で標識した重炭酸塩を添加し，一定時間培養後に付着藻類によって同化された標識有機炭素量から光合成速度を算出する（Steemann-Nielsen, 1952; Hama *et al.*, 1983）．明瓶では光合成による炭素同化量を，いっぽう，暗瓶では暗固定量（化学合成細菌などによる炭素固定や非生物的吸着）を測定し，両値の差から付着藻類の光合成速度を求める．この方法は，酸素法と比較して感度がとても高いため，短時間の培養で光合成速度を測定することができる．およそ 30 分～1 時間以内の培養時間では総生産に近い値が得られ，さらに培養時間が長くなるにつれて純生産に近い値が得られるようになる．ただしこのような傾向は，付着藻類の増殖速度や同化された ^{14}C の細胞内動態に応じて変化するため，^{14}C 法で得られたデータの解釈には注意する必要がある（Pei and Laws, 2013; 2014）．炭素法では，藻類細胞外に分泌された有機物の生産速度の測定も可能である．付着藻類は光合成によって生産した有機物のかなりの画分を細胞外に分泌するため，藻類細胞内に固定された炭素量と細胞外に分泌された炭素量を同時に測定し，両者の和をもって光合成量とすることが望ましい．ただし，細胞外有機物は瓶内のバクテリアによってすみやかに取込・無機化されるため，抗生物質等を用いてこれを阻害する必要がある．本節では，細胞外有機物の生産量の測定を比較的容易に行える ^{14}C 法について以下に概説する（**図 3.1-7**）．^{13}C 法について Hama *et al.*,（1983）あるいは鈴木（2007）を参照されたい．なお，^{14}C 法は認可された施設内で実験を行う必要があり，河川等の野外で ^{14}C を使用する場合は関係機関から放射性同位元素の運搬・使用の承認を得る必要がある．

a. 培養試料の準備

採取した付着藻類を濾過河川水で希釈し，クロロフィル *a* 濃度でおよそ 10～100 μg chl.*a* L^{-1} 程度に調整する．^{14}C 法は感度が高いので，10 μg chl.*a* L^{-1} 以下の濃度でも数時間の培養時間で測定可能であるが，細胞外有機物の生産速度を測定する場合は，10 μg chl.*a* L^{-1} 以上の濃度に調整することが望ましい．各試料について，

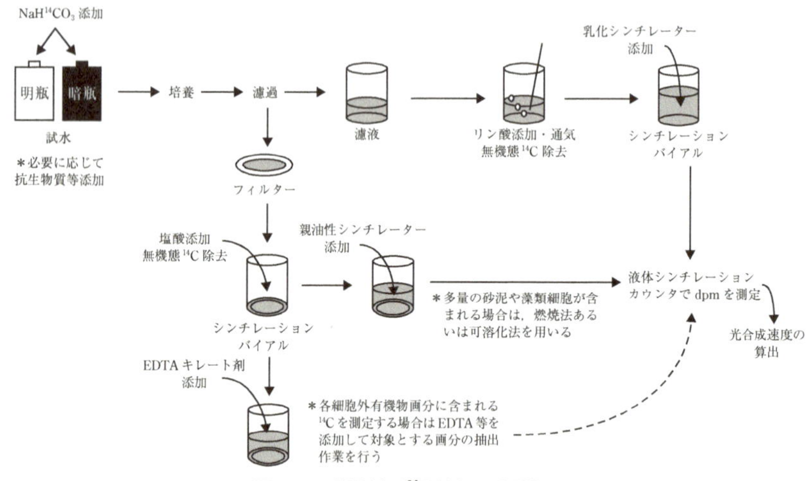

図 3.1-7　炭素法（^{14}C 法）の実験概要

容量 50～100 mL 程度のスクリューキャップ付きの明瓶と暗瓶（アルミホイル等で遮光する）をそれぞれ 2 本以上準備する．各試料に添加する ^{14}C 量は，試料や培養条件で異なるが，目安としては，容量 100 mL の培養瓶で数時間培養する場合，370 kBq mL^{-1}（10 μCi mL^{-1}）に調整された ^{14}C-$NaHCO_3$ 溶液を 1 mL 添加すれば測定できる．細胞外有機物の各画分の生産速度を測定する場合は上記の倍量の ^{14}C を添加する．また，細胞外有機物の生産速度を測定する場合は，抗生物質（たとえば，ペニシリン・ストレプトマイシン混液）などを添加してバクテリアによる溶存有機物の取込を阻害する必要がある（Jensen, 1984）．上記溶液を添加後はすみやかに明・暗瓶を密栓する．

各試水の全炭酸（全無機炭素）濃度測定用の試水をアルミキャップ付きゴム栓などで密閉できる容量 50～100 mL のバイアル瓶に分注し，中性ホルマリン（最終濃度 1～3%）などを添加して生物活性を停止させる．この試料は，赤外線ガス分析装置などを用いてできるだけ早く分析を行う．

b.　培養と固定

明・暗瓶の培養時間は，試水に含まれる付着藻類現存量（クロロフィル *a* 濃度）に応じて設定することになるが，クロロフィル *a* 濃度で 10～100 μg chl.*a* L^{-1} 程度であれば，数十分～1 時間程度の培養時間でも測定可能である．ただし先述のように，^{14}C 法では培養時間に応じて，総生産から純生産までの値をとるため，得られたデータの解釈には注意を要する．

培養終了後，ただちに試水をガラス繊維濾紙（Whatman GF/F，直径 25 mm）あるいはメンブランフィルター（Merck Millipore HA）で定圧（100～150 mm Hg 以下）にて濾過し，藻類細胞と濾液に分画する．このとき，少量の濾過河川水で培養瓶内を洗い，付着藻類をすべて濾過する．すぐに濾過できない場合は，中性ホルマリン（最終濃度 1～3%）などの固定剤で光合成反応を停止させる．ただし，ホルマリンを使用した場合，可溶性の細胞内成分が滲出することがあるため，細胞内に同化された ^{14}C 量を過小評価する恐れがある（Carpenter and Lively, 1980）．よって，ホルマリンを使用した場合は，濾液中の ^{14}C 量も同時に測定することが望ましい．また，キレート作用を持つホルマリンは，細胞周囲に付着する多糖類を含む細胞外有機物を溶解させるため，測定対象によってはその使用に注意する必要がある．なお，濾液に含まれる ^{14}C 量を測定する場合には，濾過後直ちに，中性ホルマリン（最終濃度 1～3%）を濾液に添加し，生物反応を停止させる．

c．測定

付着藻類細胞を捕集した濾紙は，無機態の ^{14}C を除去するため，容量 20 mL のシンチレーションバイアルに入れた後，0.5 M の塩酸 0.25 mL を濾紙にしみこませるように添加し，蓋をせずにヒュームフード内で 1 晩放置・乾燥させる．その後，適切な親油性シンチレーター（いくつかの製品が市販されているが，自家調整する場合は村松, 1981 を参照されたい）10 mL を添加した後，液体シンチレーションカウンタで放射能（1 分当たりの崩壊数：dpm）を測定する．この操作では，藻類細胞と細胞壁に付着する細胞外有機物に含まれる ^{14}C の dpm が測定される（フィルター試料）．このとき，濾紙上に砂泥などが混入する場合や多量（濾過面をびっしりと覆うほど）の藻類細胞が含まれる場合は，自己吸収やクエンチングによる dpm の低下を避けるため，サンプルオキシダイザーを使った燃焼法での測定，あるいは可溶化剤を用いて細胞内容物を抽出・溶解してから測定するなどの処理が必要となる（斎藤・栗原, 1993）．なお，多糖類を含む粘着性細胞外有機物の生産速度を測定する場合は，キレート剤である EDTA などを用いて，細胞から分離・抽出する必要がある．この実験操作については，Brouwer and Stal, 2002 あるいは Goto *et al.*, 1999 を参照されたい．

濾液は，5 mL を容量 20 mL のシンチーションバイアルに分注し，ヒュームフード内で 1.5 M リン酸溶液を 0.2 mL 添加して濾液を酸性（pH 2～3）にした後，窒素ガス等により 10 分程度通気し，濾液中の無機態 ^{14}C を除去する．その後，適切な乳化シンチレーターを添加し，液体シンチレーションカウンタでdpmを測定する．ここでは，濾液の溶存有機物に含まれる^{14}Cのdpmが測定される（濾液試料）．

試水に添加した全^{14}Cのdpmを測定するため，培養試料と同じように検定用試料（$^{14}C\text{-}NaHCO_3$溶液＋濾過河川水）を作成する．その検定用試料1 mLを乳化シンチレーター10 mLが入ったシンチレーションバイアルに分注した後，液体シンチレーションカウンタでdpmを測定し，希釈率を考慮して試水に添加した全^{14}Cのdpmを算出する．なお，液体シンチレーションカウンタの使用にあたっては，各実験施設に設置された装置の使用方法とクエンチング補正法を確認し，測定試料のdpmが精確に測定できるかどうかを確認する必要がある．

d. 計算

フィルター試料と濾液試料に対して，以下の**式24**，**式25**からP_{filter}と$P_{solution}$を算出し，両者の和をもって付着藻類の光合成速度（$mg\,C\,m^{-3}\,t^{-1}$）とする．

フィルター試料：

$$P_{filter} = \frac{L_{dpm} - D_{dpm}}{T_{dpm} \times t} \times TCO_2 \times 1.6 \times 1000 \qquad (\text{式 }24)$$

濾液試料：

$$P_{solution} = \frac{L_{dpm} - D_{dpm}}{T_{dpm} \times t} \times TCO_2 \times 1.6 \times F \times 1000 \qquad (\text{式 }25)$$

ここで，L_{dpm}とD_{dpm}はそれぞれ明瓶と暗瓶で測定されたdpmを，T_{dpm}は試水に添加した全^{14}Cのdpmを，tは培養時間を，TCO_2は全炭酸濃度（$mg\,C\,L^{-1}$）を示す．

また，Fは$\frac{\text{培養した試水量（mL）}}{\text{dpmを測定したろ液の量（mL）}}$を，1.06は光合成時の炭素同位体分別の補正係数を示す（Steemann-Nielsen, 1955）．

C. クロロフィル蛍光法

クロロフィル分子が吸収した光エネルギーは，主に，光化学反応（光合成系の電子伝達反応）に使われるが，使われなかった光エネルギーは熱や蛍光として放出される．このとき放出される蛍光をクロロフィル蛍光と呼び，この光はチラコイド膜上の光化学系II（PSII）における集光性クロロフィルaから放出される赤色光（波長680 nm付近）である．一般には，吸収された光エネルギーが効率良く光合成過程に利用されているときにはクロロフィル蛍光強度は低くなり，逆に，効率が悪いときには高くなる．クロロフィル蛍光法はこの関係性を用いて光合成の初期過程に関する情報を得るものである．本法と以下に述べるPulse Amplitude Modulation（PAM）法の基本的な原理については，遠藤（2002），彦坂（2003），園池（2008）に詳細に記述されているので，そちらを参照されたい．

近年，この方法を用いて，水圏生態系における藻類の光合成に関する情報を短時間かつ簡易に測定できる技術・測器が急速に発展してきた．たとえば，Fast Repetition Rate 法（Kolber *et al.*, 1998），Pump and Probe 法（Falkowski *et al.*, 1986），PAM法（Schreiber *et al.*, 1986）などがある．このうちPAM法は，現在もっとも普及している方法のひとつである．この方法は，光合成に有効なパルス変調された励起光（460 nm 青色あるいは 660 nm 赤色域）を藻類細胞へ照射することによって，光合成の電子伝達系におけるPSIIの電子受容体を還元した状態へと変化させていき，その時発生するクロロフィル蛍光の強度変化から藻類の光合成に関わる生理状態を評価するものである．この測定では，測定光（数 μmol quanta m^{-2} s^{-1} の微弱光），作用光（0～3,000 μmol quanta m^{-2} s^{-1} 程度の背景光），飽和閃光（電子受容体を全て還元させる数 1,000 μmol quanta m^{-2} s^{-1} の強光）を利用して光合成初期過程における情報を得る．たとえば，PSIIにおける最大量子収率（F_v/F_m）や，光照射下の電子伝達速度（ETR）などを短時間かつ簡易に測定することができる．PSIIにおけるETRは光合成に伴う酸素発生と連結した反応であるため，ETRから総酸素発生量（総一次生産速度）を推定する研究が数多く行われてきた（Beer *et al.*, 1998; Carr and Björk, 2003; Figueroa *et al.*, 2003）．Goto *et al.*（2008）は，淡水植物プランクトンのETRと総一次生産速度との間には，強光域を除き，高い正の相関関係があることを報告した．

本法の大きな利点は，酸素法や炭素法のように試料を長時間培養することなく，光合成に関する情報を得られることである．付着藻類の場合は，ファイバータイプの測器を利用することで，生物膜や河床堆積物を破壊することなく上記の光合成に関するパラメータを得ることができる．

a. 試料の準備

ここではWalz社（ドイツ）のパルス変調式クロロフィル励起蛍光計（Water-PAM）を用いたETR－光曲線の測定法を概説する．付着藻類細胞を水中に懸濁させてETR－光曲線を作成する場合，クロロフィル *a* 濃度で 1 μg chl.*a* L^{-1} 以上あれば測定可能である．クロロフィル *a* 濃度が高い場合は，濾過河川水で希釈あるいは測器の受光部（光電子倍増管）の感度を下げるなどして，飽和レベルの蛍光強度 F_m が測定範囲内に収まるように調整する（暗所における最小の蛍光強度 F_0 がおよそ

100～500 程度であればほとんどの試料を測定できる)．生物膜や河床堆積物を保存した状態で測定する場合は，付着基質や鉛直コアを水中から取り出して，測定試料とする．

b.　測定

測定前に，光飽和が始まる光量子量 E_k レベル（100～200 μmol quanta m^{-2} s^{-1}）の光を付着藻類試料に 15～20 分程度照射する．この前処理により，付着藻類は各段階の光量子量に光適応した定常状態に数分以内に達する．

懸濁試料の場合は，試料 5 mL 程度を石英セルに注入し，セルを光照射・蛍光検知器（Water-ED）に入れて蓋をする（**図 3.1-8**）．生物膜や河床堆積物試料の場合は，ファイバー先端（光照射・受光部）を試料表面から 2～3 mm 上方に固定し，フードなどを被せて外部からの光が試料に当たらないようにする（**図 3.1-8**）．その後，0～2000 μmol quanta m^{-2} s^{-1} の範囲の各光段階において，背景光下における PSII の量子収率（Yield または Φ_{II}：吸収された光量子量に対する電子伝達に寄与した光

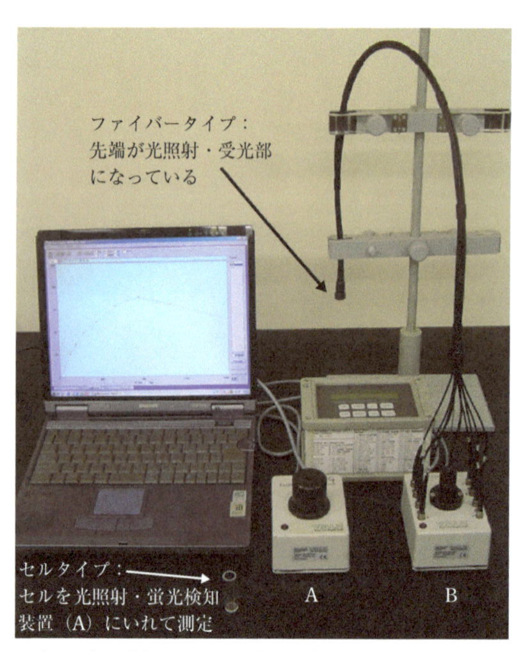

図 3.1-8　パルス変調式クロロフィル励起蛍光計（Water-PAM，Walz 社）
試料を懸濁させて測定するタイプ（A）と生物膜や河床堆積物を非破壊で測定するファイバータイプ（B）．

量子量の割合）を測定する（**式 26**）（Genty *et al.*, 1989）．このとき，各光段階における光照射時間は 1～3 分程度に設定する．

$$\mathrm{Yield} = \frac{\left(F_m{}' - F\right)}{F_m{}'} \qquad \text{（式 26）}$$

ここで $F_m{}'$ は背景光下で飽和閃光を照射した時における蛍光強度，F は背景光下における蛍光強度を示す．各試料について上記の測定を数回行った後，各光段階における平均の Yield を算出する．なお，各光段階における光量子量は，標準光源を用いて校正された光量子センサーを用いて年に数回は確認する必要がある．

c. 計算

PSII における相対電子伝達速度（rETR）は以下の**式 27** を用いて算出する（Schreiber *et al.*, 1995a）．

$$\mathrm{rETR} = \mathrm{Yield} \times \mathrm{PAR} \qquad \text{（式 27）}$$

ここで，PAR は光合成有効放射を示し，各光段階における光量子量（μmol quanta m^{-2} s^{-1}）である．**図 3.1-9** はファイバータイプのパルス変調式クロロフィル励起蛍光計で測定した河川の付着藻類群集の rETR － 光曲線である（Laviale *et al.*, 2009）．

さらに，藻類細胞の懸濁試料に対しては，以下の**式 28** から絶対値の ETR（μmol e mg chl.a^{-1} s^{-1}）を求めることができる．

$$\mathrm{ETR} = \mathrm{Yield} \times \mathrm{PAR} \times a^{*} \times 0.5 \qquad \text{（式 28）}$$

ここで，a^{*}（m^2 mg chl.a^{-1}）は単位クロロフィル a 濃度あたりの平均光吸収係数を示す．a^{*}の測定法については平澤ほか（2001）を参照されたい．0.5 は藻類細胞が吸収した光エネルギーが PSI と PSII に均等に配分されると仮定した値である．事前に，ETR に対する総一次生産（酸素発生）速度の比（O_2/ETR）を測定しておけば，ETR を光合成速度に変換することができる．Goto *et al.* (2008) は，琵琶湖の植物プランクトン群集の O_2/ETR 比を一年にわたり測定し，強光域（> 500 μmol quanta m^{-2} s^{-1}）を除いて，その平均値を 0.117（min. 0.080～max. 0.181）と報告している．

クロロフィル蛍光を利用した光学的測定法は，そのデータの解釈に注意する必要がある．たとえば，生物膜を非破壊的に測定する場合，測器からの微弱な測定光は生物膜深部まで届かないため，得られる情報は最表層部に存在する付着藻類の情報

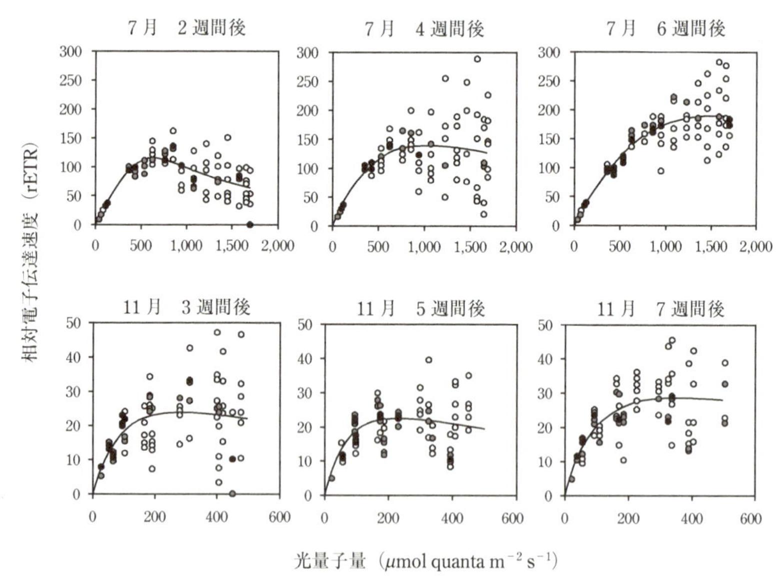

図 3.1-9 各発達段階における付着藻類群落の相対電子伝達速度（rETR）－光曲線

夏期（7月）と秋期（11月）の小河川にスライドグラスを設置後，2〜3週間間隔で付着藻類群落が形成されたスライドグラスを採取し，実験室内でrETR－光曲線を作成.

（Laviale *et al.*, 2009 を参照して作図）

に限られる．同様に，砂質河床で優占する運動性付着珪藻は堆積物深度数cm以上にわたって分布するが，測定光は数mm以浅しか届かないため，得られる情報は限られる．また，付着藻類の面的分布は一様でないため，ファイバータイプのような点的な測定はその代表性に問題がある．この欠点をなくすため，二次元面での測定が可能な測器（たとえば，Imaging-PAM, Walz）も市販されている．さらに，付着藻類の代表的なグループであるシアノバクテリアは電子伝達系の一部が光合成系と呼吸系で共有されていることや，蛍光に対するステート遷移の寄与が大きいことなどのために，蛍光パラメータが精確に測定できない場合がある（Schreiber *et al.*, 1995b; 園池, 2008）.

3.1.4 酸素収支法（mass balance method）に基づく生産量の測定方法

A. 測定のしくみ

川底に繁茂する付着藻類と沈水植物は河川の水域内における主たる一次生産者であり，これらの生産量を測定することは，河川生態系におけるエネルギーの流れを理解する上で重要である.

酸素収支法（mass balance method）は水域における生産量を測定する一方法であり，現地河川の溶存酸素濃度を一定の時間間隔で連続的に測定し，ここから生産量を推定するところに特徴がある（Odum, 1956; Bott, 1996）.

酸素収支法は，前述した明暗便瓶（酸素法）等と異なり付着藻類等の測定対象を袋や箱に閉じ込める必要がない．このため，測定対象に影響を与えることなく生産量の推定が可能である．また，対象区間全体の生産量に加えてこの生物群集の呼吸量も一緒に推定できるところも明暗瓶法と異なる．ただし，溶存酸素濃度の変化は，生産者の光合成に伴う酸素供給に加えて，生物群集の呼吸に伴う酸素消費，大気からの酸素移動の影響を受けるため，測定結果から生産力を推定するプロセスがやや複雑となる.

今，河道内を流下する単位面積を有する水柱の酸素収支を考えてみよう．昼間では付着藻類等の光合成に伴う酸素供給，生物群集の呼吸に伴う酸素消費，大気からの酸素移動によって水体の溶存酸素濃度が変化する．いっぽう，夜間では光合成による酸素供給がなくなるため生物群集の呼吸に伴う酸素消費と大気からの酸素移動のみによって水柱の溶存酸素濃度が変化する.

ここで，生物群集の呼吸は魚類，底生性無脊椎動物等の生食連鎖の他に，水中・底質の有機物を細菌類等が分解することによる腐食連鎖の呼吸も含まれる．これら生物群集の呼吸は光合成と比較すると時間的変動が小さく，呼吸速度は時間的に安定していると考えられる.

大気からの酸素移動は，再曝気係数に飽和溶存酸素濃度と溶存酸素濃度の差を乗じた値として得られる．昼間は，光合成による酸素供給が大きく溶存酸素濃度が飽和溶存酸素濃度を上回ることが多く，酸素は水中から大気へと移動する．夜間は，呼吸により酸素が消費され溶存酸素濃度が飽和溶存酸素濃度を下回ることが多く，酸素は大気から水中へと酸素が移動する．ただし，有機汚濁が進んでいる河川では呼吸量が多く，昼間においても大気から水中への酸素移動が卓越する場合もある．なお，水中の飽和溶存酸素濃度は淡水区間（塩分濃度がゼロ）であれば水温に依存し，水温の上昇に伴い飽和溶存酸素濃度は低下する.

このような水柱の酸素収支に着目して，昼間・夜間の溶存酸素濃度変化を数式で表現すると**式 29**～**式 31** となる（**図 3.1-10** も参照のこと）.

$$\frac{dc}{dt} = k(c_s - c) + \frac{\mathrm{GPP}}{z} - \frac{\mathrm{CR}}{z} \qquad \text{（式 29）}$$

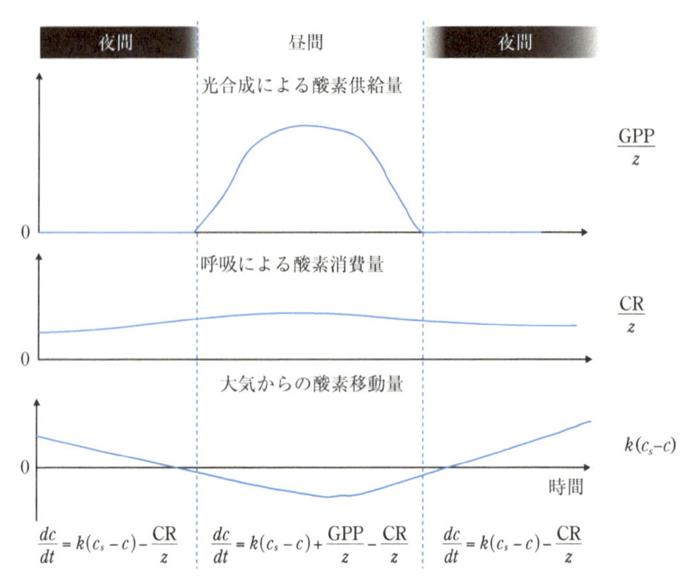

図 3.1-10　酸素収支法の概念図．光合成による酸素供給量の時間変化（上），呼吸による酸素消費量（中），大気からの酸素移動量（下）

呼吸量は時間的に安定しているが，光合成による酸素供給は光量子密度が上昇する昼間に上昇する．この図では，昼間は光合成による酸素供給量が呼吸による酸素消費量を上回り，水中から大気に酸素が移動し，夜間は呼吸による酸素消費により大気から水中へと酸素が移動する状況を示している．酸素収支法では，夜間の光合成がない時間帯の溶存酸素濃度の変化から，呼吸による酸素消費量，大気からの酸素移動量を推定し，この結果から，昼間の光合成に伴う酸素供給量を算出，生産量を導く．

$$\frac{dc}{dt} = k(c_s - c) - \frac{\mathrm{CR}}{z} \qquad \text{（式 30）}$$

$$k = k^{20}\theta^{(T-20)} \qquad \text{（式 31）}$$

ここに，c：溶存酸素濃度（mg O_2 L^{-1}），t：時間（hr），k：水温 T（℃）における再曝気係数（hr^{-1}），cs：飽和溶存酸素濃度（mg O_2 L^{-1}），GPP：総生産速度（光合成に伴う生産量）（mg O_2 m^{-2} hr^{-1}），CR: 生物群集の呼吸速度（mg O_2 m^{-2} hr^{-1}），z: 水深（m），k^{20}: 水温 20℃における再曝気係数（hr^{-1}），θ: 温度影響係数（＝1.047）．を示す．

夜間において溶存酸素濃度および水温の時間変化を測定し，再曝気係数が高い精度で推定できれば大気からの酸素移動量の算出が可能となり，生物群集の呼吸に伴う酸素消費量の推定が可能となる．次に，昼間の溶存酸素濃度の時間変化を測定し，ここから大気からの酸素移動量，夜間に推定した生物群集の呼吸に伴う酸素消費量を減じると，光合成に伴う酸素供給量の算出が可能となり，対象区間における生産量の把握が可能となる（**図 3.1-10**）．なお，これら酸素供給量・消費量，移動量は単位時間当たりの値として評価している．

ただし，山間地を流下する急流河川では瀬が連続して大気からの酸素移動量が多くなり，生産量，呼吸量が相対的に小さくなって酸素収支法の適用が困難になるので注意が必要である．

B. 再曝気係数の推定

簡便で確実，かつ，どのような条件下でも適用可能な再曝気係数の推定手法は確立されていないが（Wetzel and Ward, 1992），既往の研究ではガストレーサー法，経験式・理論式に基づく方法，回帰式法等が試行され，生産力が推定されてきている（Uehlinger and Naegeli, 1998; 萱場, 2005; 村上, 2010; 中野ほか, 2015）．

ガストレーサー法は揮発性のガスと非揮発・難分解性の染料を溶解したトレーサーを同時に河川に投入し，染料トレーサーに対する揮発性ガスの減少量から酸素移動量を推定する方法である（Hosokawa, 1986）．本手法は河川や水質の特性に寄らず，比較的広範に適用することができるが，ガストレーサーや染料の準備，投入に必要な機器の設置，採水サンプルの分析等再曝気係数を推定するまでの時間的・経済的負担が大きい．

経験式・理論式に基づく方法としては実河川や実験水路で得られたデータに基づき導出した経験式，流体力学的な検討に基づき導出されたDobbinsの式，村上の式等がある（土木学会水理委員会, 2000）．これらの方法では，対象区間の水深，平均流速，エネルギー勾配，フルード数等の水理量を測定すれば確実に再曝気係数を推定することができるが，現地における水理量の調査に労力が必要となる．また，ガストレーサー法，経験式・理論式に基づく方法は，流量が変化するとその流量下で再曝気係数を改めて推定する必要が生じるのも課題となる．

回帰式法では，**式 30** の 20℃における再曝気係数（k^{20}）と呼吸速度（CR/z）が時間的に変化しないと仮定し，k^{20} を傾き，CR/z を切片とする一次回帰式として再曝気係数を推定する（**図 3.1-15** 参照）．具体的には溶存酸素濃度および水温を多数回測定し，**式 30** の左辺である溶存酸素濃度の時間変化の項（$\Delta c/\Delta t$），右辺にある飽和溶存酸素濃度と溶存酸素濃度の差（DO deficit）の項（c_s-c）を二次元上にプロットし，この回帰直線からを k^{20}，CR/z を推定する．この方法は溶存酸素濃度の測定結果から導出できるためガストレーサー法や経験式・理論式と比較して簡便である．

ただ，一次回帰式から傾き（k^{20}）と切片（CR/z）を導出するためには，広がりのあるプロットが必要となる．分布域の広いプロットとするためには，光合成に伴う酸素供給がゼロとなり，溶存酸素濃度が急激に低下する日の入り後の時間帯をデータとして用いることが大切である（中野ほか, 2015）．このためには測定を行う地点の日の入り時刻を確認する，光量子計等で測定地点の光環境を把握する等して生産がゼロとなる時刻を把握することが必要である．

再曝気係数を推定するにあたっては，適用な可能な手法を併用し，確からしい結果を導出する手法を選択するとよいだろう．

C. 2点法と1点法

溶存酸素濃度の時間変化を把握する方法には，水体が2地点間を流下する際に変化する溶存酸素濃度を測定し生産量を求める方法（2点法）と，1地点における溶存酸素濃度の時間変化を測定し生産量を求める方法（1点法）の2つがある（**図3.1-11**）．

2点法は測定対象としている範囲が明瞭であるが，2地点間の溶存酸素濃度に明瞭な差が見られない場合や川幅が広い河川で水体が一方向に流下しない場合には適用が困難となる．また，水体が流下する時間（Δt：流下時間）の見積もりが不正確な場合，2地点に設置する溶存酸素計に機差がある場合には生産量の推定精度が低下するので注意が必要である．

1点法は測定対象とする範囲を明確にすることができないが，溶存酸素濃度に空間的差異が見られない場合，水体の移動方向が不明瞭な場合でも適用可能である．また，流下時間の見積もり，溶存酸素計の機差の調整が不要である点もこの方法の長所である．

どちらの方法を適用すべきかの明確な基準はないが，水体が一方向に流下し，流下時間の測定が容易な場合には2点法を，それ以外の場合は1点法を選択するとよ

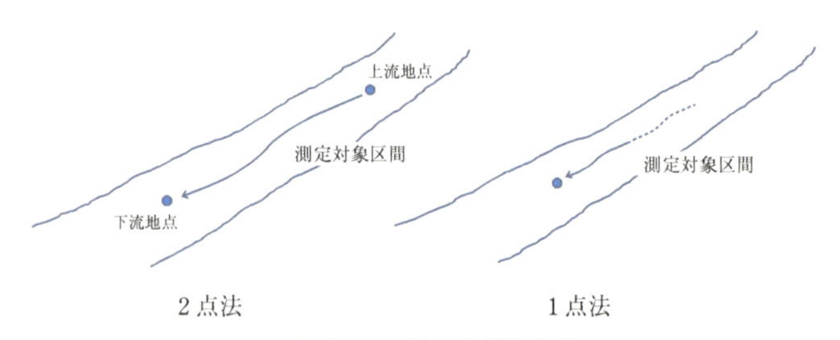

図 3.1-11　2点法と1点法の違い

いだろう．

D. 野外での測定

a. 測定区間と測定時期・期間の設定

- 測定区間は空間的に同質（homogeneous）であることが望ましい．区間内に瀬や淵が混在する区間，沈水植物がパッチ状に繁茂する区間等は推定精度が低下する可能性がある．2 点法では 2 地点間が同質となるよう，1 点法では測定地点の上流側の一定区間が同質になるよう注意する．
- 測定期間中に流量や風速の変化，降雨があると流下時間や再曝気係数が変化するため正確な生産量の算出が困難になる．このため測定は天候が安定した時期に設定することが望ましい．
- 夜間の測定結果に基づき生物群集の呼吸速度を算出することから，測定期間は最低でも 24 時間とする．また，前述したように再曝気係数を回帰式法により推定する場合には，日の入り後の溶存酸素濃度が急激に変化する時間帯のデータを必要とすることが多い．このため，生産量を推定したい日の前日の日の入り前から測定を開始し，当日の日の入り後まで測定を行う必要がある．

b. 溶存酸素計および光量子計の設置と測定

- 溶存酸素計は十分にキャリブレーションを行う．とくに，2 点法の場合は 2 台の溶存酸素計に機差があると，生産量の推定精度が低下するので，入念にキャリブレーションを行うことが大切である．溶存酸素計および光量子計も内蔵された時計を正確に合わせ，取得したデータが計測機器間で同期できるよう注意することも重要である．
- 昼間の溶存酸素濃度の時間変化は大きい場合が多いことから，測定のインターバルは 5 分もしくは 10 分が望ましく，最大でも 15 分とするとよい．
- 溶存酸素計は河床等にしっかりと固定する．固定に際してはセンサー部分を下流側に向け，河道内の流下物がセンサー部分に接触しないよう工夫する．また，流下物が多い場合には，溶存酸素計の上流側に流下物を補足する支柱を立てる等の措置を講ずるとよい（**図 3.1-12**）．
- 予定した測定開始時刻になったら測定を開始する．河川の場合は天候の急変等により流量が増加する場合もあるので，機器を設置している間は，天候および河川水位等を監視し，流量が増大すると判断された場合には速やかに機器を回収する．また，既存の水位観測所等があれば，そのデータを取得し，

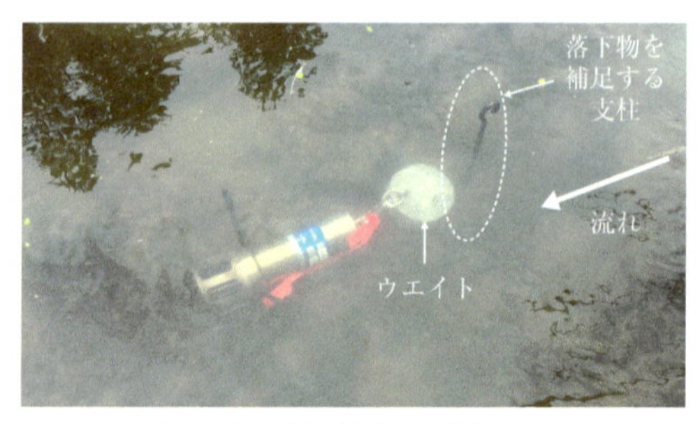

図 3.1.12　溶存酸素計の設置状況

溶存酸素計はセンサー部分を下流に向け，河床に固定する．このケースでは上流部分にウエイトを付けて固定している．上流側に流下物を補足する支柱を立てると溶存酸素計に流下物が集積しない．また，目印になるリボン等をつけておくと，溶存酸素計の回収時（流失した際等も含めて）にみつけやすい．

測定期間中において流量が安定していたかどうかを確認するとよい．また，流下物等がセンサー部分に接触していないか等の監視を随時行うことが必要である．

・予定した終了時刻になったら，機器を回収して保存されているデータを取り出す．

c.　流下時間と水深の測定

・2点法を適用した場合には，上流地点から下流地点に至る水体の流下時間が解析に必要となる．

・流下時間の測定は，①トレーサーを上流地点から投入して下流地点においてその濃度変化を観測し算出する方法（萱場, 2005），②浮子等を上流地点から投下して下流地点までの流下時間を測定し算出する方法，③測定区間に何本かのトランセクトを設けスタッフと流速計にて断面平均流速を測定して算出する方法等がある（**1.2** 参照）．水深が小さく渡河できる河川であれば③の方法が簡便かつ確実である．

・解析時に対象区間の水深が必要となるが，2点法においては，上記③の方法を実施すると対象区間の平均水深が得られる．1点法の場合は溶存酸素計を設置した上流側の水深を何箇所か測定し，それらの平均値を用いる．

E.　解析

上記データを用いて再曝気係数，呼吸速度，一次生産速度を推定する方法を示す．

表 3.1-1　酸素収支法における測定データの入力便

①	②		③				④	⑤	⑥		⑦			⑧
t	Δt (hr)	Z (m)	C_{up} (mg/L)	T_{up} (℃)	C_{down} (mg/L)	T_{down} (℃)	C_s (mg/L)	ΔC (mg/L)	$\Delta C/\Delta t$	$\theta^{(T-20)}(C_s - C)$	k^{20}	CR/z	CR (mg/m^{-2}・hr^{-1})	GPP (mg/m^{-2}・hr^{-1})
2005/4/26 19:00	0.43	0.25	10.86	18.33	9.82	17.86	10.22	− 1.18	-2.75	− 0.58	0.92	2.26	566	12
2005/4/26 19:10	0.43	0.25	10.81	18.29	9.75	17.83	10.22	− 1.16	− 2.70	− 0.53	0.92	2.26	566	12
2005/4/26 19:20	0.43	0.25	10.77	18.26	9.70	17.76	10.22	− 1.16	− 2.71	− 0.50	0.92	2.26	566	4
2005/4/26 19:30	0.43	0.25	10.70	18.22	9.67	17.72	10.22	− 1.13	− 2.64	− 0.44	0.92	2.26	566	6
2005/4/26 19:40	0.43	0.25	10.64	18.18	9.64	17.68	10.22	− 1.11	− 2.59	− 0.38	0.92	2.26	566	6
2005/4/26 19:50	0.43	0.25	10.60	18.13	9.60	17.65	10.22	− 1.11	− 2.58	− 0.34	0.92	2.26	566	− 3
2005/4/26 20:00	0.43	0.25	10.51	18.07	9.55	17.61	10.22	− 1.08	− 2.52	− 0.26	0.92	2.26	566	− 5
2005/4/26 20:10	0.43	0.25	10.43	18.01	9.52	17.61	10.22	− 1.07	− 2.49	− 0.19	0.92	2.26	566	− 13
2005/4/26 20:20	0.43	0.25	10.35	17.92	9.47	17.61	10.22	− 1.02	− 2.39	− 0.12	0.92	2.26	566	− 5
2005/4/26 20:30	0.43	0.25	10.35	17.87	9.41	17.57	10.22	− 1.03	− 2.41	− 0.11	0.92	2.26	566	− 11
…														
2005/4/27 8:00	0.43	0.25	8.66	13.97	9.50	14.61	10.22	0.95	2.22	1.21	0.75	2.46	616	943
2005/4/27 8:10	0.43	0.25	8.70	13.97	9.54	14.70	10.22	0.96	2.23	1.18	0.75	2.47	617	954
2005/4/27 8:20	0.43	0.25	8.73	13.98	9.59	14.76	10.22	0.94	2.21	1.16	0.75	2.47	618	954
2005/4/27 8:30	0.43	0.25	8.76	14.00	9.62	14.83	10.22	0.94	2.20	1.14	0.74	2.48	619	958
2005/4/27 8:40	0.43	0.25	8.81	13.97	9.67	14.91	10.22	0.95	2.22	1.10	0.74	2.48	620	972
2005/4/27 8:50	0.43	0.25	8.89	13.95	9.68	15.00	10.22	0.94	2.20	1.04	0.73	2.48	621	982
2005/4/27 9:00	0.43	0.25	8.99	13.93	9.72	15.07	10.22	0.95	2.21	0.96	0.73	2.49	622	999
…														

なお，以下の①～⑧は**表 3.1-1** の上段の番号と対応しているのであわせてご覧頂きたい．

①取得したデータから時刻 t を入力する．

②Δt と z を入力する．2 点法の場合は流下時間を Δt とし，1 点法の場合は 5 分，10 分等任意の時間を Δt として設定する．z は対象区間の水深の平均値を用いる．

③上流地点の溶存酸素濃度 c_{up}，水温 T_{up}，下流地点の溶存酸素濃度 c_{down}，水温 T_{down} を表に入力する．1 点法の場合は上流地点のみの入力となる．

④飽和溶存酸素濃度 c_s を算出，入力する．飽和溶存酸素濃度を算出するための水温については，上流地点の水温 T_{up}，下流地点の水温 T_{down} の差が小さい場合には上流地点の水温を用いて良いが，差が大きい場合には平均値を用いる等の工夫が必要となる．

⑤Δc を算出・入力する．Δc は 2 点法と 1 点法で方法が異なるので注意が必要である（**図 3.1-13**）．2 点法の場合は水体が下流地点に到達した際の溶存酸素濃度を用いるため，流下する時間 Δt を加味した $t+\Delta t$ における c_{down} を用いて Δc を算出する（**式 32**）．1 点法の場合は前述したように 5 分，10 分等任意の時間を Δt として c_{up}（$t+\Delta t$）を用いる（**式 33**）．

$$\Delta c = c_{down}(t+\Delta t) - c_{up}(t) \quad \text{（式 32）}$$

$$\Delta c = c_{up}(t+\Delta t) - c_{up}(t) \quad \text{（式 33）}$$

⑥この結果から時刻 t における $\Delta c/\Delta t$ と $\theta^{(T-20)}(c_s - c)$ を算出して表に入力する．

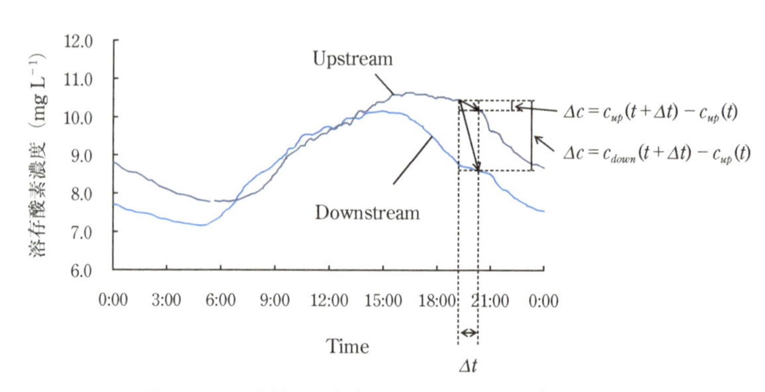

図 3.1-13　2 点法と 1 点法における Δc の算出方法の差異

2 点法では流下時間を Δt とし，下流地点 (Downstream) の $t+\Delta t$ における溶存酸素濃度を用いて Δc を算出する．1 点法では Δt を 5 分，10 分程度に設定し，上流側（Upstream）のみの溶存酸素濃度を用いて Δc を算出する．

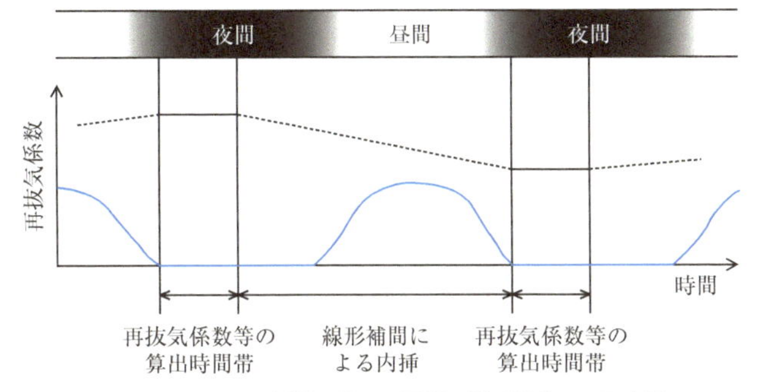

図 3.1-14　再曝気係数の算出時間帯と線形補完による内挿

再曝気係数は日没後光量子密度がゼロになる時刻から一定の時間を対象として算出するとよい．翌日の夜間にも算出できる場合には，その間の時間帯は当日，翌日の数値を線形補完により内挿するなどして一次生産速度の推定を行う．

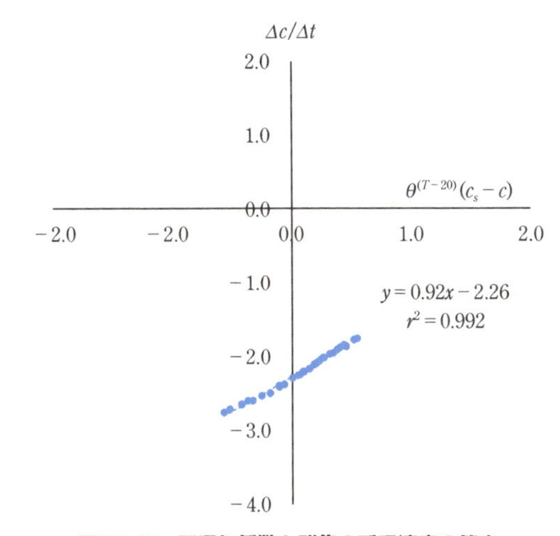

図 3.1-15　再曝気係数と群集の呼吸速度の算出

自然共生研究センター実験河川において 2005 年 4 月 26 日に取得したデータを基に作成．このケースでは日の入り後の 19 時〜24 時まで 10 分間隔のデータを用いてプロットしている．傾き k^{20} が 0.92，CR/z が 2.26 となる．

⑦光量子密度がゼロとなる時刻を目安とし，この時刻から夜間の任意の時刻までのデータを対象として（**図 3.1-14**），両変数を平面図上にプロットする（**図 3.1-15**）．この例では 19 時から 24 時までのデータを用いている．最小二乗法を適用して傾きと切片を求め，傾きから k^{20} を，切片から CR/z を推定し，水深 z を乗じ CR を求める．

なお，翌日の夜間のデータも取得できる場合には，このデータについても同様

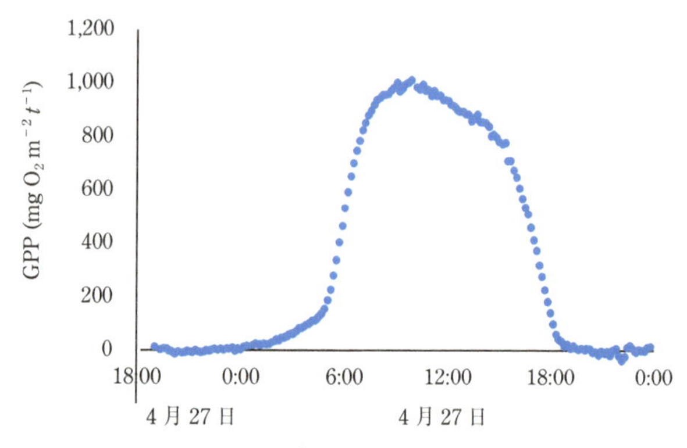

図 3.1-16　GPP（一次総生産）の日変動グラフの例

GPP は 27 日の早い時間帯から上昇しており（日の出はおおむね 5 時），この時間帯の精度にやや問題はあるが，27 日の夕刻にはほぼゼロとなった（日の入りはおおむね 18 時 30 分）．

の処理を行い k^{20}，CR/z を推定する（**図 3.1-15**）．k^{20}，CR/z は日によって異なるため，翌日のデータがある場合には線形補完等により k^{20}, CR/z の内挿を行う（**図 3.1-15** の縦軸は再曝気係数（k^{20}）とした）．**図 3.5-15** および**表 3.1-1** の例では，ⅰ）4 月 26 日の 19 時～24 時，ⅱ）27 日の 19 時～24 時のデータを用いて k^{20}，CR/z を算出しており，4 月 26 日 24 時～27 日 19 時までの k^{20}，CR/z はⅰ）とⅱ）の値を線形補完している．

⑧以下の**式 34** の右辺の各項（表に入力済）を用いて，単位時間当たりの生産量（生産速度）を推定する．

$$\mathrm{GPP} = z\left[\frac{\Delta c}{\Delta t} - k^{20}\theta(c_s - c) + \frac{\mathrm{CR}}{z}\right] \qquad \textbf{(式 34)}$$

F.　一次総生産速度の検証

・各時刻の生産速度が推定できたら，これをグラフ化する．グラフ化は昼間だけでなく，夜間も含めて描画する（**図 3.1-16**）．夜間における GPP のプロットがゼロ近傍とならない場合には，溶存酸素濃度の測定誤差が大きい，再曝気係数等の推定精度が低い等の可能性があるので，再度検証を行う必要がある．

・また，一日当たりの総生産量，純生産量を計算し，既往の研究結果との比較から，妥当性を検証するとよい．

（後藤直成・萱場祐一・野崎健太郎）

3.2 外来性有機物

陸域の生物を起源とする外来性（他生性）有機物は，主に藻類が担う河川内の一次生産とともに，河川の生物群集や食物網の主要なエネルギー源を構成する．とくに，河畔植生に覆われた森林渓流における外来性有機物の重要性は，ここ50年の間に大きな注目を集めてきた．河川生態学における基本的な中心概念のひとつである「河川連続体仮説」（Vannote *et al.*, 1980）でも，その重要性は核となる位置を占めている．

河川生態学では，河川内の有機物をそのサイズで区分するのが慣例となっている．最も大きな画分は，粗粒有機物（CPOM，coarse particulate organic matter）と称され，粒径が1 mm以上の有機物と定義される．河畔の植物に由来する倒流木や枝，樹皮，葉とその破片，種子や果実，花などの非生体の植物リターのほか，陸生昆虫とその糞などがこれに含まれる（**図3.2-1**）．上流域の森林渓流に流入する植物リターの量は，年間で河床1 m^2 あたり数100 g に達するのが普通である（岸ほか, 1999; Kochi *et al.*, 2004; 阿部ほか, 2006; Kanasashi and Hattori, 2011; Inoue *et al.*, 2012）．葉リターはそのうちの大半を占め，菌類や細菌類といった微生物や，河川無脊椎動物のうち破砕食者と呼ばれるグループのエネルギー源となる．また，これらの生物は葉リターの分解者として，他の生物が利用できる形態の有機物へと葉リターを変換し，無機化により栄養塩を放出する．温帯の落葉広葉樹林を流れる河川では，葉リターの流入は秋季に集中して生じる．河川無脊椎動物には，秋から春にかけて出

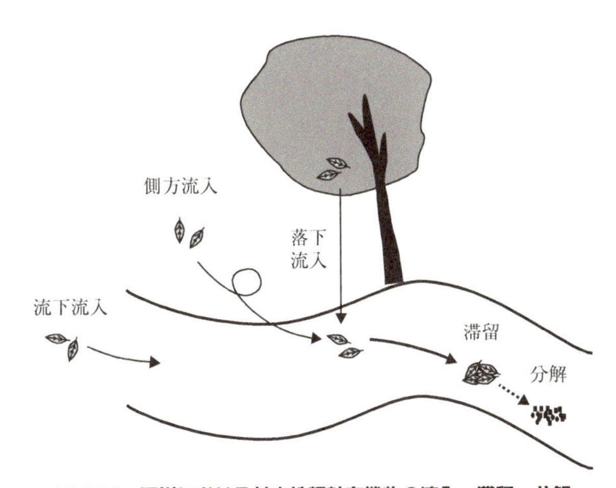

図3.2-1　河川における外来性粗粒有機物の流入，滞留，分解

現し，最大の成長期をむかえる種が多い（**4.1** 参照）．そのため，これらの種にとって葉リターの流入は特に重要といえる．

河川に流入した葉リターは，平水時であればあまり流されることなく河床に堆積する．葉やその破片，枝などの粗粒有機物は，パッチ状に堆積することが多く，リターパッチもしくはリーフパックと称される（Petersen and Cummins, 1974; Kobayashi and Kagaya, 2002, 2004）．河川生物による粗粒有機物の摂食や分解は，こういったリターパッチで進行する．リターパッチは，粗粒有機物が石礫や倒流木，岸際といった河床の構造物に捕捉されることで，もしくは淵やよどみなどの緩流域に沈下することで形成される．したがって，河川区間が粗粒有機物を貯留する能力（貯留能）は，その区間の河床地形や水理条件によって決定され，河川生物による粗粒有機物の利用を左右する重要な変数といえる．倒流木は大型有機物片ともよばれ（**2.3** 参照），流入や分解に関する動態が葉リターとはまったく異なるが，ダム状の構造を形成し，粗粒有機物の貯留能を大きく増加させる点で重要である（Bilby and Likens, 1980）．

粗粒有機物の次に大きな有機物の画分は，細粒有機物（FPOM，fine particulate organic matter）と称され，粒径が 0.45 μm から 1 mm の範囲にある有機物と定義される．細粒有機物は，非生体のデトリタスとともに細菌類や藻類などの微小生物で構成される．その起源はさまざまであり，河川内や陸域で粗粒有機物が破砕されることで生じる場合が多いものの，溶存有機物（DOM, dissolved organic matter）が凝集したり，付着藻類が剥離したりすることによっても生じる．したがって，河川の細粒有機物のすべてが陸域由来の外来性というわけではない．河川内で細粒有機物は，浮遊態で存在する場合（セストン）と，河床に堆積して存在する場合（FBOM, fine benthic organic matter）がある．セストンは，無脊椎動物のうち濾過食者とよばれるグループのエネルギー源となり，FBOM は無脊椎動物のうち堆積物食者とよばれるグループや，一部の魚類のエネルギー源となる．これらはとくに河川の中下流域において動物群集の優占種となることが多く，河川生態系における細粒有機物の相対的重要性は下流に向かうほど高まるといえる（Vannote *et al.*, 1980）．

本節では，まず，倒流木を除く粗粒有機物について，河川への流入量を調べる方法（**3.2.1**），河床における堆積量を調べる方法（**3.2.2**），葉リターの放流実験によりその滞留を調べ，河川区間の貯留能を明らかにする方法（**3.2.3**），およびリターバッグを用いた実験により葉リターの破砕を明らかにする方法（**3.2.4**）を述べる．次いで細粒有機物の採集と定量について（**3.2.5**），セストンと FBOM に分けて述べる．河川には，細粒有機物よりも小さいサイズの溶存有機物も存在する．本章では紙数の関係であつかわないが，溶存有機物は河川生態系において重要な役割を担っており，河川有機物の優占的な構成要素となる場合もある（Webster and Meyer, 1997）ことは，心に留めておきたい．

3.2.1　河川への粗粒有機物の流入

陸域由来の粗粒有機物は，重力や風，水によって運ばれて河川に流入する．ある河川区間におけるこれらの流入経路としては，樹冠からの直接落下（落下流入），地面に堆積した葉の風などによる運搬（側方流入），上流から流れに運ばれることによる流入（流下流入）の3通りがある（**図3.2-1**）．本節では，リーチスケールの調査区間を対象とし，倒流木以外の粗粒有機物について，リターフォールトラップを用いて落下流入を，側方トラップを用いて側方流入を，流下ネットを用いて流下流入を評価する方法を述べる．倒流木の流入は，風倒や土石流，地すべりといった偶発性の高い事象によって生じる．そのため，流入量の評価には，GISの利用などまったく別のアプローチが必要となる（Gregory *et al.*, 2017）．また，ここで述べる方法は，セグメントスケールや流域スケールにおける研究にも適用可能である．その場合は調査範囲が広くなるので，河畔植生や河岸地形の空間変異を考慮することが必要になる．

既往研究には落下流入のみを調べているものも少なくないが，全粗粒有機物流入量に占める側方流入の比率は意外に大きく，これを無視してはいけない（Kochi *et al.*, 2004, 2010a; Kanasashi and Hattori, 2011）．対象とする区間が短い場合や，その区間と上流区間で河畔植生や河床地形に大きな違いがない場合には，流下による流入量と流出量は等しいと仮定してもさほど問題はなく，落下流入と側方流入のみを評価するだけでもよい．しかし，そうでない場合には，この要素も評価することが望ましい．流下流入は流量によって大きく変動し，出水時には河床や河岸に堆積したリターが流下によって移動する．そのため，出水時の流下流入の評価はとくに重要なのだが，増水期に調査するのは不可能な場合もある．流量と流下リター量の関係に基づき，増水期の流下量を外挿によって求める選択肢もある．ただし，季節によるばらつきや，流量の時間変化にともなう履歴効果（ヒステリシス）に留意することが必要となる（Williams, 1989）．河原の発達した河川では，増水期には河原に存在する粗粒有機物の流入が生じるとともに，減水期には逆に陸域への「流出」が生じる．こういった河原を介した粗粒有機物の流出入は調査が困難であるが，河川の有機物動態において重要な役割を担う場合がある（Webster *et al.*, 1990）．

季節を通じて粗粒有機物の流入を定量的に評価する調査は，リーチスケールで行う場合でも多大な労力を要する．落葉広葉樹林を流れる河川であれば，落葉の大半が生じる時期に調査を限定しても実りは大きい．ただし，その場合でも落葉ピークに相当する秋季だけでなく，夏季から初冬にかけて調査を行うべきである．台風にともなう流入量は大きく，また近年では猛暑により河畔樹木の葉が早期に離脱する現象が観察されている．

A. 野外調査

調査は，粗粒有機物の流入が重要となる小渓流で行う場合が多いと予想される．小規模な渓流ほど調査はやりやすいが，本節で述べる方法は大きめの河川でも適用可能である．調査区間は，100～300 m 程度の長さに設定する場合が多い．支流の合流を含む区間では，支流からの流入も考慮する必要がある．

落下流入を採取するリターフォールトラップは，木，金属，またはプラスチック製の枠にメッシュネットを取りつけたものが典型的である（**図 3.2-2**）．粗粒有機物のサイズの定義にしたがい，網目は 1 mm 以下のものでなければならない．市販のプラスチック製のカゴや容器を用いて作製することもでき，そのほうが簡便である．カゴや容器の内側に，ネットや透水性のある袋を取り外しが可能なように設置しておけば，回収のときにそれを取り換えればよいので楽である．開口部のサイズは $0.25\ m^2$ 程度のものがよく使われるが，研究によって $0.025～1\ m^2$ の範囲のばらつきがある．リターは浸水すると，溶脱や微生物分解により重量が減少する．設置期間中に降水がある場合にそなえ，トラップには排水対策を施す必要がある．各面に隙間のない容器を用いる場合は，トラップの下面や側面の下部に排水用の穴をあけておく．

図 3.2-2　リターフォールトラップの例

（撮影：河内香織氏）

リターフォールトラップは，できるだけ渓流水面に近い位置に設置すると正確な評価値が得られる．ただし，設置期間中に想定される増水による水位上昇も考慮に入れなければならない．河道上空を樹冠が覆う小渓流であれば，河岸に設置しても問題はない．トラップは河床から棒を立てて固定するか，周囲に立木が得られれば四隅から張ったロープでそれらにくくりつけてもよい．トラップの数は，河畔植生や樹冠の被度の空間的ばらつきによって決める．大体の場合，区間の長さ10 mあたり1個もあれば十分であろう．トラップの設置場所は，ランダムに決定するのが理想である．しかし，傾斜があり河道地形の不均質性が高い山地渓流では，設置可能な場所が自ずと限られてしまうことが多い．厳密なランダム性を保つことは難しく，設置場所になるべく偏りが生じないようにする無計画サンプリング（haphazard sampling）は許容されよう．河道地形や河畔植生のばらつきが大きい調査区間では，環境をいくつかのカテゴリーに区分し，各環境カテゴリーにおいてランダムサンプリングを行う層別サンプリング（stratified sampling）が有効な場合もある．

側方流入を採取する側方トラップは，方形の木枠や金属枠に，1 mm網目のネットを取りつけて作製する（**図3.2-3**）．開口部のサイズは，横50 cm，高さ20 cm程度のものがよく使われている．トラップは，水流方向と垂直になるように川岸に設置する．想定される増水を考慮し，水際から少し離れた位置に設置するのがよい．開口部を杭などで地面に固定するが，トラップの下端が地面から浮かないようにするとともに，落下流入を捕捉しないように開口部の向きに注意する．トラップの数や設置場所は，リターフォールトラップと同様に決定する．

リターフォールトラップ，側方トラップとも，設置期間中に予想される流入量に応じて回収間隔を決める．落葉広葉樹林を流れる渓流であれば，2週間から1か月の回収間隔がベースになるだろうが，落葉ピーク期には1週間間隔で回収したほうがよいかもしれない．回収したサンプルは，量に応じてジップロックに小分けするか，大きめのポリ袋に封入する．大きめの枝リターの流入は偶発的要因に左右され

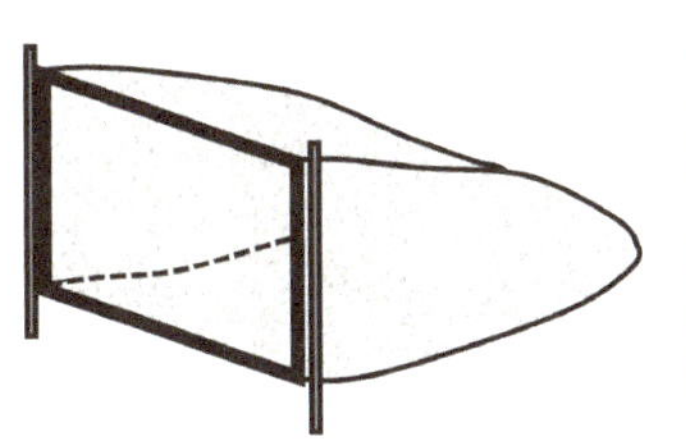

図3.2-3 側方トラップの例

（撮影：河内香織氏）

やすいので，目的にもよるが径 1 cm 以上の枝は除去してもかまわないだろう．

これらのトラップで採取されたサンプルから，調査区間全体の流入量を推定するには，区間内の流路の面積と長さを評価しておく必要がある．区間面積は，川幅を 5～10 m 間隔で計測して平均川幅を評価し，区間長との積を求めればよい．より正確な評価値が必要であれば，地図を作成して求めることになる．ただし，水面幅は流量によって変動する．したがって，流量の異なる時期ごとに面積評価を行うことが必要である．

流下流入を採取する流下ネットは，無脊椎動物の流下採集（**4.1** 参照）に用いられるものと同様である．ただし，目的を粗粒有機物採取に特化するなら，ネットの網目は 1 mm とするのがよい．無脊椎動物採集に用いる細かい網目のネットを流用する場合には，サンプル採取後に 1 mm 網目のふるいで選別する作業が必要となる．また，リターの捕捉が多量になることが予想されるなら，目詰まりを防ぐためにネットの長さは 1.5～2 m 程度はあったほうがよい．流下ネットは調査区間の上流端に設置することになるが，川幅が狭まり水流が集中する場所に設置すると評価の正確度が高まる．ただし増水期には，複数個のネットを分散して設置する必要がある．

流下ネットによるサンプル採取は，リターフォールトラップや側方トラップの回収と同じスケジュールで行う．増水期に関しては，高頻度でサンプル採取が行えれば，評価の正確度は高まる．ネットの設置期間は 3 時間程度が普通であるが，目詰まりが早く生じるようならそれよりも短くする．落葉期の広葉樹の葉リター流下量は昼に増加する日周性を示す事例が知られている（伊藤, 1981）．落葉期において，時間帯によるバイアスを避けるためには，予備調査を行うか，昼夜にわたる複数回の採取が必要となる．回収したサンプルは，ジップロックに封入して持ち帰る．運搬中は，サンプルに含まれる微生物や破砕食者の分解活動を防ぐため冷凍するのが望ましい．それが不可能な場合は，できる限り冷却しておく．

流下ネットで採取されたサンプルから，調査区間あたりの流下流入量を推定するには，ネットの濾過水量と河川流量を評価しておく必要がある（下記 **3.2.2B** 参照）．流下ネットの開口部で濾過水の断面積と流速を測定しておけば，断面積×流速×設置時間により，設置期間におけるネットの総濾過水量が求められる．この測定は，流下ネットの設置直後と回収直前の 2 回行うとよい．河川流量は，流路の断面積と流速を測定することで求められる（**1.2** 参照）．

B.　室内作業と定量評価

もち帰ったサンプルは，すぐに室温で乾燥させる（風乾）．プラスチックトレーに小分けするか，3 cm 程度の穴をあけて通気をよくした段ボール箱に入れるか，ハンモック状にネットに吊り下げておき，適宜上下を混ぜ合わせるとよい．広いスペースが得られるのであれば，テーブルや床にシートや新聞紙を並べて乾燥させるほうが乾燥効率は高い．風乾処理が回収後 2，3 日以内にできない場合には，サンプルを冷凍保存する必要がある．風乾したサンプルは，葉，枝，樹皮，果実や種子，花，蘚苔類，同定不能な破片などに選別する．葉は樹種ごとに選別できれば，得られる情報は多い．流下ネットサンプルには多数の無脊椎動物が含まれるはずだが，大きめの個体を可能な限り除去すればよいだろう．

選別後のサンプルは，乾燥機を用いて 50℃で一定重量になるまで乾燥する（絶乾）．サンプルの量にもよるが，通常は 48～72 時間以上を要する．絶乾したサンプルは，選別したカテゴリーごとに乾重を秤量する．デシケーター内で室温まで放冷してから秤量するのが理想だが，サンプル量が多い場合は，大きなデシケーターがないと放冷処理は省かざるをえないかもしれない．採取した粗粒有機物には，とくに側方流入や流下流入のサンプルでは，砂やシルトが少なからず付着している．流入量を正しく有機物量として評価するには，単に重量ではなく強熱減量（AFDM，ash free dry mass）を求めることが望ましい．

サンプルを強熱減量ベースで評価するには，以下の作業を行う．サブサンプルについて，あらかじめ重量を測定しておいた耐熱容器（るつぼやトレー）に入れて，マッフル炉により 500℃で 4 時間強熱し灰化する．もしくは，軍手をはめてサンプルを手で砕いたうえで灰化する．枝や種子など硬い有機物は，ミルやグラインダーで破砕するとよい．破砕したサンプルの場合，強熱時間は 2 時間でよい．容器は，耐熱性のあるアルミ箔でも代用できる．耐熱容器ごとデシケーターに入れて，室温まで放冷したのちに灰分量を秤量する．サブサンプルの強熱減量率（AFDM％）を（乾重－灰分量）／乾重として算出し，サンプルの強熱減量を乾重× AFDM％により求める．

調査区間全体の粗粒有機物流入量は，流入経路ごとに以下の計算で推定する．ここでは簡便のため，流入量を重量ベースで示す．落下流入については，トラップで採取された粗粒有機物の開口部面積あたり平均重量（$\mathrm{g\,m^{-2}}$）に，調査区間の面積を乗じることで，設置期間あたりの流入量が求められる．側方流入については，トラップで採取された粗粒有機物の開口部長さあたり平均重量（$\mathrm{g\,m^{-1}}$）に，調査区間の長さを乗じることで，設置期間あたりの流入量が求められる．流下流入については，まず，流下ネットで採取された粗粒有機物の重量を，ネットの設置期間における総濾過水量で除すことで流下密度（$g\ m^{-3}$）を算出する．この値に調査期間中の平均河川流量と調査期間の長さを乗じれば，調査期間中の流入量が推定できる．

3.2.2 河床に堆積した粗粒有機物

ある河川区間における河床の粗粒有機物（CBOM, coarse benthic organic matter）の堆積量は，流入量が同一であっても，流況，河道形状や倒流木堆積の量などで決まるその区間の貯留能，微生物や無脊椎動物による分解にともなう減少に左右される．本節では，層別サンプリングにより調査区間のCBOMを評価する方法を述べる．CBOMの定量評価を目的とした既往研究では，採取場所を選択するのに，ランダムサンプリングや，ランダムまたは一定間隔で横断線を設定して決定する，といった方法を採用しているものが少なくない．しかしながら，日本の山地渓流のように，河床地形の空間的不均質性の高い区間では，CBOMは河床上で顕著なパッチ状分布を示すのが普通である．そのため，こういった方法で採取場所を選択すると，集中して堆積したCBOMを取りこぼしてしまう確率が増加し，正確な評価ができない場合が多い．

リターパッチは，堆積場所により瀬パッチ，淵中央パッチ，淵縁パッチ，よどみパッチの4タイプに区別することができる（**図 3.2-4**，**図 3.2-5**）（Kobayashi and Kagaya, 2002, 2004, 2005a）．水流により礫，倒流木，落枝の上流側に捕捉されてできる瀬パッチと，淵の淵尻に近い岸際に形成される淵縁パッチには葉リターが多く，淵の流心近くに形成される淵中央パッチには砕片状の粗粒有機物や枝リターが多い．また，瀬パッチや淵縁パッチのCBOMは，淵中央パッチやよどみパッチのそれらに比べて緊密に堆積し，堆積面積あたりのCBOM量は多い傾向がある．これらのことから，パッチタイプごとに河床被覆面積の評価を行い，それぞれのタイプ

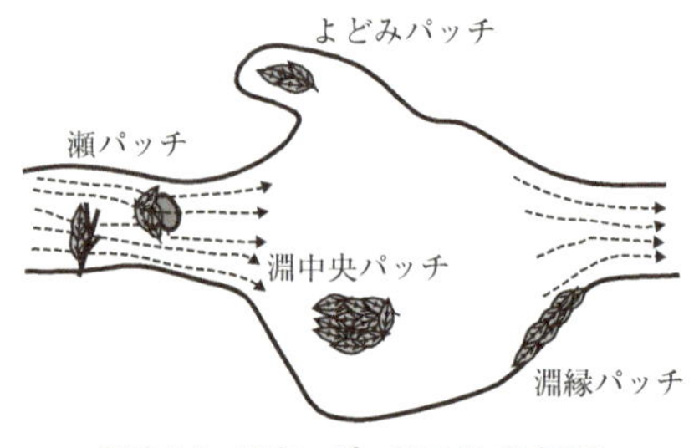

図 3.2-4　リターパッチのタイプ区分

図 3.2-5　瀬パッチ（上図），淵中央パッチ（中図），淵縁パッチ（下図）の例

リターパッチを矢印で示す．　（撮影：小林草平）

ごとにランダムサンプリング，あるいは無計画サンプリングを行う方法が推奨される．本節では，このような層別サンプリングによる調査方法を述べるが，パッチタイプの区分については，調査地によってそれぞれ適切な分類法がありうるので，上記の区分に必ずしも従わなくてよい．

ある区間内での CBOM 量は，空間変異に加えて時間変動もまた大きい．温帯の落葉広葉樹林では，秋から初冬に落葉のピークが生じる．CBOM 量はこの時期にピークを示し，春から夏にかけて減少する場合が多い．貯留能の大きな河川区間では，小規模の出水であれば，CBOM の空間分布は集中度を増すものの，思うほど CBOM 量は減少しない．流出が生じても，上流や河岸からの流入があるためである．ただし，大規模な出水が生じ，増水期が長く続く場合には，CBOM 量は顕著に減少する．CBOM 量の調査を行う時期を決めるには，こういった時間変動を考慮する必要がある．

石礫や倒流木に捕捉された CBOM や岸際に堆積した CBOM は，水中から水面上にかけて堆積している場合が少なくない．また，粗粒有機物は河岸に堆積するものや，河床に埋もれているものもある．こういった粗粒有機物を含めて定量するかどうかは，調査の目的によるだろう．たとえば破砕食者の食物量を評価したいのなら，河床表面に存在する水中のCBOMのみをおさえればよい．しかし，調査目的がその河川区間の有機物動態を明らかにすることであるならば，水面上や河岸，河床下の粗粒有機物も無視できない．

A. 野外調査

調査は，森林を流れる小渓流で行う場合が多いと予想される．CBOMの多くが手のとどかないような深い淵に堆積している渓流や河川では，潜水による調査が必要となる．そのため，水深70 cm以下の部分が多くを占めるような渓流が調査しやすい．調査区間は，100～300 m程度に設定するのがよい．採集用具としては，無脊椎動物採取用のサーバーネット（**4.1**参照），コアサンプラーやボックスサンプラー（**図3.2-6**）がよく用いられる．サーバーネットは，流れのある瀬パッチの採取に適している．しかし，流れのない場所に形成されるリターパッチでは，採取時にCBOMが方形枠外に拡散してしまうので，それを防ぐために板などで採集区画を区切る必要がある．逆に，コアサンプラーやボックスサンプラーは，流れのない場所のパッチで採取するのに適しているが，サンプラーの採取可能範囲におさまらない枝や倒流木に捕捉されたパッチでの採取が難しい．ここでは，流れのある場所ではサーバーネットを，流れのない場所ではコアサンプラーやボックスサンプラー

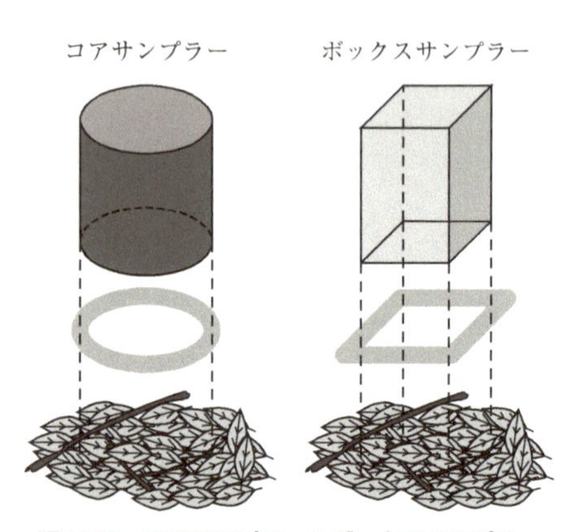

図3.2-6 コアサンプラーとボックスサンプラー
リターパッチとの間にスポンジを挟んで使用する．

を用いることを想定する．コアサンプラーは，径は 15～30 cm 程度の塩ビ管を切断して，あるいはポリバケツの底を切り取って作製できる．ボックスサンプラーは，金属枠に網目 1 mm 以下のネットを四面に張って作製する．

サンプル採取を行う前に，調査区間内の CBOM の河床被覆面積を評価する．調査区間内のリターパッチを探索し，個々のパッチについてパッチタイプを同定したのちに表面積を測定する．1 枚の葉など，少量で堆積しているパッチの CBOM をすべて評価するのは実際には不可能なので，評価するパッチサイズの下限（たとえば 25 cm^2）を決めておくとよい．サイズの異なる複数の方形枠（5 × 5 cm，10 × 10 cm，20 × 20 cm など）を用意しておくと，パッチ表面積を評価するうえで便利である．採取パッチの選定は，パッチタイプ内で可能な限りランダムに行うが，深い淵に形成されたパッチや，入り組んだ倒流木堆積に形成されたパッチでは，採取できない部分もある．無計画サンプリングは許容されよう．目的が調査区間全体の CBOM 量を推定することであるならば，各パッチタイプのサンプル数は，河床被覆面積に応じて配分するのが層別サンプリングの基本である．ただし，面積あたりの CBOM 量が大きくばらつくパッチタイプでは，サンプル数を多めにするのがよい．

河床にサーバーネットやサンプラーを設置して，河床を攪拌し CBOM を採取する．どれくらいまでの深さを攪拌するかは目的や状況によるが，砂や砂利などの無機底質に達してから 5 cm 程度がひとつの目安であろう．コアサンプラーやボックスサンプラーを用いるときは，サンプラーと河床との間に隙間を生じないように設置する必要がある．サンプラー下部の枠にフィットするような円形や方形のスポンジを用意し，それを河床に敷いた上にサンプラーを設置するとよい．方形枠やサンプラーの枠におさまらない枝などがある場合には，状況に応じて剪定鋏やノコギリで切断しながらサンプル採取を行う．コアサンプラーやボックスサンプラーの場合には，まず，可能な限り大きめの CBOM を手で採取し，その後，サンプラー内部を攪拌してまた採取する，という作業を繰り返す．大きめの CBOM の大半が採取できたら，再度攪拌してふるいやハンドネットを用いて細かい CBOM をすくいとる．すべての CBOM を正確に採取するのは，現実的には不可能である．攪拌の程度や方法は，サンプルによる偏りを生じないように注意する．サーバーネットを使う場合も，サンプラーを使う場合も，サンプル採取開始前に水を入れたバケツやバットを用意しておき，採取物は順次そこに移していく．

採取物は，2 段階のサイズ選別を行ったうえで保存する．採取物から石礫を取り除き，その残りを 16 mm 網目のふるいに移す．目的によるが，流入量の調査と同様に，径 1 cm 以上の枝は除去してもかまわないだろう．渓流水を入れた容器やバケツの中でふるいをすすぎ，径 16 mm 以上の砂利を捨て，ふるいに捕捉された径 16 mm 以上の粗粒有機物をジップロックに入れる．ふるいを通過した径 16 mm 以下の有機物と砂礫を含む水を，今度は 1 mm 網目のふるいに注ぎ，渓流水でふるいをすすぐ．ふるいに捕捉された径 1～16 mm のサンプルから，可能な限り砂利や砂を取り除き，粗粒有機物と砂礫の混合物をジップロックに入れる．ジップロックは，空気を抜いてていねいに折りたたむ．小枝や砂礫が多い場合は，ジップロックだと破ける危険があるので，保存にはポリ瓶を用いるほうがよい．運搬中のサンプルは，冷凍するのが望ましいが，不可能であればできるかぎり冷却する．

採取調査のスケジュールは，流入調査と同様とするのが理想であるが，1 回の調査は CBOM 採取のほうが労力を要するので，流入調査より間隔を長くしてもよいだろう．近接した時期に調査を行う場合は，前回採取したリターパッチは避けるほうがよい．

B. 室内作業と定量評価

もち帰ったサンプルは，もう一度 1 mm 網目のふるい上で，CBOM に付着した砂やシルトを水道水で洗い流し，水を張ったプラスチックトレーに移す．そのなかで，流入サンプルと同様に葉，枝，同定不能な破片（1～16 mm）などに選別する．無脊椎動物も可能な限り取り除く．以上の処理が回収後 2，3 日以内にできない場合には，サンプルを冷凍保存する必要がある．乾燥機による絶乾処理，乾重測定，強熱減量の測定については，流入サンプルと同様に行う（**3.2.1B** 参照）．調査区間全体の CBOM 量は，パッチタイプごとの面積あたり乾重（$g\,m^{-1}$）または強熱減量（$g\,AFDM\,m^{-1}$）の平均値に，各タイプの河床被覆面積を乗じ，それらを合計することで推定する．なお，1 mm 網目のふるいを通過したサンプルを同様に処理することで，細粒有機物（FBOM）を定量することができる。ただし，使用した採集道具（たとえば，サーバーネット）の網目サイズよりも大きな FBOM しか定量できないことや，FBOM はリターパッチ以外にも多く堆積していること等に留意する必要がある（**3.2.5** 参照）。

3.2.3 葉リターの流下と滞留

ある河川区間が示す粗粒有機物の貯留能は，その区間の河道形状に大きく左右され，一般に川幅が狭く，河床粗度が高い区間ほど大きい．本節では，河川の粗粒有機物のなかで，生態系や食物網において最も重要な葉リターについて，放流実験によって河川区間の貯留能と滞留構造を評価する方法を述べる．葉リターの放流実験は，自然の葉もしくは疑似葉を放流して，下流への移動距離と滞留要因を調べるものであり，短期間における滞留を評価できる．流量の増加は河川区間の貯留能を低下させるとともに，その影響は河川区間によって異なる．したがって，複数の区間の間で葉リターの貯留能を比較する場合には，少なくとも同じような流量のときに実験を行うか，さまざまな流量条件下で実験を行い，流量と流下距離の関係を区間の間で比較するのが望ましい．

A. 野外実験

放流実験には，一括回収法と個葉追跡法の 2 つのやり方がある．一括回収法は，放流した葉を実験区間の下流端のみで一括して回収し，そこまで達した葉の割合を評価する方法であり，個葉追跡法は，放流した個々の葉について滞留位置を特定し，移動距離と滞留場所を評価する方法である．一括回収法では滞留場所を評価することはできず，葉の平均移動距離の推定も正確度は低い．しかし，放流した葉の発見が困難な大規模な河川や，濁度の高い河川，急峻で複雑な河床構造を示す渓流などでも用いることができる．いずれにせよ，水深が小さい渓流のほうが調査はしやすい．適切な実験区間の長さは，河床構造や流量により大きく異なり，ほぼすべての放流葉が回収できるのが 10 m ですむ場合もあれば，100 m 以上を要する場合もある．一括調査法では，下流端に達する葉の割合が，10% 以下や 90% 以上になってはうまく評価できないので，予備調査を行って実験区間の長さを決めるのがよい．

放流実験に用いる葉は，そのときに野外に存在する葉と区別できることが必要である．内外を問わず，よく用いられるのがイチョウ（*Ginkgo biloba*）の葉である（Speaker *et al.*, 1984; 知花ほか, 2010）．イチョウの葉は，野外渓流に存在することはまれであり，そのかわりどこでも手に入る．また，落ちたばかりの葉は明るい黄色でよく目立ち，濡れても丈夫で扱いやすい．ここでは，イチョウの葉を実験に用いることを想定して記述するが，他の樹種の葉か疑似葉を用いることも可能である．目立つ色の塗料によって標識した葉を用いる場合には，葉の物理性の変化を最小限にとどめる必要がある．布，ビニール，防水紙などを，葉と同じようなサイズで方形に切断したものも，材料の入手や保管が容易であることからよく利用される．ただし，人工的な疑似葉を放流する場合は，確実にすべてを回収できることが条件となる．

移動距離や滞留場所は，葉の樹種や形状によって異なることが明らかにされている（Kobayashi and Kagaya, 2008; Kochi *et al.*, 2009）．したがって，実際の野外における貯留能を推定するには，対象区間において優占する河畔樹種の葉を用いることが本来であり，外来種の葉や標識葉，疑似葉を用いるには，優占樹種の葉との挙動の違いを考慮に入れておくべきであろう．なお，放流した葉の発見効率を高めるためには，落葉期のように葉リター堆積の多い時期を避け，それと同じような流量条件のときに調査すればよいと思うかもしれない．しかし，既存のリターパッチは，それ自体が新たに流れてきた葉を捕捉する機能をもつ．したがって，CBOM 量は葉の移動距離や滞留場所を左右することに注意すべきである．

イチョウの葉を落葉直後に採取し，風乾して実験開始まで保管しておく．乾燥した葉の流下移動を想定するのであれば，そのまま実験に用いてよい．しかし，濡れた状態で流入した葉の移動や，河床に堆積した葉の再移動を想定するのであれば，そのような状態の葉の浮力を再現するために，実験前に浸水させておく必要がある．その場合は，無脊椎動物の侵入を制限するため，0.1 mm 程度の網目のバッグに入れて，側流路などに一昼夜程度沈めておくとよい．実験区間の下流端には，回収用（一括回収法）または流出防止用（個葉追跡法）にネットを設置する．市販の防鳥ネットには 15 mm 程度の細かい網目のものがあり，この目的に使用できる．ネットの下部は，河床との間に隙間を生じないように石礫やペグで固定する．ネットの上端が水面上の位置を保つように，ロープを張って立木などに固定する．流れの強い場所では，棒を立てて補強する必要がある．実験に用いるのが人工疑似葉でなく，評価のうえで多少の取りこぼしが許容できるのであれば，ネットを設置するかわりに下流端に複数人で並び，流れてきた葉を各人が手網で回収するという手段もある．

葉の放流は，実験区間の上流端から行う．放流する葉の数は，実験区間の河川規模に応じて 100～1,000 枚程度である．一度にまとめて放流するよりは，なるべく少数ずつ流すほうが自然の挙動に近い．一括回収法では，放流後一定時間を経過したら，下流端のネットに捕捉された葉を回収し計数する．通常は放流後 1 時間を経れば十分であり，状況により短縮可能である．ただし，地点間や季節間で比較を行う場合は，実験時間を同一にする必要がある．個葉追跡法では，葉を放流する前に，実験区間に沿って巻き尺か距離標識を設置しておく．下流端のネットに捕捉された葉を回収した後に，実験区間の下流端から上流に向かって歩きながら，放流した葉を探索しつつ発見した葉を回収する．個々の葉の移動距離とともに，個々の葉が存在した場所について，滞留要因にかかわる河床構造（淵，瀬，岸際，木片，沈水根，倒流木堆積，砂礫およびそのサイズカテゴリーなど）や，リターパッチのタイプを記録する．葉を 1 枚ずつ放流してその都度追跡すれば，一人で実験を行うことも可能である．

実験終了後に，河川流量を計測しておく．地点間，季節間で比較を行う研究の場合には，貯留能にかかわる環境変数として，河川流量のほかに河道の縦断勾配，川幅，流速，水深，河道断面積，側斜面の傾斜，河道の曲率，瀬・淵の河床被覆面積割合，各底質（砂，砂利など）の河床被覆面積割合といったものを計測，評価しておくとよい．

B. 定量評価

葉の平均移動距離の評価は，放流地点からの距離に対して，その距離よりも長い移動距離を示した葉の数をプロットし（**図 3.2-7**），そのデータを指数関数的減衰モデル

$$L_d = L_0 \cdot e^{-k \cdot d}$$

に，適合させることで算出するのが一般的である．一括回収法では，L_d は下流端のネットで回収された葉の数，L_0 は放流した葉の数，d は放流地点とネットとの距離（m）を示す．k（m^{-1}）は瞬間滞留率であり，実験区間の貯留能が大きい場合ほど大きな値となる．この逆数 $1/k$ が，葉の平均移動距離を表す．このモデルでは，実験区間内のどの地点でも，流下中の葉のうち一定の割合の葉が滞留することを仮定している．この場合は，k を 1 つの d における 1 つの L_d のみから求めることになる．

個葉追跡法では，式の L_0 は回収した葉の数，L_d は距離 d よりも長い移動距離を示した葉の数，つまり放流地点から距離 d までに滞留した葉の数を L_0 から引いたものを示す．瞬間滞留率 k は回帰により求める．両辺を対数変換して直線回帰を行

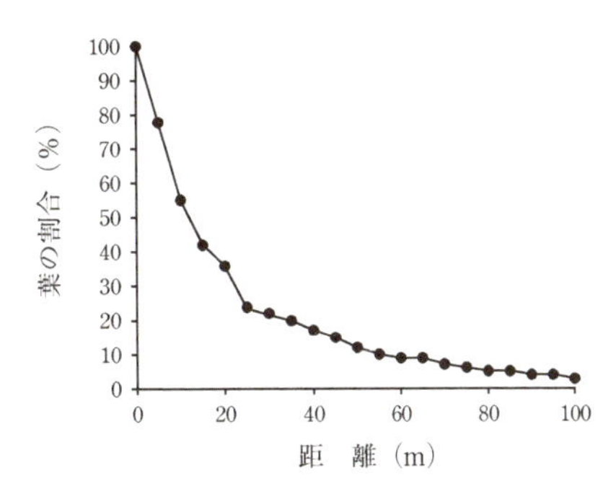

図 3.2-7　放流地点からの距離とそれよりも長い移動距離を示す葉の割合の関係

葉リターの放流実験から得られる仮想データに基づく．

うか，曲線回帰を行う．実験区間の空間的不均質性が高い場合には，流下中の葉のうち，ある距離のところで滞留する割合は距離によって変化し，データがモデルによく適合するとは限らない．モデルの適合が悪い場合には，単純に各葉の移動距離を平均して求めるほうがよい．滞留場所のデータから，それぞれの河床構造カテゴリーに滞留した葉の割合を算出する．各構造カテゴリーの河床被覆面積を評価しておけば，各カテゴリーの貯留効率も算出できる．

3.2.4 葉リターの破砕

河川に流入し滞留した葉リターは，可溶性物質の溶脱，微生物による分解と変性，無脊椎動物の破砕食者による摂食，物理的な破砕を経て重量が減少し，微粒有機物に変換されるとともに，無機化により栄養塩を放出する．微粒有機物への変換は，栄養塩放出とともにその河川区間における食物網にとって，また有機物の下流への流出を促進するうえで重要な生態系プロセスである．ここでは，このような葉リターの分解過程のうち破砕に着目し，リターバッグを用いて破砕を実験的に調べる方法について述べる．

河川に流入する葉リターは，ほとんどが樹木の枯葉である．枯葉は樹木が栄養素を再吸収したのちに落としたものであり，C:N 比で表される栄養価はたいへん低い．枯葉は渓流や河川の水中に流入すると，フェノール類，炭水化物，アミノ酸といった可溶性物質が溶脱する．溶脱は，葉が浸水して 24～48 時間以内にほぼ完了する．溶脱による重量減少は樹種によってまちまちだが，多い種では初期重量の 30％に及ぶ．溶脱後の葉リターは，そのほとんどがセルロースやリグニンといった，動物には消化が困難な物質で構成される．

葉リターが河川に流入すると，数日以内に菌類や細菌類といった微生物が定着する．微生物は成長，増殖し，体外酵素を用いて分解活動を行うとともに，水中から窒素，リンなどの栄養塩を取り込む．その過程で破砕が進行すると同時に，葉リターは柔らかく物理的に食べやすい食物となり，栄養素の含有率は増加する．微生物によるこのような葉リターの理化学的変性は，コンディショニング（conditioning）と呼ばれる．微生物のコンディショニングを経た葉リターは，無脊椎動物の破砕食者に利用可能となり，それらに摂食されることで破砕はさらに進行し，糞と食べこぼしが微粒有機物として産出される．葉リターの破砕には，水流や掃流土砂による物理的な力も作用する．

葉リターの破砕速度は，樹種によってまちまちである．一般に，ハンノキ類のように窒素含有率が高い葉は破砕が速く，リグニンやセルロースの含有率が高いブナ類，常緑広葉樹，針葉樹の葉は破砕が遅い（Webster and Benfield, 1986; 柳井・寺沢, 1995; Motomori *et al.*, 2001; Hisabae *et al.*, 2011）．葉リターの破砕速度は，その河川区間の水温，水質，土砂動態といった理化学的環境とともに，微生物や破砕食者の生息状況によって左右される．また，同じ河川区間内でも，堆積場所によって葉リターの破砕速度は大きく異なりうる（Kobayashi and Kagaya, 2005b）．これらのことから，葉リターの破砕速度は，河川生態系の機能を評価する際の総合的な指標として有用であり（Gessner and Chauvet, 2002），流域の土地利用変化など人為的撹乱の影響評価にも用いられている．

A. 野外実験

リターバッグ実験は，既知の重量の葉リターを封入した多数のメッシュバッグを河川に設置し，それらを数回に分けて回収することで，その重量変化から破砕速度を推定するものである．通常は単一樹種の枯葉で作製したバッグを用いるが，目的によっては複数樹種の枯葉を封入したものでも，生葉を材料としてもかまわない（Lecerf *et al.*, 2007; Kochi *et al.*, 2010b）．これまでに述べた調査や実験と同様に，リターバッグ実験も小渓流で行う場合が多いと予想され，小規模な渓流ほど調査はやりやすいが，大きめの河川でも実施は可能である．実験区間は，100～300 m 程度に設定するのがよい．実験期間は数か月にわたるため，出水が生じることが予想される時期は避けたほうがよく，少なくとも実験前期には重ならないようにしたい．出水によりバッグは流出しやすく，増水期には砂礫によるバッグの埋没が生じうる．また，リターバッグは部外者に発見されると人為的撹乱を受けやすいため，人通りの多い道から見える場所や釣り人が多い渓流はなるべく避ける．野生動物に撹乱されることもあるので，それらの生息密度にも留意する．なお，葉をメッシュバッグに封入せずに，緩く束ねて作成した「リーフパック」を用いる方法もある（Petersen and Cummins, 1974）．

実験試料とする葉は，離脱する直前か直後のものを採取する．直前のものは，樹木をゆすって落ちたものを拾うか直接むしり取る．離脱直後のものを採取するには，離脱のタイミングを見計らってあらかじめシートを敷いておくとよい．長く降雨にさらされた枯葉は，すでに溶脱が進行しているので用いてはいけない．同種の樹木でも生息環境が異なれば，近接した個体間であっても葉の理化学的性質は異なる．とくに，野外で生育している樹木と，都市域の公園や学校に植えられている樹木では，葉の理化学的性質は大きく異なる．試料は，実験を行う渓流の近くで採取したい．同一個体の樹木から試料を集めるほうが，理化学的性質のばらつきは少ないが，

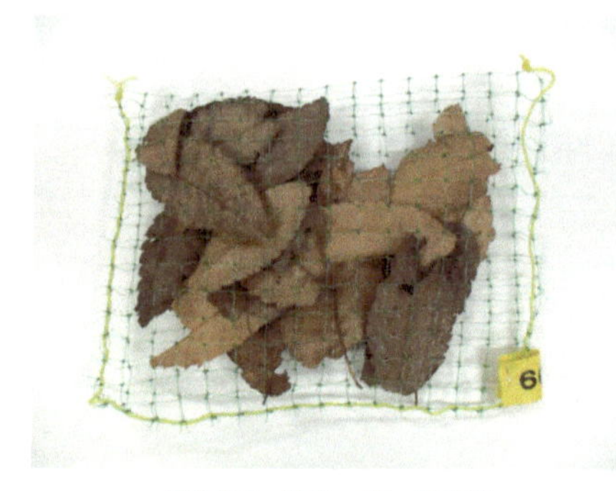

図 3.2-8 リターバッグの例

「代表的な」破砕速度の値が知りたいのであれば，試料はなるべく多くの樹木個体から集めたほうがよい．採取した葉は風乾し（**3.2.1B** 参照），段ボール箱や大きめのポリ袋に保管しておく．以前の研究では，絶乾させた葉を実験に用いるのが主流であったが，高温による乾燥は細胞壁を破壊し，溶脱や微生物分解を生じやすくするため避けるべきである（Boulton and Boon, 1991）．

リターバッグは，市販のメッシュネットを用いて作製する（**図 3.2-8**）．ただし，ミカンやタマネギを入れる収穫袋のようなネットは，状況によって網目が変化してしまうので用いてはいけない．どのような網目のネットを用いるかは目的による．自然状態での破砕過程を再現するには，破砕食者の侵入が可能でなければならない．実験区間に生息する破砕食者の種によるが，10 mm 網目であればほぼカバーできる．ただし，分解中の葉の流出を招くような大きな網目のものは避ける．底生動物の破砕に対する機能を評価する目的で，0.1 mm～2 mm 程度の細かい網目のリターバッグを併用している研究（加賀谷, 1990; Kochi and Yanai, 2006）もあるが，網目は細かいほどバッグ内に嫌気的条件を生成しやすく，微生物活動を妨げることに注意すべきである．また，2 mm 程度の網目のバッグでは，バッグ自体がもつ基質としての機能が高まるため，小型の無脊椎動物の侵入が逆に多くなる場合がある（加賀谷, 1990; Nanda *et al.*, 2009）．

風乾した葉を秤量し，バッグに封入する．既往研究では，3～10 g の範囲の葉を，10 × 10 cm から 15 × 15 cm 程度の大きさのバッグに封入する場合が多い．秤量は 0.1 g または 0.01 g 単位で行い，バッグ間の葉の重量のばらつきは，0.1～0.3 g 程度以内におさめるようにする．作製したリターバッグには，番号を書いたラベルをつけておく．市販のナンバーテープが便利である．作製するバッグの数は，回収スケジュールを含めた実験設計によって決まる．たとえば，破砕速度を3樹種間，2地点間で比較するために，6回に分けて回収するなら，合計3種×2地点×6回×反復数（通常は3～6）のバッグが最低必要となる．実験後期ほど物理的攪乱によるバッグの喪失が生じやすく，またサンプル間のばらつきが増加する傾向が高いため，後期に回収するバッグの反復数は多めにしたほうがよい．これらに加えて，重量補正用に反復数の2倍程度のバッグを作製しておく．これらは，風乾重と絶乾重の違いと，運搬や設置などの実験操作中に破砕してしまう分（ハンドリングロス）を補正するために用いる．乾いた葉は，作業中に多少なりとも破損してしまうものである．

作製したリターバッグを実験区間まで運搬する際は，破損を最小限にするためにしっかりとした容器に入れておく．バッグを実験区間のどこに設置するかは目的による．自然状態の破砕過程を模すのであれば，リターパッチがすでに形成されている場所に設置するのがよい．瀬と淵では他の条件が同一でも破砕速度は異なり，淵中央パッチでは他のパッチタイプよりも破砕速度が高い事例が知られている（Kobayashi and Kagaya, 2005b）．バッグを設置する場所は環境をそろえるか，さまざまな環境に設置する場合は，回収時や比較対象間で偏りが生じないようにすべきである．

バッグは，レンガ，河床の大礫，倒流木，鉄製のペグ，河畔の立木などに，釣り糸や結束バンド，ロープ等を用いて固定する．既往研究では，複数のバッグを金網に入れて固定している事例がある（Benfield and Webster, 1985）．しかし，硬い素材の網では無脊椎動物の基質としての機能が生じてしまう．また，多数のバッグを近接して設置すると，物理環境が自然状態から大きく改変されてしまうため，この方法はすすめられない．回収時に設置したバッグを見失うことのないように，写真撮影，マッピング，近隣の立木に標識テープを結んでおく等の処置は必要である．補正用のバッグは，実際に破砕を調べるバッグと同様に運搬し，設置作業を行ったうえですぐに回収し，もち帰って絶乾重を測定する（**3.2.1B** 参照）．補正用のバッグすべてについて，風乾重と絶乾重の比を算出する．設置したバッグの初期重量は，初期風乾重にそれらの比の平均値を乗じて補正する．

適切な実験期間の長さと回収スケジュールは，対象種の破砕速度によって異なる．既往文献や，実験区間の水温によりおおよその破砕速度を予測しておき，重量減少が初期重量の25，50，75％となるくらいの時点がおさえられるとよい．破砕速度は水温とともに高まり，積算温度にほぼ比例する．破砕が速い種だと1～3か月で残存重量はほぼゼロとなることもあるが，遅い種だと十分な破砕が生じるまでに半年以上かかる場合もある．後述するように，葉の重量減少は指数関数的に進行することが多いので，回収間隔は，実験初期は短めに，後期は長めにするとよい．また，溶脱による重量減少を単独で評価したい場合には，1～3日以内の回収を含めておく．これらを考慮すると，たとえば，2，7，14，28，56，84，126日後，といった回収スケジュールが考えられる．

各時点で回収するバッグは，設置したすべてのバッグの中からランダムに決める．異なる環境にバッグを設置した場合には，環境による偏りを生じないように，環境カテゴリーをブロック要因とし，層別サンプリングを行う選択肢もある．実験初期から後期にかけて，下流に設置したバッグから順次回収していくようなやり方は，経過時間に空間軸が交絡してしまうのでよくない．バッグの回収は，手網を用いて行う．250 μm網目のネットで袋を作製し，それを手網の内側に目玉クリップで留めておき，それごと回収するのが楽である．バッグの外側に付着したリターは捨てる．回収したバッグはジップロックに入れ，できれば冷凍して，不可能であれば冷却してもち帰る．

B.　室内作業と定量評価

もち帰ったサンプルは，250 μm網目のふるい上で，葉リターに付着した砂やシルトを水道水で洗い流し，水を張ったプラスチックトレーに移す．そのなかで，葉，砕片，無脊椎動物を選別する．砕片は破砕後の産物とみなして捨てる．選別した無脊椎動物は，可能なら各個体を同定し，個体数を計数しておくと，破砕食者各種の破砕への貢献が推測できる．選別作業の段階では70%エタノールに保存し，後に計数，同定を行うとよい．以上の処理が回収後2，3日以内にできない場合には，サンプルを冷凍保存する必要がある．乾燥機による絶乾処理，乾重測定，強熱減量の測定については，流入サンプルやCBOMサンプルと同様に行う（**3.2.1B**参照）．リターバッグ実験では，それらに比べて1サンプルの量が少ないので，乾燥機で乾燥する際には紙封筒か紙袋に入れると乾燥効率の点でよい．また，強熱減量を測定する際には，サンプルをすべてミルで粉砕してから燃焼すると正確度が増す．その場合，550℃で20分間燃焼し，解剖針などでかきまぜてさらに20分間燃焼する．

各バッグの残存重量%を，（補正後の）初期重量に対する比率として求め，各回収時点における平均値と標準誤差を，設置時間に対してプロットする（**図3.2-9**）．時間経過にともなう葉の重量減少過程は，指数関数的減衰モデルにより近似されることが多い．

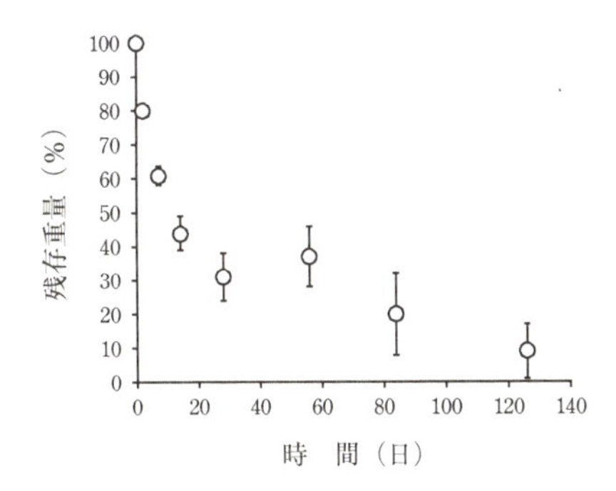

図 3.2-9　リターバッグ設置後の経過時間と葉の残存重量割合（平均値±標準誤差）との関係

リターバッグ実験から得られる仮想データに基づく．

$$M_t = M_0 \cdot e^{-kt}$$

M_tは時間t（日）における重量，M_0は設置時における重量であり，k（日$^{-1}$）が破砕速度となる．北米の渓流において，多数の樹種について葉の破砕過程を調べた研究の結果に基づき，葉の破砕速度は，「速い」（$k > 0.01$），「中程度」（$k = 0.005 \sim 0.01$），「遅い」（$k < 0.005$）に分類することが慣例となっている（Petersen and Cummins, 1974）．データをこのモデルに適合させ，破砕速度kを求めるには，両辺を対数変換して直線回帰を行う場合が多いが，曲線回帰を行うほうがよい場合もある．どちらの回帰を行うかは，誤差分布を検討して判断する．実験期間中の水温がモニターできるなら，t（日）のかわりに積算温度I（日・℃）を用いて，積算温度ベースの破砕速度K（日$^{-1}$・℃$^{-1}$）を算出しておくと，温度条件が異なる地点や季節の間で破砕速度を比較する際に有用である．

指数関数的減衰モデルが，葉の重量減少パターンによく適合しない場合もある．たとえば，溶脱過程とそれ以外の破砕過程が独立して進行するような場合には，1つのパラメーターで質量減少パターン全体を表すことはできない．そのような場合を想定したモデルとして，2つの指数関数の和で表すモデルも提案されている（Wieder and Lang, 1982）．また，初期重量や設置直後の重量のデータを含めずに，溶脱の大半を終えたと判断される時点以降のデータについてのみ，指数関数的減衰モデルを適合させてもよい．

3.2.5　細粒有機物の採集・定量

河川中の細粒有機物（FPOM）は，前述のように，浮遊態で存在するセストンと，河床に堆積して存在するFBOMに大別される．また，セストンは浮遊物質，SS（suspended solid）などともよばれており，水質検査項目ではそのように記載されている（https://www.mlit.go.jp/river/shishin_guideline/kasen/suishitsu/pdf/s04.pdf）．セストンの採集には，採水や流下ネット（**3.2.1** および **4.1** 参照）が用いられる．FBOMは，CBOMと同様に河床に堆積したものだが，採集場所の設定に関しては，CBOMとは別に考える必要がある．採集には，コアサンプラーやサーバーネット等が用いられるが，サーバーネットは通常，FPOMを採集するには目あいが粗いため，細粒有機物のうちの粗い成分（たとえば，＞0.25 mm）しか採集できない．よって，本項ではコアサンプラーを用いる採集方法を推奨する．

A.　セストン

河川流路内でも，川岸や流心など場所によってセストン量は変化する．また，川岸など水の滞留域では，採集時の操作によって河床のFBOMが巻きあがる場合もあり，採集場所としては不適となることが多い．よって，一般的には，流れの流心で採集し，それを河川のセストン量の代表値とみなすことが多い．採水時期については，調査の目的にもよるが，代表値を得る場合，流量の安定した平水時に採集を行うのがよいであろう．セストン量は流量の変化に反応して変動するため，採集の際には流量も測定しておくとよい．ただし，同じ流量であっても，流量増加時か減少時かによってセストン量に対する流量の影響が大きく異なることに留意する必要がある（増加時にはFBOMが巻きあがる傾向にあり，セストン濃度上昇中の採集となるが，減少時には逆に沈降･再堆積傾向にあり，セストン濃度低下中にあたる．つまり，同じ流量であっても流量減少中よりも増加中のほうがセストン量は多くなる）．また，採集時の流量が記録されていれば，河川全体でのセストン流下量を算出することも可能である．

採水による採集の場合，精製水であらかじめ洗浄したポリエチレン製ボトル（たとえば，1～5リットル容量など）を用いて河川表層水を採水する．試料水の量は川の濁りなどによって判断するが，山地渓流などの澄んだ河川では1リットル採水では十分にセストンの重さを測定できず，2～5リットルの採水を必要とする場合がある．運搬中のサンプルは冷凍するのが望ましいが，不可能であればできるかぎり冷却する．採水したボトルは輸送後速やかに下記の手法にて濾過する．濾過までの間，一時的に保存する場合には，そのまま冷暗所に保管できるが，保存期間の目安は1日程度である．セストン採集については，流下ネット（たとえば，口径 20 cm, 目あい 250 μm, 長さ 1 m; **4.1** 参照）を使った採集も行われているが（Wallace *et al.*, 2006），日本のセストン量の環境基準調査法ではその手法は採用されていない（https://www.mlit.go.jp/river/shishin_guideline/kasen/suishitsu/pdf/s04.pdf, 2019年7月11日確認）．流下ネットを用いた場合は，ネットの目あい（たとえば，250 μm）以上の大きなセストンについて分析することは可能である．

採取した試料水から以下のような手順でセストンを濾過・抽出し，重量を測定する．まず，網目1 mmのふるいに試料水を通して大型の混入物を除去する．ふるいを通過した試料水を，ガラス繊維濾紙（ガラスフィルター，glass fiber filter）で濾過する．ガラスフィルターは，GE HealthCare社のGF/F（孔径0.7 μm程度）や，GF/C（孔径1.2 μm程度），アドバンテック社のAP-40（孔径1.0 μm程度）が用いられることが多い．ガラスフィルターはあらかじめ，マッフル炉などを用いて450℃で2時間熱して，冷却後フィルター重量を測定しておく．ガラスフィルターに捕捉された物質を110℃で乾燥させ乾燥重量を測定し，フィルター重量を差し引いてセストン重量を求める．ガラス繊維濾紙ではなく，孔径1 μm以下の有機性濾過膜であるメンブレンフィルターを用いる場合も多い（ミリポア社製メンブレンフィルター，0.45 μmメッシュなど）．この場合，メンブレンフィルターはあらかじめ，110℃で2時間熱して，冷却後フィルター重量を測定しておく．

B. 河床に堆積した細粒有機物

河床に堆積した粗粒有機物であるCBOMの採集については，それらの局所堆積部であるリターパッチで採集する方法を解説したが（**3.2.2** 参照），FBOMの場合，リターパッチのみならず，河床の砂礫間等にも堆積しており，それらの量も無視しがたい．よって，さまざまな場所で採集する必要がある．採集場所の設定に関しては，1）無脊椎動物や藻類などを採集した場所の近傍において採集し，これら無脊椎動物や藻類の量と対応するFBOM量を得る，もしくは，2）調査区間のさまざまな場所（流れの弱い堆砂部，流れのある礫床部，流心部など）において，ある程度網羅的に採取し，流路内のFBOM分布を把握するとともに，平均的なFBOM量を得るといったことが想定されるが，調査目的に応じて採取場所を設定する．なお，岩盤ではFBOMがほとんどなく採集が困難な場合もあるが，その際には調査対象から除外する．

ここでは，主にWallace *et al.* (2006)での手法を参考にしてコアサンプラーに(**3.2.2** 参照）よる採集を紹介する．コアサンプラーは，10〜20 cm径程度の塩ビ管を切断して，あるいはポリバケツの底を切り取って作製できる．Wallace *et al.* (2006) では，コアサンプラーの直径は 22 cm 以下としている．また，コアサンプラーは潜水での扱いが非常に困難であるため，潜水せずとも採集できるような水深での調査を想定している．

採集場所において，堆積層への攪乱を最小限に抑えてコアサンプラーを押し込む．小石や岩盤が露出した場所の場合は，布地タオルや円形や方形のスポンジをコアの外側の周りに巻きつけて，河床との間に隙間を生じないように設置する必要がある（**図 3.2-6** 参照）．コアサンプラーの枠におさまらない枝などがある場合には，状況に応じて剪定鋏やノコギリで切断しながらサンプル採取を行う．まず，可能な限り大きめの CBOM を手で採取し，ジップロックなどに入れる．つぎに，サンプラー内部の CBOM および FBOM を含む水を採取する．手付きのコップ（100～200 mL 容量など），ハンドポンプなどで，コア内部の CBOM および FBOM を含む水を採取し，別途用意したポリバケツに移していく．その後，サンプラー内部を攪拌してまた採取する，という作業を水が採取できなくなるまで繰り返す．とくに，ハンドポンプは，岩盤など硬い底質の場合により有用である．

ポリバケツに取ったコア内の水については，1 mm のふるいを通して，目盛付きバケツ（手付きビーカー）に採集する．すべて採集した後，水量を測定し記録する．採集した水サンプルを攪拌しつつ新しいポリ瓶（1 L など）に入れる．FPOM の入っている目盛付きバケツを洗ビンに入れた水道水など FPOM が入っていない水で 2 度程度洗浄して，FPOM の全量が入るようにする．ジップロックは，空気を抜いてていねいに折りたたむ．これら採集物の入ったジップロックやポリ瓶については，運搬中のサンプルは冷凍するのが望ましいが，不可能であればクーラーボックスなどで輸送しできるかぎり冷却する．小枝や砂礫が多い場合は，ジップロックだと破ける危険があるので，保存には別途用意したポリ瓶に移すほうがよい．

もち帰ったサンプルは，ジップロック（もしくは別途用意したポリ瓶）とポリ瓶を一緒に，もう一度 1 mm 網目のふるいを通して，CBOM を除去する．また，無脊椎動物も可能な限り取り除く．この処理を採集後 2, 3 日以内にできない場合には，サンプルを冷凍保存する必要がある．FBOM の重量測定については，CBOM の場合と同様で，乾燥機による絶乾処理，乾重測定，および強熱減量の測定によって定量する（**3.2.1.B** および **3.2.2.B** 参照）．これらの FBOM の重量については，全量として測定する場合もあるが，各画分に分けて測定することが多い．具体的には，～0.7，0.7-125，125-250，250-500，500-1000 μm などの画分に分ける．125，250，500 についてはそれぞれふるいを用いて画分する．0.7 μm については，上記のセストン測定と同じく，125 μm を通った水を GF/F などのガラスフィルターに濾過して，そのガラスフィルターの重量を測定する．

（加賀谷隆・土居秀幸）

4章　消費者　―虫や魚たち―

4.1　底生無脊椎動物

4.1.1　河川における底生無脊椎動物の特徴

A.　底生無脊椎動物とは

川底の石をもちあげると，石のあちこちに虫がついているのが見える（**図 4.1-1**）．これらは水生昆虫をはじめとする底生無脊椎動物（以降，底生動物と略す）である．小さい虫ばかりだが，体長 0.5 ないし 1 mm 以上は大型無脊椎動物（macroinvertebrates）として扱われる．石をもちあげる際，その下流側に網を構えると，石から離れた虫も捕まえられる．白いバットに水を張り，石や網の中身を入れてしばらく待つと，それまで静止していた虫たちが動き出す．1つの石に異なる色や形の虫が生息しているのがよくわかる．

生活史のどこか一部で水域や湿った環境を利用している昆虫を水生昆虫とよぶ．河川（流水域）において代表的な水生昆虫は，カゲロウ目（Ephemeroptera），カワゲラ目（Plecoptera），トビケラ目（Trichoptera）である．これらは頭文字をとって EPT とくくられる．トンボ目は湖沼（止水域）に適応した種が多く，一部の種

図 4.1-1　石の表面や裏面につくカゲロウ幼虫個体やトビケラ幼虫巣（砂粒の塊）

が河川に生息する．陸生の種が多くいるアミメカゲロウ目，カメムシ目，チョウ目，コウチュウ目，ハエ目は，その一部の種が河川に生息する（**図 4.1-2**）．水生昆虫の多くは成虫期を陸地で過ごす生活史をもつ．いっぽう，水生昆虫以外の節足動物（ミズダニ類，甲殻類），海綿動物，扁形動物（プラナリア類），軟体動物（巻貝類，二枚貝類），環形動物（ミミズ類，ヒル類）の多くは一生を水中で過ごす．甲殻類には，海と川を回遊するテナガエビやモクズガニ，渓流と渓畔斜面を行き来するサワガニなどがいる．個体数や現存量ではEPTが優占することが多いが（**図 4.1-2**），ハエ目，軟体動物，または甲殻類が優占することも少なくない．

底生動物の食物は，付着藻類，落葉などのデトリタス，これらの破片である細粒有機物，自分より小さい底生動物など，種ごとに異なる．いっぽう，底生動物は魚類や水辺の鳥類の餌となる．河川の生態ピラミッドにおいて，付着藻類やデトリタスを第一の栄養段階とすると，底生動物の多くは第二ないし第三の栄養段階に，魚類の多くの種や鳥類は第三以降の高次の栄養段階に区分される．このように，底生動物全体としては生態ピラミッドの中間に位置しているが，食物網における役割や他の生物への影響力は種ごとに異なる．

B.　底生動物の多さ，多様さ

河川では底生動物の個体数や種数の多さに驚くことが多い．たとえば，愛知県豊川の上流から下流までの14地点で行った調査では，各地点において瀬の限られた河床の面積（0.027 m^2）を採集しただけであったが，1調査あたり800～3400（平均1600）匹の個体と46～72（平均62）の分類群（主に種や属）が採集された（**図**

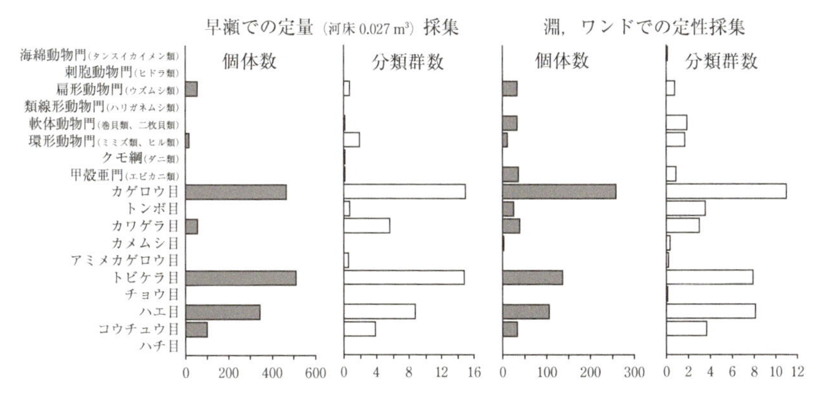

図 4.1-2　愛知県豊川における1調査あたりの門・目ごとの採集個体数と分類群数（14地点×4季節の平均）

4.1-2，小林ほか, 2010 参照）．このように底生動物は河川の生物多様性を考える上で外せないグループである．

底生動物は各種の形態や生理に応じて好む生息環境が決まっている．たとえば，流れの速い早瀬に生息できるのは，流れの抵抗を受けにくい扁平な体型や，発達した鉤爪や吸盤などで石にしがみつくことができる種である．いっぽう，流れの遅い淵に生息できるのは酸素供給条件が多少悪くても活動できる種である．早瀬にも淵にも多く生息できるいわゆる万能な種はめったにいない．流れだけではなく，種ごとに適した水温，水質，底質などの条件があり，また種ごとにどの環境要因の変化に対して敏感かが異なる．このため，どういった種が多いか少ないかといった情報から各場所の環境条件を予想することもできる．すなわち，底生動物群集は各場所の環境条件の指標となる（谷田, 2010）．川での採集を繰り返していくと，どういう場所にどういう底生動物が多いのか自分なりの予想をもつようになるだろう．環境要因と底生動物の間に本当に関係があるのか調査や実験によって確かめることが研究になる．

他の生物と同様，底生動物においても調査手法は目的によって異なる．ただし，群集の現状を知るうえでの基礎的な調査については, 手法がある程度確立している．本章ではこうした調査手法を，調査を効率的・合理的に進めていく考えとともに紹介する．限られた時間や労力の中で調査をいつどこで行えばよいかは，生物を問わず迷うところである．このようなとき，調査経験とともに生態の基礎知識が手助けになることはいうまでもない．本章では主に採集の手法やデザインについて，また採集からどのような情報が整理できるかについて解説する．

4.1.2　調査のタイミング：生活史や増水に対する反応をふまえて

底生動物は一年の中で個体数や出現種が大きく変化する．多くの種が出現し，動物相を把握するのに外せない時期がある. 調査の時期やタイミングを考えるうえで，底生動物の生活史や，増水等の攪乱に対する底生動物の応答を理解しておく必要がある．

A.　季節と底生動物の生活史

大半の種が数か月から数年の生活史をもち，その多くが1年のサイクルをもつ．水生昆虫は，幼虫・蛹期を水中で，成虫期を陸域で過ごす種が多い（蛹期が陸域の場合や，成虫期が水中の例外もある）．昆虫以外の種は基本的に一生水中だが，繁殖期の前後で体サイズや個体数が大きく変わる．河川では多くの種が，秋に孵化した幼虫によって個体数が増加し，冬に成長はするが低温のため発育は進まず，春に水温の上昇とともに発育が進み蛹化や羽化（成虫）に至るサイクルを持つといわれる（温帯地域の河川，Hynes, 1970）．そのため，春後半から夏前半に成虫が出現する種が多い（**図 4.1-3**）．たくさん羽化した後は，河川内の水生昆虫は量的にも種数的にも少なくなる．水生昆虫の成虫期間は１週間から１月くらいと考えらえるが，蛹期の段階から上陸する種（トビケラ目の一部，コウチュウ目など）や，卵期に休眠したり幼虫初期に河川間隙水域で過ごす種（カゲロウ目やカワゲラ目の一部）がいて，羽化から半年以上にもわたり調査で幼虫が確認できない種は多い．

水生昆虫は全体として冬に多く夏に少なく，また秋から初冬は若齢個体により数が多く，晩冬から早春には成長した個体が多く底生動物全体のバイオマスが最大になる場合が多い（**図 4.1-4**）．カゲロウやトビケラの種によっては，春に羽化した成虫がすぐに産卵し，温かい水温によって幼虫の発育が進み，夏や秋までに成虫に至る年二化（まれに三以上）のサイクルをもつ．これによって，晩春に減った水生昆虫は夏にかけて増加し，春のピークほどではないが２回目の量的なピークがあると

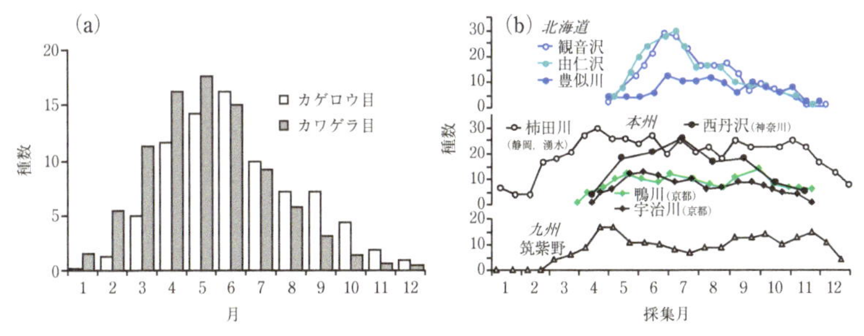

図 4.1-3　(a) カゲロウ目とカワゲラ目の成虫の期待出現種数，(b) トビケラ目成虫の採集種数の季節変化

((a) は丸山・花田, 2016 における国内各種の出現月の情報を参照して作図，(b) は津田, 1942; 野崎・行徳, 1990; Nozaki and Tanida, 2007; 伊藤・久保, 2011; 久原, 2011; 小林ほか, 2017 を参照して作図）

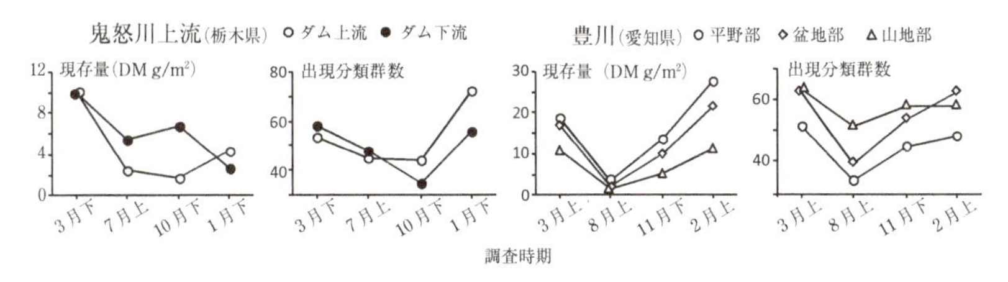

図 4.1-4　早瀬における底生動物（現存量，分類群数）の季節変化の事例

（小林ほか, 2010; 小林ほか, 2011 を参照して作図）

考えられている（Hynes, 1970）.

以上をふまえ，ある地点の底生動物群集を把握するには，冬から早春の調査は欠かせない．種同定のしやすさからは，個体が大きく成長した晩冬から早春がよい．ただし，晩秋に幼虫が現れて初冬に羽化してしまう種もいる（カワゲラ目など）．また，成虫の大発生で有名なオオシロカゲロウの幼虫やコウチュウ目成虫の一部は晩春から夏でないと出現しない．したがって，生息種を押さえるには，冬（特に初冬）と夏（特に大きな増水の前）の調査が必要となる．現存量や群集構造を知るには，四季やそれ以上の頻度の調査が求められる．また，特定の種が対象であれば，生活史各ステージに対応する時期の調査が必要となる．

B. 増水に対する底生動物の反応

平水時に形づくられる底生動物群集は増水（あるいは減水）によって乱される．増水時に生じる強い水流や砂礫の移動は底生動物にとって撹乱であり（**2.2** 参照），個体の移出や死亡によって増水後の個体数や種数は減少する．小さい増水なら影響は小さいが，大きい増水だと個体数や種数は0に近づき群集はリセットされた状態になる（**図 4.1-5**）.

年に6～7回以上あるような小規模の増水では，個体数や種数の大きな減少はない（砂河川を除く）．河床付近の流速の増加によって，底生動物の偶発的な流下は増えるが，多くの個体は河床の隙間に身を留めて流出を免れる（Holomuzki and Biggs, 2000; Gibbins *et al.*, 2007）．ただし，砂や落葉は動きやすく，礫の表面に付着するシルトや過剰に成長した糸状藻類は剥がれやすいため，これらを生息場とする底生動物は一緒に流されやすい．

年に3～5回程度の中規模の増水では，砂や砂利など河床の細かい土砂成分が動

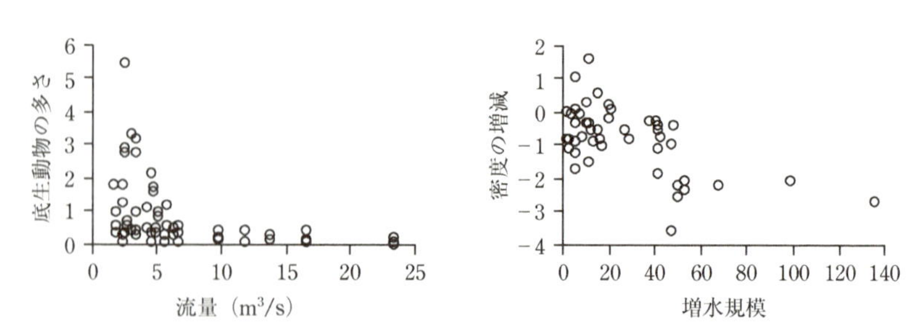

図 4.1-5 増水規模と底生動物多さの関係の事例

（左は Sagar, 1986（砂河川），右は McMullen and Lytle, 2012（既存事例のメタ解析）を参照して作図）

き，それらの衝突などにより攪乱の度合いが増す．そのため，底生動物が定着している石がたとえ動かなくても底生動物は影響を受ける（Gibbins *et al.*, 2007）．また，普段は淵や水際である場所で大きな流速が生じ，普段の瀬では逆に流速が低下しうる．こうした環境変化もあるため，増水後は個体数や種数が大きく低下する．ただし，地点の中には攪乱の影響が少ない場所も存在し，増水後の群集の回復に貢献すると考えられている（加賀谷, 2005 や三宅, 2013 に詳しい）．

1年～10年に1回のような大規模な増水では，河床全体で土砂が動き，侵食と堆積によって河床地形が変化する．攪乱を免れるのは河川間隙水域（**1.3** 参照）の深い部分などに限られるため底生動物のほとんどが移出・死亡し，地点全域で生息数は極めて小さくなる．数十年以上に1回の極大規模の増水では，激しい侵食と堆積によって低水路とともに高水敷の地形も変わるため河川景観が一変し，底生動物の生存はさらに厳しくなる．

C. 増水後の底生動物の回復

増水の直後から群集の回復が始まる．小～中規模の増水で，地点内に生き残る個体が多い場合は，速い回復が見込まれる．平水時に人工基質を河床に設置すると，底生動物がすぐに侵入定着し始め，10日以内に個体数や分類群数が頭打ちになる事例が多い（**図 4.1-6** 左の例，Mackay, 1992 や三宅, 2013 に詳しい）．

中～大規模の増水で，地点内に生き残る個体が少ない場合，底生動物群集の回復は，陸域にいた成虫による産卵や，地点外（上流や周辺河川など）からの個体の供給に依存することになる．増水後に個体数や種数は徐々に増え，その増加が落ち着くには数週間～数か月かかる（**図 4.1-6** の中央2つの例）．ただし，最初は移動

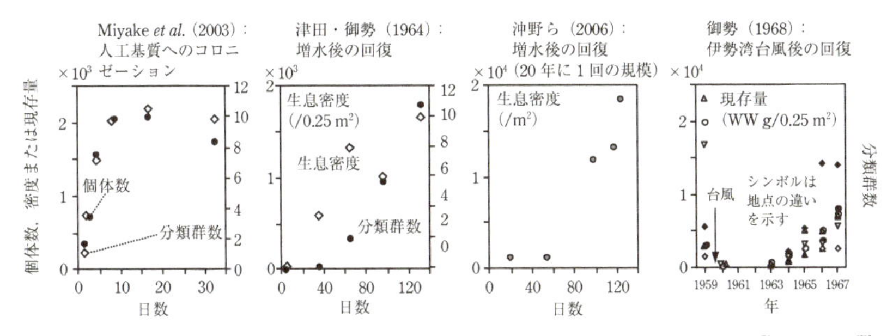

図 4.1-6 平水時における人工基質への底生動物の侵入定着（左）と，増水後の底生動物の生息数や分類群数の回復（右 3 つ）の事例

（各研究の図を参照して作図）

性の高い種などを中心に群集が回復し，それ以外の種を含めた回復には数か月～1年以上かかる（Collier and Quin, 2003; Niemi *et al.*, 1990）．

極大規模の増水後は河川景観が一変する．河床は不安定な土砂に覆われるため，底生動物が地点外から供給されても定着には至らない．群集が増水前の状態に戻るには，まず河床地形が戻る必要があり，極端な場合は地形や生物群集が新たな状態へシフトすることも考えられる．奈良県の吉野川では1959年の伊勢湾台風により底生動物群集が破壊され，現存量や造網型の優占が以前のレベルに戻るまでに5年以上かかった（**図 4.1-6** 右の例）．

回復の速さは時期によっても異なる（Wallace,1990; Mackay, 1992）．増水後がちょうど産卵や移動が盛んな若齢の時期にあたれば，速い回復が期待される．たとえば，発電導水路における人工基質へのトビケラの定着は，そうした時期のひとつにあたる初夏に盛んであった（藤永・坂口, 2009）．また，夏の大規模な増水で底生動物が減った数か月後に，ちょうど産卵期をもつトビケラにより個体数が急激に増加した例もある（千曲川の事例，沖野ほか, 2006，Kimura *et al.*, 2008）．

増水直後は底生動物が少ないため，通常の目的の調査には適さない．増水後に底生動物が増えて変化が落ち着くのに，増水が小規模であれば1週間程度，中規模であれば数週間から1月程度，大規模であれば数か月をみておく必要がある．いっぽう，増水の影響を見る目的であれば，増水後間もない時期の調査もしたいところである．また，日本では夏や秋の増水（降雪地域では融雪増水）は当然で，増水のない時期ばかりの調査では逆に偏った結果となってしまう恐れもある．

4.1.3　調査する場所：空間分布をふまえて

A.　生息場の基本：瀬淵構造

野外調査では，まず対象の地点を決めて，川の流れに沿って長さ10～100 mの調査区間を設ける．しかし，区間内の場所によって生息する底生動物は異なるため，採集場所によって調査で得られる結果が大きく変わる（生息場の分類については**1.2**および**2.1**も参照）．

まず考えるのは瀬と淵の違いである．河川では通常，河床地形のひとつである瀬淵構造がみられる（**図 4.1-7**，ただし，河川源頭，河口近く，岩盤河床，土砂堆積が卓越した平坦な河床などを除く）．瀬は浅くて流れの速い場で，流水性の底生動物の中でも急流（速流）性の種（酸素を多く必要とし，流れの中でとどまることができる種）が多く生息する．淵は深くて流れの遅い場で，緩流性の種（酸素を多くは必要としないが，流れの中でとどまれない種）が多く生息する．瀬はさらに早瀬

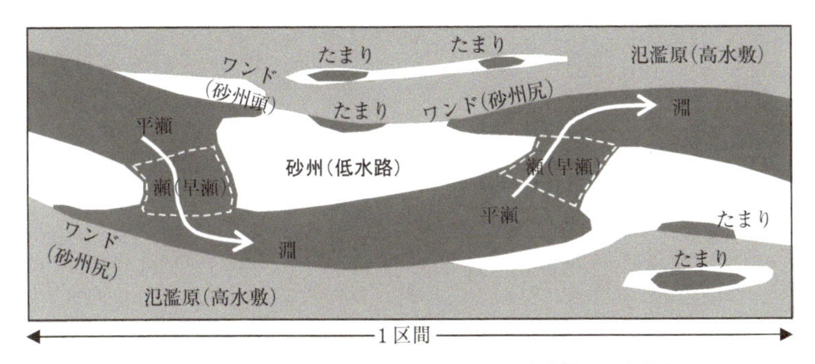

図 4.1-7　河川における瀬淵構造と代表的な生息場の空間分布

(浅く水面が白波立つ）と平瀬（やや深くより穏やかな波）に分けることが多い．一般に，平瀬や淵に比べて早瀬で底生動物の現存量や分類群数は大きいが（小林ほか, 2011)，河床の礫が動きやすい状況では早瀬で小さい場合もある．

特に河川の中流や下流では，主流路にある瀬や淵に対して，主流路に接合する二次流路に形成される「ワンド」や，氾濫原のくぼ地に形成すされる「たまり」とよばれる止水的な生息場も存在する（**図 4.1-7**）．こうした生息場には主流路にはすめない止水性の底生動物が生息する．たとえば，泥質を好むトンボ目幼虫やドブガイの仲間，遊泳を得意とするカメムシ目やコウチュウ目，浮遊生活を送る甲殻類の仲間（もはや底生動物とはいえない）があげられる．なお，たまりは増水時には主流路と接続し流水環境になるため，池や沼など完全な止水域とは生息場としての意味が異なる．

B.　より細かな空間分布

瀬と淵に区分しても，それぞれの中で場所による底生動物の「多い・少ない」がある．底生動物の分布にとくに重要な要素の1つは底質(河床の砂礫, 有機物といった基質）である．瀬では底質が砂，礫，石といった土砂であることが多く，砂礫サイズ（土砂粒径）が底生動物の分布に重要である．種ごとに好適な砂礫サイズは異なるが，底生動物全体としては砂礫サイズが大きいほど生息密度，現存量，分類群数が高い・多い傾向にある（小林・竹門, 2012, 2013; 小林ほか, 2013，**図 4.1-8**）．ただし，大石（> 256 mm 以上）や岩など粒径サイズが大きすぎるととくに分類群数は下がる場合がある．粒径サイズとともに底生動物が多くなる理由としては，砂礫間の空隙が豊富になること，砂礫の安定性が増すこと（動きにくくなること）などが考えられる．増水時における流れ（掃流力）の空間変異によっては，砂礫サイズ

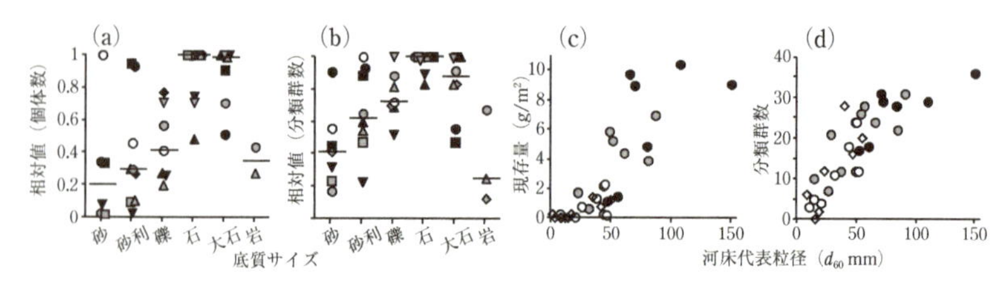

図 4.1-8 自然河床における底質サイズと底生動物の関係

(a) と (b) は既存研究ごとに最大を1としたときの各底質サイズでの相対値（シンボルは各研究，横バーは各底質の中央値），(c) と (d) は1河川における多数の瀬の比較（シンボルは異なる瀬の地形タイプ）．

（小林・竹門, 2012; 2013を参照して作図）

が同等であっても河床攪乱の程度や底生動物現存量が大きく異なる場合がある（Kobayashi *et al.*, 2013）．また，同じ砂礫サイズであっても，はまり石よりも浮石であるほうが，空隙が豊富で底生動物が多いと考えられる（竹門, 1995）．

淵では砂礫，落葉，倒木，水生植物などの底質タイプによって動物群集が大きく異なる（Minshall, 1984や加賀谷, 2013に詳しい）．砂にはモンカゲロウなど掘潜型とよばれる種が多い．落葉や枝が集積した落葉パッチには，落葉を食物や巣材に利用するトビケラ目やカワゲラ目の仲間が多い．倒木や水生植物には，カワトンボ科やヤンマ科の仲間など基質をよじ登る長い脚を持つ登攀（とうはん）型の種がすむ．

瀬淵にかかわらず流れの中央と岸寄り（水際）では生息する底生動物が異なる．苔やその他の水生植物は岸にみられやすいため，それらを生息場として利用している種は当然岸寄りに多い．飛沫帯など常に湿った場所を好むノギカワゲラやミヤマタニガワカゲロウの仲間や，湿った陸域でも活動できるガムシやゲンゴロウ，ミズスマシの仲間（成虫）は，分布が水際に限られている．また，瀬の岸寄りで石が砂等に埋もれずに浮き石状態になっていると，コオニヤンマ，カワゲラ科，ヘビトンボ，ヒゲナガカワトビケラ，テナガエビ類など体サイズが大きい底生動物が集中してみられる場合がある（Kobayashi *et al.*, 2013）．

以上をふまえ，採集前に地点内にどのような生息場が存在するかを把握することが重要である．たくさんの分類群をみつけるには，なるべくさまざまな生息場（早瀬，淵，ワンド，たまりなど）で，各生息場において複数の底質タイプ，また中央と岸寄りのそれぞれで採集することを心がける．

C. 地点間（流程間）の変異

底生動物群集は地点（区間）や流程によって異なる．河川において流程とは，1 河川における上流，中流，下流の違い，またはより細かな河川縦断的位置の違いをさす．底生動物の多くの種は上・中・下流のいずれかに分布が偏り，上流から下流へ種構成が変わる．こうした上下流の空間変異には生息場構造，水温，エサ資源の違いが関係している（Vannote *et al.*, 1980）．河川全体の底生動物相を知ろうとするなら，源頭から河口まで異なる流程で調査する必要がある．また，水質や物理環境の底生動物相への影響を野外で見ようとするなら，比較する地点間や河川間で河川規模（河川次数や流域面積，**1.1** 参照）をそろえることがまず求められる．

上流，中流，下流のそれぞれにおいて，峡谷，盆地，平野といった谷の地形によって，またそうした谷地形の中の上流側か下流側かで，河床地形や底生動物の生息場構造が異なる．たとえば，盆地部や平野部の上流側は峡谷部の出口で扇状地地形となりやすいいっぽうで，盆地の下流側はさらに下流の峡谷部の背水効果で流路の周辺に氾濫原湿地が発達しやすい．また，支川の流入の前後，ダムや堰の前後でも生息場や底生動物群集が異なる．このほかにも，河畔の状態（森林の被覆の有無や樹種や樹齢，護岸の有無など），下水や工場など排水を行う施設の有無，集水域の地質や土地利用（森林，田畑，市街地など），流れの起源や永続性（湧水，湖流出，時期的な瀬切れの有無など）などが底生動物群集に影響する．こうした情報は地形図等で確認し調査地点を決めるとよい．

4.1.4 調査法：採集の方法と必要器具

河川における底生動物の採集は，対象となる河床を人為的に攪乱し（掘る，起こす，擦る），それによって浮遊した底生動物を，すぐ下流に構えた目の細かい網で捕らえるのが基本である．採集場所の流れや底質に応じた採集網が考えられている（Merritt *et al.*, 2008 に詳しい）．攪乱は通常，人の手足で行うが，魚類採集のように電気漁具を用いた事例もある（Taylor *et al.*, 2001）．採集は定量と定性に大別される．

A. 定量採集

定量採集では，河床の一定面積から底生動物を採集する．方形枠（コドラート）を河床に置き，枠内の河床を攪乱して流された底生動物を下流に構えた網で受ける．定量採集でもっとも普及している網は，方形枠と網が一体のサーバーネット（Surber net，**図 4.1-9** 左）である．方形枠の一辺は 25 cm，30 cm，または 50 cm，網目は

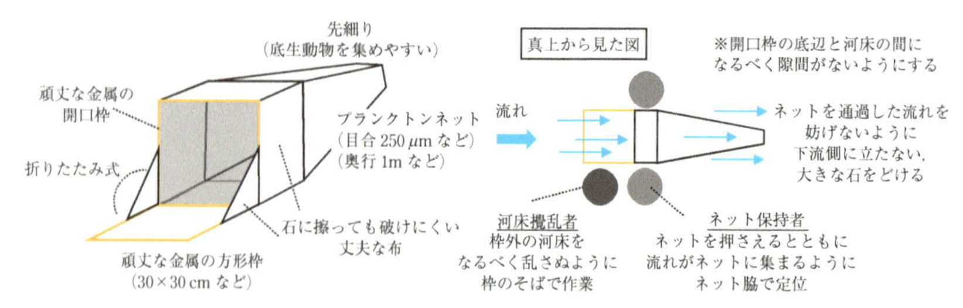

図 4.1-9　サーバーネットの特徴（左）とこれによる採集の仕方（右）

約 0.025 mm または約 0.5 mm のものがよく使われる．網の奥行の長さは開口部の 2 倍以上である場合が多い．基本的には 1〜2 名がサーバーネットを河床に押さえて，別の 1 名が河床を攪乱する（**図 4.1-9** 右）．

定量採集は方形枠内のすべての底生動物を捕まえるつもりで作業にのぞむ．攪乱する者は，河床を十分に掘り起こし（5〜10 cm 程度），石ひとつひとつの表面をていねいに擦る．いっぽう，方形枠外の底生動物がネットに流れ込まないように立ち位置などを考え，また採集前に上流側を歩かないようにする．ネットを河床に押さえる者は，ネット口に入る流れを妨げぬように，ネットで逆流が起こらない位置でネットを保持する（**図 4.1-9** 右）．

急流や河床の礫が大きい場所では，流れの乱れによって底生動物がサーバーネットの枠外に流されてしまう可能性がある．こうした場所では，開口部の大きいネット（D フレームネットなど）などを用いて採集効率を高める．また，採集場に影響しない範囲で，ネットと河床の間に隙間を生じさせる礫や流れの障害となる礫を前もって取り除く．

淵などの緩い流れでの定量採集にサーバーネットはあまり適していない．こうした場所では，採集場所を筒や網で取り囲み底生動物が四方に拡散しない工夫をする．囲いの一部に採集用の袋状の網がついているボックスサンプラーやヘスサンプラー（Hess Sampler）がよく使われる（Merritt *et al.*, 2008 を参照）．

定量採集をすることで密度（個体数 /m^2）や現存量（g/m^2）を評価できる．理想的には，一区間に存在する各生息場の面積割合を記録し，生息場ごとに定量採集を行いたいが，ひとつひとつの採集に時間を要するため，多いサンプル数はあまり現実的ではない．実際には，どの地点にも存在する瀬（早瀬）で定量採集を行うことが多い．また，通常はサンプルの繰り返しが必要である．個体数などで信頼性の高い平均値を得ようとすると，ばらつきの程度によって 100 以上など非現実的なサンプル数が必要になる（渡辺・原田, 1976; Merritt *et al.*, 2008 を参照）．河川水辺の国勢調査では定量採集の繰り返しを3としているが，多数地点の調査ではこれくらいの数が現実的である．

B. 定性採集

定性採集では，区間内に存在する生息場ごとに大雑把ながら採集を行うことで地点内をより広く調査し，限られた時間の中でできるだけ多くの種を捕まえることを目的とする．地点間で採集時間（数分〜10分など），人数（1〜2名など），または採集面積を一定にするなど努力量をそろえることで，個体の多さや種数において比較できることが増える．

定性採集では生息場にあわせて採集網を替えることもあるが，小回りが利いてどの場所でも使用できるDフレームネット（キックネット）を終始用いる場合が多い（**図 4.1-10** 左）．網目は約 0.025 mm や約 0.5 mm のものがよく使われる．複数箇所でやや大雑把な採集を行うため，採れ方に個人差が出るおそれがある．採集におけるポイントの1つは，各生息場の中での流れや底質の空間変異を把握して採集を行うことである．たとえば，10〜20 cm 程度の石が目立つ早瀬であっても，一部岩盤や大石が存在したり，その裏側に砂や砂利が存在する場合がある．淵，ワンド，たまりであればそれぞれの中に砂，泥，落葉，植生などの空間変異がありうる．限られた採集時間の中で異なると思われる環境を網羅することが重要で，そのために採集前に流れや底質の空間変異を確認しておく必要がある．

ポイントの2つめは採集の動作である．瀬では足を使って石をひっくり返すことが典型的な動作であるが，ひっくり返すだけでは離れない個体（たとえば固着型，造網型の底生動物など）がいるので，たまに手で石を擦ることも必要である．淵などの流れのない環境では，足を箒，ネットをチリトリのようにして，足で押し込むのが典型的な動作である．倒木や植生のあるところでは，片端に網を構えて反対側

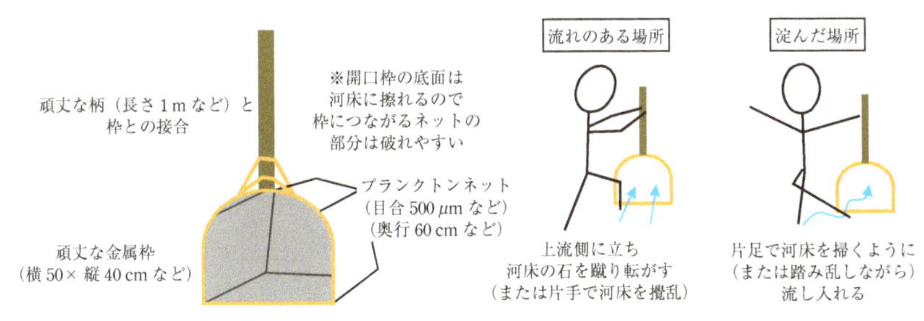

図 4.1-10 Dフレームネットの特徴（左）とこれによる採集の仕方（右）

から追い込むように足で掃（はら）ってネットへと押し込む．飛翔・遊泳・移動能力のある底生動物は，ネットで捕獲してから逃げだす可能性があるので，必要に応じて個体をすぐにほかの容器に移す．

底生動物以外の落葉など有機物を大量に採集してしまうと，分別など採集後の作業に時間がかかる．有機物の多いところでは，いくつかの箇所から少しずつ採集するのがよい．また，厚みのある堆積の場合，その全層ではなく，底生動物がとくに多いと思われる表層付近をネットでさらう（同様に，幅のある植生帯ならば縁をさらう）．

C. 人工基質の利用—準定量採集として

人工基質を用いた底生動物の研究は多い．金網やプラスチック網に一定の大きさの礫を詰めて，あるいは既製のレンガやブロックなどを，河床に一定期間設置すると，それに底生動物が侵入定着（colonization）する．1日，3日，1週間など異なる設置期間を設けることで底生動物群集の発達の推移を理解することができる（**図4.1-6** 左の例を参照）．また，異なる環境下（たとえば流れの速い場と遅い場）に同じ基質を設置すれば，底生動物の空間分布に対する基質以外の物理要因の影響を調べることもできる．

通常の採集においても人工基質を利用できる．1～数か月の設置により，十分な数の個体が侵入定着し，その場を反映した群集の形成が見込まれる．自然河床と比べると人工基質は不完全で（粒径の幅が小さい，有機物が含まれない），侵入定着を受ける期間も短いため，人工基質と自然河床の間で量的な比較は難しいが，人工基質の間でさまざまな比較が行える．定量採集の場所が限られている地点（急流，深み，あるいは大石ばかりの川，樹木等により水面が覆われ人が入りにくい川など），代表的な環境条件を判断しにくい地点（不均一性の高い小渓流など）では，こうした人工基質を用いた調査が有効である．

人工基質に決まった規格はない．全体として定量採集のコドラートの大きさ（400～900 cm^2）で5～10 cmの深さのものが扱いやすい．金網やプラスチックの網に礫を敷き詰めるが，網目は礫がこぼれず，かつ底生動物の侵入を妨げない1～2 cm程度がよい．詰める礫は，大きさがそろう市販のものが準備しやすいが，礫表面の滑らかさや色が気になる場合は現地の礫を用いる．周りの河床から突き出ないように河床を少し掘って設置し，杭や重しを使って固定する．回収はDフレームネットなどを下流側に構え，人工基質ごとネットに移す．

自然河床よりも人工基質のほうが生息場としての条件がよいと（たとえば，砂や砂利の多い場所に礫を設置する，あるいは岩床に礫を設置するなど)，底生動物が過度に集中する可能性がある．なお，ベイトトラップなど積極的に誘引する採集は底生動物ではあまり行われないが，北海道の河川ではサケのホッチャレに底生動物が侵入定着することが報告されており（中島・伊藤, 2000; 伊藤ほか, 2006)，雑食性の底生動物に関しては餌を利用した採集も考えられる．

D. 石単位採集―簡便な個体数比較において

自然状態の石 1 つを採集単位とする採集法がある．拳大から頭大の石を 1 つ，下流側においた D フレームネットにそっと移してから引き上げ，石に付いていた底生動物を集める．石の表面積は，楕円体を仮定して石の長径，中径，短径から求めたり（Graham *et al.*, 1988 による近似式，表面積 = 1.15（xy + yz + xz)，xyz は 3 径のいずれか)，石を覆うのに必要なアルミホイルの重さを基に推定される．これにより底生動物の数を石表面における密度として定量化することができる．人工基質のように，設置の準備や底生動物が侵入定着するまで待つ必要がない．また，底生動物が極端に多く採れることもなく，手軽な採集法である．ただし，河床に潜るタイプの底生動物は採れにくい．また，河床面積あたりを考える定量採集のサンプルと個体数を比較するのは難しい．

E. 流下採集―定性採集の 1 手法として

日中は石の下側に身を潜める底生動物も，夕方になると礫の上面に現れ活発に動きまわる．河床表面で活動する底生動物が，積極的または偶発的に水に流されることを流下（drift）とよぶ．流下は，底生動物の移動・侵入定着における重要なプロセスである．また，夕暮れや薄明に増加する日周性があり（**図 4.1-11**（b)），そのメカニズムや意義を探る研究がなされてきた（水野・御勢, 1972; 大串, 2004; 加賀谷, 2013 に詳しい)．

流れの中にネットを一定時間設置することで，流下する底生動物を採集できる（**図 4.1-11**（a)）．対象地点のさまざまな場所から底生動物が流されてくるので，流下採集は定性採集の 1 つに用いることができる．採集しやすい河床が少ない地点でとくに有効な採集法である．また，小さい沢であれば，全流量をネットで濾過することで底生動物を効果的に採集できる（**図 4.1-11**（d)）．地中からの水の湧き出し口に流下ネットを設置すれば，地下性，河床間隙性，洞窟性の底生動物を採集することも可能である．

流下ネットは，開口部（30 × 20 cm など）に長い（1 m 以上）袋状の網がつながっ

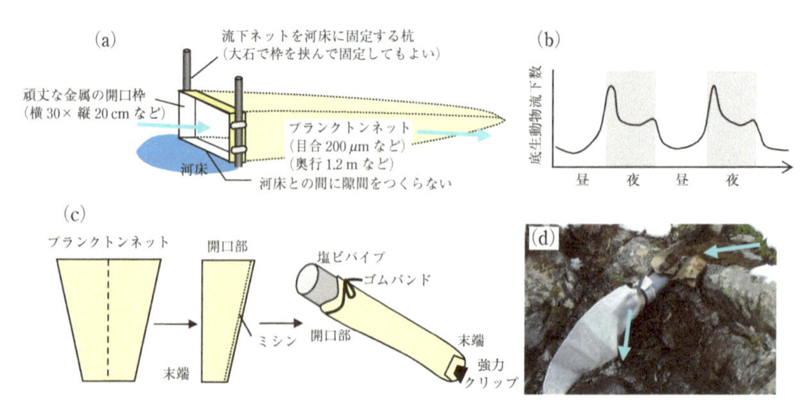

図 4.1-11 (a) 一般的な流下ネット, (b) 流下の日周性の模式図, (c) 簡易流下ネットの作成, (d) 小さい沢で全水量を集めた流下採集の例

たものである(**図 4.1-11** (a), (c)). 流下ネットが流されないように, 杭や石を用いて河床に一時的な固定を行う. ネットの網目は通常 0.2〜0.5 mm 程度であるが, すぐに目詰まりを起こす場合もあり, 長時間設置する場合は 1〜数時間おきにネットの中身を回収して目詰まりをリセットする必要がある. 底生動物が流下ネットにいったん入っても時間があれば網を伝って外に出る可能性があるため, 開口部に「かえし」のような工夫があるとなおよい.

流下ネットを通過した水量(濾過水量)がわかれば, 底生動物の流下密度(個体/m^3)が評価できる. 開口部における流れの断面積, 平均流速, 設置時間から濾過水量が求められる. 流下密度は河床における生息密度とともに群集の活動性の指標になる.

F. 流れの一時的な改変による採集

深い流れでは人が潜れたとしても網を構えて採集するのは極めて難しい. こうした場所では一時的に流れを変えることで採集が可能となる. 重機により大型土嚢を流れの障害物として並べると, その周辺の流速が低下し, 網を使った採集が行える(**図 4.1-12**, Kobayashi *et al.*, 2013). また, 流れが分岐しやすい場所で重機を使って主流路を変える"瀬替え"により, もともとの主流路の水位や流速を低下させることも可能である. なお, 小渓流では, 流れが浅く分岐している場所で, 流れの障害物となっている石をどかしたり石を並べて堰き止めることで, 小規模な瀬替えや淵の水位低下を起こすことができる. 瀬替え等により水位を下げたり干上がらせると, 普段は表面に出てこない種がみられたりする.

図 4.1-12　大型土嚢設置（左：前，右：後）による流れ改変の事例（2008 年 3 月千曲川）

矢印は採集場所

水利施設の人工水路では，施設の点検や清掃作業時に取水ゲートが閉まり，水路から排水がなされ，人の侵入が可能となる．発電所の導水路では，トビケラ類の付着が問題となり，古くからこうした底生動物の調査が行われてきた（津田, 1955; 柴田, 1975; 藤永・坂口, 2005）．排水した水路は濡れているが水深や流速がほとんどない状態なので，通常のサーバーネットや D フレームネットを使用すると隙間からの採りこぼしが多い．水路の底面や壁面が平らである場合, チリトリ型金網（水野・御勢, 1972）の底辺にゴムをあてたようなものが有効かもしれない．

G.　採集物の容器詰め

ネットでの採集物はすぐに袋や瓶などの容器に詰める．この際, バケツ, ピンセット，篩（ふるい）を用いて採集物をうまく集める．なお，容器に詰める前に，水をはったバットに採集物を出せば，生きた状態の底生動物の色や動きを確認できる．

採集物に砂や礫が多い場合，採集物を水とともにバケツ（またはバット）に入れてかき混ぜて, 浮き出す有機物を網や篩に流し込むことで砂礫を除くことができる．携巣性トビケラや貝類，固着・粘着性の高い底生動物は浮遊しないため，それらが砂礫に残っていないか確認しながらこうした作業を数回以上繰り返す．分析しない大きな枝や葉は手で取り除く．径が 10 ～ 20 cm で深さが 5 cm 程度の篩を水流の表面でうまく動かすことで，採集物をきれいに篩の片隅に集めて容器に入れることができる．

固定はホルマリンかエタノールで行う．確実に固定するには前者がよいが，有害性の懸念が少ない後者の使用が主流である．エタノールは採集物が浸かった状態で 70 ～ 80％になるように袋や瓶に入れる．エタノールの使用量を少なくするため，採集物に含まれる水分をなるべくきっておく．エタノールの濃度が低すぎると細胞の固定が不十分になり同定がしにくくなる．濃度が高すぎても底生動物が硬く固まり同定がしにくくなる．サンプルID（採集日時，採集地点・場所を含む）をエタノールで消えない鉛筆等で紙片に記し，忘れずにサンプルと一緒にする．

4.1.5　室内作業

A.　抽出（ソーティング）

サンプルは分析室にもちかえり底生動物の抽出（ソーティング），同定，また必要に応じてサイズや重量の計測を行う．まず，篩を用いてサンプルをいくつかのサイズに分ける．異なる網目の篩（たとえば下から 0.25 mm，1 mm，4 mm など）を重ね，一番上の段にサンプルを出して水で洗い流す．さらに，水を入れたタライにその段の篩を入れて揺さぶり細かい成分を落とす作業が数回必要である．ふるい落とした成分は下の段の篩に流しいれる．このサイズ分けをしっかりすると，ソーティングにおける見にくさなどの不快感が減る．

ソーティングは目，指，姿勢が疲れる作業なので，作業に集中するためには，照明を十分にし，ちょうどよい高さのテーブルと椅子，つまむのに力のいらない先端が尖ったピンセットがあるとよい．空調，換気などの作業環境も重要である．篩で分けたサンプルを白いバットに出して水をはり，ていねいに底生動物を探し，ピンセットで小分けの瓶におさめる．有機物が多くて見づらいときは，サンプルをバットに小出しししながら見る．数が極めて多い場合，サンプルを均等に分割して一部だけソーティングすることもありうる．なお，初心者には底生動物に見えないもの（脚がない分類群や卵や蛹のステージ，葉や砂の巣に入ったトビケラやユスリカなど）も多いので，最初は経験者に確認してもらう必要がある．底生動物は 60～70％かそれ以上の濃度のエタノールで保存する．

B.　同定

同定は実体顕微鏡や光学顕微鏡を用いる．水生昆虫の場合，倍率が 10～20 倍の実体顕微鏡があれば，全体の形や，色や斑紋，外部器官の有無などを用いる科レベルの同定は可能である．倍率が 50～60 倍の実体顕微鏡があれば，大きめの外部器官の形状，トゲや毛の有無などを用いる属レベルの同定が可能である．小さい器官の形状を用いる種レベルの同定や，小個体の属レベルの同定には倍率が 100 倍以上の実体顕微鏡または光学顕微鏡が必要である．また，顕微鏡下で個体を十分に照らす照明装置が必要である．ピンセットで底生動物を見やすいように押さえ，顕微鏡で焦点を合わせるのに最初は時間がかかる.

同定に必要な基本的な文献としては「日本産水生昆虫　科・属・種への検索（川合・谷田, 2005）」,「日本産水生昆虫検索図説（川合, 1985）」や「日本淡水生物学（川村・上野, 1973）」があげられる．分類群によってはより詳細で最新の文献が必要で，河川水辺の国勢調査の「種の同定にあたっての参考文献および注意事項」（下記URL）が参考になる．また，国内で確認されている生物のリスト（下記URL）で国内にどれくらいたくさんの分類群がいるか確認しよう．なお，初心者には少々難しい文献もあり，絵合わせをして分類群の当たりをつけることから始めるとよい.「原色川虫図鑑〈幼虫編〉（丸山・高井, 2016）」,「水生昆虫ファイル（刈田, 2002; 2003; 2005）」,「兵庫の川の生き物図鑑（兵庫陸水生物研究会, 2011）」や，公表はされていないが各地の河川観察会や水生生物の研究会で用意される資料を手に入れることをおすすめする.

文献：

http://www.nilim.go.jp/lab/fbg/ksnkankyo/mizukokuweb/system/DownLoad/bunken/teisei_bunken.xlsx

生物リスト：http://www.nilim.go.jp/lab/fbg/ksnkankyo/mizukokuweb/system/seibutsuListfile.htm

（※ 2019 年 4 月 26 日時点での情報,「河川水辺の国勢調査」または「河川環境データベース」を検索してもみつかるだろう）

C. 計測

分類群ごとに個体数を計数し, 重量を測定する．特定の分類群に注目するときは，その分類群の個体ごとに重量やサイズを測定する．巣に入った個体はちぎらないように慎重に取り出して測定する．重量には湿重量（wet mass, WM），乾燥重量（dry mass, DM），灼熱減量（ash free dry mass, AFDM）がある．湿重量は余分な水分をペーパータオル等でとって測定する．乾燥重量を求めるにはその前に 60℃で 48 時間以上乾燥させる．灼熱減量は，乾燥重量から 500℃程度で数時間以上燃焼した後の灰の重量を差し引くことで求まる．また，分類群ごとにサイズと重量の関係式が示されているので（水野・御勢, 1972; Benke *et al.*, 1999），サイズを測定して重量を推定することもできる．なお，サイズというのは通常は頭部先端から腹部末端までの長さで触角や尾は含まない．サイズとして齢期（発育ステージ）に対応して段階的に増加する頭幅を測る場合がある（むしろ，齢期を特定するために頭幅の頻度分布を調べることがある）.

4.1.6 結果の整理—既存データと比較できるかたちに

A. 動物相リスト

動物相リストが全ての分析の基礎となるため，正確で分かりやすいものをしっかりと作成する．エクセル等を使って横／列にサンプルID（採集日や地点名など），縦／行に分類群名が並んだ表をつくり，各マス／セルに記録した個体数や重量を入れる（**表 4.1-1**）．分類群の順番は「日本産水生昆虫　科・属・種への検索（川合・谷田, 2005)」，や「日本淡水生物学（川村・上野, 1973)」の記載順，または，上記URLの河川水辺の国勢調査「生物リスト」を参考にする．分類群名として一番細かいレベル（種や属）の情報が最低限必要であるが，目や科の情報も階層的に示すとよりていねいである．通常は限られたサンプルや地点にしか出てこない分類群が多く，空白や0のマスが目立つだろう．定量採集の場合は採集面積，定性採集の場合は採集時間などの努力量も忘れずに入力する．

個体ごとに重量やサイズを測った場合は，1列目に分類群名，2列目にサンプルID, 3列目に重量やサイズ，というふうに各列に情報を入れると，エクセルのピボットテーブルの機能を用いて，各地点における各分類群の合計数や平均サイズなどの集計をしたり，上記に示した縦が分類群名で横がサンプルIDの表を後で作成しやすい．

B. 生息密度と現存量

定量採集における個体数や重量は，採集河床面積で割って生息密度（個体数/m^2, density）や現存量（g/m^2, biomass）とすることで既存データとの比較が可能となる．**表 4.1-2** は河川水辺の国勢調査のデータを基にした冬春期（594地点）

表 4.1-1　動物相リストの例

		個体数			
和名	学名	2018/1/1	2018/1/1	2018/1/1	採集日
		地点 1	地点 2	地点 3	地点名
		0.027	0.027	0.027	採集面積（m^2）
昆虫綱					
カゲロウ目					
コカゲロウ科					
ヨシノコカゲロウ	*Alanites yoshinensis*	0	0	8	
シロハラコカゲロウ	*Baetis thermicus*	12	0	0	
コカゲロウ属の1種	*Baetis sp.*	15	4	0	

表 4.1-2 河川水辺の国勢調査のデータを基にした底生動物現存量の累積頻度分布

累積頻度%	現存量（湿重 g m^{-2}）		累積頻度%	現存量（湿重 g m^{-2}）	
	冬春	夏秋		冬春	夏秋
5	0.72	0.30			
10	1.90	0.78	55	24.46	12.75
15	3.04	1.25	60	29.96	16.78
20	4.96	1.76	65	36.66	20.84
25	7.09	2.40	70	43.63	28.33
30	9.18	3.20	75	52.34	35.85
35	11.62	4.31	80	68.34	46.81
40	14.41	5.82	85	91.15	65.82
45	17.72	7.29	90	136.08	91.80
50	19.56	10.04	95	231.28	145.87

（小林ほか, 2013 を参照して作図）

と夏秋期（607 地点）の日本全国河川の瀬の底生動物現存量（湿重）の累積頻度分布である（小林ほか, 2013）．これを用いて自分の調査地の現存量のレベルを確かめてみよう．現存量を乾燥重量や灼熱減量で測定している場合，換算の目安は乾燥重量：湿重比が 0.15，灼熱減量：乾燥重量比が 0.9 である（小林ほか, 2013 を参照）．

C. 二次生産速度

底生動物の二次生産速度（secondary production）は，単位時間あたりに増加する現存量のことである（通常は g/m^2/year＝年間生産量で示される）．成長がほとんどない大きい個体が中心の群集と成長が盛んな小さい個体が中心の群集では，現存量が同じでも二次生産速度は後者のほうが大きいことは容易に想像できるであろう．基本的には，種ごとに，連続する 2 つの時期の間における平均個体重量の増加分に平均生息密度をかけて 1 期間の生産量が求まり，これを 1 年分合計したものが年間生産量となる（**図 4.1-13**，Benke, 1984 に詳しい）．あるいは，年間の平均的なサイズ構成（各発育ステージの平均重量と平均密度など）から各サイズ（発育ステージ）での生産量を推定し，全サイズを合計して年間生産量を求める場合もある．すべての分類群の生産量の合計が群集としての生産量になる．生産量の推定には通常は 1 月間隔などの採集が求められる．

現存量と二次生産速度の関係の情報が蓄積したことで，平均現存量を用いたより簡易な二次生産速度の推定も行われつつある．1 つは平均現存量に PB 比（生産量：現存量比）をかける方法である．コホート PB 比（個体群 1 サイクルの比）はどの

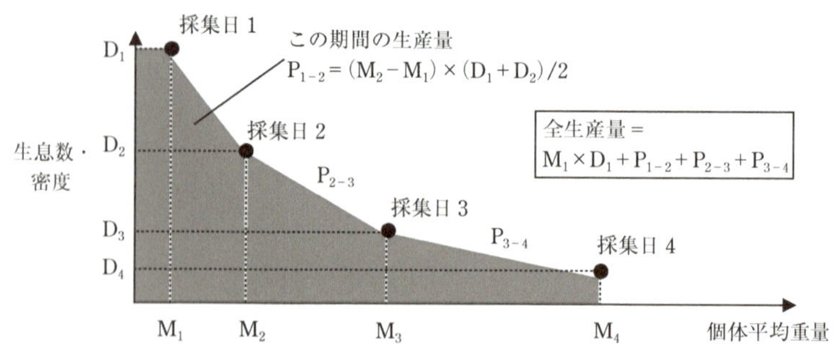

図 4.1-13 底生動物の生息数と重量からの二次生産量の求め方

種でもほぼ5で一定であることから（Benke, 1984），年1サイクルの種であれば年間 PB 比は5と仮定できる（つまり，平均現存量の5倍が年間生産量）．もう1つは，分類群（目レベル）ごとの水温と単位重量あたりの成長量の関係に基づく推定である（Morin and Dumont, 1994; Benke, 1993; Benke, 1993 では各分類群の個体最大重量も推定に用いられる）．特定の期間を対象とするなら，その期間における平均現存量と平均水温を用いる．Benke（1993）に，それまでに推定されたさまざまな河川における年間生産量の値がまとめられている．

D. 種数と多様性

分類群数や多様性指数（Simpson の多様度指数 D や Shannon 指数 H′ など）は，種や属など分類群レベルを統一して算出するのが基本である．しかし，底生動物では科より先の同定が困難な分類群があるため，分類群を科レベルでそろえようとすると，せっかく種や属まで同定した分類群があってもそれが活かされない．基本的に種または属レベルでそろえて一部の科を例外的に同レベルとして扱うか，対象を種または属レベルの情報がそろう特定の目や科に限定するなどの対処案が考えられる．また，河川の代表的な水生昆虫でかつ同定が比較的行いやすい EPT の分類群数を多様性の指標に用いる研究は多い．

全国の河川を対象に行われた河川水辺の国勢調査のデータに基づくと，出現全分類群数は 40～100（最頻値：60～80），EPT 分類群数では 20～50（最頻値：30～40）の地点が多い（谷田, 2010，とくに説明はないが全季節の定量と定性調査を合わせた結果と思われる）．鬼怒川の上流（定量：0.5 m²）や豊川（定量：0.27 m²，定性：10 分× 2 人採集）で行った調査における分類群数は**図 4.1-14** に示すとおりである．採集面積など努力量が異なると分類群数の比較は厳密には難しいが，分類

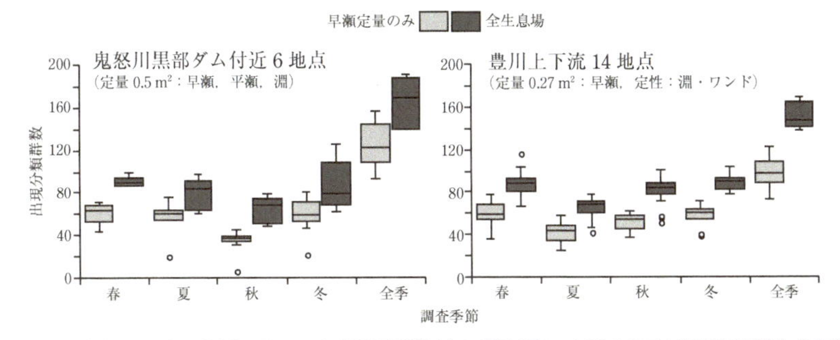

図 4.1-14 鬼怒川上流と豊川における出現分類群数(主に種や属レベル)の箱ひげ図(各調査と全調査)
箱やバーで最小値，第 1 四分位点，中央値，第 3 四分位点，最大値，丸で外れ値を示す.
(小林ほか, 2010; 2011 を参照して作図)

群数は努力量に対してすぐに頭打ちになりやすいと仮定すると，限られた時間に行った調査においては，1 地点で 60 ～ 80 分類群（複数季節であれば 100 ～ 160）以上出現すれば多い，20 ～ 40 分類群（複数季節であれば 40 ～ 80）以下であれば少ないといえるだろう.

E. 機能群分け

どのような特性の分類群が多いかということは, 群集の重要な特徴の 1 つである. 各分類群を，異なる生態特性を持つ機能群（functional group）に区分してみよう.

a. 汚濁耐性

生物に基づく水質判定を目的に，汚濁に対する耐性という観点から，底生動物の強腐水性, α 中腐水性, β 中腐水性, 貧腐水性の区分が古くから行われてきた（津田・御勢, 1964）. 強腐水性の分類群が多ければ汚い水質，貧腐水性が多ければきれいな水質の地点であることが予想される. 汚濁に対する耐性の強い分類群はもともと下流域あるいは緩流や止水に適応した分類群が多いため，河川水質を反映しているのか本来の空間分布を反映しているのか注意する必要がある. なお，汚濁への弱さを数値として各分類群に割り当て，群集の水質指標を算出する方法もある（APST 値など，谷田, 2010 に詳しい）.

b. 摂食機能群（functional feeding group）

餌資源に関係する摂食機能群の区分がよく行われる. 主なグループは，刈取食者（grazer），破砕食者（shredder），収集食者（collector-gatherer），濾過（ろか）食者（collector-filterer），捕食者（predator）である（竹門, 2005; Merritt *et al.*, 2008; 加賀谷, 2013 に詳しい）．たとえば，刈取食者は礫の表面の付着藻類を食べる植食者（grazer），破砕食者は落葉を食べるデトリタス食者（detritivore），収集食者は堆積した細粒有機物を食べるデトリタス食者が多く，これらは一次消費者である．捕食者は自分より小さい底生動物を食べるものが多く二次消費者である．濾過食者には細粒有機物（はがれた付着藻類，落葉の破片，植物プランクトンなどを含む）を食べるデトリタス食者と，流れてきた小動物を食べる捕食者がいる．摂食機能群は口器形態や行動を基に主に属や科レベルで区分されるため，同属種間，齢期や生息場による食性の違いがあっても普通は反映されない．

c.　生活型（life type）

行動が関係する生活型の区分が行われる．主なグループは遊泳型（swimmer），匍匐型（ほふく，crawler），掘潜型（くっせん，burrower），登攀型（とうはん，climber），携巣型（けいそう，case-maker），造網型（net-spinner）である（竹門, 2005; Merritt *et al.*, 2008; 加賀谷, 2013 にさらに詳しい）．巣網をもたない前 4 グループは自由生活型（free living type）としてもくくれる．生活型は主要な生活場の流れや底質と関係する．たとえば，遊泳型は急流より緩流か止水の場を得意とする場合が多い．遊泳型の中から，普段は水面近くにいる潜水型（diver）や水上歩行型（skater）を分ける場合がある．掘潜型は泥や砂や砂利の中に潜り，登攀型は垂直に伸びる植物体などを歩き回り，いずれの底質も緩流か止水の場に多い．匍匐型は底質に接しながら表面や隙間を移動し，さまざまな流れに対応した底生動物がいる．葡萄型において，海外では流れの中で礫上に身を留めることができる clinger と，有機物質（落葉，水生植物，泥）上にいる sprawler/climber を区別することがある（Merritt *et al.*, 2008）．日本では匍匐型において，付着物の少ない滑らかな石表面を好む滑行型（かっこう，glider），粘液を出しながら這う粘液匍匐型（creeper），急流の中で吸盤や爪で底質をしっかりつかみ動きの少ない固着型（attacher）が他と区別される場合がある．携巣型は砂粒または落葉の破片でつくった巣に入って生活するトビケラ目の仲間で（巣材は分類群ごとに異なり多様である），必要な巣材がない場所では生息できない．造網型は石や岩などに巣網を張るトビケラ目，メイガ科，ガガンボ科，ユスリカ科，あるいは絹糸で貝殻を固着させる二枚貝の仲間である（造巣型ともよばれる）．ダム下流など安定した環境では造網型が多く滑行型が少ない（波多野ほか, 2005）．また，群集遷移における極相（最後のステージ）では造網型が優占するという津田（1959）の仮説も有名である．

d.　河床生息型（bed residence type）

著者は，河床上での移動性（固着巣や可携巣の有無）と生息拠点となる河床位置（礫上面，礫間，砂・砂利の中やそれに面した礫下）を考慮した河床生息型の区分を行った（小林ほか, 2010）．底生動物から河床の状態を考えるために従来の生活型の一部を再編成したかたちになる．たとえば，固着巣型は従来の造網型で，礫面－固着巣型，礫間－固着巣型，礫下砂－固着巣型に区分される．可携巣型は従来の携巣型で，礫面－可携巣型と礫下砂－可携巣に区分される．自由型は，従来の固着型と遊泳型を含む礫面－自由型，従来の匍匐型の一部や滑行型を含む礫間－自由型，従来の掘潜型を含む礫下砂－自由型に区分される．安定した河床では固着巣型，不安定な河床では自由型，浮石では礫間型，はまり石や砂・砂利では礫下砂型が多い，岩床では礫間型や礫下砂型が少ない，などが予想される．落葉や水生植物に生息する底生動物には適用できない．

e.　流れ生息場型（flow habitat type）

生息場の流れに基づく底生動物の区分はあまり行われていない．しかし，既存の空間分布の情報を基に流水性（河川にのみ生息），止水性（湖沼にのみ生息），ジェネラリスト（両方に生息可能）に区分することは可能である．また，瀬と淵の両方で調査が行われる場合が多いが，そうしたデータを基に，急流性（瀬のほうに多い），緩流性（淵のほうに多い），ジェネラリスト（瀬淵間で大差なし）に区分もできる（粟

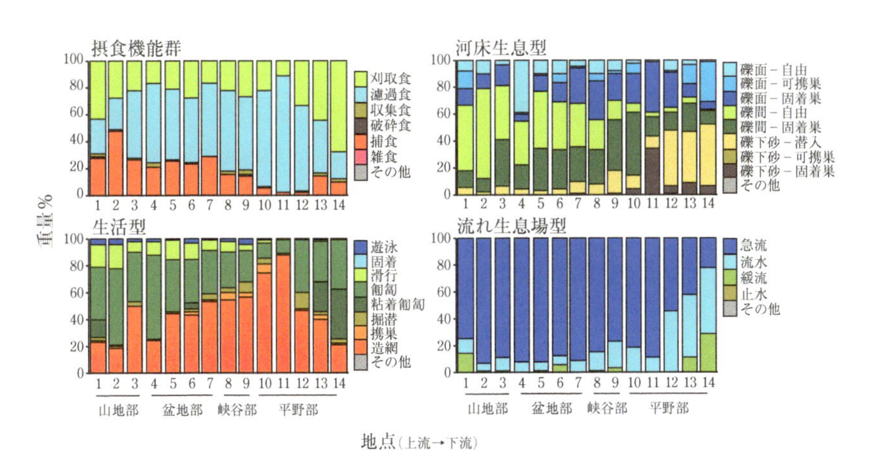

図 4.1-15　豊川 14 地点における早瀬底生動物群集の機能群組成

（小林ほか, 2010 を参照して作図）

津ほか, 2015). なお, 海外には各分類群に流速に関する指標（スコア値や階級）を与えた研究がある（LIFE スコア：Extence, 1999, FST スコア：Dolédec *et al.*, 2007).

まずは**図 4.1-15** のようにさまざまな観点で機能群構成を比較してみよう. 本節末の**付表**に底生動物主要分類群に割り当てられる機能群を示す. この場所にはこういった機能群が多いという傾向が何か見えてきたら, 環境の面でそれを支持するデータはないか, また別の可能性についてもじっくり考えてみよう. 優占する数種によってその構成が大きく左右される場合, それらを除いてもなお同じ傾向がみられるかなどの慎重な見方も必要である.

4.1.7 底生動物をより深く理解するために

A. 本章で扱えなかった調査手法

本章では, 底生動物調査の基本である採集のしかた, 多さや分類群構成の調べ方について述べた. 底生動物の生態を知るうえで室内や野外での飼育もときには必要である. また, 水生昆虫の種組成, 生活史や分布を理解する上で成虫の採集も欠かせない. しかし本章では扱えなかったため, 必要に応じて水野・御勢（1972), Merritt *et al.*,（2008), 谷田（2010）等を参考にしてほしい. 各底生動物の食物は, 顕微鏡による胃内容物観察や個体の安定同位体分析（**5.2** 参照）によって詳しくみることができる. 底生動物の移動分散のしかたや距離については, **4.1.4C** や **4.1.4E** で説明した人工基質や流下の調査, また飛翔する成虫の調査（Smock, 2006 に詳しい), 遺伝子による個体群間の遺伝的交流の度合いの分析（**5.1** 参照）により調べることができる. さらに, 遺伝子の分析により, 種間の系統関係を検討することや, 従来の同定作業をせずに種の有無や群集構造を見ることができる（**5.1** 参照).

底生動物が生息する環境条件として水質や河川地形, 流れや河床材料（**1.2**, **2.1** 参照), 流況や攪乱条件（**2.2** 参照), GIS 情報（**1.1** 参照), また食物条件として付着藻類（**3.1** 参照）や落葉堆積分布（**3.2** 参照）などが底生動物と併せて調査される. 底生動物の生息状況は魚類の多さにより異なるかなど, 魚類（**4.2** 参照）との関係も気になるところである.

B. 情報を収集できる学会や集まり, ホームページ

河川底生動物の研究者が集う学会としては日本陸水学会, 応用生態工学会, 日本生態学会, 日本森林学会があげられる. 基礎的と応用的な研究がみられるであろう. 上記学会で発行される学会誌, また陸水生物学報という学術誌に底生動物の基礎研

究が掲載される．このほかにも工学の分野（河川工学，衛生工学，水資源，水環境）において底生動物の応用的な研究が行われている．有名な国際学会として Society for Freshwater Science，国際学術誌として Canadian Journal of Fisheries and Aquatic Sciences，Freshwater Biology，Freshwater Sciences が知られる．

毎年国内のいずれかの場所で行われる水生昆虫研究会やカワゲラ懇談会，各地域でより高頻度に集会が行われている研究会（北海道水生昆虫研究会，水生昆虫談話会，兵庫陸水生物研究会など）やそのメーリングリストに参加することで，本や論文ではわからないさまざまな情報が得られるだろう．また，各分類群を詳しく扱ったインターネット上のホームページも存在するので，分類群名で検索してみよう．

1990 年から全国の 1 級河川（主に中流や下流域），国道交通省や水資源機構が管理するダムの上流や下流側（主に上流域）で 5 年に一度「河川水辺の国勢調査」が 3 季節ないし 2 季節行われており（**1.1.3B** 参照），その定量調査及び定性調査のデータがネット上で公開されている（以下 URL を参照）．調査した近辺の水系で，通常はどんな底生動物相がみられるのか，自分で採集した種が普通なのか稀なのかといったことがわかるだろう．

河川環境データベース：
http://www.nilim.go.jp/lab/fbg/ksnkankyo/mizukokuweb/
（※ 2019 年 4 月 26 日時点での情報）

C.　川に入らずともわかること―川岸をじっくり観察しよう

水生昆虫は蛹化や羽化のため水の外へ出る．川岸には水生昆虫の生息の証拠がたくさんみつかる．たとえば，トンボ目やカワゲラ目の仲間は，石や岩，木に上がって羽化し，羽化殻（脱皮殻）を残す（**図 4.1-16**a,b）．とくに春から初夏は羽化シーズンであるため，その河川に多く生息する種がいれば，岸沿いの石や岩に羽化殻がたくさんみつかる．カゲロウ目，トビケラ目，ハエ目の仲間は，水中や水面付近で羽化をするため殻は長期に残らないが，羽化直後に水際に殻が大量に漂着していることがある．

ヤマトビケラやニンギョウトビケラをはじめとする刈取食の携巣トビケラは，流れの中や水際の大石の側面で蛹になる．蛹巣は羽化後も数か月以上残る場合があり，幼虫が採集できなくても巣の存在から生息を判断できることがある．種によっては集団蛹化が行われ（**図 4.1-16**c），大石の下流面に隙間がないくらい巣が密集する場合もある．造網トビケラの幼虫の巣も，石や倒木の表面に長期に残されている場合もある（**図 4.1-16**d）．

図 4.1-16 川岸に見られる底生動物の生息の証拠

a：川沿いで集めたオナガサナエの羽化殻，b：大石に集中するミドリカワゲラの褐色の羽化殻，c：ケシヤマトビケラの集団蛹化，d：倒木上に米粒のように残されたナカハラシマトビケラの幼虫巣，e：ハエカビに侵されたコガタシマトビケラ成虫，f：ハエカビに侵されたヒゲナガカワトビケラ成虫，g：干上がった場所の石の裏に取り残されたヒゲナガカワトビケラ幼虫，h：水たまりに密集したカワニナとプラナリア

本章では扱わなかった水生昆虫の成虫のことであるが，川岸の石や倒木の裏で，水には浸かっていないがやや湿った場所にトビケラの成虫が集団で死んでいることがある．これは通称「トビケラの墓」とよばれる．カビが生えて体が白いもので覆われ，触角と翅だけが見える状態の個体が多い（**図 4.1-16**e，f）．

ダム下流など河川の水位が大きく変わる河川では，川岸（陸）に底生動物が取り残されることがある（**図 4.1-16**g）．自由生活型の底生動物は，水位の変化に敏感に反応するが，造網型トビケラなど移動性の低い底生動物は，石の裏にとどまりそこで弱っていく．あるいは，水が減って流れていた場所が水たまりになると，さまざまな種がその水たまりに密集した状況になる（**図 4.1-16**h）．

D. 底生動物のダイナミズムに触れる

時間の限られた通常の調査では，底生動物の動きに触れる機会はほとんどないが，時期や時間帯によっては以下のような集団の動きに出会う可能性がある．こうした底生動物の動きに遭遇したら，少し立ち止まって観察しよう．一般に知られていない行動はまだまだ多く，記録できれば貴重な情報にもなりうる．

集団での動きがみられるタイミングの1つは，流れなどの環境が急激に変わるときである．たとえば，砂防ダムから排砂が行われると，その下流では河床が突然砂に埋まりだし，それを嫌がるさまざまな底生動物が岸部を歩き回る．また，増水後に水が引いていく状況で，川縁近くの淀みから本流へと，さまざまな底生動物種が集団となってぞろぞろと並んで移動することがある．

日周サイクルや生活史に関係する活動は多い．毎日の夕暮れの時間帯は，底生動物のダイナミズムに触れるチャンスである．たとえば，夕暮れにはカゲロウやヒラタドロムシの仲間が付着藻類を採餌するために石の裏から一斉に出てきて石の表面がにぎやかになる．ヘビトンボやカワゲラなどの大型の捕食者は，淀みや水際を歩き回って餌をさがし始める．秋において夕暮れや夜にミゾレヌマエビは大群で水際を通って川の上流へと遡上する．

夕暮れは水生昆虫の羽化や繁殖の時間でもある．5月など多くの種の羽化が集中する時期は，夕暮れになるとそれまで何もいなかった川の上空に水生昆虫の成虫がにわかに集まり高密度となる．一部のカゲロウやトビケラは川の上空や少し離れた木の周辺に蚊柱のように群れて繁殖ペアを探す群飛（swarming）を行う．また，多くの個体が上流を目指して水面上を飛翔する遡上飛行が見られる場合もある．

生物の本来の行動ではないが，暗くなるとカワゲラやトビケラの成虫が川沿いの外灯や家屋の光に誘引される．トビケラが多い宇治川では，春や夏にトビケラ成虫が外灯の光を包みこむように乱れ飛ぶ．外灯の下にはトビケラの死骸がたまり，一晩で 50 cm 積もった例が海外にある（Peterson, 1952）．また，全国のさまざまな河川で，9月の上旬にオオシロカゲロウが一斉羽化することが有名である．年によって外灯のある橋に成虫が大量に降り積もり，車のスリップを引き起こす可能性があり問題となっている．

（小林草平）

付表

底生動物の主要分類群（主に属レベル）に割り当てられる摂食機能群，生活型，河床生息型，流れ生息場型

竹門（2005），Merritt et al.（2008），小林ほか（2010），小林ほか（2011），粟津ほか（2015）における記載やデータを参照に機能群を決定．属レベルの生態の情報に乏しい科や，主要な属が似たような生態を持つと考えられる科については，科レベルで機能群を決定．源頭・小渓流または沼・池（完全な止水域）を主要生息場とする分類群を除く．

科名	種名または属名	和名	摂食機能群	生活型	河床生息型	水流型	メモ
タンスイカイメン	-	-	濾過食	固着	礫面－固着巣	緩流／止水	
ヒドラ	-	-	捕食	固着	礫面－固着巣	止水	
サンカクアタマウズムシ	*Dugesia japonica*	ナミウズムシ	捕食	粘液匍匐	礫下砂－自由	流水	
サンカクアタマウズムシ	*Girardia dorotocephala*	アメリカツノウズムシ	捕食	粘液匍匐	礫下砂－自由	流水	
マミズヒモムシ	*Prostoma*	-	捕食	掘潜	礫下砂－自由	止水	
線虫綱	-	-	-	-	-	-	1
ナガミミズ	*Haplotaxis gordiodes*	ナガミミズ	収集食	掘潜	礫下砂－自由	流水	2
オヨギミミズ	*Lumbriculus*	オヨギミミズ	収集食	掘潜	礫下砂－自由	流水	2
ヒメミミズ	-	-	収集食	掘潜	礫下砂－自由	止水／緩流	
コヒメミミズ	*Propappus volki*	ナガハナコヒメミミズ	収集食	掘潜	礫下砂－自由	流水	2
ミズミミズ	*Dero*	ウチワミミズ	収集食	掘潜	礫下砂－自由	緩流	
ミズミミズ	*Nais*	ミズミミズ	収集食／刈取食	掘潜／匍匐	礫下砂－自由／礫面－自由	緩流／流水	
ミズミミズ	*Ophidonais serpentina*	クロオビミズミミズ	収集食	掘潜	礫下砂－自由	緩流	
ミズミミズ	*Slavina appendiculata*	ヨゴレミズミミズ	収集食	掘潜	礫下砂－自由	緩流	
ミズミミズ	*Stylaria fossularis*	テングミズミミズ	収集食	掘潜	礫面－自由	止水	3
イトミミズ	*Branchiura sowerbyi*	エラミミズ	収集食	掘潜	礫下砂－自由	緩流／止水	
イトミミズ	*Limnodrilus hoffmeisteri*	ユリミミズ	収集食	掘潜	礫下砂－自由	緩流	
ヒモミミズ	*Biwadrilus bathybates*	ヤマトヒモミミズ	収集食	掘潜	礫下砂－自由	流水	
カワニナ	*Semisulcospira*	カワニナ	刈取食	粘液匍匐	礫面－可携巣	緩流	
カワコザラガイ	*Laevapex nipponica*	カワコザラガイ	刈取食	粘液匍匐	礫面－可携巣	緩流	
モノアラガイ	*Radix auricularia japonica*	モノアラガイ	刈取食	粘液匍匐	礫面－可携巣	止水	
サカマキガイ	*Physa acuta*	サカマキガイ	刈取食	粘液匍匐	礫面－可携巣	止水	
ヒラマキガイ	*Gyraulus chinensis spirillus*	ヒラマキミズマイマイ	刈取食	粘液匍匐	礫面－可携巣	止水	
イガイ	*Limnoperna fortunei*	カワヒバリガイ	濾過食	固着	礫面－固着巣	流水	
シジミ	*Corbicula*	シジミ	濾過食	掘潜	礫下砂－自由	流水	
マメシジミ	*Pisidium*	マメシジミ	濾過食	掘潜	礫下砂－自由	止水	
グロシフォニ	*Glossiphonia weberi lata*	ハバヒロビル	捕食	匍匐	礫下砂－自由	緩流	
グロシフォニ	*Helobdella stagnalis*	ヌマビル	捕食	匍匐	礫下砂－自由	緩流	
グロシフォニ	*Hemiclepsis marginata*	アタマビル	捕食	匍匐	礫下砂－自由	緩流	
イシビル	*Dina lineata*	シマイシビル	捕食	匍匐	礫下砂－自由	流水	
イシビル	*Erpobdella testacea*	ビロウドイシビル	捕食	匍匐	礫下砂－自由	流水	
ヒョウタンダニ	*Protzia*	ヒョウタンダニ	捕食	匍匐	礫面－自由	急流	
ナガレダニ	*Sperchon*	ナガレダニ	捕食	匍匐	礫面－自由	急流	
オヨギダニ	*Hygrobates*	オヨギダニ	捕食	匍匐	礫下砂－自由	緩流	
ミズムシ（甲殻類）	*Asellus hilgendorfi hilgendorfi*	ミズムシ	堆積物食	匍匐	礫間－自由	緩流	
マミズヨコエビ	*Crangonyx floridanus*	フロリダマミズヨコエビ	堆積物食	匍匐	礫間－自由	緩流	
ヨコエビ	*Gammarus nipponensis*	ニッポンヨコエビ	破砕食	匍匐	礫間－自由	緩流	
テナガエビ	*Palaemon paucidens*	スジエビ	雑食	遊泳	植物表面	緩流	
ヌマエビ	*Caridina leucosticta*	ミゾレヌマエビ	堆積物食	遊泳	植物表面	緩流	
ヌマエビ	*Paratya compressa improvisa*	ヌカエビ	堆積物食	遊泳	植物表面	緩流	
ヌマエビ	*Neocaridina denticulata sub sp.*	ミナミヌマエビ	堆積物食	遊泳	植物表面	緩流	
アメリカザリガニ	*Procambarus clarkii*	アメリカザリガニ	雑食	匍匐	礫間－自由	止水	
サワガニ	*Geothelphusa dehaani*	サワガニ	雑食	匍匐	礫間－自由	流水	
トビイロカゲロウ	*Choroterpes*	ヒメトビイロカゲロウ	収集食	掘潜	礫下砂－自由	流水	
トビイロカゲロウ	*Paraleptophlebia*	トビイロカゲロウ	収集食	掘潜	礫下砂－自由	流水	
トビイロカゲロウ	*Thraulus grandis*	オオトゲエラカゲロウ	収集食	掘潜	礫下砂－自由	緩流	
カワカゲロウ	*Potamanthus formosus*	キイロカワカゲロウ	収集食	掘潜	礫下砂－自由	緩流	
モンカゲロウ	*Ephemera*	モンカゲロウ	収集食	掘潜	礫下砂－自由	緩流	
シロイロカゲロウ	*Ephoron shigae*	オオシロカゲロウ	収集食	掘潜	礫下砂－自由	流水	
ヒメシロカゲロウ	*Caenis*	ヒメシロカゲロウ	収集食	匍匐	礫面－自由	緩流	3
マダラカゲロウ	*Cincticostella*	トウヨウマダラカゲロウ	刈取食	匍匐	礫間－自由	流水	4
マダラカゲロウ	*Drunella*	トゲマダラカゲロウ	刈取食	匍匐	礫間－自由	急流／流水	

科名	種名または属名	和名	摂食機能群	生活型	河床生息型	水流型	メモ
マダラカゲロウ	*Ephacerella longicaudata*	シリナガマダラカゲロウ	-	匍匐	-	緩流	3
マダラカゲロウ	*Ephemerella*	マダラカゲロウ	刈取食	匍匐	礫間-自由	急流/流水	5
マダラカゲロウ	*Teleganopsis*	アカマダラカゲロウ	刈取食	匍匐	礫間-自由	流水	
マダラカゲロウ	*Torleya japonica*	エラブタマダラカゲロウ	刈取食	匍匐	礫間-自由	流水	
ヒメフタオカゲロウ	*Ameletus*	ヒメフタオカゲロウ	刈取食	遊泳	礫面-自由	緩流	
コカゲロウ	*Acentrella*	ミジカオフタバコカゲロウ	刈取食	匍匐	礫面-自由	急流	
コカゲロウ	*Alainites yoshinensis*	ヨシノコカゲロウ	刈取食	遊泳	礫面-自由	急流	
コカゲロウ	*Baetiella japonica*	フタバコカゲロウ	刈取食	匍匐	礫面-自由	急流	
コカゲロウ	*Baetis*	コカゲロウ	刈取食	遊泳	礫面-自由	急流	6
コカゲロウ	*Cloeon*	フタバカゲロウ	刈取食	遊泳	礫面-自由	止水	
コカゲロウ	*Labiobaetis*	ウスイロフトヒゲコカゲロウ	刈取食	遊泳	礫面-自由	緩流	
コカゲロウ	*Nigrobaetis*	トビイロコカゲロウ	刈取食	遊泳	礫面-自由	急流	
コカゲロウ	*Procloeon*	ヒメウスバコカゲロウ	刈取食	遊泳	礫面-自由	止水	
コカゲロウ	*Tenuibaetis*	ヒゲトガリコカゲロウ	刈取食	遊泳	礫面-自由	流水	
フタオカゲロウ	*Siphlonurus*	フタオカゲロウ	刈取食	遊泳	礫面-自由	緩流/止水	
チラカゲロウ	*Isonychia japonica*	チラカゲロウ	濾過食	遊泳	礫面-自由	急流	
ヒラタカゲロウ	*Cinygmula*	ミヤマタニガワカゲロウ	刈取食	滑行	礫間-自由	急流	
ヒラタカゲロウ	*Ecdyonurus*	タニガワカゲロウ	刈取食	滑行	礫間-自由	緩流	
ヒラタカゲロウ	*Epeorus*	ヒラタカゲロウ	刈取食	滑行	礫間-自由	急流	6
ヒラタカゲロウ	*Heptagenia*	キハダヒラタカゲロウ	刈取食	滑行	礫間-自由	緩流	
ヒラタカゲロウ	*Rhithrogena*	ヒメヒラタカゲロウ	刈取食	滑行	礫間-自由	急流	
イトトンボ	-	-	捕食	登攀	-	止水	3
カワトンボ	*Calopteryx*	アオハダトンボ	捕食	登攀	-	緩流	3
カワトンボ	*Mnais*	カワトンボ	捕食	登攀	-	緩流	3
ヤンマ	*Anax parthenope julius*	ギンヤンマ	捕食	登攀/掘潜	-	止水	3
ヤンマ	*Boyeria maclachlani*	コシボソヤンマ	捕食	登攀/掘潜	-	緩流	3
サナエトンボ	*Anisogomphus maacki*	ミヤマサナエ	捕食	掘潜	礫下砂-自由	緩流	3
サナエトンボ	*Asiagomphus*	アジアサナエ	捕食	掘潜	礫下砂-自由	緩流	3
サナエトンボ	*Davidius*	ダビドサナエ	捕食	掘潜	礫下砂-自由	緩流	3
サナエトンボ	*Melligomphus viridicostus*	オナガサナエ	捕食	掘潜	礫下砂-自由	急流	
サナエトンボ	*Nihonogomphus viridis*	アオサナエ	捕食	掘潜	礫下砂-自由	流水	
サナエトンボ	*Sieboldius albardae*	コオニヤンマ	捕食	掘潜	礫下砂-自由	緩流	
サナエトンボ	*Sinogomphus flavolimbatus*	ヒメサナエ	捕食	掘潜	礫下砂-自由	流水	
サナエトンボ	*Stylogomphus suzukii*	オジロサナエ	捕食	掘潜	礫下砂-自由	緩流	3
オニヤンマ	*Anotogaster sieboldii*	オニヤンマ	捕食	掘潜	礫下砂-自由	緩流	3
エゾトンボ	*Macromia amphigena amphigena*	コヤマトンボ	捕食	掘潜	礫下砂-自由	止水	3
トンボ	*Orthetrum albistylum speciosum*	シオカラトンボ	捕食	掘潜	-	止水	3
クロカワゲラ	-	-	破砕/収集食	掘潜	礫下-自由	流水	3
ミドリカワゲラ	-	-	捕食	掘潜	礫下-自由	流水	
ホソカワゲラ	-	-	破砕/収集食	掘潜	礫下-自由	流水	
オナシカワゲラ	*Amphinemura*	フサオナシカワゲラ	破砕/収集食	匍匐	礫面-自由	流水	3
オナシカワゲラ	*Nemoura*	オナシカワゲラ	破砕/収集食	匍匐	礫面-自由	流水	3
オナシカワゲラ	*Protonemura*	ユビオナシカワゲラ	破砕/収集食	匍匐	礫面-自由	流水	3
ヒロムネカワゲラ	*Cryptoperla*	ノギカワゲラ	刈取食	匍匐	礫面-自由	流水	
カワゲラ	*Acroneuria*	キカワゲラ	捕食	匍匐	礫間-自由	急流	
カワゲラ	*Calineuria*	モンカワゲラ	捕食	匍匐	礫間-自由	急流	
カワゲラ	*Caroperla*	エダオカワゲラ	捕食	匍匐	礫下-自由	-	
カワゲラ	*Gibosia*	コナガカワゲラ	捕食	掘潜	礫下-自由	緩流	
カワゲラ	*Kamimuria*	カミムラカワゲラ	捕食	匍匐	礫間-自由	急流	
カワゲラ	*Neoperla*	フタツメカワゲラ	捕食	匍匐	礫間-自由	緩流	
カワゲラ	*Oyamia*	オオヤマカワゲラ	捕食	匍匐	礫間-自由	急流	
カワゲラ	*Paragnetina*	クラカケカワゲラ	捕食	匍匐	礫間-自由	急流	
アミメカワゲラ	*Isoperla*	クサカワゲラ	捕食	匍匐	礫間-自由	流水	
アミメカワゲラ	*Ostrovus*	コグサヒメカワゲラ	捕食	匍匐	礫間-自由	流水	
アミメカワゲラ	*Pseudomegarcys japonica*	ヒロバネアミメカワゲラ	捕食	匍匐	礫間-自由	緩流	
アミメカワゲラ	*Stavsolus*	ヒメカワゲラ	捕食	匍匐	礫間-自由	急流	
アミメカワゲラ	*Tadamus*	コウノアミメカワゲラ	捕食	匍匐	礫間-自由	流水	
シタカワゲラ	-	-	破砕/収集食	匍匐	礫面-自由	急流	3
アメンボ	*Aquarius paludum paludum*	アメンボ	捕食	遊泳(滑歩)	-	止水	
アメンボ	*Gerris latiabdominis*	ヒメアメンボ	捕食	遊泳(滑歩)	-	止水	
アメンボ	*Metrocoris histrio*	シマアメンボ	捕食	遊泳(滑歩)	-	止水	
カタビロアメンボ	*Microvelia*	ケシカタビロアメンボ	捕食	遊泳(滑歩)	-	止水	
カタビロアメンボ	*Pseudovelia tibialis*	ナガレカタビロアメンボ	捕食	遊泳(滑歩)	-	緩流	
ミズムシ(カメムシ目)	-	-	捕食	遊泳	-	止水	
ナベブタムシ	*Aphelocheirus vittatus*	ナベブタムシ	捕食	遊泳	礫面-自由	緩流	
マツモムシ	*Notonecta triguttata*	マツモムシ	捕食	遊泳	-	止水	

科名	種名または属名	和名	摂食機能群	生活型	河床生息型	水流型	メモ
ヘビトンボ	*Parachauliodes*	クロスジヘビトンボ	捕食	匍匐	礫間－自由	緩流	
ヘビトンボ	*Protohermes grandis*	ヘビトンボ	捕食	匍匐	礫間－自由	流水	
ヒロバカゲロウ	*Osmylidae*	ヒロバカゲロウ科	捕食	匍匐	礫間－自由	急流	
ムネカクトビケラ	*Ecnomus*	ムネカクトビケラ	濾過食	造網	礫面－固着巣	緩流	
シマトビケラ	*Arctopsyche*	アミメシマトビケラ	濾過食	造網	礫面－固着巣	急流	7
シマトビケラ	*Cheumatopsyche*	コガタシマトビケラ	濾過食	造網	礫面－固着巣	急流	
シマトビケラ	*Diplectrona*	ミヤマシマトビケラ	濾過食	造網	礫面－固着巣	急流	
シマトビケラ	*Hydropsyche*	シマトビケラ	濾過食	造網	礫面－固着巣	急流	
シマトビケラ	*Macrostemum radiatum*	オオシマトビケラ	濾過食	造網	礫下砂－固着巣	急流	
シマトビケラ	*Potamyia echigoensis*	エチゴシマトビケラ	濾過食	造網	礫間－固着巣	急流	
カワトビケラ	*Dolophilodes*	タニガワトビケラ	濾過食	造網	礫間－固着巣	急流	8
イワトビケラ	*Plectrocnemia*	ミヤマイワトビケラ	濾過食	造網	礫面－固着巣	緩流	7，8
クダトビケラ	*Paduniella*	ヒメクダトビケラ	刈取食	造網	礫面－固着巣	急流	
クダトビケラ	*Psychomyia*	クダトビケラ	刈取食	造網	礫面－固着巣	急流	
クダトビケラ	*Tinodes*	ホソクダトビケラ	刈取食	造網	礫面－固着巣	緩流	
ヒゲナガカワトビケラ	*Stenopsyche*	ヒゲナガカワトビケラ	濾過食	造網	礫間－固着巣	急流	
キブネクダトビケラ	*Melanotrichia*	キブネクダトビケラ	濾過食	造網	礫間－固着巣	緩流	
ヤマトビケラ	*Agapetus*	コヤマトビケラ	刈取食	携巣	礫面－可携巣	流水	
ヤマトビケラ	*Glossosoma*	ヤマトビケラ	刈取食	携巣	礫面－可携巣	流水	
カワリナガレトビケラ	*Apsilochorema sutshanum*	ツメナガナガレトビケラ	捕食	匍匐	礫下砂－自由	急流	
ヒメトビケラ	*Hydroptila*	ヒメトビケラ	刈取食（吸汁性）	携巣	礫面－可携巣	緩流	
ナガレトビケラ	*Himalopsyche japonica*	オオナガレトビケラ	捕食	匍匐	礫間－自由	急流	
ナガレトビケラ	*Rhyacophila*	ヒロアタマナガレトビケラ	捕食	匍匐	礫下砂－自由／礫間－自由	急流	6
コエグリトビケラ	*Apatania*	コエグリトビケラ	刈取食	携巣	礫面－可携巣	流水	
カクスイトビケラ	*Brachycentrus*	カクスイトビケラ	捕食	固着	礫面－固着巣	急流	
カクスイトビケラ	*Micrasema*	マルツツトビケラ	刈取食	携巣	礫面－可携巣	流水	
アシエダトビケラ	*Anisocentropus*	コバントビケラ	破砕食	携巣	-	緩流	3
ニンギョウトビケラ	*Goera*	ニンギョウトビケラ	刈取食	携巣	礫面－可携巣	流水	
カクツツトビケラ	*Lepidostoma*	カクツツトビケラ	破砕食	携巣	-	緩流	3
ヒゲナガトビケラ	*Ceraclea*	タテヒゲナガトビケラ	捕食	携巣	礫面－可携巣	緩流	
ヒゲナガトビケラ	*Leptocerus*	ヒゲナガトビケラ	収集食	携巣	-	緩流	3
ヒゲナガトビケラ	*Mystacides*	アオヒゲナガトビケラ	収集食	携巣	-	緩流	3
ヒゲナガトビケラ	*Oecetis*	クサツミトビケラ	捕食	携巣	礫面－可携巣	緩流	
ヒゲナガトビケラ	*Setodes*	セトトビケラ	収集食	携巣	礫下砂－可携巣	緩流	
ヒゲナガトビケラ	*Triaenodes*	センカイトビケラ	収集食	携巣	-	緩流	3
ヒゲナガトビケラ	*Trichosetodes japonicus*	ヒメセトトビケラ	収集食	携巣	礫下砂－可携巣	緩流	
エグリトビケラ	*Limnephilus*	キリバネトビケラ	破砕食	携巣	-	止水	3，8
エグリトビケラ	*Nothopsyche*	ホタルトビケラ	破砕食	携巣	-	緩流	3
キタガミトビケラ	*Limnocentropus insolitus*	キタガミトビケラ	捕食	固着	礫面－固着巣	急流	
ホソバトビケラ	*Molanna moesta*	ホソバトビケラ	収集食	携巣	礫下砂－可携巣	緩流	
マルバネトビケラ	*Phryganopsyche* sp.	マルバネトビケラ	破砕食	携巣	-	緩流	3
ケトビケラ	*Gumaga*	グマガトビケラ	収集食	携巣	礫下砂－可携巣	緩流	
クロツツトビケラ	*Neophylax*	アツバエグリトビケラ	刈取食	携巣	礫面－可携巣	流水	
クロツツトビケラ	*Uenoa tokunagai*	クロツツトビケラ	刈取食	携巣	礫面－可携巣	急流	
ツトガ	*Potamomusa midas*	キオビミズメイガ	刈取食（水草食）	造網	-	流水	3
ガガンボ	*Tipula*	ガガンボ	破砕食	掘潜	-	緩流	3
ガガンボ	*Antocha*	ウスバガガンボ	刈取食	造網	礫面－固着巣	流水	
ガガンボ	*Dicranota*	-	捕食	掘潜	礫下砂－自由	流水	
ガガンボ	*Hexatoma*	ヒゲナガガガンボ	捕食	掘潜	礫下砂－自由	流水	
アミカ	*Agathon*	ヤマトアミカ	刈取食	固着	礫面－自由	急流	
アミカ	*Bibiocephala*	クロバアミカ	刈取食	固着	礫面－自由	急流	
アミカ	*Blepharicera*	ニホンアミカ	刈取食	固着	礫面－自由	急流	
アミカ	*Philorus*	ヒメアミカ	刈取食	固着	礫面－自由	急流	
チョウバエ	-	-	収集食	掘潜	礫下砂－自由	緩流／止水	3
ヌカカ	-	-	捕食	掘潜	礫下砂－自由	緩流／止水	3
ヤマユスリカ亜科	*Diamesa*	ヤマユスリカ	収集食	匍匐	礫面－自由	流水	
ヤマユスリカ亜科	*Pagastia*	オオユキユスリカ	収集食	匍匐	礫面－自由	急流	
ヤマユスリカ亜科	*Potthastia*	サワユスリカ	収集食	匍匐	礫面－自由	流水	
ヤマユスリカ亜科	*Sympotthastia*	フサユキユスリカ	収集食	匍匐	礫面－自由	緩流	
エリユスリカ亜科	*Brillia*	ケブカエリユスリカ	収集食	掘潜	-	流水	3
エリユスリカ亜科	*Cardiocladius*	ハダカユスリカ	捕食	匍匐	礫面－自由	急流	
エリユスリカ亜科	*Cricotopus*	ツヤユスリカ	収集食	掘潜	-	流水	3
エリユスリカ亜科	*Eukiefferiella*	テンマクエリユスリカ	収集食	匍匐	礫面－自由	急流	
エリユスリカ亜科	*Hydrobaenus*	フユユスリカ	収集食	匍匐	礫面－自由	緩流	
エリユスリカ亜科	*Orthocladius*	エリユスリカ	収集食	掘潜	礫下砂－自由	流水	

科名	種名または属名	和名	摂食機能群	生活型	河床生息型	水流型	メモ
エリユスリカ亜科	*Parachaetocladius*	ケナガケバエエリユスリカ	収集食	匍匐	礫面－自由	急流	
エリユスリカ亜科	*Parakiefferiella*	ケボシエリユスリカ	収集食	匍匐	礫面－自由	流水	
エリユスリカ亜科	*Tvetenia*	ニセテンマクエリユスリカ	収集食	匍匐	礫面－自由	急流	
ユスリカ亜科	*Cryptochironomus*	カマガタユスリカ	捕食	掘潜	礫下砂－自由	緩流	
ユスリカ亜科	*Demicryptochironomus*	スジカマガタユスリカ	収集食	掘潜	礫下砂－自由	緩流	
ユスリカ亜科	*Micropsectra*	ナガスネユスリカ	収集食	匍匐	-	緩流	3
ユスリカ亜科	*Microtendipes*	ツヤムネユスリカ	濾過食	造網	-	緩流	3
ユスリカ亜科	*Polypedilum*	ハモンユスリカ	収集食	匍匐	-	流水	3
ユスリカ亜科	*Rheotanytarsus*	ナガレユスリカ	濾過食	造網	礫面－固着巣	流水	
ユスリカ亜科	*Stenochironomus*	ハムグリユスリカ	収集食	掘潜	-	緩流	3
ユスリカ亜科	*Stictochironomus*	アシマダラユスリカ	収集食	掘潜	-	緩流	3
ユスリカ亜科	*Tanytarsus*	ヒゲユスリカ	濾過食	造網	-	緩流	3
モンユスリカ亜科	-	-	捕食	匍匐	礫下砂－自由	緩流	
ホソカ	*Dixa*	ホソカ	収集食	遊泳	-	緩流	3
ブユ	*Prosimulium*	オオブユ	濾過食	固着	礫面－自由	急流	
ブユ	*Simulium*	アシマダラブユ	濾過食	固着	礫面－自由	急流	
ナガレアブ	*Asuragina*	クロモンナガレアブ	捕食	掘潜	礫下砂－自由	流水	
ナガレアブ	*Atherix*	ミヤマナガレアブ	捕食	掘潜	礫下砂－自由	流水	
ナガレアブ	*Atrichops*	ヒメナガレアブ	捕食	掘潜	礫下砂－自由	緩流	
オドリバエ	-	-	捕食	掘潜	礫下砂－自由	流水	
ミギワバエ	-	-	収集食	掘潜	礫下砂－自由	止水	
ゲンゴロウ	*Allopachria*	キボシケシゲンゴロウ	捕食	遊泳(潜水)	-	緩流	
ゲンゴロウ	*Platambus*	モンキマメゲンゴロウ	捕食	遊泳(潜水)	-	緩流	
ミズスマシ	*Orectochilus*	オナガミズスマシ	捕食	遊泳(潜水)	-	緩流	
ダルマガムシ	*Ochthebius*	セスジダルマガムシ	捕食	匍匐	礫面－自由／有機物質	緩流／止水	
ガムシ	*Hydrocassis*	マルガムシ	捕食	匍匐	礫面－自由／有機物質	緩流	
ガムシ	*Laccobius*	シジミガムシ	捕食	匍匐	礫面－自由／有機物質	緩流／止水	
マルハナノミ	*Contacyphon*	チビマルハナノミ	刈取食	匍匐	礫面－自由	流水／緩流	
マルハナノミ	*Elodes*	マルハナノミ	刈取食	匍匐	礫面－自由	流水	
マルハナノミ	*Hydrocyphon*	ケシマルハナノミ	刈取食	匍匐	礫面－自由	流水	
ヒメドロムシ	*Grouvellinus*	ナガアシドロムシ	収集食	匍匐	礫面－自由	流水	
ヒメドロムシ	*Leptelmis*	ヨコミゾドロムシ	収集食	匍匐	有機物質	緩流	
ヒメドロムシ	*Optioservus*	マルヒメドロムシ	収集食	匍匐	礫面－自由	流水	
ヒメドロムシ	*Ordobrevia*	ミゾドロムシ	収集食	匍匐	礫面－自由	流水	
ヒメドロムシ	*Stenelmis*	アシナガミゾドロムシ	収集食	匍匐	礫面－自由／有機物質	流水	
ヒメドロムシ	*Zaitzevia*	ツヤドロムシ	収集食	匍匐	礫面－自由	急流	
ヒメドロムシ	*Zaitzeviaria*	ツヤメヒドロムシ	収集食	匍匐	礫面－自由	流水	
ヒラタドロムシ	*Ectopria*	チビヒゲナガハナノミ	刈取食	匍匐	礫下砂－自由	緩流	
ヒラタドロムシ	*Eubrianax*	マルヒラタドロムシ	刈取食	匍匐	礫下砂－自由	流水	
ヒラタドロムシ	*Mataeopsephus*	ヒラタドロムシ	刈取食	匍匐	礫下砂－自由	流水	
ヒラタドロムシ	*Malacopsephenoides*	マスダドロムシ	刈取食	匍匐	礫下砂－自由	流水	
ホタル	*Luciola cruciata*	ゲンジボタル	捕食	匍匐	礫面－自由	緩流	

メモ 1：自由生活性と寄生性の種がいて，自由生活性は収集食，掘潜，礫下砂－自由が多いと思われる．メモ 2：湧水，伏流水性ともいわれる．メモ 3：水生植物／有機物質／泥質を好む。メモ 4：種によって急流性．メモ 5：種によって有機物質を好む．メモ 6：種によって流水性／緩流性．メモ 7：網で捕捉した小動物を捕食．メモ 8：同科の他属も似たような特性を持つと思われる．

4.2　魚類

日本の河川には暖水性の魚種から冷水性の魚種まで幅広く生息する．また，特定の流域だけに着目した場合においても，上流にはサケ科やカジカ科といった冷水性魚種が，下流にはコイ科などの暖水性魚種が生息する．川を眺めていると，水面下にどのような魚がいるのか，どのようにして暮らしているのか，その生活にはどのような環境要因が影響しているのか，そこに私たちの生活がどのようにかかわっているのかなど興味は尽きない．本節では，これら河川に生息する魚類の生態を明らかにするために必要な採集方法から，基礎的な分析に必要な情報の取得方法について解説する．

4.2.1　魚類採集を行う場所の選定

魚類の採集に先立ち調査地を決めなければならない．**1.2** および **2.1** で説明されているように，川の中には水深や流速，河床材料といった環境特性の異なる空間が形成されている．環境特性の異なる空間としてもっとも認識しやすいものは瀬と淵（流路単位）である．一般に，瀬は遊泳能力の高い魚種が，淵は遊泳能力の低い魚種や多くの魚種の仔稚魚が好んで利用する．いっぽうで，魚類が利用する生息場所は生活史段階や時間帯によって変化することも知られている（**図 4.2-1**）．

このように，瀬と淵では生息する魚種や生活史段階が異なるため，河川に生息する魚類を調査する際には，瀬と淵が少なくとも１組以上含まれるように調査区間を設定することが原則となる．調査区間の設定にあたっては，事前に地図情報から調

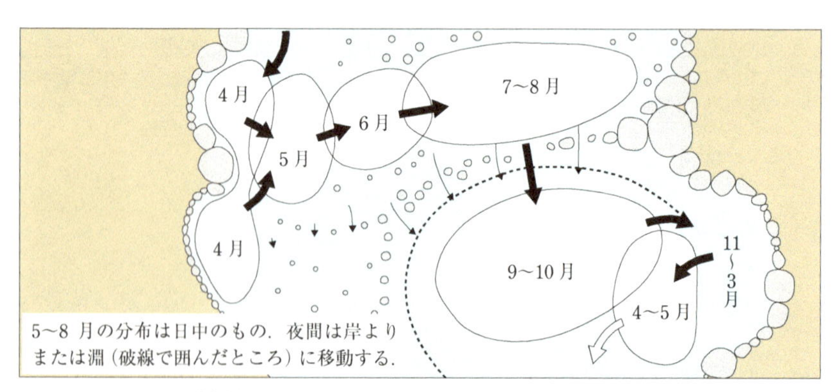

図 4.2-1　生活史段階や時間帯によって変化するサクラマスの生息場所利用

（真山，1993 を参照して作図）

査対象エリアを絞り込んだ後，そのエリアを踏査したうえで，川幅，流速，水深，河床材料，カバー（隠れ場所）量など，魚類の分布や生息量を規定するであろう環境特性について，調査対象エリア全体の環境を代表する場所を選定する．

4.2.2 採集方法

河川に生息する魚類を採集する主要な方法としては，網や筌などを用いる方法と電気漁具（エレクトロフィッシャー）を用いる方法に大別される．それぞれに一長一短があることから，効率的に魚類を採集するには調査地の状況や対象とする魚種に応じて使い分けるとともに，場合によっては複数の採集用具を組み合わせることも必要となる．ここからは，主要な採集用具の特徴を説明する．

A. タモ

もっとも一般的な採集用具のひとつ．単体でも用いられるが，エレクトロフィッシャーで感電した魚をすくうための用具としても使用される．タモ単体で採集する場合には，魚が隠れていそうな場所の下流側に固定し，その上流側から足等で隠れ場所を攪乱しながら網に追い込むようにして採集する．その方法は，通称「がさがさ」ともよばれる．遊泳力の弱い幼稚魚であれば水中を遊泳しているところをすくい取ることも可能である．一般に，定量採集を目的とした調査には適さない場合が多いが，使用にあたっては，特別な技術や知識を必要としないこと，用具が安価であること，さらには都道府県の規則で定められた口径や網地の条件を満たしていれば，採集にあたって採捕許可を得る必要がないというメリットがある．

B. 叉手（さで）網

D型の枠に網地を取り付けたもの（**図 4.2-2**）．タモと同様に，後述するエレクトロフィッシャーと併用される場合が多い．単体で使用する場合は，タモと同様に上流側から魚類を追い込む形で使用する．口径が大きいためタモに比べて採集効率が高い．

C. 投網

読んで字のごとく，魚の生息する場所に投げて使用する網．網地の周囲（円周部分）は袋状に加工されており，鎖状のオモリが付けられている（**図 4.2-3**）．投げた網は円形に開き，着水後は魚に覆いかぶさるようにして沈み着底する．網地の中に閉じ込められた魚は逃げ場所を求めるうちに網地の袋状部分に捕らえられる．水面

図 4.2-2　叉手網およびその使用方法

（平成 28 年度版　河川水辺の国勢調査基本調査マニュアル［河川版］（魚類調査編）（国土交通省）より）

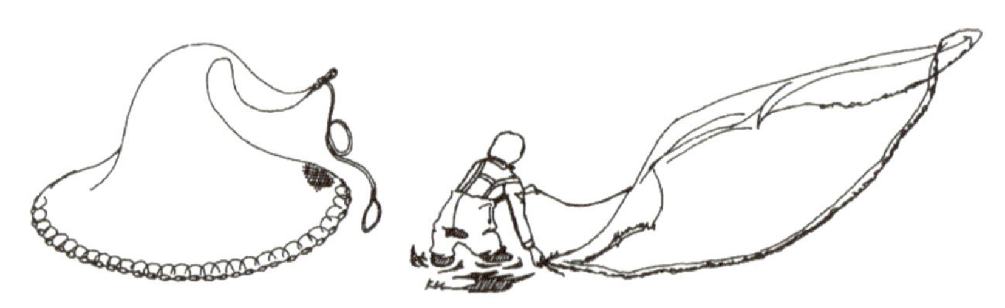

図 4.2-3　投網およびその使用方法

（平成 28 年度版　河川水辺の国勢調査基本調査マニュアル［河川版］（魚類調査編）（国土交通省）より）

が比較的開けており，河床に沈木などの引っかかるものがない場所においてサケ科魚類などの遊泳性魚類を採集する場合に適している．しかし，底生魚類，なかでも河床礫の間隙を好んで利用するカジカ類の採集には適さない．

投網を自在に用いるには熟練した技術が必要とされるが，調査に必要最低限の技術であれば，熟練者の指導を受けることで比較的短期間（数日間）の訓練で習得が可能である．投網は河川魚類を採集する際のもっとも一般的な手法のひとつである．加えて，後述するエレクトロフィッシャーを用いて遊泳性魚類を採集する場合においても，投網を併用することで採集効率を高めることができることから，是非習得しておきたい方法である．

なお，投網の紐の終端は輪になっており，投網を流失しないように手首に結べるようになっている．しかし，これを直接手首に結ぶべきではない．転倒し流された際，紐を取り外すのは困難であり，場合によっては大きな事故につながる．近年では，ゴムリングが採用されている製品も多い．もし，そのような加工が施されていない場合は，ゴム紐等を用いて加工すべきである．

D. 刺網

横長のナイロン網地の長辺上側に浮子（浮き）を下側に沈子（オモリ）を取り付けたもの（**図 4.2-4**）．原則，魚の通過方向に対して直角になるよう設置するが，流れのある場所で使用する場合は流れに対して平行になるように設置する．網地は透明で視認性が低く，魚はその存在に気づかずに網目を通過しようとするが，その際，頭部は通過できても断面積が大きい胴部で網目に引っかかり通過することができない．また，後ろ方向に逃げようとしてもエラが邪魔になり，最終的には網目に刺さったような形で身動きが取れなくなる．ちなみに，刺網は英語ではGill（エラ）netとよばれている．

網にかかるかどうかは魚の大きさと網目の大きさに強く依存する（漁獲選択性が高い）ため，対象とする魚類の体サイズ・体型に応じて使用する網の目合いを選択する．調査の目的によっては，複数の目合いの刺網を使用する必要もある．設置する時間にもよるが，刺網は魚体へのダメージが大きいため，多くの場合，採集時には死んでいるか，かなり弱っていることが多い．仮に生きた状態で採取できても，魚を網から外す際にエラや体表が傷つきやすく，再放流が必要とされる場合の採集方法としては適さない．

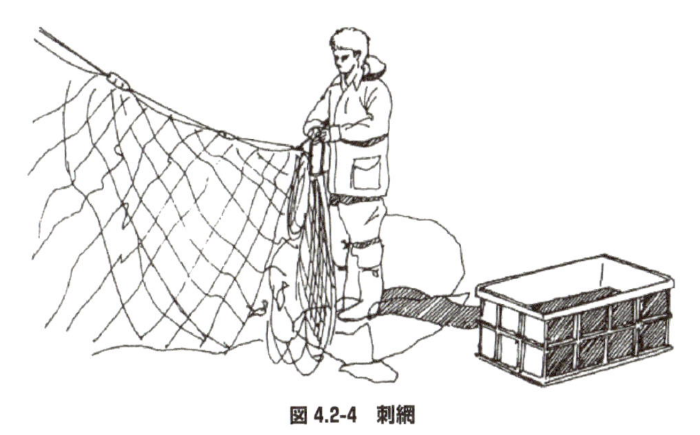

図 4.2-4 刺網

（平成28年度版　河川水辺の国勢調査基本調査マニュアル［河川版］（魚類調査編）（国土交通省）より）

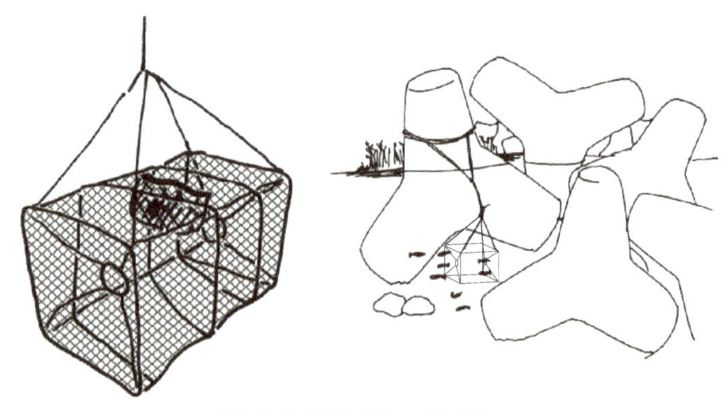

図 4.2-5 篭およびその設置方法

（平成 28 年度版 河川水辺の国勢調査基本調査マニュアル［河川版］（魚類調査編）（国土交通省）より）

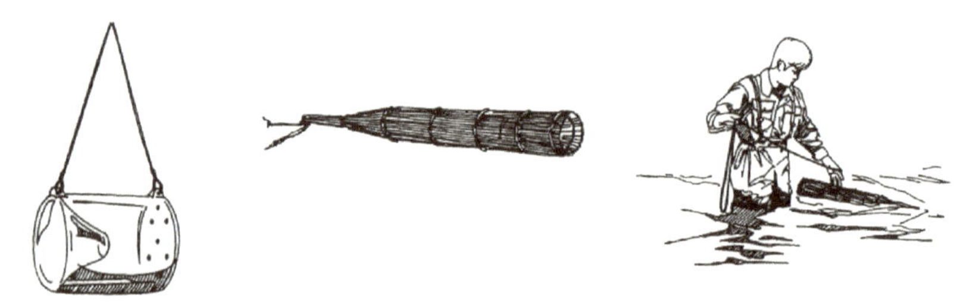

図 4.2-6 胴およびその設置方法

（平成 28 年度版 河川水辺の国勢調査基本調査マニュアル［河川版］（魚類調査編）（国土交通省）より）

E. 篭・胴

篭は全面を網地で覆われた篭状の漁具の総称．網地の一部には穴（入口）が設けられており，篭内部に餌を置き魚を誘引する．入口は内部に向かうほど狭くなる漏斗状の形状をしており，篭に入った魚が外に出にくい構造となっている（**図 4.2-5**）．餌の匂いで誘引するため，雑食性の魚類や甲殻類の採集に有効な方法である．

胴は樹脂や木，竹でできた筒状の漁具の総称．筒の底にあたる箇所に穴（入口）が設けられており，内部に餌を置き誘引する．篭と同様に，入口は漏斗状の形状をしており，一度入ると出にくい構造になっている（**図 4.2-6**）．透明樹脂でできたものは，通称「セルビン」，「ビンドロ」などとよばれる．構造が単純なため，ペットボトルを使って自作も可能である．

F. 電気漁具（エレクトロフィッシャー）

水中に電気を流して，一時的に感電した魚を採集するための用具（**図 4.2-7**）．電源にはバッテリーやエンジン式発電機を用いる．機器を背負って使用するタイプが一般的だが，ボートに設置するタイプや据置きタイプもある．“感電”という言葉からは魚に対して大きなダメージが与えられるような印象を受けるが，元来，魚を傷つけず再放流することを前提に開発されているため，魚へのダメージは一般的に想像されているよりも小さい．適正な電圧を用いれば，多くの場合，数分以内にほぼ正常に遊泳できるまでに回復する．しかし，電圧が高すぎると魚に大きなダメージを与えると同時に，人間が感電した際のダメージも大きいことから，使用電圧の設定には注意が必要である．使用時の電圧は概ね 200 ～ 400 V の範囲が適正であるが，採集に効果的な電圧は河川水の電気伝導率によって決まる．河川水の電気伝導率が高い場合は低電圧で十分な効果が得られるが，清澄な渓流域など電気伝導率が低い場所では電圧を高めに設定しないと効果的に採捕できない．逆に，汚濁が激しい場所や汽水域では電気伝導率が非常に高く，電圧を低く設定してもエレクトロフィッシャーの安全装置が作動するため，使用が困難な場合もある．

スミスルート社のエレクトロフィッシャーでは，直流電流（DC）をパルス状（Pulsed DC）に変換する機能を有しており，パルスの幅や周期を調整することにより，魚類へのダメージの軽減や消費電力の低減を図る（バッテリーの消耗を抑え

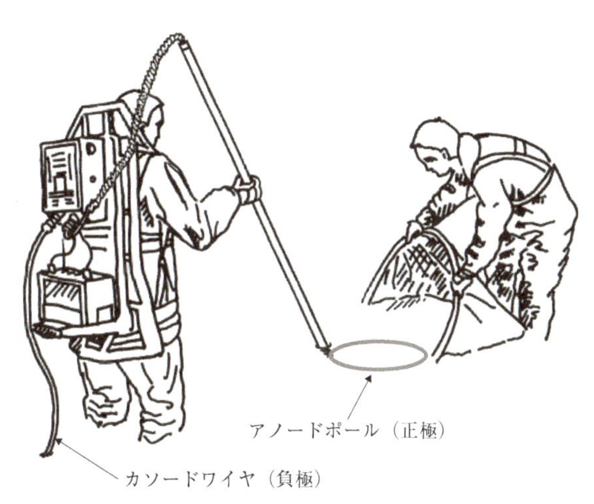

図 4.2-7 電気漁具（エレクトロフィッシャー）およびその使用方法

（平成 28 年度版　河川水辺の国勢調査基本調査マニュアル［河川版］（魚類調査編）（国土交通省）より）

る）ことができる．ただし，その設定パターンは約200種類もあり適切な設定の判別が容易ではない．また，パルス状にした場合，通常の直流電流（DC）を使用した場合に比べて魚を感電させる能力が低下することにより，採捕効率の低下が避けられない場合も多い．このため，希少種を調査対象とする場合のように魚類へのダメージを極力小さくしたい場合や，1つのバッテリーで長時間の採集を行いたい場合などといった目的がある時以外は，通常の直流（DC）で使用されることが多い．なお，直流（DC）の場合，感電した魚は正極（アノードポール）に連続的に引き寄せられるため（注：底生魚は遊泳魚に比べて引き寄せられにくい），カバーの奥に隠れている魚の採集に絶大な効果を発揮するという利点もある．

採集には，エレクトロフィッシャーを背負ってアノードポールを操作する人，感電した魚をタモですくう人の最低2名の人員が必要となる．熟練すれば1人での採集も不可能ではないが，安全面の観点から必ず2名以上で行うべきである．理想的には，アノードポールを操作する人，タモを持つ人，バケツを持つ人の3名体制が望ましい（**図 4.2-8**）．アノードポールに引き寄せられにくい底生魚類を採集する場合は，タモに加えて叉手網を用いることで採集効率が向上する．

機器の特性上，高電圧の電気を使用することから，使用に際しては感電対策に細心の注意が必要とされる．エレクトロフィッシャーを操作するか否かにかかわらず，エレクトロフィッシャーを用いた採捕に従事する場合は，水漏れのない胴付長靴を

図 4.2-8 電気漁具（エレクトロフィッシャー）を用いた魚類の採集

（提供：竹内勝巳氏）

履き，ゴム手袋を着用すべきである．降雨により全身が濡れるような場合は感電の可能性が高まることから，より徹底する必要がある．アノードポールとカソードワイヤの両方に同時に触れると感電するので，たとえ感電対策を施している場合であってもこのような行為は絶対に避けなければならない．また，不慮の事故を避けるため，本体の電源は採集時のみ「ON」にする（採集開始時に電源を入れ，採集終了後は速やかに切る）ことを徹底すべきである．

定量採集を目的とする場合，採集時に調査区間内における魚の移出入を防ぐため，調査区間の上下流端に魚の移動を妨げる網（ブロックネット）を設置する場合が多い（たとえば，Peterson, Thurow and Guzevich, 2004）．調査地の河床材料が細かく河床が平坦な地形をしていること，流速が遅いこと，さらには落葉等の網目をふさぐ流下物が少ないこと，これらの条件を満たす場合，ブロックネットの設置は魚の移出入防止に有効であるが，上記の条件を満たせない場合は，ブロックネットと河床や河岸との間に隙間が生じてしまい，そこから魚が出入りしてしまう．このように，私たちが調査を行う場所の多くは，調査区間に生息する魚の移出入を完全に防ぐことは容易でないと考えたほうがよいのかもしれない．このような条件下において精度の高い定量採集を行うには，移出入する個体を極力減らすことに加え，移出入する個体数に比べて調査区間にとどまっている個体数が圧倒的に多くなるような（移出入する個体数を無視できるほど少ないと仮定できるような）状況をつくりだことが有効と考えられる．つまり，調査地へのアプローチを慎重に行うこと，調査区間を可能な限り長く設定すること，これらの併用が有効と考えられる．

一般的に，エレクトロフィッシャーは除去法を用いた定量採集（個体数推定：後述参照）を目的として使用される場合が多い．個体数推定の精度を高めるには，高い採集効率が必要とされる．採集効率を高めるにはエレクトロフィッシャー操作者の習熟度だけでなく，感電した魚をすくう人との連携が非常に重要となる．また，河川規模が大きくなると採集効率が低下するため（採集効率が低いと個体数推定の精度が低下する），そのような場合は複数台のエレクトロフィッシャーの使用や投網の併用を検討すべきである．とくに，遊泳性魚類を調査対象とする場合や水深が深くエレクトロフィッシャーを背負って立ち込むことが難しい場所で採集を行う場合においては投網の併用が望ましい．

通常，エレクトロフィッシャーを用いた魚類の採集は下流から上流に向かって行う．操作者はアノードポールを操作しながら上流に移動する．魚をすくう人は操作者の少し下流側を追従し，アノードポールに引き寄せられながら下流に流されてくる魚をすくうようにする．長時間にわたり通電したり，アノードポールのリングに魚が触れるとダメージが大きい．初めて使用する場合は，メーカーの取り扱い説明書を熟読したうえで，経験者から指導を受けるべきである．

漁具やその使用方法については，国土交通省（2016）や Hubert, Pope and Taylor（2012）および Hayes, Ferreri and Taylor（2012）も参考にしていただきたい．いずれにしても，これらの資料を読んだだけで調査に必要なデータを得ることは難しく，野外での経験を積み重ねることがなによりも重要である．

なお，ここにあげた漁具を用いるにあたっては，通常，都道府県や漁業協同組合が定める規則に基づき，特別採捕許可を取得する必要がある．許可の申請にあたっては，都道府県の水産関連部署および地元漁業協同組合に問い合わせのうえ，適切な手続きを行う必要がある．調査計画の立案の際には，許可証が交付されるまでの時間も考慮に入れる必要がある．

4.2.3 個体数推定

ここでは，河川の一定区間内に生息する魚類の個体数を推定する方法について紹介する．河川魚類の個体数推定方法としては標識再捕法または除去法が用いられる場合が多い．いずれの方法でも，調査区間内での魚類の移出入がないこと（閉鎖系であること）を前提としていることから，前述のとおり，魚類の採集にあたっては，人為的な攪乱による移出入を最小限にとどめること，また，移出入による個体数の変動が全体の個体数に与える影響を最小限にとどめられるような調査地設定が行われるように十分配慮する必要がある．

なお，個体の移出入が大きい開放系における個体数推定手法として，標識再捕法の一種である Jolly-Seber 法が提案されている（Jolly, 1965; Seber, 1965）．この手法では標識再捕を複数回繰り返すことにより，ある時点における個体数や移出入（または死亡・加入）した個体数を推定することができる．ただし，ある時点の個体数を推定するためには 3 回の採捕調査が必要とされる．つまり，ある時間断面の個体数を調べるというよりもむしろ，個体数の時間的変化やその変化に対する移出入（または死亡・加入）の影響を明らかにする場合に適している．このように，本手法は任意の時間断面における閉鎖系での個体数推定手法というよりは，開放系における移出入を考慮した個体群動態プロセスの解明に適した手法であることから，本書では説明を割愛する．Jolly-Seber 法について関心のある方は，伊藤・山村・嶋田（1992），Kery and Schaub（2012）を参考にしていただきたい．

A. 標識再捕法

Petersen 法は標識再捕法の中でもっとも基本的な手法である．まず，調査区間において魚類を採集する．採集された魚に標識を施し放流した後，再び採集を行う．2 回目の採集により得られた標識魚と標識が付いていない魚（未標識魚）の数から個体数を推定する．実際の研究では Petersen 法を改良した手法（修正式）が用いられる場合が多い．しかし，Petersen 法はそれら改良法の基本型であり，標識再捕法の基本原理が集約されているので紹介しておく．

なお，標識再捕法を採用するにあたっては，以下の条件が満たされることを前提としていることを理解しておく必用がある．

1. 標識魚を放流してから再捕するまでの間における個体の移出入や死亡・加入は無視できるほど少ない
2. 標識魚と未標識魚の死亡率は同じ
3. 標識魚と未標識魚の間で採集されやすさに違いがない
4. 標識は調査期間を通じて消失せず，再捕された標識はすべて識別できる
5. 標識魚は放流した後，未標識魚とランダムに混ざり合う

上記の条件を満たすようにデザインされた調査で得られた情報に基づき，以下の式により推定個体数および信頼区間を算出する．

$$\hat{N} = \frac{MC}{R} \qquad \text{（式 1）}$$

$$V\left(\hat{N}\right) = \frac{M^2 C(C-R)}{R^3} \qquad \text{（式 2）}$$

$$95\%\text{信頼区間} = \hat{N} \pm 1.96\sqrt{V\left(\hat{N}\right)} \qquad \text{（式 3）}$$

ここで，$\hat{N}$は推定個体数，M は標識して放流した個体数，C は 2 回目の採集で得られた魚の数（標識個体を含む），R は 2 回目の採集で得られた標識個体の数，$V\left(\hat{N}\right)$は推定個体数の分散を表す．このように，Petersen 法を用いることで生息個体数を容易に推定することができる．

しかし，標識個体の再捕数 R が小さい場合，推定値に偏りが生じることが知られており（伊藤・山村・嶋田, 1992），その欠点を補うための修正式が多数提案され

ている．そのうち，Chapman の修正式（Chapman, 1951）がもっともよく知られている（**式 4**）．

$$\hat{N}=\frac{(M+1)(C+1)}{R+1}-1 \qquad \textbf{（式 4）}$$

Ricker（1975）は Chapman の修正式のうち，右辺の -1 は実用上重要でないとし，以下の修正式を提示している（**式 5**）．

$$\hat{N}=\frac{(M+1)(C+1)}{R+1} \qquad \textbf{（式 5）}$$

推定個体数の分散および信頼区間は以下の式により表される．

$$V\left(\hat{N}\right)=\frac{(M+1)^2(C+1)(C-R)}{(R+1)^2(R+2)} \qquad \textbf{（式 6）}$$

$$95\%\text{信頼区間}=\hat{N}\pm t\sqrt{V\left(\hat{N}\right)} \qquad \textbf{（式 7）}$$

以上の計算により，個体数およびその信頼区間を推定することができる．なお，t は自由度 $C-1$ における t 値（Student の t 分布）を表す．

野外調査で得られる情報にはさまざまな誤差が含まれることから（北田ほか, 2001），精度の高い推定結果を得るには，より多くの魚に標識を付け，より多くの標識魚を再捕できるような調査デザインとすべきである．また，上述のように，標識再捕法では多くの前提条件を満たす必要があるため，対象とする魚種や調査時期，調査地の条件によっては適用が難しい場合があることも理解しておく必要がある．

ここで，仮想的なデータを用いて，上記の計算式により個体数を推定してみよう．例：100 尾に標識して放流し，2 回目の採集では 48 尾が捕獲され，そのうち 21 尾が標識魚であった．この場合，調査区間内の推定個体数 $\hat{N}$ および信頼区間は以下のとおりである．

$$\hat{N}=\frac{(100+1)(48+1)}{21+1}=225$$

$$V\left(\hat{N}\right)=\frac{(100+1)^2(48+1)(48-21)}{(21+1)^2(21+2)}=1{,}212$$

$$95\%\text{信頼区間}=\hat{N}\pm 2.01\sqrt{V\left(\hat{N}\right)}=225\pm 70$$

a. 標識再捕法を採用する際の注意点

（i） 使用漁具

標識魚と未標識魚との間で生残率や採捕されやすさが異ならないという条件を満たすため，魚へのダメージが極力小さい漁具を用いる必要がある．餌に誘引されやすい魚であれば，筌や胴が有効であるが，そうでない魚種に対してはエレクトロフィッシャーや投網を用いる場合が多い．

（ii） 標識方法

標識方法にはさまざまな方法が考案されているが，標識魚と未標識魚との間で生残率や採捕されやすさが異ならないこと，標識が消失しないこと，これらの条件を満たしつつ魚へのダメージが極力小さく，また遊泳の阻害にならない標識方法を用いなければならない．一般的には，小型の魚類に対してはリボンタグや鰭の部分切除が有効であろう．大型の魚類であれば，ダート型やアンカー型の打ち込み式タグも有効である．鰭の部分切除ですらも遊泳力に影響するような非常に小さな魚類を対象とする場合には，体表に蛍光色素を沈着させる方法（たとえば，Castillo *et al.*, 2014）が有効と考えられるが，国内での使用例は少なく，今後の研究が待たれる．

（iii） 未標識魚との十分な混合

放流された標識魚は再捕時までに遊泳力を十分に回復し，未標識魚とランダムに混合していなければならない．このため，標識作業の際は魚へのダメージを極力小さくするとともに，標識魚が未標識魚と十分に混合するように放流する必要がある．また，遊泳力を回復し十分に混合するまでには一定の時間が必要となることから，放流から2回目の調査までの間には十分な時間を確保する必要がある．いっぽう，2回目の調査までの時間を長くすればするほど，死亡や移出入が増えるという問題も生じる．2回目の調査までの間隔については魚種，生活史段階，調査地条件等によってさまざまに変化すると考えられるため，その設定には頭を悩ませるが，Lockwood and Schneider（2000）は，少なくとも1日以上の間隔を空けることを推奨している．

B. 除去法

除去法は調査区間内において，一定の採捕努力量のもとに魚類の採集を複数回繰り返し，各採集回における採捕数から個体数を推定する手法である．小規模な調査区間であれば，標識再捕法に比べて採集にかかる時間が短くてすむことから，河川魚類の個体数推定に多く用いられている．採捕作業自体は非常に単純であるが，個体数推定のための計算手法は標識再捕法に比べて非常に複雑である．個体数推定にあたっては，下記の条件を満たさなければならない．

なお，除去法により個体数推定を行う際，一般にエレクトロフィッシャーが用いられる場合が多いが，下記の条件を満たすことができるのであれば，使用する漁具の種類は問わない．

1. 標識魚を放流してから再捕するまでの間における個体の移出入や死亡・加入は無視できるほど少ない
2. 個体間で採集されやすさに違いがない
3. すべての採集回で魚の採捕されやすさ（採捕効率）は変化しない（例：1回目に採捕されやすく採集回を重ねるごとに採捕されにくくなるようなことはない）
4. 採捕努力量はすべての採集回において一定

上記の条件を満たすようデザインされた採集結果に基づき個体数を推定する．個体数推定の方法は，採捕回数が2回の場合（2回除去法：2-pass depletion method）と3回以上の場合（多回除去法：Multiple-pass depletion method）で異なる．まず，2回除去法による個体数推定方法を示す．なお，2回除去法による個体数推定の原理については，Seber and Le Cren（1967）で詳述されているが，すでに絶版となっているため原著は大学図書館等で入手する必要がある．

$$\hat{N} = \frac{C_1^2}{C_1 - C_2} \quad \text{（式 8）}$$

$$V\left(\hat{N}\right) = \frac{C_1^2 C_2^2 (C_1 + C_2)}{(C_1 - C_2)^4} \quad \text{（式 9）}$$

$$95\%\text{信頼限界} = \hat{N} \pm 1.96\sqrt{V\left(\hat{N}\right)} \quad \text{（式 10）}$$

ここで$\hat{N}$は推定個体数，C_1，C_2はそれぞれ1回目および2回目に採捕された魚の数を表す．$V\left(\hat{N}\right)$は推定個体数の分散を表す．なお，採集効率pについては以下の式により算出される．

$$p=\frac{C_1-C_2}{C_1} \qquad (式11)$$

次に多回除去法について紹介する．この方法は発案者にちなんでZippin法ともよばれることもある．「多回」という名称のとおり，採捕回数は3回以上であればその回数に制限はない．しかしながら，調査労力を最小限に抑えるため，3回採捕が採用される場合が多い．個体数の推定には最尤法を用いるため，2回除去法における推定に比べてはるかに複雑な計算が必要とされる．

Zippin（1956, 1958）は反復法により個体数および採捕効率を推定しており，Carle and Strub（1978）はこの手法に若干の改良を加えた推定方法を提示している．いずれにしても，多回除去法における理論的背景および計算方法は非常に複雑なため，ここでは具体的な説明は省略する．Lockwood and Schneider（2000）がCarle and Strub（1978）の方法を用いて手計算により個体数推定を行った事例を紹介しているので参考にしていただきたい．実際に計算してみるとわかるが，かなりの手間である．多回除去法による個体数および採捕効率の推定を目的としたプログラム（Program CAPTURE）が開発されており（White *et al.*, 1982; Otis *et al.*, 1978 ; Rexstad and Burnham, 1991），アメリカ地質研究所（USGS）のウェブサイト上で公開されている（https://www.mbr-pwrc.usgs.gov/software/capture.shtml）．これまで，国内外の多くの研究者がこのプログラムの恩恵に預かってきた．なお，最近ではフリーの統計ソフトRを用いた計算プログラムおよびその使用方法も公開されている（Ogle, 2013, 2016）．

なお，除去法を用いる際，すべての採集回において，採捕効率および採捕努力量を一定に保つことが前提条件となっていることはすでに述べた．原理的には使用する漁具および採捕努力量が一定であれば採捕効率も一定に保たれるため，すべての採集回において同じ漁具を使用し，同じ努力量で採捕を行う（例：エレクトロフィッシャーであれば使用する電圧や時間を一定に保つ．投網の場合であれば，投げる数を一定に保つ．）ことが肝要である．加えて，Knight and Cooper（2008）は，次採集回までの間隔が短い場合は採捕効率が低下するため，採集回の間隔を最低30分以上空けるべきと述べている．

また，エレクトロフィッシャーを用いる場合，魚種やサイズが異なると採捕効率が変化することが知られている（Peterson, Thurow and Guzevich, 2004）．この問題は，程度の差はあれ，どのような漁具を用いても生じるであろう．このため，個体数推定を行う際には，魚種別およびサイズクラス別に行う必要がある．サイズクラスの決定には体長の頻度分布図を参考に決定するとよい．

4.2.4 麻酔およびサンプルの固定方法

A. 麻酔

生きた状態で魚類の体長や体重を測定する場合には，測定精度の向上，測定時間の短縮および魚類へのダメージ軽減を目的として麻酔を使用する．麻酔剤としてはオイゲノールや2-フェノキシエタノールが用いられることが多い．なお，国内において水産用医薬品として承認されている麻酔剤はオイゲノールのみである．麻酔液の濃度が高すぎると死亡するため，濃度調整に注意が必要である．海産魚への麻酔効果を調べた事例（渡辺ほか, 2006）では, オイゲノールで 100～500 ppm（1リットルの水に対し，0.1～0.5 mL の原液を希釈），2-フェノキシエタノールでは 200～1000 ppm（同，0.2～1 mL の原液を希釈）での使用が効果的かつ魚類に影響を与えない濃度とされている．筆者の経験では，淡水魚においても上記と同様の濃度での使用が有効である．なお，魚種や体サイズによって麻酔剤に対する感受性が異なる上，水温によっても麻酔効果が変化する（高い水温で麻酔が効きやすい）ため，薄めの濃度で麻酔の効果を確認しながら上記の濃度を上限に，徐々に濃度を高めるのが良い．手で魚に触れても殆ど反応しないが，鰓はゆっくりと動いている状態が理想的である．もし，麻酔中に鰓の動きが止まった場合，速やかに清水に戻すことで多くの場合覚醒する．

B. サンプルの固定

採集した魚類を長期にわたって保存したい場合は，ホルマリン（ホルムアルデヒド水溶液）またはエタノールで固定する．ホルマリンは安価かつ固定力が強いが，劇物に指定されていることから取扱いには注意が必要となる．エタノールは危険物に指定されているものの，ホルマリンに比べてその扱いは容易であるうえ，ホルマリンで見られるような耳石を含む硬組織の脱灰も生じない．しかし，ホルマリンに比べ固定力が低く，大型魚類の固定には適さないうえ，強力な脱水および脱脂作用により固定後の体長や体重の変化が大きい（Paradis *et al.*, 2007）という欠点もある．このため，どちらの固定方法を採用するかは目的に応じて使い分ける必要がある．

なお，高い固定力を保持しながらも耳石等の硬組織の劣化を防ぎ，サンプルの取り扱いを容易にするための固定方法として，短期間ホルマリンに固定した後，固定液を 70％程度のエタノールに置き換える方法が有効とされている（安藤・宮腰, 2004）．同様の方法は, 博物館での魚類標本の固定方法として採用されており（本村, 2009），固定液を変えるための手間が必用となるが長期保存およびサンプル処理時における安全性の両面で優れた方法である．

ホルマリン原液（37%ホルムアルデヒド水溶液）は酸性のため，使用に際しては十分な四ホウ酸ナトリウムで中性化したうえで，上澄み液を蒸留水で希釈する．ホルマリンの濃度は10%（原液の10倍希釈）を標準とし，小型魚や耳石の劣化を防止したい場合は5%の濃度で使用される場合もある．

エタノール単独で固定する場合は，固定時に70%程度の濃度が維持されるようにする．エタノールは脱水作用が強く，標本に含まれる水分により希釈されやすいため，長期にわたって70%程度の濃度を維持するには高濃度（90%以上）のエタノールを使用することが望ましい．ホルマリンで固定後，エタノールに置き換える場合は脱水作用による希釈の影響が少なくなるため，安価かつ購入に際してとくに手続きを要しない食品添加物エタノール製剤を用いることも可能である．

なお，いずれの方法による場合でも，固定は魚が死亡した後または麻酔をかけた後に行うことが望ましい．生きた状態で固定液に浸漬すると固定力が高まるという意見もあるが，固定液中で苦悶する際に胃内容物を吐き出すこともあり，後の分析に影響を与えることが懸念される．また，最近の学術誌では対象生物に対する倫理的な取扱いが投稿規定に定められていることも多く，苦悶死させた場合は投稿を受け付けられない可能性もある．以上のことから，生きた魚を固定する場合は，麻酔により安楽死させた後に行うことを推奨する．

4.2.5 体長・体重の測定，年齢査定および食性分析

採集した個体からはさまざまな情報が得られる．たとえば，体長や体重からは成長や個体群構造に関する情報が得られる．生活期間が複数年に及ぶ魚種では，年齢情報を加えることでさらに詳細な個体群構造を明らかにすることができる．生殖腺の重量からは成熟や繁殖にかかわる情報を，胃の内容物からは食性に関する情報を得ることができる．ここでは，このような情報を取得するための方法について解説する．

A. 体長および体重

魚類の場合，ひと口に体長といってもさまざまな測定方法がある（**図 4.2-9**）．全長（TL：Total length）は上顎または下顎のうち，より前方に突出している方の先端から，尾鰭が最も長くなるようにすぼめた状態の尾鰭先端までの長さを測定することとされている（宮地・川那部・水野, 1976）．しかし，実際には尾鰭をすぼめずに自然な状態での吻の先端から尾鰭の先端までの長さを全長としている場合が多く，一般に全長というとこちらをさす場合が多い．なお，Ricker（1979）は，前者

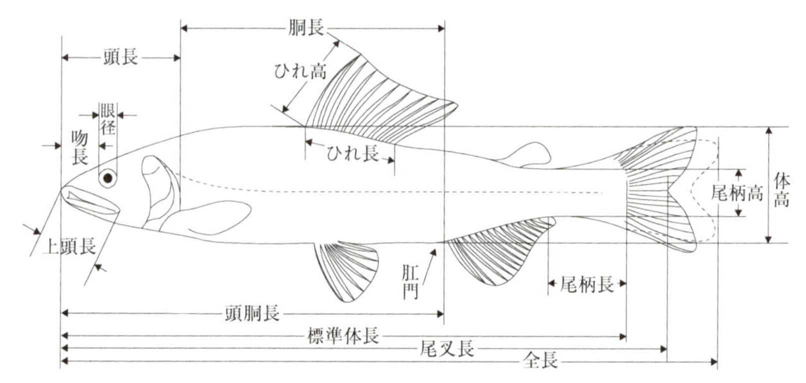

図 4.2-9　魚類の測定部位

（宮地・川那部・水野, 1976 を参照して作図）

を Total length，後者を Natural tip length と使い分けている．

尾鰭先端は損傷しやすく，必ずしもすべての個体に適用できる方法とは限らないため，尾が二叉している魚種については，尾叉長（FL: Fork length）を採用する場合も多い．サケ科魚類の場合，体長といえば一般に尾叉長を示す場合が多い．標準体長（SL: Standard length）は上顎の先端から尾鰭基底（脊椎骨の末端）までの長さをさす．尾鰭基底の位置は，尾鰭を頭部側に軽く折り曲げる時に体表に生じる線（折れ目）と一致する．水野・御勢（1993）は，尾鰭の形状や状態によらず測定可能であること，魚種間での体長比較がしやすいという点で，標準体長の使用を推奨している．

いずれの場合も，測定にはL字型の板に定規を取り付けた測定板（**図 4.2-10**）を使用する場合が多い．小型魚の場合，より正確に計測するにはノギスを使用するとよいが，測定に時間がかかるため，野外での使用にはあまり向かない．

体重の測定には電子天秤や上皿はかりを使用する．電子天秤は風があると数値が安定せず，測定精度が低下するため，野外での使用には天秤をバケツ等の中に設置して計測するなどの工夫が必要となる．体重が数キログラムを越えるような大型魚を野外で測定する場合にはバネばかり（吊りはかり）も有効である．

体長および体重の情報が得られたら，以下の式により肥満度を算出することができる．肥満度は読んで字のごとく，個体の太り具合の指標であり，同一生活史ステージの魚を対象に，栄養状態の指標として用いられる場合もある．英語では Condition factor とよばれ，CF または K と表記されることが多い．

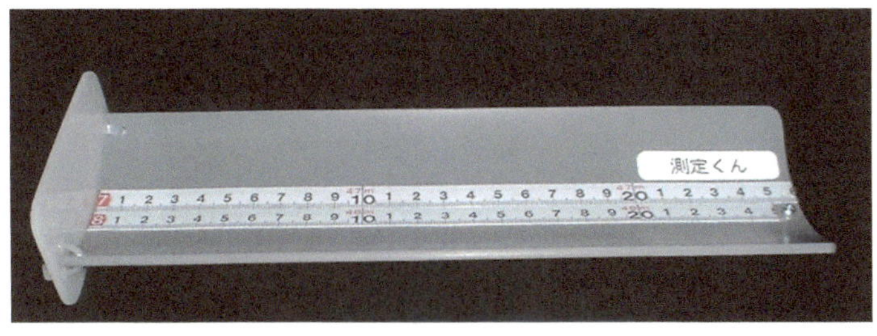

図 4.2-10 塩ビパイプを加工して制作た魚体測定板

（提供：鷹見達也氏（日高管内さけ・ます増殖事業協会））

$$肥満度 = (体重(g) / 体長^3 (cm)) \times 10^3 \qquad (式12)$$

なお，体長を mm 単位とし，以下の式により算出する場合もある．また，体長については全長，尾叉長，標準体長のいずれを使用するかで肥満度の値が異なるので，論文等に記載されている値がどのようにして計算されたのか注意が必要である．

$$肥満度 = (体重(g) / 体長^3 (mm)) \times 10^5 \qquad (式13)$$

B. 年齢査定

魚類の年齢査定方法として，鱗，耳石，骨などの硬組織を用いる方法と，体長頻度分布に基づく方法の 2 通りがあげられる．硬組織から査定する場合，採集の容易さから鱗が用いられることが多い．鱗を用いた年齢査定はサケ科魚類で一般的であるが（伊藤・石田, 1998），イワナについては 2 歳以上の個体の場合，信頼度が低いことが知られていることから（Nakamura, Maruyama and Watanabe, 1998），年齢査定には耳石が用いられている（久保田ほか, 2001）．また, サケ科魚類においても，成熟期には骨質層が吸収されることにより年齢査定が不可能な場合も生じる（金戸・

片山・飯田, 2017).

いっぽう，耳石は鱗に比べて年齢形質の保存性が高く，多くの硬骨魚類の年齢査定に用いられている（片山, 2003）．ただし，耳石の採取には鱗に比べて多くの手間がかかること，採取方法が致死的とならざるを得ず，希少種に適用するのは困難であるといった問題もある．魚種および調査目的に応じて，鱗または耳石のいずれを用いるか検討する必要がある．

魚類は年齢を重ねるにつれ成長することから，体長も年齢形質の1つとみなすことができる．実際には，個体の成長速度は経験した環境によって異なることから，体長だけから年齢査定することは不可能であるが，多くの個体が採集できる場合は，体長頻度分布に基づき年齢を推定することが可能である（河野ほか, 1997；相澤・滝口, 1999）．体長頻度分布から年齢組成を推定する方法にはいくつかあるが，近年ではコンピューターの発達に伴い，Hasselbladの方法により表計算ソフトのエクセルを用いて行う方法が一般的となっている．計算手法の詳細は相澤・滝口（1999）および水産研究・教育機構（2014）に詳しいので，そちらを参照いただきたい．

C. 食性分析

魚が何を食べているのかについての情報は，対象魚種の生活史や生残および分布を決定する機構を明らかにするうえで重要となるばかりでなく，他の魚種や陸域を含む生物との相互作用を明らかにするうえでも重要である．食性を把握するための方法には，魚類の消化管内容物を分析する方法と魚類の組織中に含まれる窒素や炭素の安定同位体比から推定する方法がある．前者は魚類が採集される直前から長くて数日前という短期間の食性を把握するのに適している．また，餌生物を直接観察できるため，餌生物の種類や大きさなど，より詳細な情報が得られるという利点がある．いっぽう，後者は餌生物から魚類に取り込まれた窒素や炭素の安定同位体を分析するため，数週間以上前に，それも比較的長期にわたって食べた餌生物を推定するのに適している．これらのうち，ここでは消化管内容物を用いた食性分析について説明する．安定同位体比を用いた食性の分析手法については，**5.2**および土居・兵藤・石川（2016）を参照のこと．なお，コイ科魚類のように胃をもたない魚類もいるが，消化管内容物のことを胃内容物と表記することが多い．

消化管内容物は，捕殺した後に開腹して消化管を摘出し，その内容物を採集する場合が多い．しかし，サケ科魚類やカジカ類の場合は，十分に麻酔をかけたうえでピペット（ストマックポンプ）を用いて胃に水流を送り込む，または消化管の内容物を吸引することで，魚を殺さずに消化管内容物を得ることも可能である（Nakano *et al.*, 1999; Miyasaka *et al.*, 2005).

消化管内容物はホルマリンまたはエタノールで固定した後，実体顕微鏡下で分類する．分類群ごとに個体数を数えた後，重量を測定する（餌生物の分類や計測の方法については **4.1** を参照のこと）．消化管内容物重量と体重を用いて，以下の式により消化管充満度（GFI：Gut fullness index）を算出する．

$$消化管充満度(\%) = (消化管内容物重量／体重) \times 100 \qquad (式14)$$

なお，この値は胃充満度（SFI: Stomach fullness index）や胃内容量指数（SCI: Stomach content index）と表記される場合も多い．環境中の餌生物を定量採集している場合には，環境中の組成比と消化管内容物の組成比に基づき，摂餌選択性を求めることができる．Manly の選択性指数を用いる場合は，後述する「環境因子に対する選択性の評価」の例題において，階級に餌生物の分類群を対応させ，消化管内容物における組成比および環境中の組成比から，それぞれの餌生物に対する選択性を算出することができる．

消化管内容物と同様の手法により，体重に対する生殖腺重量の割合から生殖腺指数（GSI: Gonadosomatic index）が得られる（**式 15**）．生殖腺指数は生殖腺の発達度合いを表すもので成熟度の指標となる．

$$生殖腺指数(\%) = (生殖腺重量／体重) \times 100 \qquad (式15)$$

D. 研究事例

Nakano *et al.*, (1999) は，河畔域から供給される陸生無脊椎動物がニジマスの餌生物としてどの程度寄与しているのかを明らかにすることを目的に，ニジマスの採餌量や餌生物の選択性について分析を行っている．餌生物の定量方法として，陸生無脊椎動物には河川内に設置した水盤トラップを用い，水生無脊椎動物には流下ネットを用いている．得られた餌生物は分類群ごとにサイズ（乾重量）を測定している．ニジマスの胃内容物についても分類群ごとに乾重量を測定し，採餌量を推定するとともに餌生物に対する選択性を Manly の選択性指数を用いて分析している．

4.2.6 生息場所利用と行動の観察

ここまでで，河川に生息する魚類の定量採集法および個体数推定の方法，食性や年齢の分析方法など，一定の河川区間内に生息する魚類個体群または群集の特性を評価する手法について解説してきた．これらの方法を駆使することで，川の中でどのような魚がどれくらい生息しているのか，また，どのような生活を送っているのかについて明らかにすることができるはずである．また，**2.1** で解説されている方法により環境因子を数値化し，それらと生息数との関係を検討することにより，生息場所利用の様式を明らかにすることもできる（Inoue, Nakano and Nakamura, 1997）．いっぽうで，それらの調査だけでは，魚類の詳細な生活様式や同種間または異種間での相互作用などといったことをうかがい知ることは難しい場合も多い．そこで，本項では，個体レベルでの生息場所利用および個体間干渉行動についての調査方法を解説する．

A. 生息場所利用の評価

個体レベルでの生息場所利用を評価する方法として，潜水観察（シュノーケリング）が広く用いられてきた．この方法は透明度の高い河川に限定されるが，魚類の生息場所利用および行動を観察するにはもっとも有効な手法である．また，個体数をカウントすることで生息数の指標とすることもできる．観察に際しては，水中眼鏡とシュノーケルに加え，水温に応じてウェットスーツまたはドライスーツを着用する．靴は滑り防止の観点からフェルト付きのものが好ましく，手袋も必須である．これらの装備を着用した後，調査に必要な用具類を携え，下流から上流に向かって慎重に遡行しながら魚類を探索する．浅い場合は匍匐前進により，川底に手が届く程度の深さであれば河床を支えにしながら，それよりも深い場合は川岸や植生を支えにして上流に移動する（**図 4.2-11**）．

いずれの場合も，魚を攪乱しないように慎重に移動することが不可欠であり，慣れるまでは非常に苦労する．とくに浅くて流れが速い場合は，スローモーションでの匍匐前進が必要とされるため，体力の消耗が甚だしい．しかし，慎重に遡上することができれば，魚を手づかみすることができるくらいにまで近づくことも可能であり，魚の自然なふるまいを目にすることができるであろう．万が一，魚を驚かせてしまった場合でも，テリトリーを持つ魚類の場合は 5～10 分程度留静止していれば戻ってくる場合が多い．

川幅が狭く見通しがきく場合は直線的に遡上するだけでよいが，川幅が広い場合や透明度が低く両岸を見通すことができない場合は，横断方向に移動しながら上流方向を観察し，対岸に到着したらそれまでに見通した地点まで遡上した後，再び横断方向に移動しながら上流方向の観察を行う，これを繰り返す方法（**図 4.2-12**）が有効である．複数名で調査できる場合は，それぞれが観察する範囲を確認した後に，横断方向に並んで直線的に遡上しながら観察する方法も有効である．なお，流れが速いなどの理由により遡上が困難な場合は，上流から下流に向けて「流れ下る」と

図 4.2-11 潜水観察の状況（生息場所利用）

（撮影：井上幹生）

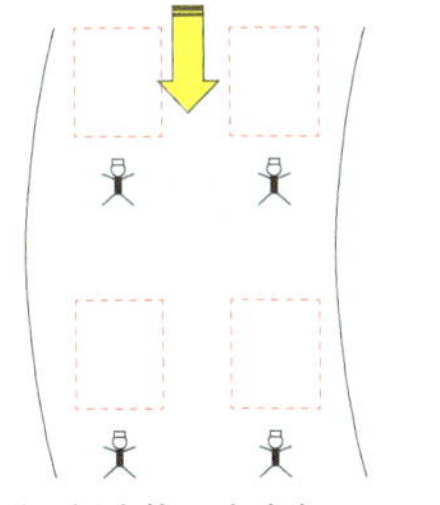

(a)方形の観察枠．底生魚については，より狭い枠を設定する方がよい．

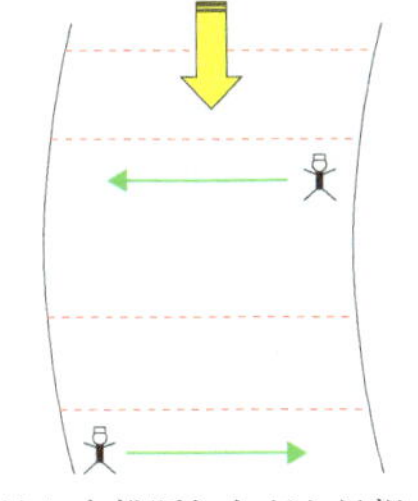

(b)流れを横断しながら目視する．最良の方法と思われる．

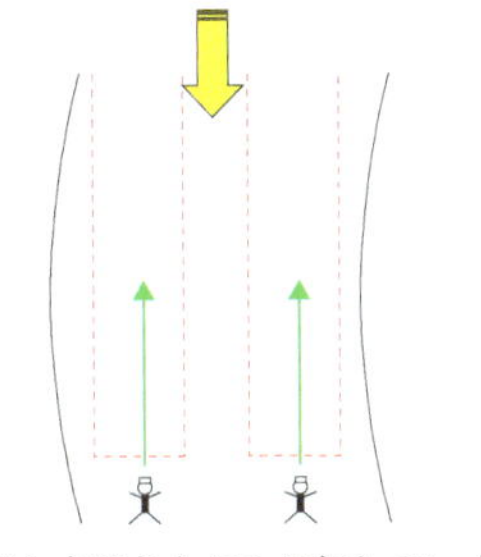

(c)流れを遡りながら目視していく．

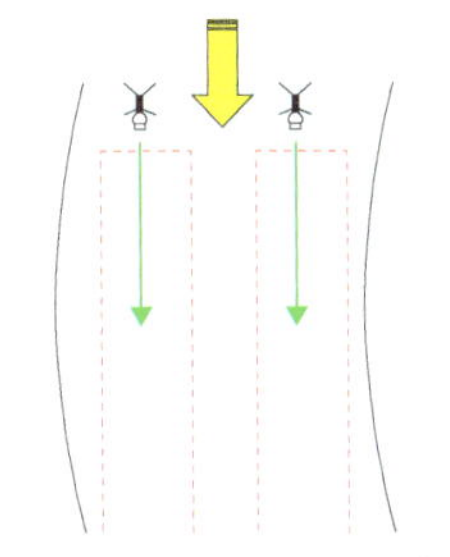

(b)流れを泳ぎ下りながら目視していく．

図 4.2-12 大規模河川での潜水観察方法

（水野, 1993 を参照して作図）

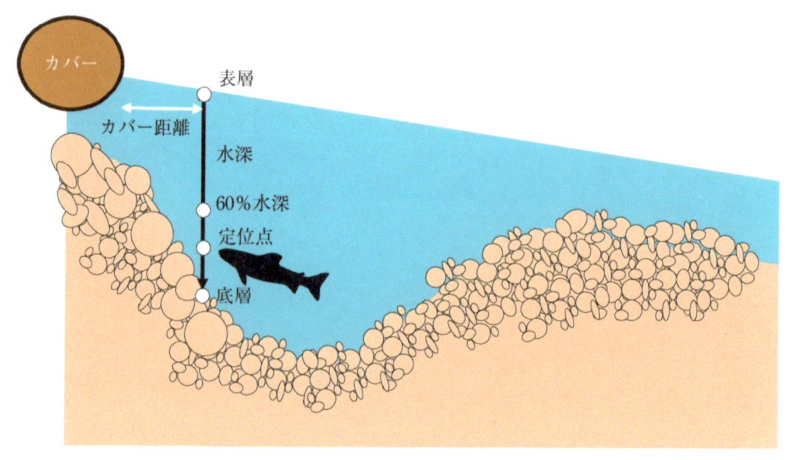

図 4.2-13 微生息環境の測定

いう方法もあるが，遡上する方法に比べて魚類を攪乱してしまう可能性が高い．

魚類を発見した場合，魚種や体長，遊泳地点の特徴（川底から○ cm 上方など）を記録する．その後，魚のいた地点に目印を設置し，観察を継続する．目印には釣りに使用される錘や大型のナットなどを使用する．これらに森林調査等で使用する蛍光ピンクのマーキングテープを結ぶと水中からも陸上からも容易に識別できる．透明度がそれほど高くない場合は，白または黄色の方が判別しやすい場合もある．なお，水中では魚が大きく見えるため，慣れるまでは水中で定規を見ながら大きさの感覚をつかむ練習が必要となる．

観察終了後には目印の位置情報を記録することで，個体レベルでの分布を明らかにすることができる．また，目印地点において，流速，水深等の情報を測定することで微生息場所（マイクロハビタット）に関する情報を取得することが可能になる．記録する項目は，水深，定位点の河床からの高さ，水柱（water column）の平均流速（60%水深における流速），定位点での流速，表層流速（水面直下），底層流速（河床直上），底質タイプ（底質評価に関しては **1.2**, **2.1** を参照），および最寄りのカバーまでの距離（**図 4.2-13**）などが一般的である．

B. 環境因子に対する選択性の評価

このようにして得られた，個体レベルでの微生息場所利用に関する情報を用いて，魚がどのような環境を好んで利用しているかについて明らかにする方法を紹介する．微生息場所利用の調査を終えた後，**2.1** で解説されている方法を用いて，調査区間内の環境特性について測定を行う．これら，魚類が利用した環境と調査区間内の環境との関係に基づき，それぞれの環境因子に対する選択性を分析することにより，魚類がどのような環境特性を好むか明らかにすることができる．選択性の分析にはさまざまな方法が提案されているが，ここではもっとも一般的に使用されている指標の 1 つである，Manly の選択性指数 α（Manly, 1974）を紹介する．この指標は，特定の環境を利用した魚類の割合と特定の環境が調査区間中の環境に占める割合に基づき，以下の式により算出される．

$$\alpha_i = (r_i/n_i) \Big/ \sum_{i=1}^{m} (r_i/n_i), \quad i = 1, 2, \cdots m \qquad \text{(式 16)}$$

ここで，r_i は階級 i に属する地点を微生息場所として利用していた個体の割合を，n_i は階級 i に属する環境計測点の割合を示す．α_i は 0 から 1 の範囲をとり，魚がランダムに分布している場合，α_i は 1/m となる．α_i が 1/m を上回った場合はその環境を選択的に利用していることを，逆に下回った場合は選択的に利用していない（回避している）ことを示す．

参考として，仮想的なデータを用いた計算例を示す．ある河川区間で調査を行ったところ，魚類の生息場所および調査区間の水深の度数分布は以下のようになった（度数の横に括弧書きしている数値は，各階級の度数が全体に占める割合を示す）．

階級	1	2	3	4	5
水深（cm）	0-10	10-20	20-30	30-40	40-50
魚（尾）	5（0.05）	10（0.1）	30（0.3）	30（0.3）	25（0.25）
調査区間（地点）	60（0.3）	50（0.25）	40（0.2）	30（0.15）	20（0.1）

この時，水深に対する選択性指数を計算してみよう．階級 1（水深 0 ～ 10 cm）に対する選択性 α_1 は以下の式により表される．

$$\alpha_1 = (r_1/n_1) \Big/ \sum_{i=1}^{5} (r_i/n_i), \quad i = 1, 2, \cdots 5$$

$$\alpha_1 = (0.05/0.3) / \{(0.05/0.3) + (0.1/0.25) + (0.3/0.2) + (0.3/0.15) + (0.25/0.1)\} = 0.025$$

同様に他の階級についても計算すると，階級 2 から 5 に対する選択性はそれぞれ以下のようになる．

$$\alpha_2 = 0.061, \ \alpha_3 = 0.228, \ \alpha_4 = 0.305, \ \alpha_5 = 0.381$$

ここで，上記の例では m = 5 であるので，選択性の有無を判定するための基準は

1/5＝0.2 となる．このことから，魚類は 0～20 cm の水深帯（階級 1 と 2）を回避し，水深 20 cm 以上の場所（階級 3 から 5）を選択的に利用していることが明らかになった．また，水深 20 cm 以上の場所の中でも，より深い場所を好んで利用していることが示唆される．

C. 研究事例

卜部・村上・中津川（2004）は，サクラマスの産卵環境にとって，どのような環境因子が重要かを明らかにするため，産卵床の分布と物理環境因子との関係について分析している．まず，調査区間内に形成されたサクラマス産卵床に対して水深，流速，河床材料粒径，浸透流量の測定を行った．それに引き続き，調査区間内の環境特性を評価するため，産卵床と同様の項目についてについてトランセクト法により測定した．これらのデータを用いて，環境因子に対するサクラマスの選択性を分析している（Manly の選択性指数を使用）．

Urabe and Nakano（1999）はニジマスの生息量を規定する要因を明らかにするために，微生息環境の特性とその量に着目し分析を行っている．潜水観察により得られたニジマスの微生息場所利用に関する情報と調査区間の環境特性に関する情報から，ニジマスが特定の微生息場所を選択的に利用していることを示している（Jacobs の選択性指数を使用）．さらに主成分分析を用いて，ニジマスが微生息場所として好んで利用する環境条件は複数の環境因子によって規定されていることを示している．さらには好適な微生息場所の量とニジマスの生息密度との関係から，ニジマスの分布には，好適な微生息場所の多寡が影響することを明らかにしている．

D. 行動の観察

魚類の中にはより多くの餌資源を確保するために縄張りを形成し，その中に侵入する同種や異種個体を攻撃・排除するものもある．この行動はアユでよく知られているが，サケ科魚類や一部のコイ科魚類にもみられる．餌資源獲得量の多寡は個体の適応度に直結することから，好適な採餌場所を巡って熾烈な争いが繰り広げられる．

このような行動を詳細に観察する方法としては，陸上から（Bachman, 1984; 片野，1999）と水中から（Fausch and White, 1981; Nakano, 1995）の 2 通りあるが，より詳細な行動を観察するには潜水による水中観察（シュノーケリング）が適している．

潜水観察を行うに際して，まずは調査地点を決めなければならない．対象とする魚類が高密度に生息している瀬や淵を探し調査地とする．サケ科魚類の場合，競争能力の高い大型の個体は淵に生息することが多い．また，行動観察の場合，1つの場所で長時間にわたって水中での観察および記録を続ける必要があるため，それらの作業に支障のない水深や流速条件が整っていることも調査地選定にとって重要であり，その点で淵は適している．調査地を選定したら，調査地内部の個体をすべて見通せるような場所を観察定点として設定する．水中で観察結果を記録する際，両手が使えないため，このような状況でも観察および記録に必要な姿勢が保持されるような工夫を施しておく．筆者は，3本の鉄杭を逆三角形に打ち込み，鉄杭で両脇と股間の3点が固定されるようにして観察を行う場合が多い．このようにして，調査地および観察定点の設定を終えたら，個体の位置や行動を記録するための調査地平面図を作成する．

行動観察に先立ち，調査地点内に生息する魚類を採集し，体長および体重を記録しておく．これにより，個体の優劣関係に対する体サイズの効果や優劣が成長にもたらす影響などを検討することが可能となる．この際，個体識別に必要な情報を記録する．調査地内に生息する個体が少ない場合は，体長や体型，体の模様の特徴などを記録しておくことで，水中でも比較的容易に個体を識別することができる．しかし，調査地内に多くの個体が生息する場合，個体識別には標識が必要となる．標識には個体へのダメージや遊泳能力への影響が小さく，視認性の高い方法が必要とされる．筆者の知る限り，リボンタグが最適である．リボンタグの色，標識場所（背びれの前端，後端，脂鰭等）および数を組み合わせることにより，数十個体の識別が可能となる．なお，青と緑，白と黄色など同系統色の標識は光量の少ない条件において識別が難しい場合があるので，どの色を用いるかは事前に確認しておくべきである．

潜水観察の際にはウェットスーツまたはドライスーツを着用する．観察定点の流速や水深の条件によってはウェイトを着用することで観察姿勢の保持が容易になる．長時間にわたって水中にとどまることになるため，スーツの選定の際，保温性には十分配慮する必要がある．準備が整ったら，耐水紙に印刷した調査地平面図，筆記用具，ストップウォッチを携え，魚を驚かせないように慎重に入水し観察姿勢を確保する（**図 4.2-14**）．入水後はしばらくの間，入水時の攪乱の影響を排除するため静止状態で待機する．Nakano（1995）は静止状態を30分継続した後に，行動観察に移行している．魚種や調査地条件によっては，5～10分程度で平常状態の行動に回復することもある．効率的かつ高精度の調査を行うため，入水後から観察開始までどれくらいの時間を空ける必要があるかを事前に検証しておく方がよい．

魚類が平常状態に回復したのを確認した後，個体追跡観察法（Altman, 1974）に

図 4.2-14　潜水観察の状況（行動）

（提供：徳田幸憲氏（高原川漁協））

より，行動観察を行う．具体的には，特定の個体を対象に，一定時間内に観察された行動をすべて記録するという方法であり，Nakano（1995）は 10 分間の間に確認されたすべての採餌および攻撃行動を記録している．平面図上に観察対象個体の位置を記入し，個体番号，定位（遊泳）水深を記録する．その後，観察時間内にどこで採餌したか，どこでどの個体を攻撃したか（攻撃されたか），攻撃行動の結果（勝敗）について記録する．各行動に対して鉛直方向の位置情報も記録することで，3 次元的な空間をめぐる競争関係を明らかにすることが可能となる．これをすべての個体に対して実施する．

定位点は一日の中でも変化することもあり，また，定位点をもたない個体が存在する場合もある．このため，調査地内での生息場所利用の詳細を明らかにするには，個体追跡観察に加え，調査地内における個体の分布情報を得るためのスキャン観察（Altman, 1974）も重要である．加えて，調査地内の環境調査を行うことで，個体レベルでの生息場所利用の特性を明らかにすることが可能となる．なお，観察を行う時間帯は目的にもよるが，一般に採餌行動が活発となる朝と夕が適している．

E.　研究事例

Nakano（1995）は，アマゴを対象に個体の競争能力と空間利用，採餌行動，成長および移動分散との関係を明らかにすることを目的に，潜水観察により採餌および攻撃行動について詳細な調査を行っている．小渓流の淵を調査地に選定し，個体追跡法によりアマゴの採餌および攻撃行動を個体別に観察している．また，スキャン観察も併用し，個体レベルでの微生息場所利用ついても調査を行っている．これらの調査は約2か月にわたって行われている．得られたデータから，個体の優劣順位と体サイズ，縄張りサイズ，微生息環境の特性，餌サイズ，成長率，個体の移動分散との関係について分析を行っている．中野（2002）も参照のこと．

F.　潜水観察を行う際の注意点

北海道の湧水河川では夏でも水温が8℃程度の場合もあり，このような場合はドライスーツおよびネオプレン製フードの着用が不可欠となる．本州においても，冬季であれば同様の対処が必用となる．水温8℃の場合，観察時間が1時間以内であれば3 mm厚のドライスーツ着用で対応可能であるが，長時間にわたって観察を続ける場合は5 mm厚を着用しても調査後には体の芯から冷え切り，場合によっては低体温症に陥る危険性もあるため，保温には十分な対策をとるべきである．

いっぽう，本州では夏季には水着で快適に観察できるくらい水温が高い場合もあるが，このような条件であっても，けが防止の観点から，必ずスーツを着用すべきである．水中眼鏡はレンズの内側を中性洗剤で洗い，市販の曇り止めを塗布しておくと曇りづらい．現場においては，よく揉んだヨモギの葉でレンズを磨くことにより，応急的な曇り止め対策が可能である．

本項では，潜水による観察方法を解説した．透明度が高く，流れが緩やかで（水面が波立たない），水深が比較的浅い所では，陸上からの観察でも多くの情報を得ることができる．詳細は片野（1999）を参考にしていただきたい．

河川魚類の調査手法はエレクトロフィッシャーの導入により大きく変化した．いまやエレクトロフィッシャーなくしては，河川魚類の定量採集調査は成立しないと錯覚してしまうほどである．また，近年では環境DNA技術の発達が目覚しい．湖沼のような閉鎖水域であれば，水を分析するだけでそこに生息する魚類の種類のみならず，それらの現存量を推定できるレベルにまで達しつつあるようだ．近い将来，河川における魚類調査にも応用されるであろう．微量元素や安定同位体を用いた手法の発展も著しく，移動や生物間相互作用を明らかにするうえで有力なツールとなっている．筆者は25年ほど前，学部生時代に水野信彦先生と御勢久右衛門先生が書かれた「河川の生態学」で河川魚類の調査方法を学んだ．それから四半世紀の間に，これほどまでに魚類の調査方法が大きく変化したことに驚きを隠せない．

このように，河川魚類の調査手法は急速に進化し，多くの情報が手軽に入手できるようになってきた．これは，河川魚類の研究を進めるうえで，また，河川魚類の保全にとって大変喜ばしいことである．そのいっぽうで，魚の生活をよく観察する機会が減少してしまっているのではと感じることも多い．本節の最後で述べたが，潜水観察は魚の生態を知るうえで非常に有効である．何よりも，川の中を泳ぐ魚たちの姿を見るのは楽しい．これから河川魚類の研究を開始する方々には，是非，潜水観察することをおすすめしたい．

本節では，河川魚類の調査方法について解説した．また，それらの方法を用いて行った研究事例も紹介している．しかしながら，必ずしもすべての読者が望むものを網羅できてはいないであろう．研究事例についてより詳しく学びたい方は，中野（2002）を参考にしていただきたい．対象魚種はサケ科魚類およびカジカ類に限定されるが，優れた英文論文が和訳されており，河川魚類の調査研究に携わる多くの方々に有益な情報をもたらすであろう．すでに絶版となっているため，図書館で閲覧いただきたい．また，Zale, Parrish, and Sutton（2012）は，水産分野における調査手法の教科書であるが，本節で紹介できなかった調査手法や分析方法について多くの情報が掲載されている．大学院生が実践的な研究を進めるうえでの良書であるので，こちらもぜひ参考にしていただきたい．

（卜部浩一）

5章　生き物の内部情報から全体を見渡す

5.1　河川生物を対象とした遺伝子解析

生態学分野での研究においても遺伝子解析は重要なツールとして多用され，「特別な手法」ではなく，「なくてはならない手法」となってきた．河川に生息する生物種群の系統関係が議論されたり，種の識別（遺伝子同定）に用いられたりするようなことから，水系内における生物の移動や分散の方向性や強度の評価にも効果を発揮している．水系内のどの流域が，ある特性の生物種における生産性といった観点での「供給源（source)」や「分散先（sink)」となっているのか，といった「source-sink」の関係性を遺伝情報に基づいて可視化することなどは，河川に生息する希少生物の保全においても，河川管理においても重要な視点となりつつある．生物多様性やそのホットスポットが注目されるなか，遺伝的多様性や遺伝的観点におけるホットスポットなどは，今後ますます重視されることと思われる．

加えて，「超並列シークエンサー（次世代シークエンサー)」時代を迎え，河川生態学にも大きな革新的展開がみられている．河川生物群集のメタゲノム解析や環境DNA解析，そして環境DNAメタバーコーディングなどであるが，これらの技術はこれからの河川生態学に大きなパラダイムシフトをもたらすに違いない．

本節では，河川に生息する生物の内部情報（とくに，遺伝情報）に注目し，河川生態学において遺伝情報がどのように寄与しうるのか？　といった観点から，遺伝情報を紐解くことで明らかとなったような具体的な課題を例示しながら見渡してゆくこととする．

また，今後の需要の高まりが多いに　期待される，河川生物群集のメタゲノム解析，そして環境DNA解析について，それぞれの先駆的研究者にコラムとして解説いただいた．

5.1.1 核DNA，ミトコンドリアDNA，葉緑体DNAと遺伝情報

さまざまな生物において盛んに遺伝子解析が行われるような時代を迎えており，河川に生息・生育する生物種群も例外ではない．あらゆる生物[*1]はDNAを担体とし，その塩基配列にコードされる遺伝情報をもつ．細胞核内の染色体は，二重らせん構造をした核DNAがコンパクトに巻きつけられたような構造をしている．核DNAのほかにも，真核生物の細胞小器官（オルガネラ）であるミトコンドリアや，光合成生物の細胞小器官である葉緑体にもDNAが存在し，これらの遺伝情報は次世代へと受け継がれる[*2]．すなわち，現代を生きる生物の核DNAやミトコンドリアDNA，葉緑体DNAには，先祖代々にわたり受け継がれてきた遺伝情報が刻み込まれていると考えることもできる．そのため，これらのDNAにおける塩基配列情報に基づき，過去の進化史を紐解くことが可能となる．このような背景から，塩基配列情報に基づき，系統関係や進化史が議論されている．加えて，近年では遺伝情報から移動分散の方向性や強度を把握することも可能となるなど，生態学的需要も高まっている．

5.1.2 河川生物を対象とした遺伝子解析の意義や重要性

DNAの塩基配列情報に基づき系統関係や進化史を議論することは，河川生物に限らず，あらゆる生物種群において有効な手段である．しかし，とくに水系に依存した分散を強いられる河川生物においては，進化史や生態学的特性をよく反映した遺伝構造が検出されやすく，遺伝子解析手法は極めて効果的であり，重要性が高い．

A. 水系内の移動分散スケール評価（集団構造解析）

河川生物は，本流と支流が「線」的につながりあうネットワーク内をすみ場所としている．水系地図からは，数多くの河川が複雑につながることで1つの水系を築いているようにみえるものの，「線」的につながりあう河川間を生物が自在に往来できるとは限らない（**図5.1-1**）．水系としてつながっていたとしても，上流域と下流域間では河川環境は大きく異なるため，上流域の冷水環境に適応した生物種が水系内の下流域まで移動し，水系内の遠く離れた支流へと分散するようなことは極めて困難である．また，水系内の移動分散において，上流から下流方向へと向かう分散は比較的容易であるものの，流れに逆らい上流へと向かうような分散は容易ではなく，実際には，偏った方向性や強度をもつ分散が生じているものと考えられる．

[*1] RNAウィルスでは，DNAではなくRNA配列に遺伝情報がコードされている．
[*2] 核DNAとオルガネラDNAでは伝搬の仕方は異なる．

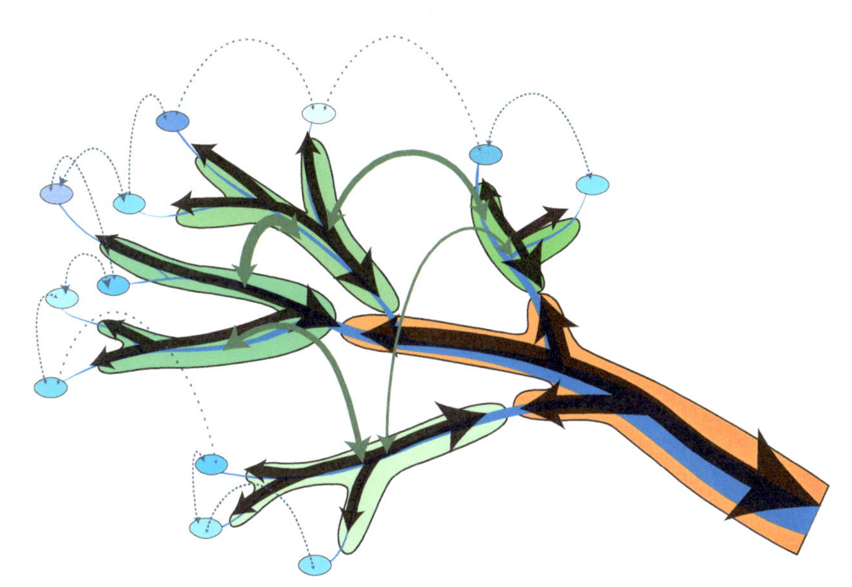

図 5.1-1 水系ネットワークと上・中・下流域での遺伝子流動の強度に関する概念図

矢印は分散の方向性を，線の太さは相対的な分散量（分散の強度）を示し，長く太い線であれば分散も多く生じていることを表現している．下流域に適応した生物種群ほど大きく連続的な集団を形成し，上流域に適応した生物種群ほど分集団化が促進される．水系ネットワークの「線」的なつながりの中での往来が前提となるので，直線距離では近い関係にある源流域同士でも移動分散は容易ではない．

（Tojo *et al.*, 2010 を参照して作図）

また，滝などの自然の障壁や，ダムや堰のような人工構造物が，河川生物の移動分散における障壁として大きく影響していることも予想される．河川生物の中には，たとえば純淡水魚類のように生涯を通して河川から逃れられないグループもあるし，多くの水生昆虫類のように成虫期間には翅をもち，飛翔できるようなグループもある．卵や幼虫期に流下する水生昆虫類では，流下による上流域での集団の損耗を成虫期に取り戻すような上流へと向かう「遡上飛翔（補償飛翔）」行動もよく観察されている．とくに，メスが遡上飛翔の後に上流域で産卵する機構は重要であり，「コロナイゼーションサイクル（colonization cycle）」とよばれている（Waters, 1965, 1966）．栄養塩の上流への回帰としても重要である．日本の河川においては，ヒゲナガカワトビケラ *Stenopsyche marmorata* やカクスイトビケラ科のトビケラ類などにおいて，産卵遡上飛翔が研究されてきた（Nishimura, 1967; 西村, 1987）．また，モンカゲロウ *Ephemera strigata* やフタスジモンカゲロウ *Ephemera japonica* などのカゲロウ類においても顕著な産卵遡上飛翔がよく知られている（今西, 1940; 可児, 1944; 竹門, 1989）．

しかしながら，このようなコロナイゼーションサイクルは，どのくらいの空間スケールで行われているのだろうか？　このことを究明するのは極めて困難である．標識再捕獲法などにより，個体レベルでの移動を直接的に把握するような試みもなされてきたが，多くの観察事例を蓄積させながら議論の精度を高めるには限度がある．そこで，遺伝子マーカーを用いた移動分散スケール，すなわち遺伝子流動スケールを評価するようなアプローチに大きな期待が寄せられている．河川生物種間での比較や，地理・地形の異なる河川間や水系間での比較など，さまざまな課題設定のもとに取り組むことが可能である．詳細な手法等については後述する．

B.　系統解析，生物地理解析

非モデル生物において遺伝子解析手法が導入されたのは，1980年代末から90年代にかけてである．初期の段階では，系統分類学や系統進化学的な視点から，飛翔能力をもたない陸貝類やオサムシ科昆虫などに焦点が当てられた．加えて，従来の形態形質による分類体系が混沌としていたような生物種群において，遺伝子解析が盛んに実施されるようになってきた．このような時代背景の中で，淡水魚類や両生類，水生昆虫類，淡水貝類などの動物をはじめ，水生植物などにおいても，とくに分類体系の再検討などの観点から遺伝子解析の対象とされてきた．このような系統進化史を紐解くことを目的とした遺伝子解析研究は，現在も盛んに展開されている．

いっぽう，前の集団遺伝構造の項目でも述べたように，河川生物は移動分散が大きく制約されるようなグループであり，地域集団ごとの遺伝分化が起こりやすい特徴もあわせもっている．この特徴は，生物地理学においても極めて重要なものであり，陸生生物と比較して，河川生物は地理的な遺伝構造を検出しやすいという共通した特性をもつ（東城・伊藤, 2015; Tojo *et al.*, 2016, 2017）．

さらに，日本列島は世界的にも極めて稀な複雑な起源をもつことや，今なお劇的な地殻変動が継続している点においても，生物地理を検討するうえでのユニークかつ魅力的なフィールドである（**図5.1-2**）．約2,000万年前まで，ユーラシア大陸の東縁地域に位置していた日本列島は，大陸から切り離されるようにして島嶼化したものと考えられている．この離裂にはプレートテクトニクスが関係したとされる．4つの地殻プレートが，日本列島付近でぶつかり合っていることも劇的な地殻変動を創出する要因であると考えられる．このようにして，大陸から切り離されて形成されるような島嶼部は「大陸島」とよばれる．とくに，日本列島の形成において，東北日本と南西日本が独立して大陸から離裂したことは，古地磁気学的研究からほぼ確実視されている（Otofuji *et al.*, 1985; 東城ほか, 2019）．約1,500万年前には，大

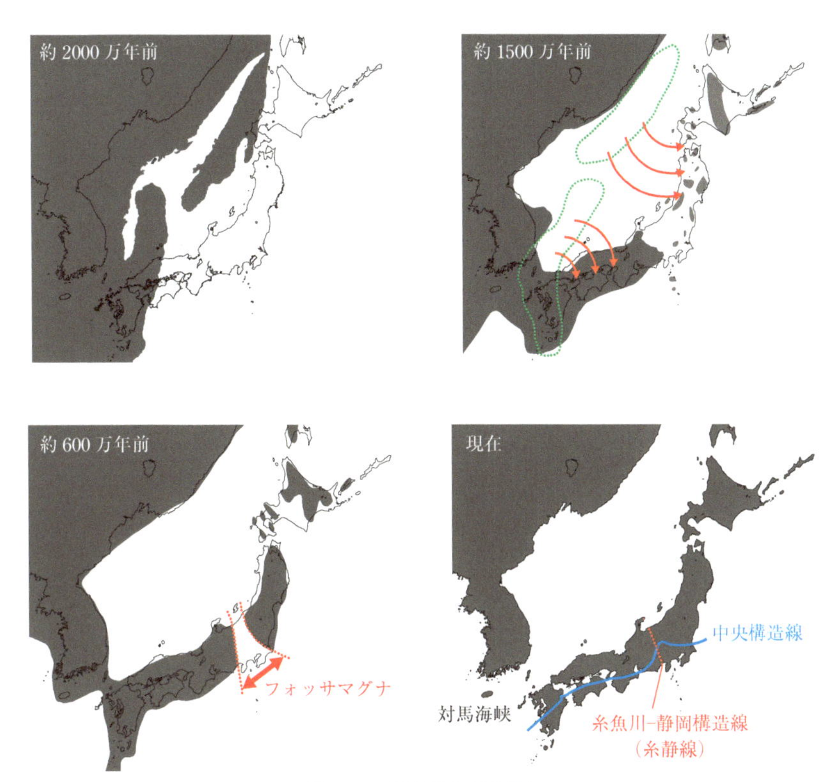

図 5.1-2　日本列島の形成史

2000 万年前以前にはユーラシア大陸の東縁部に位置していた古・日本列島が大陸から離裂し，東日本と西日本がそれぞれ独立した回転運動により現在の日本列島の原型が形成された．さらに，1500～500 万年前の長い期間にわたり，東西日本は「フォッサマグナ」とよばれる深い海により隔てられていたとされる．日本列島の生物相は，このような複雑な列島形成史やその後の地殻変動（造山運動）などの影響を強く受けて成立している．

陸からの離裂も進み，現在の状況に近いような日本列島の配置となったと考えられているが，この後も長きにわたり，東北日本と南西日本は「フォッサマグナ」とよばれる深い海域の存在により，分断された状況であった．フォッサマグナ地域における堆積作用や地盤の隆起作用により東西日本が陸続きとなったのは約 500 万年前であるとされる．いっぽう，海底火山の隆起などにより，海洋上に形成される島嶼は「海洋（大洋）島」とよばれ，伊豆諸島や小笠原諸島などはこの典型例である．このように，大陸島と海洋島の要素をそれぞれあわせもつ島嶼国が日本である．

このように複雑な形成史をもつ日本列島は，今なお地震や火山活動といった自然災害と切り離すことのできない地域であるとともに，いっぽうでは，地熱発電や温泉などの生態系サービスの恩恵にも授かっている．また，大陸からの離裂により形成された日本海は，列島全体が湿潤化し，国土の約7割が森林で覆われていることにも大きく寄与している．降雨による自然攪乱の影響も大きく，日本の自然環境や生物多様性は，これらの攪乱のもとに成立してきたとも考えられている．

このような立地にある日本列島の中で，実際にどのようにして現在の生物相が構築されてきたかを紐解くことは，「日本の生物の起源」や「種多様性の創出機構」を考えるうえでも重要なことである．長年にわたり，このような観点での考察がなされてきたが，近年の遺伝子解析による系統進化史や生物地理研究は，より高い精度での議論を可能としてきた．とくに河川生物においては，淡水魚類，両生類，そして水生昆虫類などにおいて，極めて明確な遺伝構造が示されつつあり，日本列島の形成史と関連づけた興味深い研究が展開されてきた．おそらく，今後も多くの研究事例が蓄積されると考えられ，この分野における河川生物が担う役割は極めて重要である（渡辺ほか, 2006; Komaki *et al.*, 2012, 2015; Tojo *et al.*, 2016, 2017; 東城ほか, 2019）．

C.　地理的空間スケールにおける明確な階層性

系統進化や生物地理の議論において，河川生物が果たす役割の大きさは先に述べた通りである．加えて，河川生物を対象とすることの大きな利点の1つとして，地理的空間スケールにおける階層性を明確化した議論を展開しやすいことがあげられる．陸生生物を対象にした集団遺伝解析を実施した場合，仮に地域間での遺伝構造に何らかのギャップが検出されたとしても，陸つづきである地域を区分することはなかなか困難である．北海道，本州，四国，九州といった日本列島の主島間や，主島と離島などを区分することはできても，たとえば本州のような1つの島内を細区分することは案外難しい．山地に生息する生物であれば，山塊を1つの単位にすることはできるものの，大きな山脈をどう扱うべきか，などと悩みは尽きない．

いっぽう，河川生物においては，さまざまなスケールで，しかも明確な基準のもとに階層的に区分することが容易である（**図 5.1-3**; **1.2** 参照）．陸生生物同様に，大陸や島は明確に区分できるし，その中でも水系を1つの単位として区分することは，明確かつ妥当性が高い．そして水系内においても，河川（本川と支川），さらにはセグメントスケール，リーチスケール，そして微生息場スケールといった具合に，統一的な基準により，階層的に区分することができる．またこの基準は，世界共通で利用可能である．仮に，ある特定の河川生物の遺伝構造に何らかのギャップが検出された場合にも，その遺伝構造が，水系スケールによるものであるのか，水系内

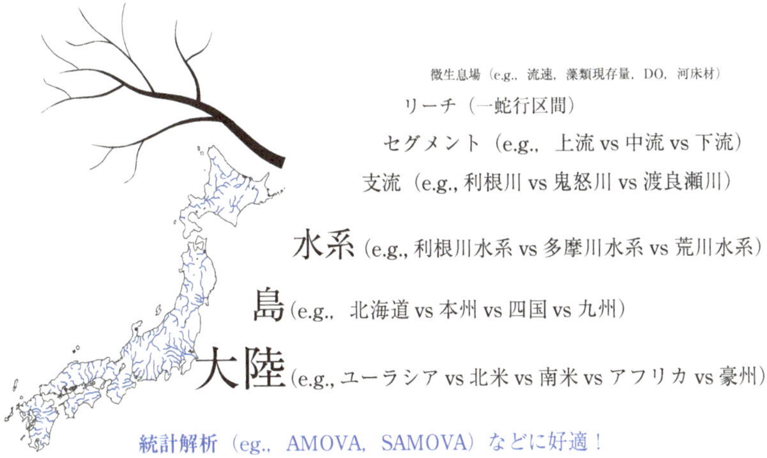

微生息場（e.g., 流速，藻類現存量，DO，河床材）
リーチ（一蛇行区間）
セグメント（e.g., 上流 vs 中流 vs 下流）
支流（e.g., 利根川 vs 鬼怒川 vs 渡良瀬川）
水系（e.g., 利根川水系 vs 多摩川水系 vs 荒川水系）
島（e.g., 北海道 vs 本州 vs 四国 vs 九州）
大陸（e.g., ユーラシア vs 北米 vs 南米 vs アフリカ vs 豪州）
統計解析（eg., AMOVA, SAMOVA）などに好適！

図 5.1-3 河川生物を対象とする群集・集団構造の議論における階層的区分の明瞭性
河川に生息する生物の「すみ場」に関しては，階層的に理解しやすいのが大きな特徴である．

のセグメントスケールによるものであるのか，などといった議論を明確にすることができる．このような集団遺伝解析においては，複数の解析集団をグループ化しながら，グループ間での遺伝分化を議論することがよく試みられる．AMOVA（Analysis of Molecular Variance）や SAMOVA（Spatial AMOVA）などは頻用される解析手法であり，陸生生物ではどのようにグループ階層を構築するのかが悩ましいところであるが，河川生物では極めて明確かつ容易に区分可能であることの意義は大きい．遺伝子流動の方向性や強度に関する議論においても，集団の階層的な区分が明確であることの利点は大きい．

D. DNA バーコーディング，メタ群集解析と環境 DNA 解析

河川生物を対象とした遺伝子解析において重要となるのは，DNA バーコーディングやメタ群集解析，環境 DNA 解析である．いずれも，近年になって急激に需要が高まりつつある解析手法である．河川水辺の国勢調査（**1.1.3** 参照）に代表されるように，河川生物の研究では，コドラートを用いて，河床の一定空間内に生息する生物群集（主に底生動物群集）を採取するような手法が多用されてきた．このようなコドラート法による調査は底生動物に限定されたものではなく，土壌動物などでも実施されているし，陸上に生育する植物相調査などでも多用されている．これらのうち，底生動物における特徴的な点としては，採取される底生動物のほとんど

が幼虫世代であることがあげられる（若齢幼虫も多く含まれる）．底生動物では，種識別の鍵形質はオス成虫にあることが多く，幼虫世代では属レベルまでの同定に留めざるを得ないことも多い．このような場合において有効であるのが，DNAバーコーディング法である．

昆虫類を含む多くの底生動物ではミトコンドリアDNAのCOI領域（658塩基）がDNAバーコーディングに用いられている．水生昆虫類や甲殻類，巻貝類などの無脊椎動物を広く含む底生動物類一般において，COI領域の塩基配列は種識別を行ううえで適度な変異を含み，有効であると評価されている．分散力が低い種では，地域集団レベルでの遺伝分化がCOI領域においても検出されるが，これらの場合にも近縁種間ではより大きな変異として検出される．逆に，形態形質においては同一種として扱われてきたものの，COI領域における明確なギャップの存在が明らかになったことに起因し，隠蔽種（cryptic species）や隠蔽系統の存在が明らかとなることも多い．最近では，日本の河川を代表する大型の水生昆虫種であるヒゲナガカワトビケラ *Stenopsyche marmorata* やオオマダラカゲロウ *Drunella basalis* において隠蔽種の存在が明らかとなっている（Saito *et al.*, 2018; Jo and Tojo, 2019）．

さらに，コドラート法などで一定空間に生息している底生動物群集を超並列シークエンサー（シーケンサー）により群集まるごと解析し，DNAバーコーディングと併用することで，群集そのものを一気に解析してしまうようなメタ群集解析も試行されはじめている（土居, 2017）．加えて，河川の水を採水して濾過するだけで，水中に浮遊している水生生物由来のDNAを解析し，特定の生物種が水域内に生息しているかどうかを判定するような環境DNA解析も大きな期待と注目を集めている．さらに，特定種の在不在のみならず，水域に生息する生物群集そのものを環境DNAから究明するようなことも実現している．当初，環境DNA解析では湖池沼が対象とされていたが，流水生態系である河川においても有効な手法であることが明らかとなり（Katano *et al.*, 2017），今後，河川生態学においても重要な手法として期待されている．これらのメタ群集解析や環境DNA解析に関しては，とくに注目される技術であるので，本節末にコラムとして取りあげ，実際の研究に取り組んでいるお二人に詳述していただいた（**コラム5.1**，**コラム5.2**）．

これらの新規技術革新を下支えするのがDNAバーコンディングであり，とくに底生動物群集調査では頻繁に採取されるものの，形態形質による種属の識別が困難なグループの代表格であるユスリカ類において注目されている．本邦においては今後の需要の期待もあり，ユスリカ科昆虫類の参照配列のデータベース化がプロジェクトとして展開されている（今藤ほか, 2017）．いっぽう，日本産底生動物におけるほとんどの種群において，DNAバーコーディング領域の参照配列データの充実化は遅滞しており，まずはこれらのデータベース化の充実が希求される（東城・竹中, 2018）．DNAバーコーディング領域の遺伝子解析には，全ゲノムDNAからバーコード領域の塩基配列を特異的に増幅させる汎用（ユニバーサル）プライマーが設計されており，全世界において頻用されている．とくに，LCO1490とHCO2189と名付けられているプライマーセットは極めて優れた汎用プライマーと言える（Folmer *et al.*, 1994）．ただし，稀ではあるものの，本来のDNAバーコーディング領域の塩基配列ではない「偽遺伝子配列（pseudogene）」がこの汎用プライマーにより増幅されてしまうことも確認されているので，注意が必要である．ここでいう偽遺伝子とは，ミトコンドリア遺伝子COI領域の塩基配列のコピーが，何らかの理由で核ゲノムの中へと取り込まれて残存しているものである．元のDNAバーコーディング領域とは別に，独立した変異を蓄積させている場合もあり，その配列を無批判にバーコード領域の遺伝情報として利用してしまうと大きな過ちを犯してしまう可能性もあり得る．本来ならば，相同（ホモローガス）な遺伝子配列同士を比較する必要があるべきところを，非相同（アナローガス）な偽遺伝子配列を比較してしまうという問題である．しかし，もともとは同じ配列に起因しているため，実際に得られた配列が偽遺伝子であるかどうかの判断はとても困難である．これまで，偽遺伝子の存在は，バッタ（直翅）目やチョウ（鱗翅）目昆虫などから報告がなされてきたが，最近になって水生半翅目昆虫類のミズムシ *Hesperocorixa distanti* でも確認されている（Yano *et al.*, 投稿中）．

5.1.3　標本作成法（固定から標本の保管まで）

A.　遺伝子解析試料としての河川生物の採取・固定と標本の保管

河川生物からの遺伝子解析に関して，実際には種個別にさまざまな工夫が行われているものの，基本的には一般的な生物種群において汎用されるような手法に従うことで問題ないものと思われる．水生生物の標本作成では，ホルマリンによる固定もよく用いられるが，遺伝子解析を念頭においた固定や標本作成の場合には，ホルマリンでの固定や保管については回避する方がよい．技術革新により，ホルマリン標本からのDNA抽出も可能ではあるが，そのような方法は古い標本からの遺伝子解析が必要であるなどの事情で，ホルマリン標本からのDNA抽出しか道が残されていないような場合に限定する方がよいだろう．DNAは加水分解されやすいことから，水を含まない高濃度のエタノール（95%以上）で固定するほか，乾燥標本を作成することが基本である．冷凍保存も効果的である．ただし，魚類や大型水生昆虫類などの固定では，たとえ100％のエタノールに生物試料を浸漬したとしても，もともと体内に含まれている水分が標本瓶の中に残存しつづけるので，標本作成の後，ある程度の時間が経過した段階で，新たな100％エタノールに浸漬し直すことも必要である．さらに，冷暗所にて保管することで，より安定性が維持される．淡水魚類や両生類，水生昆虫類などの遺伝子解析標本を作成し保管することの多い筆者の研究室では，野外で採取した生物試料をそのまま100％エタノールに浸漬することが多い．購入時の一般合成エタノール（99.5％）はわずかに水分を含むため，水分子を強く吸着するゼオライトの一種（モレキュラーシーブ）を用いて完全に脱水したエタノールを使用することも多い．標本の固定に用いる容器にはあまりこだわりがないものの，とくに野外では破損の心配があるガラスバイアル瓶を避け，各種サイズを取りそろえたポリプロピレン製バイアル（蓋はポリエチレン製）を使用している．このようにして，野外にてエタノール浸漬した標本を研究室にもち帰り，その後に再度，新たな100％エタノールに浸漬・置換したうえで，標本として保管している．魚類からの遺伝子解析の場合，すべての解析個体を標本にするとなると標本もかさばるだけでなく，使用するエタノール量も多くなることから，形態形質を利用する必要がない場合には，鰭の一部だけを切り取ってエタノール固定することも多い．

植物からの遺伝子解析に際しては，基本的には乾燥標本を作成している．ゆっくり時間をかけて乾燥させてしまうと，湿った葉の表面などでバクテリアや菌類などが増殖するコンタミネーションが危惧されるため，シリカゲルを利用した急速乾燥などがよく用いられている．筆者の研究室では，当初は密閉性の強いチャック付ビニル袋内にシリカゲルを導入して標本を維持することが多かったものの，植物体内（葉の中）の水分が残存し続けることから，最近では紙封筒の中にあらかじめシリカゲルを入れておき，この封筒内に植物の葉を入れて保管するようなサンプリングを実施している．

この他，材料個別の事情などもあるので，対象とする生物試料に近いグループでの個別的なノウハウを調べておくことは重要である．先に，できるだけ水分を除外するために徹底した脱水を実施していることを記したが，あえて例外的な対処法により標本作成を行っているような事例もある．体表のクチクラ層が厚く硬化し，かつメラニンが沈着したような体表クチクラをもつ水生昆虫種群の場合，いきなり生体試料を100％エタノールに浸漬してしまうと，かえってよくないことが多い．ムカシトンボ *Epiophlebia superstes* やトワダカワゲラ類 Scopurid stoneflies，ミヤマノギカワゲラ類 *Yoraperla* stoneflies などにおいて，幼虫そのものを100％エタノールに浸漬した場合，体表の厚いクチクラ部分がカチカチに硬化してしまい，体内の筋肉組織などへのエタノール浸漬がうまくいかないことも多い．体表はカチカチに硬化しているものの，内部の筋肉組織は十分な固定がなされていないことも多々認められた．このような場合の対処としては，野外採取の段階では，生体を丸ごと100%エタノールに浸漬してしまわずに，遺伝子解析を行うための歩脚1本だけを野外で解剖・摘出してからエタノールに浸漬することが有効である（解剖した傷口からエタノールが体内へと浸透するため）．また，野外では幼虫をまるごと70～80%エタノールに浸漬し（100%エタノール固定よりはクチクラの硬化を回避できる），実験室に戻ってから，改めて100%エタノールに浸漬し直すことも有効である．また，カゲロウ目昆虫（成虫）をいきなり100%エタノールに浸漬すると，歩脚や尾毛などがバラバラに分解されてしまうことが多い．後に形態形質を評価する場合には不具合となることから，野外では一時的に70～80%エタノールに浸漬しておき，後に100%エタノールに浸漬することも多い．いずれにしても，種群固有の工夫が必要なことも多く，注意や情報の共有が必要である．

B. 特殊試料からの遺伝子解析（標本作成法）

河川生物における特殊サンプルからの遺伝子解析にも触れておきたい．国立公園内の特別保護地域など，特殊な地域における希少種などにおいて，採集や損傷などの許認可が極めて難しいことがある．筆者の経験では，羽化個体の羽化殻（脱皮殻）から遺伝子解析を試みたことがある．特殊な試料であり，組織に含まれているDNA量も微量ではあるものの，乾燥していればそのまま乾燥試料として保管することも可能であるし，水面に浮かんだ羽化殻などの場合には，羽化殻をエタノールで保管することで何ら問題はなかった．これらの特殊事例では，DNA量が微量であると想定されることから，DNA抽出時におけるバッファー内でのインキュベート時間を（失活するタンパク除去酵素を交換しながら）最大で1週間程度まで長く設定することや，DNA溶出の際のTEバッファー量を少なくすることで，結果的にゲノムDNAの濃度を高めた状態で保管するなどの工夫が必要である．

また現在，河川生物における遺伝子解析の特殊事例として，研究室ではカワネズミ *Chimarrogale platycephalus* の糞から遺伝子解析を実施している．日本固有種の水生トガリネズミ類であるが，トラップ捕獲などによるストレスには極めて脆弱であるため，生かして一時捕獲し，血液や体毛などからの遺伝子解析を行うことは極めて困難である．このような点から，行動や生態に関する研究は大幅に遅滞している．しかし，渓流（河道内）の礫上にカワネズミの糞を見かける機会は比較的多いことから，糞から遺伝子解析する技術を確立した．カワネズミの糞は，しばしば「ため糞」のような状態で（同じ礫上に何度かにわたって排泄されたような状態で）観察される．糞を用いた遺伝子解析は，中～大型哺乳類などでは比較的よく試みられており，それなりのノウハウが蓄積されているものの，水しぶきがよく当たるような礫上の糞からの遺伝子解析は，やや工夫が必要である．糞そのものを100％エタノールで保存したり，そのまま冷凍保存してみたり，さまざまな方法での保管を試行してきた．この結果，リシスバッファーにカワネズミ糞を浸漬させ，主にバッファーに溶出した組織をDNA抽出のための試料として用いることで，かなり効率よく全ゲノムDNAの抽出ができるようになった．ただし，劣化した（排泄から長く時間経過した）糞試料内の微量DNAを鋳型にせざるを得ないようなPCRにおいては，PCR阻害物質が含まれることが多く，牛血清アルブミン（BSA）の添加により，阻害物質の作用を抑制することが有益であった（Sekiya *et al.*, 2017）．最近のPCR試薬にはBSAを含むバッファーが用意されているものもあるので，製品情報を確認しておくことも重要である．

ちなみに，カワネズミ糞からの遺伝子解析に関しては，その基礎的実験手法を確立しただけでなく，マイクロサテライト（MS, あるいはSSR）・マーカーの開発も行い，現在までに，種内において適度な多型が検出される21座位のMSマーカーを作成してきた．これらのマーカーの組み合わせにより，統計学的には十分な個体識別が可能であることもわかってきた．実際に，アクアマリンいなわしろカワセミ水族館（福島県猪苗代町）において個別飼育されている12個体のカワネズミ糞を対象に，ブラインド状態にてマイクロサテライト解析を実施したところ，100％の精度での個体識別に成功した．この試行では，飼育環境下における排泄して間もない良質な糞試料を用いたが，野外で採取した糞試料からの個体識別でも成果が得られており，かなり期待できる手法を確立できたと評価している．

C.　遺伝子解析に用いた標本の保管

DNAバーコーディングの項目において，遺伝子解析により隠蔽種の存在が明らかになるような事例もあることを記したが，このような展開は今後ますます増加するものと考えられる．そして，遺伝子解析の結果を受けて，再度，形態形質を精査する必要が生じることも多い．非モデル生物も遺伝子解析の対象となり始めた1990年代前半，遺伝子解析には結構多くの組織量が必要とされ，当初は同じ地点で採取された同種の複数の標本をまとめて擦り潰し，全ゲノムDNAの抽出作業が行われていた．しかし技術革新が進んだ現在は，たとえ小さな個体であったとしても個体のすべてを用いて解析するようなことはほぼ回避できるようになってきた．このため，遺伝子解析において，仮に予想に反するような結果が得られた場合にも，再度，形態形質を精査しなおすことができるよう，遺伝情報と解析に用いた標本の対応を付けた形で保管しておくことが重要である．標本のどの部位の組織を用いて遺伝子解析を実施するべきかについては，それぞれの対象種群における分類学的な鍵形質を残しておくことが重要である．左右相称動物においては，左右で対構造をもつような部位を用いるのがよいと思われる．動物の記載図や図鑑などでは，左側に頭部を記すような左半身が図示されることが多いため，昆虫や淡水魚類などでは，左半身を損傷することなく残しておき，右半身の歩脚や鰭の一部などから組織を摘出することが一般的である．また将来的に再検討が必要になるような事態にも備えて，遺伝子解析した成果を論文として公表するような場合には，解析に用いた標本の所在や標本番号を論文そのものに明記し，遺伝情報と標本を付きあわせた検証ができるようにしておくことが理想的である．現時点では，標本との照合にまで気配りがなされている論文は希少であるが，ゲノム情報が多用される今後は需要も高まると予想される．

実際に，国際 DNA バーコーディング（iBOL, the international Barcode of Life; BOLD, Barcode of Life Database）においては，バーコード領域の塩基配列を登録する際に，解析した標本の写真などを登録することが推奨されている．DNA バーコーディングでは，登録データの蓄積こそが最重要課題であるが，種同定も含めた精確なデータであることの意義は大きい．あわせて，第三者による検証が可能となる状況を整備していくことも重要である．

5.1.4 遺伝子解析（塩基配列解析）

生物試料から全ゲノム DNA を抽出し，これを鋳型としてさまざまな遺伝子領域の塩基配列を解析するための手法に関しては，数多く解説書・実践書が出版されており，インターネット上にも有益な情報が溢れている．DNA を構成する塩基の配列を解読することを DNA シークエンシング（DNA sequencing）といい，1977 年にフレデリック・サンガーらによって開発されたことから「サンガー法」とよばれている．このサンガー法を基本とする DNA シークエンサーは，今なお世界的に多用されている．

並行して，サンガー法に代わる塩基配列の解読技術が開発され，2005 年に最初の第二世代シークエンサーが発表されて以降，さまざまな原理の機種が誕生してきた．第二世代シークエンサーは，電気泳動を行わないことで多量のデータの並列処理を可能にしている．基本的には，短時間で膨大な量の短い塩基配列データ（ショートリード）の取得を目的としたもので，リード長は数十から150塩基程度にとどまるものが多い．比較的長い配列の解析ができる機種も誕生してきたが，現在残っている機種はいずれもショートリード解析型である．

このようなショートリード解析を主流とした第二世代シークエンサーに対し，より長い塩基配列（ロングリード）を大量に得ることのできる技術として期待されているのが第三世代シークエンサーである．リード長1万塩基ほどの配列を解読でき，これらのリードにタグをつけることで断片の再合成が可能な機種など，さまざまな技術が開発されている（磯部ほか, 2017）．

技術革新は今なお進行中であり，それぞれの研究の目的に応じた技術を適切に取捨選択することが重要である．筆者の研究室の場合，普段の実験活動ではサンガーシケーンサーでの解析をメインとしながら，マイクロサテライト・マーカー開発などの場合には第二世代シークエンサーでの解析を行い，膨大な配列データの中からマイクロサテライト配列を探索することに活用している．同様に，SNP（single nucleotide polymorphism，個体間で検出される1塩基置換）の探索のために第二世代シークエンサーを活用する事例も多い．

種内における地域集団レベルでの遺伝構造を解析し，それぞれの集団がどのような進化史をたどってきたのか，といった種内の系統進化史に関する議論も数多くなされている．本章の冒頭でも触れたように，とくに複雑な地理・地形，そして地史をもつ日本列島においては，このような観点での興味は尽きない．そして，河川に生息・生育する生物は，このような議論に最適であることについても触れた．この後には実際の研究事例を紹介するが，サンガー法により特定の遺伝子領域の塩基配列データを解読し，その遺伝構造に基づく議論が数多く行われてきた．水生昆虫類では，ミトコンドリア遺伝子のCOI, COII領域（チトクローム脱水素酵素サブユニットI，II）やND5領域（複合体I）や核遺伝子のITS1領域（18Sと5.8SリボゾームDNAに挟まれた第1イントロン）やhistone H3領域（ヒストンH3）などがよく対象とされ，魚類や両生類ではミトコンドリア遺伝子のCyt b領域（チトクロムb）やD-loop領域（調節領域）などが対象となることが多いが，地域集団レベルでの多型の検出されやすさにおける経験則に基づいている．いっぽう，植物では，種内多型を数多く検出するような遺伝子マーカーの探索は難しく，集団の孤立・散在分布が著しい高山植物などにおいても多型の検出は限定的であることが多い．このような場合には，先述したマイクロサテライト解析やSNP解析（RAD-seq解析など）が有効となる．かつてのマイクロサテライト解析においては，有効なマーカーを設計するまでが苦難を伴う作業であったが，第二世代シークエンサーを利用することでの利便性はかなり高まっている．ただし，マイクロサテライトを含む数多くの配列の中から，実際に解析を行う座位数まで絞り込む作業には，いくつものステップを踏む必要があり，依然として試行錯誤が必要なところである．

このような背景下，日本発の技術として注目されているのがMIG-seq解析法である（Suyama and Matsuki, 2015）．マイクロサテライト間のSNPを検出する手法で，マーカーの設計等を必要とせず，あらかじめ設定された条件による2回のPCRをベースとする第二世代シークエンサーを利用した解析手法である．RAD-seq解析のように高質な試料を必要とせずに，微量な試料からも解析が可能であるため，博物館収蔵の古い標本などからの解析も期待される．また，先に紹介したような動物の糞試料における解析においても期待が大きい．RAD-seq解析ほど大量なSNP検出とはいかないまでにも，集団遺伝学的な解析には十分量のSNP検出が可能とされる．さらに，解析にかかる時間は短く（数日間），経費もかなり節約できるため，今後ますます需要が高まる手法として大きな期待が寄せられている．最初の論文（Suyama and Matsuki, 2015）が公表された時点で，すでに，複数の動物群（節足動物，軟体動物，棘皮動物，脊椎動物）や菌類，植物における有効性が確認されており，これ以降も数多くの実績を積み重ねていることから，ほぼすべての生物種群を対象にし得る汎用性の高い解析手法である．

5.1.5 遺伝情報（塩基配列情報）の整理・解析，そして実践例

サンガーシークエンサーをはじめ，第二・三世代シークエンサーなどの登場により，短時間で膨大なゲノム情報が得られる時代を迎えたが，これらの解析から得られた膨大なゲノム情報ををどう効率的に取り扱い，どのような議論を展開していくのかが重要である．サンガーシークエンサーで解析される数百から千数百程度の塩基配列データの整列や解析であれば自前のPCでも容易であるが，第二・第三世代シークエンサーから得られる膨大なデータセットからの必要なデータ選抜においてはバイオインフォマティクス分野の技術が必要となるため，現実的には専門業者にデータ選抜までを委託することが多いようである．生物試料をはじめとするさまざまな試料から多くの遺伝情報を得るところまでは技術的な進歩もあり，格段に進展してきた．

本節末の2つのコラムとして取りあげているメタ群集解析や環境DNA解析など（**コラム5.1**，**コラム5.2**）がその好例であり，河川生態学における最新の関心事であろう．このほかにも系統進化や生物地理，集団レベルでの移動分散の方向性や強

度，個体レベルでの行動や生態に関することなど，さまざまな課題に関して遺伝子解析は有効な技術となり得る．ここからは，具体的な研究の実践例を取りあげながら議論を深めてみたい．

A.　DNAバーコーディングと系統進化・系統地理

河川生物を対象とした研究事例としては，数多くの研究があげられるが，ここでは日本列島を中心に取り組んだヒゲナガカワトビケラ類(ヒゲナガカワトビケラ科)に関する研究とコオイムシ類（コオイムシ科）に関する研究事例を取りあげてみたい．

a.　ヒゲナガカワトビケラ類の高次系統と隠蔽種の発見

ヒゲナガカワトビケラ類は，日本の水生昆虫を代表するようなグループである．北海道から九州の広域に生息し，佐渡島，奄美大島，徳之島，沖縄島，石垣島，西表島などの離島にも生息している．信州・伊那谷を流れる天竜川では，伝統郷土食「ざざむし」が有名であるが，その中心的食材となる水生昆虫である．国内に確実に生息している種としては，以下の4種があげられる．北海道から九州まで広域に分布（朝鮮半島やサハリン・ロシア沿海州にも分布）するヒゲナガカワトビケラ *Stenopsyche marmorata*，日本固有種で本州・四国・九州に分布するチャバネヒゲナガカワトビケラ *S. sauteri*，北海道とサハリンに分布するシロアシヒゲナガカワトビケラ *S. pallens*，南西諸島に生息するオキナワヒゲナガカワトビケラ *S. schmidi*．このほか，シナノヒゲナガカワトビケラ *S. shinanoensis* が記録されているが，この種は記載論文以降の情報が皆無である．トビケラ目昆虫類の中でも大型種で，日本国内の河川では，「瀬」ハビタットを代表する種群で，しばしば個体密度や現存量において最優占する．河川水辺の国勢調査の対象となっている109水系のすべてにおいて記録されるなど，本邦の河川生態において最重要視される水生昆虫といえる．

ヒゲナガカワトビケラ科としての分布や属レベルでの多様性を考えると，このグループはオーストラリアやニュージーランド，南米，アフリカなどに生息することから，ゴンドワナ地域（南半球）の起源であると考えられる（Saito *et al.*, 2018)．ゴンドワナ由来とされるインド亜大陸の移動とともにアジア地域へと渡り，東南アジアから東アジア地域へと種分化しながら分布域を北進させたと考えられる．北海道やサハリン，ロシア沿海州あたりは分布の北限に当たる．

ミトコンドリア遺伝子COI領域および核遺伝子EF-1α領域の遺伝子解析の結果も，このような傾向を支持している（Saito *et al.*, 2018)．また，COI領域の解析結果はそれぞれの種レベルでの単系統性を強く支持するなど，このグループにおいても DNA バーコーディングによる種識別の有効性が示された．さらに，形態形質においてはヒゲナガカワトビケラとして種同定される標本の中に，明らかに遺伝分化した隠蔽系統が含まれていることも明らかとなった（**図 5.1-4**; Saito *et al.*, 2018）．この研究では，新規発見された隠蔽系統を「*Stenopsyche* sp. alpine lineage」として扱っている．この遺伝系統群を構成する標本は，いずれも中部山岳域や尾瀬地域といった標高の高い地点で採取された個体であることによる．この研究では，ヒゲナガカワトビケラが 2 つの遺伝系統群から構成されていることが明らかにされただけでなく，今回新たな系統群として区分された *Stenopsyche* sp. alpine lineage は，ヒゲナガカワトビケラと別種であるシロアシヒゲナガカワトビケラとの種間による遺伝分化よりも，より大きな分化であり，隠蔽系統というよりは隠蔽種と考えるほうが妥当である．この傾向は，核遺伝子（EF-1α 領域）の解析においても支持されている（**図 5.1-5**; Saito *et al.*, 2018）．

昆虫類の分岐年代推定において汎用される一般的な塩基置換率（Papadopoulou *et al.*, 2010）を基にこの隠蔽種の分岐年代を推定したところ，約 4 百万年前の分化として評価され，かなり起源が古いことも明らかとなってきた．ちょうど中部山岳地域の山岳形成の初期段階に相当する．千曲川では，ヒゲナガカワトビケラと隠蔽種の流程分布は顕著で，標高 1,460 m 地点では両種が混生し，これよりも上流域からは隠蔽種のみが採取され，下流側からはヒゲナガカワトビケラのみが採取されている．このようなことから，山岳域の冷水環境に適応した隠蔽種を，「ヤマヒゲナガカワトビケラ」と仮称して扱っている．

この研究では分岐年代推定を実施しているが，動物のミトコンドリア遺伝子においては，対象種群や遺伝子領域ごとに単位時間当たりの塩基置換率が算出されてきた．分集団化した年代が，地史的なイベントと関連付けられるなど，ある程度の精度で判明しているような地域や種群を対象に塩基置換率が議論され，これらの知見を蓄積させながら補正作業が繰りかえされてきた．加えて，化石が産出するような種群においては，化石年代での較正も行われてきた．とはいえ，推定年代の信頼性については，かなりの誤差が含まれていることを大前提とする必要がある．また，葉緑体遺伝子においても遺伝的多型が検出されにくい植物においては，系統間の分岐年代を推定することは極めて困難である．そこで近年では，Kingman（1982）による合祖理論（コアレセント理論）が注目されている．集団内からランダムに得られた 2 つの対立遺伝子が同一の親個体に由来することを「合祖する（コアレスする）」とし，集団内の全 n 個の対立遺伝子についてもっとも近い共通祖先（most recent

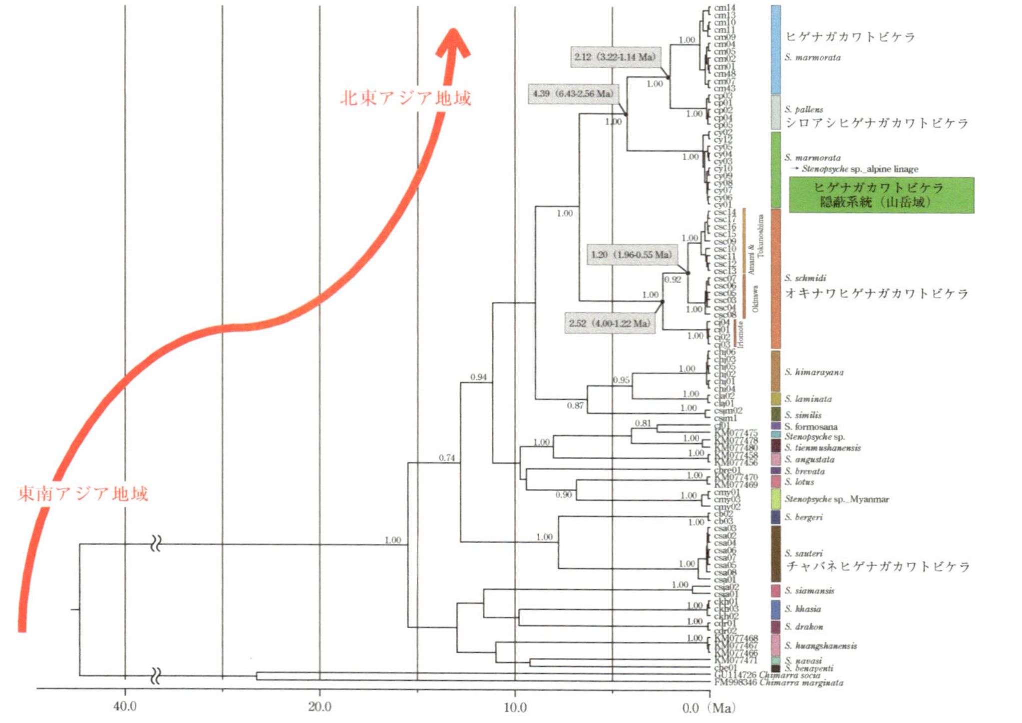

図 5.1-4　ヒゲナガカワトビケラ類の分子系統地理（ミトコンドリア遺伝子 COI 領域）

東南アジアから種分化をしながら東アジア地域を北進したと考えられる. 日本列島や朝鮮半島, ロシア沿海州やサハリンなどに生息するヒゲナガカワトビケラはこのグループの最も派生的な系統である.

（Saito *et al.*, 2014 を参照して作図）

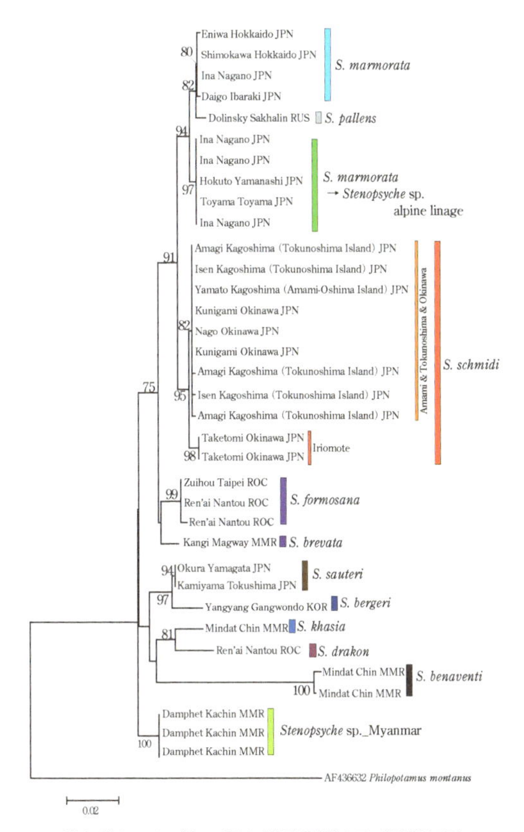

図 5.1-5 ヒゲナガカワトビケラ類の分子系統地理（核遺伝子 EF-1α 領域）

基本的にはミトコンドリア遺伝子 COI 領域の解析結果を支持している．（Saito *et al.*, 2018 を参照して作図）

common ancestor, MRCA）に遡るような考え方である．あるサイズで任意交配する集団からランダムに抽出された遺伝子セット間の系統関係は，比較的単純な数理モデル化が可能であるとするものである．実際に得られたデータが，Wright-Fisher の中立モデルからどのくらい逸脱しているのかといった検定にも有効であるとされる（Lascoux・陶山, 2012）．今後，この合祖理論は植物に限らず，動物の遺伝分化や集団動態の検討においても重要視されるものと期待される．

b. コオイムシ類の生物地理

コオイムシ類は，河川のワンドやたまりなどの，いわゆる止水域に生息する水生昆虫である．琉球列島をのぞく日本には，コオイムシ *Appasus japonicus* とオオコ

オイムシ *A. major* の2種が互いに分布域を広く重複させながら生息している．同所的に生息していることも多く，種を識別する形態形質にも種間での重複がみられることから，種間交雑の可能性も示唆されたが，ミトコンドリア遺伝子のCOI領域と16S rRNA領域，核遺伝子のhistone H3領域の解析を実施したところ，かなり古い時代に分化した姉妹種であることが明らかとなった(Suzuki *et al.*, 2013)．また，同所的に生息している集団を対象とした遺伝子解析においても，種間交雑による遺伝子浸透introgressionの痕跡は一切検出されなかった．このことから，これら2種に対するDNAバーコーディング法は両種の識別において有効である．

また両種共に，地域集団レベルで明確な遺伝構造が観察された(Suzuki *et al.*, 2014)．東アジア地域を対象としたコオイムシの遺伝子解析では，3つの遺伝系統群が検出されたものの，日本列島の2系統群が単系統とはならなかった(**図5.1-6**)．西日本とユーラシア大陸が単系統となり，大陸系統に対して日本列島のコオイムシは側系統群として評価された．西日本と大陸系統の間の分岐年代は百数十万年前と推定され，155万年前と推定されている対馬海峡の成立年代ともほぼ合致する．ま

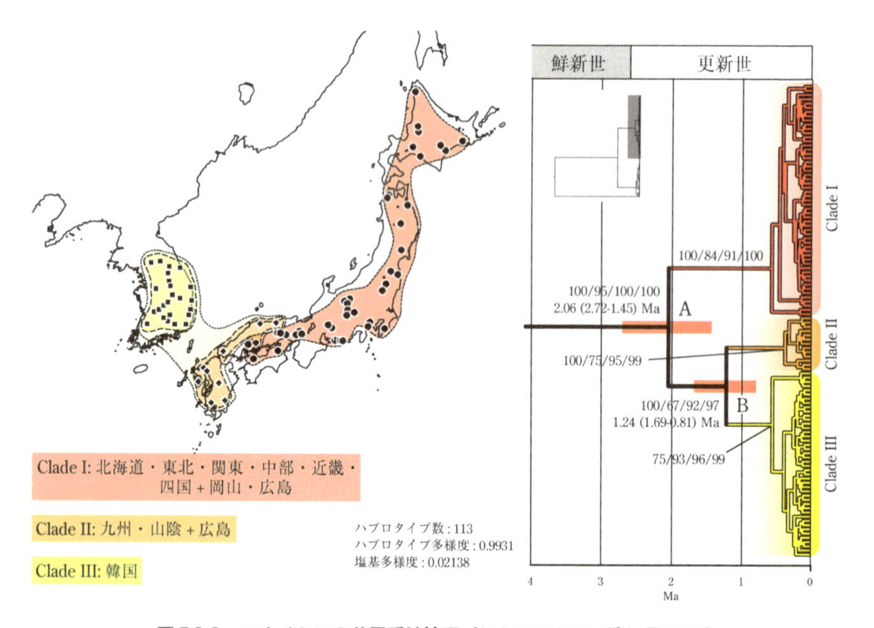

図5.1-6　コオイムシの分子系統地理（ミトコンドリア遺伝子COI）

東アジア地域には3系統群が検出されたものの，日本列島が大陸に対して側系統群として評価された．日本列島の2系統群の地理的境界は中国山地のあたりに位置づけられる．　(Suzuki *et al.*, 2014を参照して作図)

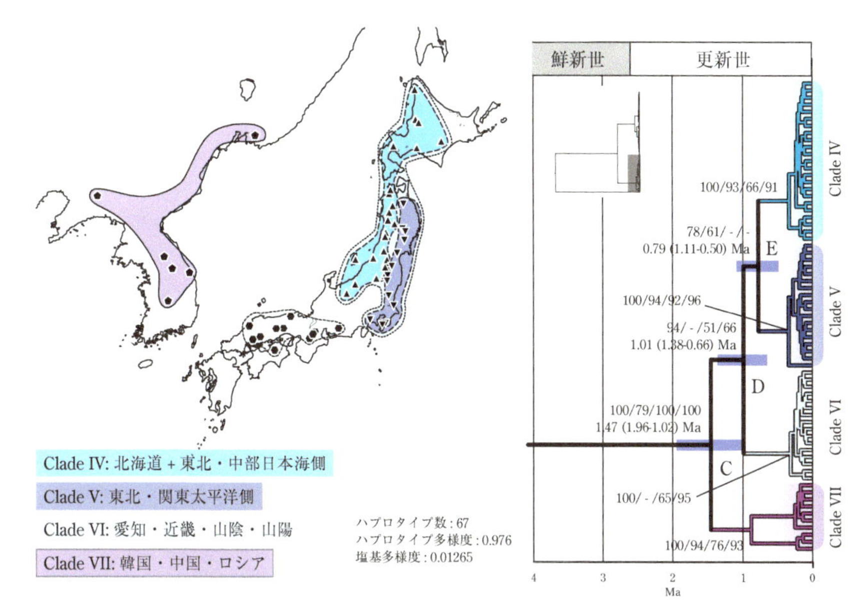

図 5.1-7 オオコオイムシの分子系統地理（ミトコンドリア遺伝子 COI）

オオコオイムシは 4 系統群から構成され，日本列島は単系統群を形成した．奥羽山脈や中部山岳域を境界に明瞭な遺伝系統分化がみられている．（Suzuki *et al.*, 2014 参照して作図）

た，日本列島内の 2 系統群の地理的分布は，中国山地が境界となる明確なものであった．いっぽうのオオコオイムシからは 4 系統群が検出され，このうち，日本列島の 3 系統群は単系統群を構成した（**図 5.1-7**）．また，ユーラシア大陸から西日本を経由して東北日本へと北進した傾向も認められた．東北地方では，奥羽山脈を境界にして太平洋側と日本海側での明確な遺伝分化が示された．この背景には，奥羽山脈の形成や火山活動などの地史が深くかかわっているものと議論されている（Suzuki *et al.*, 2014）．

両種の種分化自体は，日本列島がユーラシア大陸の東縁に位置していたとされるかなり古い時代にまで遡るものであり，その後のそれぞれの種内での系統分化は対照的に生じてきたことが明らかとなった．ただし，両種が共に山岳形成に関与した遺伝構造をもつことは興味深い結果といえる．

B. 種内の遺伝分化・系統地理と流程分布

先に紹介したヒゲナガカワトビケラ類やコオイムシ類では，遺伝子解析を実施したことではじめて検出し得た隠蔽系統の発見や地理的遺伝構造，流程分布についても触れてきた．ここでは，すでに例示した種群と同様に，種内において遺伝分化した系統が地理的にも「すみ分け」している一方で，地域的には広く重複しながらも1つの水系内では顕著に流程分布している，といったステレオタイプの事例を紹介したい．

a. チラカゲロウ種内系統群の地理的分布と流程分布

チラカゲロウ *Isonychia japonica* も河川の「瀬」ハビタットに適応した大型カゲロウで，ヒゲナガカワトビケラ類と同様に，個体密度や現存量においてしばしば優占する重要種である．北海道から九州までの日本列島広域に分布するほか，朝鮮半島やロシア沿海州などのユーラシア大陸にも分布している．佐渡島や五島列島，屋久島などの離島からも記録されている．

これまで，チラカゲロウの分布域をほぼ網羅するような広域からのサンプリングを行い，生物地理的な解析を実施してきた．ミトコンドリア遺伝子COI領域と核遺伝子ITS領域の解析を実施した結果，まず日本列島とユーラシア大陸のチラカゲロウが遺伝的に大きく分化していることが明らかとなった（**図 5.1-8**; Saito and Tojo, 2016a）．この分岐年代はかなり古く，日本列島が大陸から離裂したことによる集団分化によるものと考えている．次に，日本のチラカゲロウはまず大きく2系統群に分化していることが明らかとなった．それぞれの系統群を構成する標本が採取された地点を精査してみると，一方は河川の上流域であり，もう一方は中下流域であることが明らかとなった．このような傾向については，野外調査においても漠然と感じられた．高密度でチラカゲロウが生息するような，いわゆるチラカゲロウにおける典型的なハビタットとは異なる，山地渓流などの河川規模（流量）の小さな地点で採取されたチラカゲロウは系統J-Uを構成し，いわゆる典型的なチラカゲロウのハビタットと感じられた地点で採取された個体は系統J-Dを構成した．それぞれ，日本の上流（upstream）系統と下流（downstream）系統という意味をもたせて，J-U，J-Dとよび分けている（Saito and Tojo, 2016a）．これらの両系統を構成したチラカゲロウが採取された全地点情報を用いて，標高や河床勾配，集水域面積，河川次数（Strahler法）を算出してみたところ（**1.1**参照），直感的にも感じていた流程分布が有意なものとして評価された．このようなチラカゲロウにおける遺伝系統群の分化や流程分布に関しては，興味深い知見も得られている．J-D系統のみが生息する東日本の比較的大きな河川で観察されるチラカゲロウの配偶飛翔は，多くのカゲロウ類で観察されるようなスタイルである．すなわち，オスが水面に対して

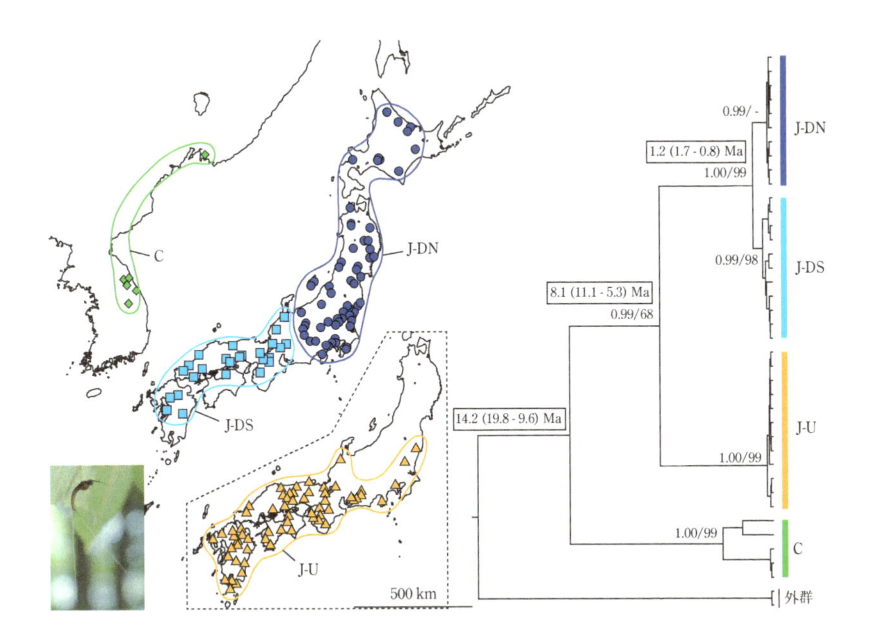

図 5.1-8　チラカゲロウの分子系統地理（ミトコンドリア遺伝子 COI 領域）

まず大陸（クレード C）- 日本列島（クレード J）で遺伝的に分化する．日本列島内では，上流域 - 中・下流域間での分化（クレード J-U，J-D）がみられる．このうちのクレード J-D 内では東日本と西日本間での分化がみられ，その地理的な境界はフォッサマグナの西端（糸魚川 - 静岡構造線）あたりに位置づけられる．

（Saito and Tojo, 2016a を参照して作図）

垂直方向に羽ばたきながら高く浮き上がるような飛翔を行い，その後にグライダーが滑空するかのように翅を広げて降下するような，大きな空間を利用した上下運動を繰り返す．いっぽう，規模の小さな渓流で観察されるチラカゲロウの配偶飛翔は，前述のようなものではなく，かなり特殊なスタイルであるという（石綿・竹門, 2005）．想像の域はでないが，J-D 系統と J-U 系統間の違いである可能性が高く，このような配偶行動の差異は，既に種分化レベルにまで達している可能性も示唆される．今後，しっかりと精査する必要があるが，状況証拠としては，とても興味深いものと考えている．

次に，J-D 系統内の遺伝構造をみると，さらに 2 つの遺伝系統群が検出され，今度は地理的に明確に分化していることが判明した．この地理的境界はフォッサマグナ地域の西端である糸魚川–静岡構造線にほぼ沿うものであった．両系統群の分岐年代はフォッサマグナとして東西の日本列島を海で隔てていた 1,500～500 万年前よりも後になってからの分化ではあるが，陸続きである現在においても種内の両系統群が混じり合わないことは興味深い．移動分散が水系に依存する水生生物ゆえの特徴ではないかと考えている．

b. チラカゲロウにおける水系内の遺伝構造と移動分散の方向性と強度

前項では，チラカゲロウの系統進化に関する分子系統解析について触れたが，ここでは水系内の遺伝構造に関する千曲川（信濃川）水系の事例を紹介したい．日本列島産チラカゲロウは大きく2つの系統群（J-U系統とJ-D系統）から構成され，西日本では両系統が地理的に重複して分布するが，全体的な傾向としては上流域に適応したJ-U系統と下流域に適応したJ-D系統がニッチ分割をしていることも先に述べた通りである．このうち，ここで注目する千曲川水系をはじめとする東日本には，J-D系統だけが生息している．さらに，このJ-D系統のチラカゲロウも，大きく2つの系統群（J-DN系統とJ-DS系統）から構成されることが示され，それぞれ東日本と西日本に側所的に分布し，これらの境界は糸魚川-静岡構造線とほぼ合致する（Saito and Tojo, 2016a）．千曲川水系の一部（奈良井川や梓川，高瀬川の上流部）は糸魚川-静岡構造線よりも西側に位置しており，千曲川水系ではJ-DN系統とJ-DS系統が混生しているのが特徴である．このような千曲川水系内広域を対象に約30調査定点を設定し，チラカゲロウの定量サンプリングを実施するとともに，流程内におけるチラカゲロウの現存量を比較検討した．あわせて，これらの調査地点で採取されたチラカゲロウの遺伝子解析を行い，遺伝的多様性の評価も行った．遺伝子解析では，ミトコンドリア遺伝子COI領域を対象とし，各地点20個体程度の解析を実施した．定量採取だけで目標の個体数に達しない場合には，一定の遺伝子解析個体数を確保するための定性的な補足サンプリングを実施した．しかし，低密度でしか生息していないような流域においては，目標個体数を確保できなかった地点も存在した．

これらの結果，千曲川水系では長い流程にわたりチラカゲロウが生息していることが明らかとなった．その集団構造（生息密度）と遺伝構造（遺伝的多様性）の関係性については明確な関係性は認められなかった．概して，どの地点においても比較的高い遺伝的多様性が検出されたためである．また，流程による検出ハプロタイプの偏向性を検討するため，調査地点における遺伝構造の類似性を二次元空間にプロットするNMDS解析を実施してみたところ，本流（千曲川本川）と最大支流（梓川-犀川）との間では遺伝構造が異なっており，またこれらの合流地点よりも下流側では中間的な遺伝構造となることが示された（**図5.1-9**）．この3流域区分間での遺伝子流動の方向性や強度を評価するべく，ソフトウェアMigrate-nを用いた解析

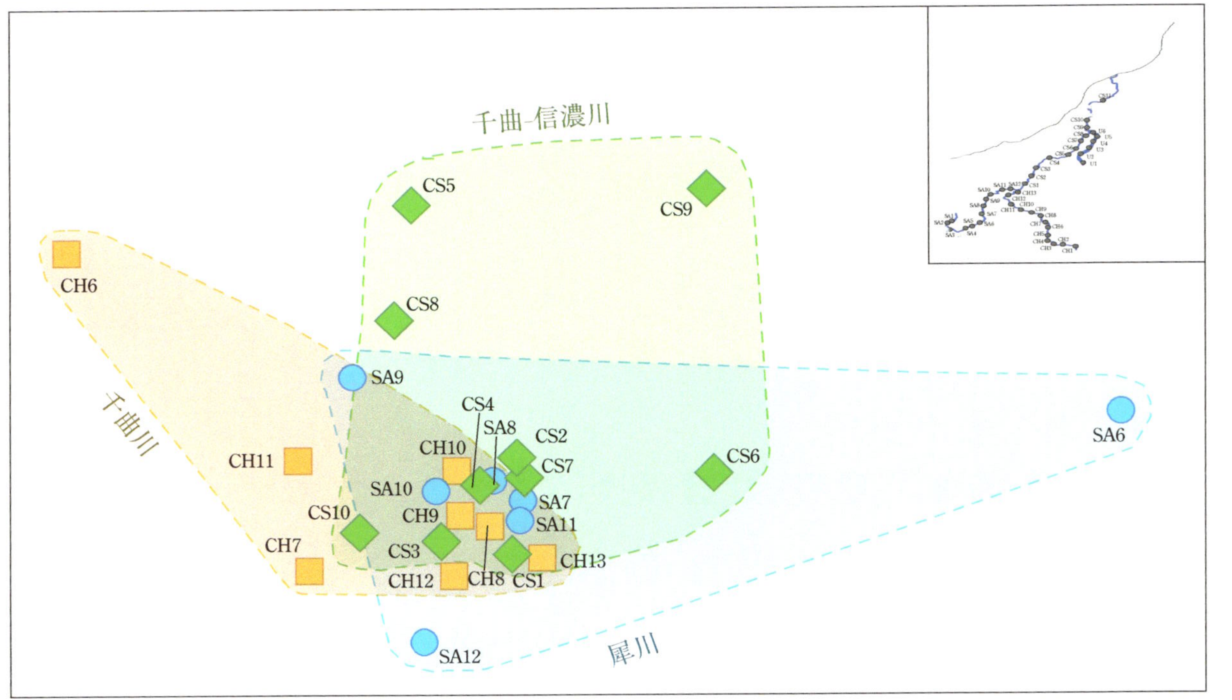

図 5.1-9　千曲川水系内におけるチラカゲロウの遺伝構造（ミトコンドリア遺伝子 COI 領域）

最大の支流である犀川が合流する地点を境界に上流域と下流域，支流の 3 つの流域に区分し，それぞれを「千曲川」，「千曲−信濃川」，「犀川」として扱い，各流域において検出されたハプロタイプのデータセットを基に NMDS 解析をした結果，千曲川上流域と支流では遺伝構造に違いが検出され，これらの合流後（千曲川下流域）はこれらの中間的な遺伝構造として評価された．

(Saito and Tojo, 2016b)

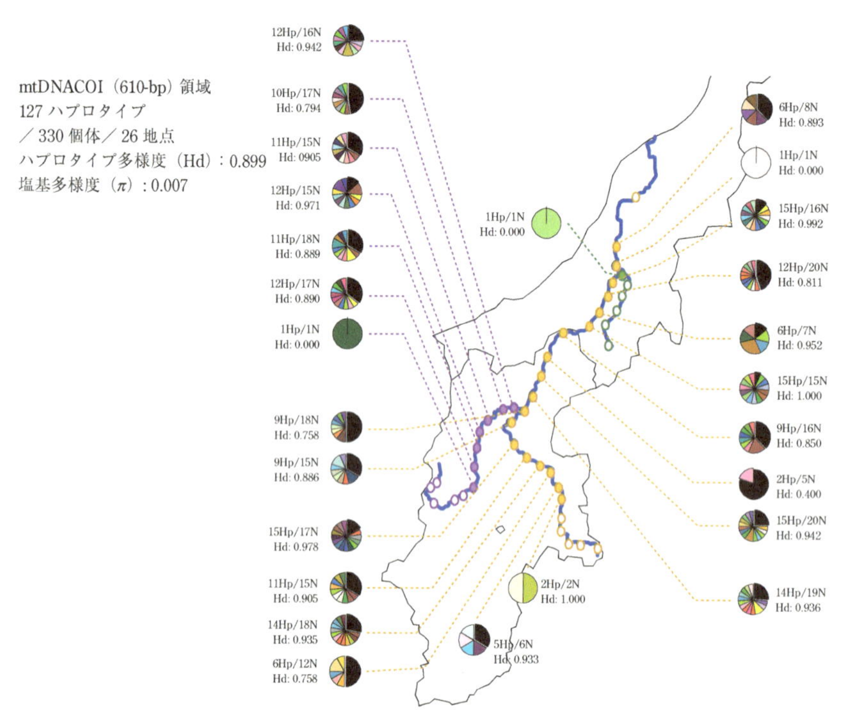

図 5.1-10　千曲川水系内の各調査地点におけるチラカゲロウのハプロタイプ構成と遺伝的多様性（ミトコンドリア遺伝子 COI 領域）

千曲川水系内の各調査地点におけるチラカゲロウのハプロタイプ構成と遺伝的多様性（ミトコンドリア遺伝子 COI 領域）．水系内の長い流程にわたり生息が確認され，ほとんどの生息地点における高い遺伝的多様性が検出された．これらのデータセットを用いることで、チラカゲロウの移動分散の方向性や分散の強度も評価しているが、詳細については Saito and Tojo（2016b）を参照されたい．詳細については，Saito and Tojo（2016b）を参照されたい．

を実施したところ，犀川から千曲川本川への移動分散は大きいものの，その逆（千曲川本川から犀川への移動分散）は極めてわずかにしか生じていないことが明らかとなった（**図 5.1-10**; Saito and Tojo, 2016b）．つまり，水系内での移動分散が一様に生じながら水系全体が 1 つの集団として機能しているのではなく，本川と支川間では非対称的な移動分散が起こっていることが示唆された．千曲川水系最大の支川である犀川は上流部の梓川も含めて河床勾配が急であるため，犀川から千曲川への流下は生じやすいいっぽうで，千曲川本川から急流である梓川–犀川を遡上するような分散が生じ難いことが相対的な分散量として評価されたものと考えている．

c. 水系内の移動分散と「ソース・シンク」関連性

移動・分散スケールやその方向性の評価において，かつては，個体に標識を付けて，その後の移動を追跡することや再捕獲することぐらいしか手段がなかった．このように個体識別した個体を別の場所で再捕獲することができれば，個体レベルでの移動・分散の直接的な観察となり，このようなデータを地道に蓄積することは極めて重要である．しかし，大きな空間スケールを対象とした標識再捕研究は困難であり，狭い空間スケール内であったとしても多量のデータを取得することは極めて難しい．

いっぽう，集団がもつ遺伝構造やそれらの空間的な配置から，集団間の接続性の強弱，遺伝子流動のスケールや方向性，強度などを議論することが可能であり，極めて効果的である．河川に生息する生物では，生息域が「面」的ではなく，流程に沿った「線」的につながり，河川の合流により互いの「線」が接続し合いながら大きなネットワークを構築しているのが水系であることを本章の冒頭で述べた（**図5.1-1**）．水系内において，特定の水生生物種がどのように分布しているのかは，生息の有無を調査すれば容易に判断することができる．しかし，生息が確認された地点を含む分布域全体が一様な機能を有しているわけではなく，集団維持における重要度の観点では，流域・地点ごとにさまざまな関係性があるはずである．良質なハビタットが連続的に配置され，生産の場としての機能が高いような流域は「供給源（ソース source）」とよばれ，生息の場ではあるものの他所からの移動によって維持されているような流域は「供給先（シンク sink）」とよばれる．特定の水生生物に対し，水系内における「ソース・シンク」の関連性を明確にすることは重要で，とくに保全の対象となるような種群においては，生息流域全体を一様に保全するのではなく，ソースとして機能しているような重要性の高い流域を可視化したうえでの効率的・戦略的な保全が可能となる．現実的には繁殖の場を明らかにするようなアプローチなどが重要視されるが，遺伝子マーカーを利用することで，ソース・シンクの関係性を可視化することには大きな期待が寄せられている．

北海道北部の小規模な水系において，ヒゲナガカワトビケラを対象に，マイクロサテライト解析によるソース・シンク関係性を追究した興味深い研究事例がある．水系内広域にヒゲナガカワトビケラが生息しているものの，水系内には農耕による人為的な影響を強く受けている支流や，ハビタットとしての質が高いと考えられる自然度の高い支流が混在しており，マイクロサテライト・マーカーを用いた遺伝構造のデータを Migrate-n を用いて解析することにより，ソース・シンクの関係性が可視化され，ハビタットの健全性とよく合致する傾向が得られている（Sueyoshi,

2011）．この成果は，前項で取りあげた千曲川のような大規模水系ではなく，小規模水系内でのソース・シンクを究明し得た点においてもたいへん興味深い．

C.　遺伝子マーカーを用いることで判明した生態学的知見

これまでの事例では，遺伝子マーカーを用いることで究明に至ることができた系統関係や移動分散などに着目してきた．ここからは，さまざまな興味深い生態学的課題に対し，分子マーカーを用いることで初めて追究が可能となった事例を紹介してみたい．

a.　オオシロカゲロウの単為生殖系統の起源追究

オオシロカゲロウ *Ephoron shigae* は，シロイロカゲロウ科に属する大型のカゲロウで，日本列島広域（本州・四国・九州）に生息するほか，朝鮮半島や中国東北部，ロシア沿海州でも記録されている．このうち，日本のオオシロカゲロウにおいては，メス個体しか確認されない地域集団の存在が明らかになっている．このようにオスが確認されていない集団は，メスだけで世代をつなぐ単為生殖集団 parthenogenetic population であると考えられる．大陸（韓国，中国，ロシア）からはメスだけの集団に関する報告はなく，日本列島内で単為生殖系統が派生したものと考えられ，本種に関するさまざまな研究が展開されてきた．

これまでの研究では，性決定様式が究明され，オスは 2n＝11，XO 型の染色体であるのに対し，メスは 2n＝12，XX 型の染色体をもつことが明らかになっている．そして，メスだけからなる集団では，メスが産む卵は半数体（n＝6）ではなく，減数分裂が生じた後に，本来の卵形成では極体核として卵外へ放出される運命のはずのものと卵核（雌性前核）とが再融合をすることで二倍体の卵が産生される「オートミクシス」型の単為生殖がおこなわれていることが明らかとなっている（**図 5.1-11**; Sekine and Tojo, 2010a, b）．また興味深いことに，日本国内では，両性生殖集団と単為生殖集団がモザイク的に混在している．これらのことから，当初，オオシロカゲロウでは単為生殖化があちこちの地域集団において並行して進化しやすいものと考えられていた．しかしながら，可能な限りのオオシロカゲロウ地域集団を対象とした遺伝子解析を実施したところ，どの地域の単為生殖集団においても同一の遺伝子型が検出された．この傾向は，ミトコンドリア遺伝子 COI 領域のほか 16S rRNA 領域や，核遺伝子の EF-1α 領域や PEPCK 領域においても同様であり，単為生殖系統は単一起源（単系統群）であることが明らかとなった．そして，西日本起源であることも明らかとなった（**図 5.1-12**; Sekine *et al.*, 2013, 2015）．単為生殖系

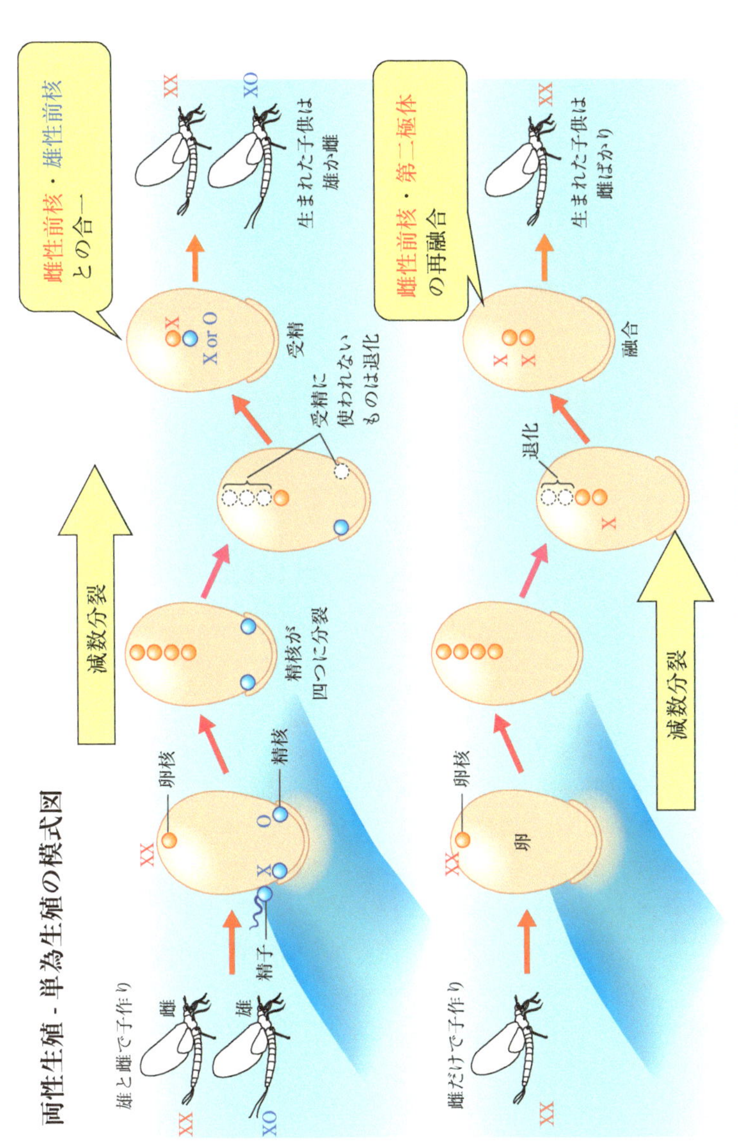

図 5.1-11 オオシロカゲロウの単為発生機構

（ナショナルジオグラフィック日本版 2003 年 7 月号 34 ページを参照して作図）

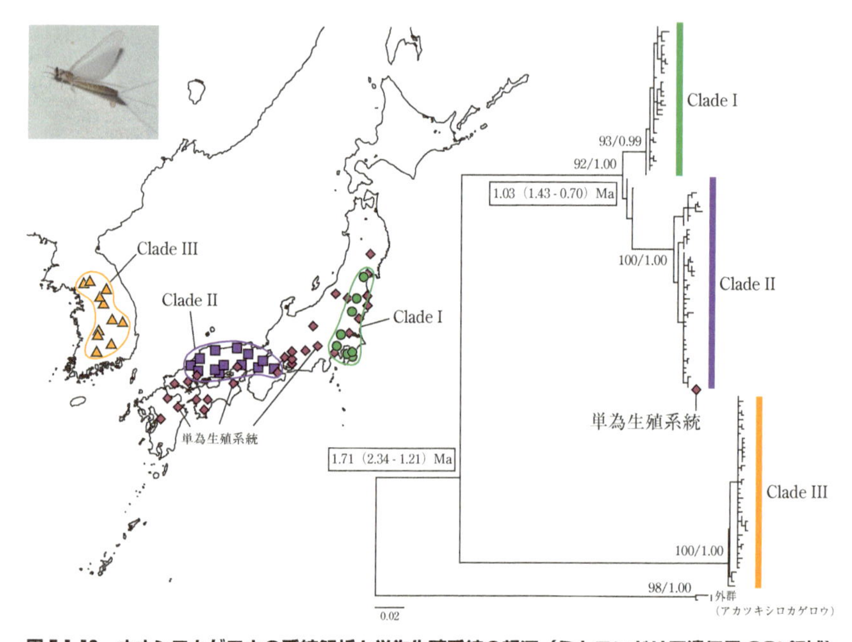

図 5.1-12　オオシロカゲロウの系統解析と単為生殖系統の起源（ミトコンドリア遺伝子 COI 領域）

大陸系統と日本列島の系統が大きく分化し，日本列島内では東日本と西日本で大きく分化している．単為生殖系統は単一起源であり，西日本系統の中から出現したことが明らかである．

(Sekine *et al.*, 2015 および Tojo *et al.*, 2017 を参照して作図)

統は，メス１個体だけが分散したとしても，新天地にその子孫を確実に残すことができるため，結果的に，両性生殖系統よりも分散・定着力が強いと考えられる．そのため，両性生殖系統においては，フォッサマグナ地域を境界にして，東日本と西日本の地域集団間での大きな遺伝的分化があるものの（つまり，東日本と西日本では依然として遺伝子流動が制限されているものの），単為生殖系統では東日本地域への分散が生じたものと考えられる．加えて，もともと両性生殖系統が生息していた地域集団内に単為生殖系統が移入し，徐々に性比をメスへと偏らせているような状況も確認されている．1980 年代にはオス・メスが約半数ずつ確認されていた阿武隈川（福島市）の集団が，2009 年にはほぼメスだけの集団へと変貌していることも明らかになっている（Sekine and Tojo, 2019）．

これら一連のオオシロカゲロウにおける研究事例は，水生昆虫の繁殖戦略にも関係する興味深い知見であるが，分子マーカーを使わずして究明できるものではない．現在は，両性生殖集団に単為生殖系統が移入した場合，両性生殖系統のオスと単為生殖系統のメスの組み合わせでの交尾が生じるのかどうか，その場合にも単為発生が生じるのか，受精が生じるのかどうか，これらの課題に関しても分子マーカーを用いた検討を試みている．これらは，進化遺伝学・発生学・生態学が結びついた，「エボ・デボ・エコ」などとも称されるような興味深い研究へと発展しつつある．

b. オオコオイムシの父性診断

先に，生物地理的な研究を紹介したオオコオイムシについては，分子マーカーを用いて生態学的にもユニークな研究が実践されている．この仲間は，オスとメスが交尾を行うと，すぐさまメスはオスの背に産卵をする．1卵を産みつけると再び交尾を行い，メスはまた1卵をオスの背に産みつける．これらの交尾・産卵といった一連の繁殖行動の後，オスは大きなコストを伴う卵塊の世話をする（ここでは「父育 paternal care」とよぶ）．メスが産卵するたびに交尾をしなおすような行動は，確実に自身の子を父育するために，オス側の適応的な戦略として進化してきたものと考えられる．コオイムシ類のように，メスが複数のオスと交尾をするような場合，一般には，最後に交尾をしたオスの精子で受精される確率が高いと考えられており，このような観点からも理にかなった繁殖行動と考えられている．

このように交尾と産卵を繰り返すような繁殖様式により，オスはメスに産みつけられた卵塊を背負うこととなる．和名の「子負い虫」は，この独特な特徴から付けられたものである．卵塊を背負ったオスは，きめ細やかな卵塊の世話を行う．この卵塊の世話は必須と考えられ，仮にオスの背から卵塊が脱落してしまうと，その卵塊は高い確率で発生が停止してしまう．産卵されて間もない初期の卵は乾燥に弱く，実際に父育初期のオスは水中生活をすることが多い．また，発生が進んだ卵はより多くの酸素を必要とすることから，孵化間近の卵塊を背負うオスは卵塊を水面よりも高い位置に出し，「甲羅干し」のような行動をとることが多くなる．このような行動は，卵内への酸素補給に加えて，ミズカビに対する防除も兼ねていると考えられている．このように，オスは背負う卵塊の発生段階に応じた父育をするが，卵塊の発生段階をどのようにして認知しているのだろうか？　この件に関する興味深い研究事例がある．川野敬介氏の修士論文（島根大学）の研究では，発生段階が異なる卵塊を背負うオスを対象に，互いの卵塊を入れ替える操作実験が行われた．この結果，オスはもともと背負っていた卵塊の発生段階に応じた世話を行ったことから，背負っている卵塊の発生段階を認知できているわけではなく，背負ったタイミングを記憶している可能性が示唆される．

このようにコオイムシ類における父育そのもののコストは大きく，さらに卵塊を背負う期間は飛翔することもできず，また，背に乳白色の卵塊を背負うことは鳥などの捕食者にみつかるリスクも高まる．これほど大きなコストを伴う行動が進化した背景には，極めて高い父性（確実に自身の子の世話をしていること）が保証されているものと予測されてきた．しかしながら，分子マーカーを用いた近年の研究では，この解釈は見事に裏切られることとなった．茨城県内のオオコオイムシの野生集団が対象となった研究では，マイクロサテライト解析による親子識別がなされたが，驚くべきことに，オオコオイムシの父性が約3割程度だという（Inada *et al.*, 2010）．大きなコストをかけた父育であるにもかかわらず，世話をする卵の約7割が自身の子ではないことになる．ただし，この父性には個体差が大きく，高い父性を示した個体も観察されたいっぽうで，世話をしているすべての卵が他のオスの精子で受精された「父性ゼロ」という事例も観察されている（Inada *et al.*, 2010）．

コオイムシ類の父性に関する研究は，この事例が唯一であるため，一般性を評価するうえでは「他の地域集団でも同様なのか？」といった検証が重要である．乱婚が基本となるコオイムシ類において，他オスの精子で受精した卵の世話を行うことも織り込みずみの，いわば「お互いさま」的な父育が成立してしまっているのかもしれない．仮に，このような方向への進化が生じてきたとなると，交尾までは積極的に行いながらも，交尾相手のメスが自身の背に産卵しようとするタイミングをうまく逃避し，他オスの背に産卵させてしまい，そのまま世話をさせてしまうような「したたか」あるいは「ずるい」オスの戦略も進化しそうである．はたして，このような戦略が存在しているのかどうかを検証するべく，個体識別をした数十個体を1つの水槽内で集団飼育し，オスが背負った卵（発生中の胚）の遺伝子解析に加えて，飼育実験に用いたすべての成虫の遺伝子解析を実施することで，親子関係をチェックするような繁殖実験に着手したところである．この実験は長野県産のコオイムシを対象に実施しているため，今後計画している遺伝子解析結果の評価が楽しみである．そして，このような親子判別が可能となることで興味深い繁殖戦略にも言及し得ることは，個体識別が可能な分子マーカーを利用できてこそのことである．

c.　ハンドペアリング（人為的な交配実験）技術の検証

先のコオイムシ類の繁殖生態では，一般論として最後に交尾を行ったオスの精子が受精に用いられる可能性が高いことにも触れた．カワトンボ類ではオスの交尾器に独特の形態がみられ，後から交尾したオスが，それ以前に交尾を済ませた他オスの精子を掻き出してしまうような行動が観察され，この研究が米Science誌に掲載されると，世界中に大きな衝撃が走った（Waage, 1979）．カワトンボ類での精子の掻き出しは，最初の論文以降にも，より詳細な研究が展開されている（Tsuchiya and Hayashi, 2008）．また，交尾器の形状からはトビイロカゲロウ類などの水生昆虫類においても精子の掻き出し行動が示唆されている．

しかしながら，実際にどのオス個体の精子が受精に用いられたのかを検証するためには，分子マーカーを用いた実験は必須であり，この課題に研究室の大学院生が取り組み，成果をあげている（Takenaka *et al.*, 2019）．日本固有の科でもあるガガンボカゲロウ科 Dipteromimidae のカゲロウ類は，河川の源頭域の細流ハビタットに適応し，本州・四国・九州に加えて，奄美大島に生息している．地域集団レベルで遺伝的に大きく分化しており，とくに中央構造線による遺伝的分化が大きい（Takenaka and Tojo, 2019）．核遺伝子 PEPCK 領域の塩基配列においても地域集団レベルでの分化が検出されるため，これらの種群を対象とした交配実験は重要である．人為的な交配実験の例としては，一部のトンボ類やチョウ類ではハンドペアリング法が行われている．近年では，ハンドペアリングなどは不可能であると考えられてきたカゲロウ目昆虫類においても成功しており（**図 5.1-13**），どうやらカゲロウ類広範に適用できそうである．そこで，オス・メス間で遺伝的多型が検出されるようなガガンボカゲロウの2つの集団を対象にしたハンドペアリング実験を実施し，実際に供試したオス・メスの遺伝子解析，孵化してきた幼虫の遺伝子解析を実施したところ，少なくとも子は両親の遺伝子を共に（モザイク的に）引き継いでいることも明らかとなった（**図 5.1-13**）．今後は，遺伝子型の異なるオスを順序に人為交配させることで，どのタイミングで交尾をした個体がより高い父性を獲得できているのかについても詳細に検証することが可能となった．今後，さまざまな地域集団間での解析や，他種群に関してもオス個体を代えながら次々とハンドペアリングを実施し，どの個体の遺伝子が受精に用いられたかを検討してみたい．

d. カワネズミの個体識別

河川生態系における最上位種の1つとしてカワネズミ *Chimarrogale platycephalus* があげられる．「ネズミ」とはつくものの，トガリネズミ科に属し，系統的にはモグラの仲間である．山地渓流に巣を形成し，水中を泳ぎながら水生昆虫やサワガニなどの底生動物を摂食する．時にはイワナやヤマメなどの魚類も捕食する．日本固有種であり，本州と九州に生息している．四国においては絶滅した可能性が示唆されている．

捕獲ストレスに極めて脆弱で，小型哺乳類を生け捕りするようなトラップ調査においても，ストレス死させないためには頻繁な見回りが必須であり，標識再捕調査

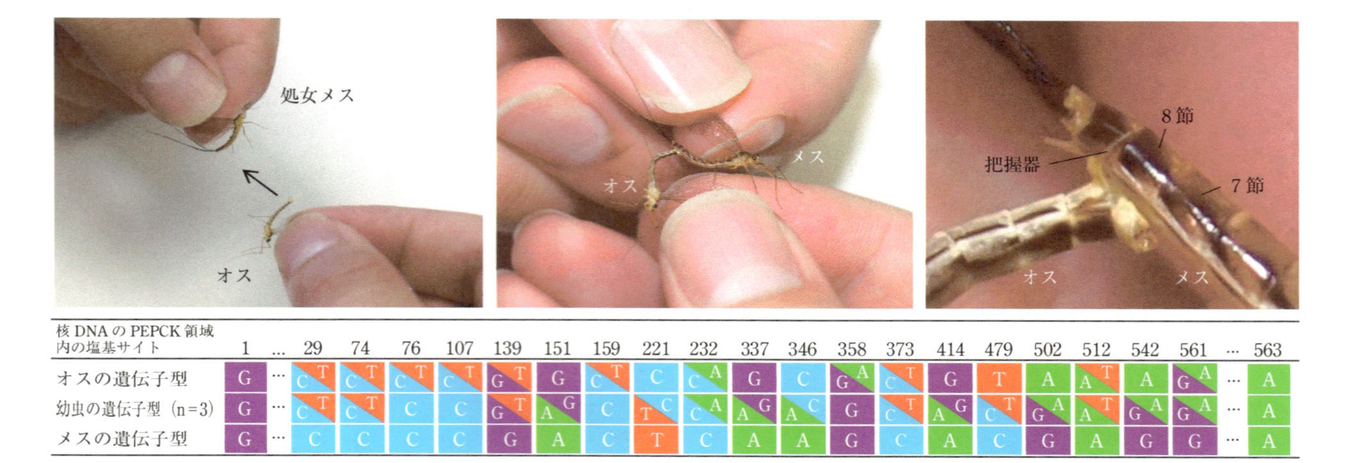

核DNAのPEPCK領域内の塩基サイト	1	…	29	74	76	107	139	151	159	221	232	337	346	358	373	414	479	502	512	542	561	…	563
オスの遺伝子型	G	…	C/T	C/T	C/T	C/T	G/T	G	C/T	C	C/A	G	C	G/A	C/T	G	T	A	A/T	A	G/A	…	A
幼虫の遺伝子型（n=3）	G	…	C/T	C/T	C	C	G/T	A/G	C	T/C	C/A	A/G	A/C	G	C/T	A/G	C/T	G/A	A/T	G/A	G/A	…	A
メスの遺伝子型	G	…	C	C	C	C	G	A	C	T	C	A	A	G	C	A	C	G	A	G	G	…	A

図 5.1-13　カゲロウ目昆虫における世界初のハンドペアリング実験と分子マーカーによるハンドペアリング実験成功の検証（写真はガガンボカゲロウ）

核遺伝子 PEPCK 領域の配列が異なるガガンボカゲロウのオスと未交尾メス間でのハンドペアリングを用い，発生・孵化した幼虫がオス・メスの遺伝子配列をモザイク的にもつことから，ハンドペアリングの成功を実験的に検証した．

（Takenaka *et al.*, 2019 を参照して作図）

などは困難である．通常の籠型トラップの設置に加えて，捕獲後にも自由に動き廻ることのできるような空間を設けた特殊なトラップでの調査が必須であり，それでもなおこまめな見回りが必要になる．このような理由から，カワネズミの行動や生態調査は遅滞してきた．

いっぽうで，特徴的な「ため糞」をする性質があり，カワネズミの痕跡を渓流でみかけることは比較的容易であることから，この糞試料からの遺伝子解析技術の確立をめざした．DNAは加水分解されることから，頻繁に水の飛沫がかかるような渓流・流心の巨礫上に排泄されることの多いカワネズミ糞からのゲノムDNA抽出には工夫が必要であるが，**5.1.3.B** に詳述したようなリシスバッファーでの糞保存により遺伝子解析が可能となった．加えて，マイクロサテライト・マーカーの開発を済ませており，新規開発した21マイクロサテライト座位のうち，少なくとも13座位ほどを解析することで個体識別を行う技術も確立できたことから，今後，より一層の行動・生態に関する知見の蓄積が進展するものと期待される．

5.1.6 河川生態学における遺伝子解析技術とその利活用

これまで述べてきたように，分子マーカーの利用なくしては決して究明することのできないような課題が次々と究明されつつある．加えて，本節の後にコラムとして取りあげた環境DNA解析やメタゲノム解析などの新たな技術の台頭は，河川生態学における大きな変革をもたらすに違いない．

少し前であれば空想でしかなかったようなことが現実のものとなりつつあるからこそ，柔軟で豊かなアイディアが重要視されるような時代を迎えているともいえる．解析技術に関しては，「いつでも」，「いくらでも」修得が可能であるし，技術的な協力を求めることや共同研究も可能である．しかし，それらの技術をどう活かし，難解で興味深い自然現象をどう解き明かすのか？　といった部分のアイディアやセンスは，一朝一夕で身につくものではないので，今後ますます重要となる要素である．既成概念にとらわれることなく，多様で柔軟な視点で河川生態を考え得るスキルを身に付けることが一層重要となる時代にさしかかっているに違いない．これらの技術革新時代の到来は，野外での豊富な経験に裏付けられた自然観こそがより重要とされる時代の到来でもあるのではないだろうか．

（東城幸治）

コラム 5.1　超並列シークエンサーを用いた群集のメタゲノム解析

超並列シークエンサー（シーケンサー）の台頭により群集解析が新たな展開を見せている．雑多な種に由来するDNA配列データを迅速に得ることが可能となり，種数や種組成が簡単かつ詳細にわかるようになってきた．河川調査では，従来から遺伝学的に分類同定されたきた細菌類や菌類に加え，種などの詳細な分類レベルの形態同定が困難な場合が多いプランクトンや水生昆虫などの小型生物群においてもメタゲノム解析の有用性が高まっている．さらに，生物標本から抽出したDNAではなく，水中から回収した環境DNAや餌推定を目的とした胃内容物DNAのメタゲノム解析など，その適用範囲は多岐に及ぶ．

メタゲノム解析は，1）多種・多個体に共通する短いゲノム領域を増幅したPCR産物（アンプリコン）を解読する解析と，2）断片化したゲノムの配列を網羅的に解読する全ゲノムシークエンス等の解析の2つに大別される．ここでは，前者の代表的手法であるメタバーコーディング解析の概要を紹介していく．

メタバーコーディングとは

メタバーコーディングによる群集解析の一般的な流れを**図5.1-14**に示した．生物試料の塩基配列を解読してDNAデータベースに照合することで分類群名（種名）を同定する技術をDNAバーコーディングという．熟練技術を要する形態同定に比べて簡便な同定技術として普及が進んできた．メタバーコーディングとは，従来のサンガーシークエンシングで1個体ずつ配列を解読する代わりに，超並列シークエンシングで群集に含まれる多種・多個体の雑多なDNA配列のある特定の領域を網羅的に解読してバーコーディングすることで，群集内の多くの種を並列同定する技術である．現在の多くの超並列シークエンサーが解読できる配列長は100 bpから400 bpの間である．対象種間に共通するDNA配列を基に設計したPCRプライマーで上記範囲の配列長の断片をPCR増幅し，配列を解読して種を同定する．

群集DNAとPCR産物（アンプリコン）の準備

河川環境から採取した群集サンプルはDNA分解酵素の働きを抑えるためにエタノール保存や冷凍保存をする．複数の地点や日時で採取した群集サンプルごとの群集データを得たい場合には，それぞれ分けてDNAを抽出しておくと同じランニングコストで各データを得ることが可能になる．ただし，サンプル数にほぼ反比例してサンプルあたりのデータ量（配列数）が少なくなることに注意する必要がある．

次に解析対象とするゲノム領域をPCR増幅する．対象領域として，原核細菌では16S rRNA遺伝子，動物ではミトコンドリアDNAのcox1（COI）遺伝子、植物では葉緑体DNAのmatKやrbcL遺伝子が利用されることが多い．プライマー配列に群集サンプルごとに異なる人工配列を付加することで，出力される各配列データがどの群集サンプルに由来するかをわかるようにできる．大量の配列データを取得できる超並列シークエンシングでは，PCR複製エラーで生じる配列も検出する可能性もあるため，エラーを抑制する特別なPCR酵素（例，Phusion）を用いる．

超並列シークエンシング解析

次にPCR産物のアンプリコンシークエンシングを行う．現在もっとも広く用いられている超並列シークエンサーはIllumina社のMiseqとHiseqである．Miseqは比較的安価な機器であり，最新の試薬セットを用いると300 bp × 2（PCR産物の5'と3'末端双方から解読）の配列断片ペアが最大2,500万出力される．上位機種Hiseqは125 bp × 2の配列断片ペアが最大4億ペア得られる．上記以外にも，より長い配列を解読できるPacBioなどのさまざまな機器も登場している．使用機器は出力される配列長や配列数が大きいほうがよいが，ランニングコストや出力される膨大なデータ処理に必要となる計算機環境も勘案して選定する．

データ処理

超並列シークエンサーは解読エラーを比較的多く発生するため，まず配列データのクオリティ・フィルタリングを行う．各塩基のクオリティスコアが低い配列，短い配列，繰り返し検出されなかった配列（例，一度だけ検出されたシングルトン配列など）は信頼性が低い配列データとして除去される．その後，配列の相同性が互いに高い（一般的には96-97%以上の相同性）配列同士を操作上の分類単位（Operational Taxonomic Unit, OTU）として集約する．通常は各OTUの代表配列の種名をBLASTn等を使ったDNAバーコーディングで同定する．ただし，プランクトンや昆虫などの小型生物群など，対象生物群によってはDNAデータベースに登録された種数が少なく，種レベルでバーコーディングできない場合もある．その場合にはOTUを“種”としたり，配列間の分子系統関係に基づいて“種”を系統学的に定義する場合もある．メタバーコーディングのさらなる普及には，とくに小型生物群のDNAデータベースの一層の充実が課題である．

最終的には種ごとの配列数が出力される．形態同定データと同様に，群集内の種多様性や群集間の群集類似度等を評価する群集構造解析を行う．この際，群集内で生物量（バイオマス）が高い種ほど群集DNA中の鋳型DNAのコピー数が相対的に高まりやすいため，各種の配列数を相対的な生物量とみなして解析する場合もある．しかし，各種の配列数は種間のPCR増幅の効率の違いの影響も受けるため，必ずしも生物量を反映するとは限らないことに注意する必要がある．

上記のさまざまなデータ処理を行う解析パイプラインが数多く提案されている．QIIME（http://qiime.org/）　や UPARSE（http://drive5.com/uparse/）などのフリーのソフトウェア・パッケージが利用できる．

（渡辺幸三）

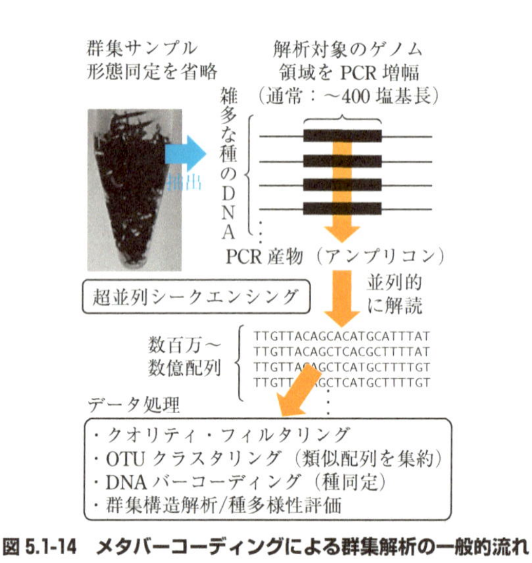

図5.1-14　メタバーコーディングによる群集解析の一般的流れ

コラム 5.2　環境DNAによる河川生物調査法

環境DNAとは

河川に生息する生物の種や，それぞれの種の生息量を知るためには，これまでは，投網や電気漁具といった道具を用いた採捕調査が不可欠であった．しかし近年，採捕調査に代わる手法として，環境DNA（Environmental DNA）を用いた手法の開発が進んでいる．これまでには労力的に困難または不可能とされてきたような生物相調査でも環境DNAを用いれば実施できる可能性が見えてきた．

環境DNAとは，環境中（水や土壌など）に存在する生物に由来するDNAのことであり，これまでは微生物群集などを調査するために使われてきた．しかし近年，大型生物（両生類，魚類など）の環境DNAについても水を数リットル採取してそこからDNAを取り出すだけで，十分に分子生物学的分析を行うことができることが明らかとなってきた．

環境DNAと生物分布

環境DNA手法は2008年に発表された論文(Ficetola *et al.*, 2008)に始まる．本稿執筆時で10年になるが，この短期間で急速に発展しており，魚類をはじめ，両生類，水生昆虫，貝類，水草など多岐にわたる分類群に適用可能なことがわかってきている．多くの研究では，ある生物種に特異的なPCRプライマーとプローブを用いて，リアルタイムPCRなどの装置で，その生物種由来のDNAの有無を明らかにすることで，その種の在不在を調査してきた（Ficetola *et al.*, 2008, Takahara *et al.*, 2013, Doi *et al.*, 2017, Katano *et al.*, 2017）．アユなどの魚類から（Doi *et al.*, 2017），サンショウウオ（Katano *et al.*, 2017），水生昆虫（Denier *et al.*, 2016）などさまざまな分類群で検出が可能であることが示されている．また，ハコネサンショウウオでは，環境DNA手法の検出力は採捕調査のそれと同等か，むしろ上回ることがわかってきた（Katano *et al.*, 2017）．

環境DNAによる生物量・個体数推定

リアルタイムPCR法などで定量されるサンプルに含まれる環境DNA量（たとえば，水の中の環境DNA量）は，そこに生息しているその生物種の個体数や生物量を反映していると考えられる．実際に，河川においてもアユを用いて検証したところ，アユの生物量や個体数と環境DNA量に正の関係があり，環境DNA量から生物量や個体数を推定できることが示唆されている（Doi *et al.*, 2017）．しかし，河川においてはどこからDNAが流れてくるかわからないことや，DNAの減衰，拡散などもあり，環境DNA量から生物量や個体数が定量できるかについては不明瞭な点も多く残されている．

環境DNAメタバーコーディングによる網羅的解析

近年では，ユニバーサルプライマーという魚類などのある分類群に共通なプライマーを用いて，分類群のDNAを網羅的に増幅して，超並列DNAシークエンサーによりDNAを解読し，生物種を同時に解析する手法が提案されている(Miya *et al.*, 2015)．この手法をメタバーコーディングと呼んでいる．この手法では，水サンプルから多くの生物種を同時に解析することが可能であり，生物群集を一度に解析することができる．河川でも水生昆虫を始め，多くの生物種がメタバーコーディングによって，一度に明らかにできることが知られている(Denier *et al.*, 2016)．環境DNAメタバーコーディングを行うことで，一人の調査者が採水に10日間費やしただけで，琵琶湖集水域の51河川，102地点における40種もの魚類の分布について明らかにした例がある（Nakagawa *et al.*, 2018）．このように，環境DNAメタバーコーディングは，これまでの河川生物調査を大きく発展させる革新的な技術になりうる．

（土居秀幸）

5.2 安定同位体分析

生態系内での食う—食われる関係（捕食—被捕食）を繋いだものは，食物網（food web）とよばれている．食う—食われる関係を栄養段階にしたがって直列的に繋いだものは，その中でも食物連鎖（food chain）といわれている．河川生態系を含めて，多くの生態系内での食う—食われる関係は複雑であることが多く，網のような相互作用の構造であることから食物“網”といわれている．河川生態系においても古くから多くの食物網研究が行われ，その結果，食物網は河川生物の個体群動態，群集動態，物質循環，生態系機能などを考えるうえで重要な構造であることが認識され，今でも河川生態学の中心的な課題として注目されている．

河川では，石表面の付着藻類や陸上から供給される落ち葉，水草などが主な基礎資源であり，それらを食べるものとして，水生昆虫や貝類さらには，それを食べる水生昆虫（カワゲラ，トンボ幼虫など）や魚類や両生類などから成り立っている．こうした河川内での詳細な食う—食われる関係や（Cummins, 1973; Winemiller, 1990; Doi *et al.*, 2008; Ishikawa *et al.*, 2014），食物網における食物連鎖の長さなどが明らかにされてきた（Thompson and Townsend, 2005; Sabo *et al.*, 2010）．とくに河川生態系での食物網研究では，河川内生産と外来性資源（陸域由来，湖沼由来）の相対的重要性に着目したものが多い（Finlay *et al.*, 2001; Doi *et al.*, 2007; Ishikawa *et al.*, 2014）．

これらの食物網はこれまでさまざまな方法を用いて調べられてきた．観察によって食べたかどうか確かめる，胃内容を分析する，糞を分析する，捕食痕を分析するなどである．これらいわゆる古典的な観察，分析によって多くの食物網の構造が明らかとなってきた．いっぽう，1990年代以降では，炭素・窒素をはじめとする生元素の安定同位体比を用いた食物網解析，餌資源解析が行われるようになってきた．さらに近年では，河川流域内や，河川と海などの生物移動についても，金属安定同位体比を用いて明らかにされつつある．

本節では，河川生態系を対象とした食物網調査に用いる炭素・窒素安定同位体比による分析と，そのデータ解析手法について紹介する．さらに，近年発展してきている金属元素分析からストロンチウム同位体比によって，河川中の物質動態や生物の移動履歴を推定する方法について紹介する．特に炭素・窒素安定同位体比による分析については，分析機器がないところでも分析が行えるよう，簡便に委託分析によって測定する方法について主に解説する．

5.2.1 安定同位体とは

食物網を構成する生物は，さまざまな元素から構成されているが，水素，炭素，窒素，酸素，イオウ，リンなどは，生命活動の維持に極めて重要な役割を担っていることから，生元素とよばれる．また，金属元素と比較する場合，生元素のことを軽元素，金属元素のことを重元素とよぶことがある．河川の研究によく使われる軽元素のうち，リンを除く元素には安定同位体が存在する．安定同位体とは，元素中の陽子と電子の数は同じであるが，中性子の数が異なる元素のことである．同位体の中には，放射性炭素（^{14}C），鉛 210（^{210}Pb）やラドン 222（^{222}Rn）などの放射壊変を起こす不安定なものと，炭素 ^{13}C や窒素 ^{15}N など安定な元素がある．炭素安定同位体では，重い同位体（^{13}C）は 1%程度しか存在しない（**表 5.2-1**）．それぞれの軽元素は，有機態としても無機態としても河川環境中に存在しうるが，安定同位体比を測定する際には，安定な状態となっていることが多い（たとえば，炭素であれば CO_2，窒素であれば N_2 など）．

ある元素の同位体間では，物理化学的な振る舞いは非常に似ているが，質量はわずかに異なる．その違いが熱力学的な振る舞いの違いを生み，化学・生化学反応，蒸発などの相変化，拡散などの物理的過程において，重い同位体と軽い同位体の間にわずかな反応速度の違いを生み出す．これは同位体効果と呼ばれる．この同位体効果があるために，生物が利用する基質の同位体組成がその由来ごとに違うことや，食物連鎖に沿って一定の同位体比の変化が見られる．この変化のことを同位体分別とよぶ．

表 5.2-1 生元素同位体の自然存在比

元素	同位体	自然存在比（%）
水素	^{1}H	99.985
	^{2}H	0.015
炭素	^{12}C	98.89
	^{13}C	1.11
	^{14}C*	1×10^{-10}
窒素	^{14}N	99.63
	^{15}N	0.37
酸素	^{16}O	99.759
	^{17}O	0.037
	^{18}O	0.204
硫黄	^{32}S	95.02
	^{33}S	0.76
	^{34}S	4.22
	^{36}S	0.014

＊放射性同位体

（吉岡崇仁, 2006 に基づく）

5.2.2 軽元素同位体比質量分析計

ここでは，河川の生態学研究でもっともなじみ深い，有機物の炭素，窒素安定同位体比（δ^{13}C，δ^{15}N）を測定するための，同位体比質量分析計（Isotope Ratio Mass Spectrometer: IRMS）のしくみを簡単に解説する．なお，もっと深く学びたい読者におかれては，より詳細な総説や解説書を読んでみることをお薦めする（たとえば佐藤，鈴木，2010; 中野，2016）．

A. 導入部

試料を導入する前処理装置にはいくつかの種類が存在するが，有機物のδ^{13}Cやδ^{15}Nを測定するためによく使われるのは，元素分析計（Elemental Analyzer: EA）である．EAが接続されたIRMSのことを，とくにEA-IRMSとよぶ．以後の方法で紹介するように，スズ（錫）カプセルや銀カプセルに包まれた有機物を，ヘリウムガスで満たされた酸化炉で燃焼させる．生じたH_2O，CO_2，NO_xなどは還元炉へ入り，NO_xは余分なO原子が除かれてN_2分子となる．その後，水トラップを通過してH_2Oが除かれ，CO_2とN_2はガスクロマトグラフ（分離部）へと入る．

B. 分離部

一般に，ガスクロマトグラフィー（Gas Chromatography: GC）とは，気体分子と，キャピラリーカラムの中の固定相との相互作用を利用した分離法である．分子とGCカラムとの相互作用の強度は，その分子の物性に大きく依存するが，中でも質量数はもっとも重要なパラメーターの一つである．CO_2よりもN_2のほうが質量数が小さく，ガスがGCカラム終点に到達する時間（保持時間）は，やはりCO_2よりもN_2のほうが早い．したがって，GCカラム始点における両者の混合ガスは，GCカラム終点において分離することができる．次の検出部へは，まずN_2ガス，続いてCO_2ガスが入っていく．

C. 検出部

N_2ガスとCO_2ガスは，スプリットシステムによって，加圧系から減圧系への調整が施された後，イオン化されてN_2^+とCO_2^+へと変換される．これらは電磁場を通過する際，ローレンツ力によってそれぞれ同位体が分離される（**図 5.1-1**）．電磁場の下流でファラデーカップに入ったそれぞれの同位体には，m/z（質量数÷電荷数）という単位が与えられ，最終的にイオン強度（単位はボルト：V）として検出される．なお，N_2ガスとCO_2ガスとでは，検出器の感度が最大化する磁場強度と

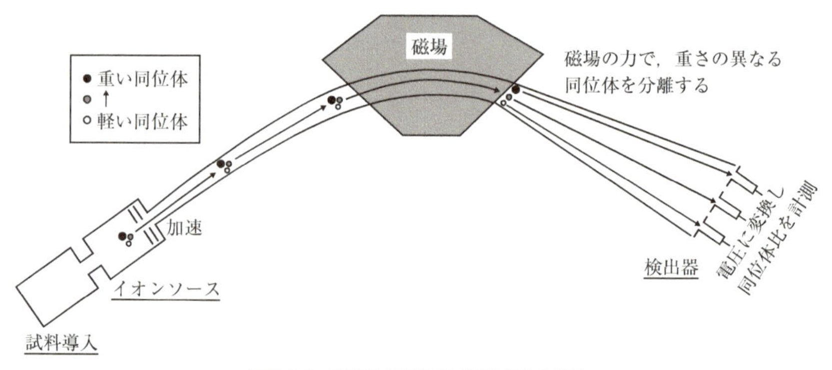

図 5.2-1　同位体比質量分析計の基本構造

加速電圧が異なるため，これらを同時測定する場合は，途中でフォーカス設定を変える必要がある（ピークジャンプとよぶ）.

D.　データ処理

窒素原子には，質量数 14 と質量数 15 の安定同位体が存在するため，N_2^+ は m/z 28（14 + 14），m/z 29（14 + 15），m/z 30（15 + 15）の 3 種類に分けられる．ここから 29/28 を計算し，さらに $^{15}N/^{14}N$ 値を得る．いっぽう，CO_2^+ は炭素原子の同位体と酸素原子の同位体の組み合わせが多数あるため，話は複雑になる．簡略化していえば，CO_2^+ を m/z 44（12 + 16 + 16），m/z 45（13 + 16 + 16 または 12 + 16 + 17），m/z 46（13 + 16 + 17 または 12 + 17 + 17 または 12 + 16 + 18）の 3 種類で検出し，酸素同位体比についての地球化学的な関係式をあてはめることで，$^{13}C/^{12}C$ 値を導く．こうして得られた $^{15}N/^{14}N$ と $^{13}C/^{12}C$ の値は，同時測定する同位体比既知のリファレンスガスに対する千分偏差 δ 値として，IRMS 付属のソフトウェアが計算してくれる．これをさらに，国際的な標準物質（$\delta^{15}N$ は大気窒素，$\delta^{13}C$ は VPDB とよばれる矢じり石）のもつ値に対して補正することで，最終的な測定値を得る．

たとえば，

$$\delta X(/‰) = \left(\frac{R試料}{R標準物質} - 1\right) \times 1000$$

ここで R 試料と R 標準物質はそれぞれ試料と標準物質の同位体の比（たとえば $^{13}C/^{12}C$）である．R 標準物質には，炭素の場合，Pee Dee 層から産出するベレムナイトの化石（$^{13}C/^{12}C = 0.011180$），窒素の場合，大気中の窒素ガス（$^{15}N/^{14}N = 0.0036765$）の値が用いられる．

5.2.3 安定同位体サンプルの処理・測定

A. 魚類や底生無脊椎動物

魚類や底生無脊椎動物などの生物体試料については，**4章**にて紹介されているとおり，採集を行う．安定同位体比分析用のサンプル採取も，これらの生物調査の採取と同時に行って問題ない．研究室へもち帰る場合は，できるだけ分類群に小分けにして，バイアルなどに入れてもち帰る．とくにカワゲラ，ヤゴ，ヘビトンボなどの捕食者は共食いをすることがあるので，1匹ずつバイアルに入れてもち帰るのがよい．

実験室までの運搬は，適当な大きさの葉を少し湿らし，そのうえに水生昆虫をくっつけてビニール製の袋に入れると，生かしたままもち帰ることができる．バイアルに水生昆虫と河川水を入れてもち帰ると，一部の弱い水生昆虫は溺れ死んでしまうことがあるので，管理に注意する必要がある．夏場であれば，クーラーボックスなどに入れて保冷して運搬するのがよい．

これらのサンプルは，クーラーボックスなどに入れて冷蔵しつつ運搬する．魚などの大型生物であれば，体の一部だけでも分析が可能である．その場合は，実験室にてはさみやピンセットなどを用いて，胸鰭上部の筋肉を採集する．採集した試料は，あらかじめ550度で5時間以上焼いておいた新しいガラスバイアルに入れていったん冷凍させた後，凍結乾燥もしくは55度などのオーブン乾燥で完全に乾燥させる．その後シリカゲルなどの乾燥剤の入った，デシケーターもしくはシリカゲル入りのタッパウェアなどに入れておけば，分析まで長期に保存できる．これら乾燥試料については，同位体分析用に乳鉢と乳棒などを用いて粉末状にするのがよい．1個体を丸々使うのであれば，粉末にする必要はなくそのままスズカプセルに全量を入れてよい．

B. 付着藻類，粒状有機物

付着藻類や粒状有機物（particulate organic matter: POM）などの生物体試料については，**3章**にて紹介されている通り，採集を行う．これらについては，採集後蒸留水または濾過した河川水で試料をきれいにすすぎ，バット上に残った懸濁液を100 mL程度のきれいなバイアルに集める．

以上の生物体試料や有機物試料では，サンプルによっては，多くの無機の炭酸塩が含まれたものや，大量の脂肪が含まれているものがある．食物網の解析に用いる安定同位体比データを得るためには，それらの物質を取り除いてから安定同位体比を測定する必要がある．以下に，サンプルの前処理について2つの手法を紹介する．

炭酸塩を取り除くために脱炭酸塩処理，そして脂質をサンプルから取り除く脱脂処理である．

C.　脱炭酸塩処理

河川生態系における一次生産者である付着藻類を採集する際は，礫表面をブラシでよく擦った後，礫およびブラシを純水やイオン交換水を用いてリンスする．そして，そのリンスした懸濁液をポリプロピレン製のボトルなどに集め，クーラーボックスに入れて研究室にもち帰る．懸濁液中の付着藻類は，ガラスフィルター（GF/Fなど）を用いて濾過し乾燥させるか，凍結乾燥することで回収する．この際，ガラスフィルターはあらかじめ550℃程度のマッッフル炉で焼いておくことが望ましい．さらに，凍結乾燥機を用いる場合は，あらかじめ試料を冷凍庫で凍らせておく必要がある（液体のまま凍結乾燥させると激しく発砲し，試料が吹き出る）のと，試料乾燥に長時間かかることを念頭におく必要がある（50 mLの懸濁液を凍結乾燥させるには3～4日を要する）．

しかし，この段階では，試料中に岩石の炭酸塩鉱物（主に$CaCO_3$）由来の炭素が含まれていることが多い．この炭酸塩鉱物由来の炭素は$\delta^{13}C$値が約0‰と，生物由来の炭素と比較して$\delta^{13}C$が10‰以上異なることが多く，少量でもサンプルに混入すると値が大きく変動する．とくに$CaCO_3$を多量に含む石灰岩地帯を流れる河川では注意が必要である（Stuiver and Polach, 1977）．そのため，回収した試料から炭酸塩を取り除く脱炭酸処理を行う必要がある．

炭酸塩を取り除くには，通常pH 1未満の酸（塩酸）を用いて処理することが多い．ガラスフィルターに濾過回収したサンプルの場合は，0.1 mol/Lの塩酸を入れた洗ビンを用いてフィルター表面をやさしく洗うとよい．その後，ガラスフィルターを60℃の乾燥機で乾燥させることで脱炭酸処理後のサンプルを得ることができる．

懸濁液を直接凍結乾燥させたサンプルはフィルターサンプルよりも多くの炭酸塩を含んでいることが多いため，もう少し濃度の濃い1 mol/Lの塩酸等を用いる．サンプルを遠沈管といった密閉容器に入れ，そこに1 mol/Lの塩酸をサンプルの数倍量注入する（サンプル量が多い場合，激しく発砲する可能性があるため十分注意する）．遠沈管にフタをし，よく振り混ぜるとCO_2の気泡が発生する．その後サンプルが吹き出ないように慎重にフタを開けてガス抜きをし，フタを開けたまま暗所で静置しておく．24時間程度静置したサンプルを遠心分離機にかけ，上澄みを取り除く．そこに蒸留水を加え，よく振り混ぜてサンプルを洗浄し，再び遠心分離機にかけて上澄みを捨てる．この蒸留水によるサンプル洗浄を3回以上行った後，沈殿物を 550℃で 5 時間以上焼いたガラスバイアルに移し替え，一度冷凍させた後，凍結乾燥機にかける．

ただし，これらの方法は，酸可溶性画分の消失をまねくという欠点があり，それを防ぐため塩酸燻蒸とよばれる方法を用いて脱炭酸処理を行うことができる（Harris *et al.*, 2001; Ramnarine *et al.*, 2011）．本方法は，試料がごく少量しかない場合，とくに有効である．サンプルはあらかじめ絶乾させた後，蒸留水で湿らせておく必要がある．そして，密閉容器（デシケーター等）に濃塩酸（12 M HCl）が入ったビーカーを入れ，その中にサンプルを投入し，塩酸雰囲気下に置くことで，サンプルから炭酸塩を除去することができる．最適な燻蒸時間はサンプル中の炭酸塩の含有量に依存する（Ramnarine *et al.*, 2011; Komada *et al.*, 2008 参照）．燻蒸終了後，塩酸の入ったビーカーを取り除き，真空ポンプを用いて 1.5 時間程度真空排気を行い，サンプル中の HCl を除去する．その際，ポンプとデシケーターの間に水酸化ナトリウムなどの中和剤トラップを入れておくとよい．最後に，試料を凍らせて凍結乾燥にかける．

なお，デシケーター内部に金属が使われている場合，塩酸蒸気により腐食してしまうので，注意が必要である．また，塩酸燻蒸したサンプルは，塩化カルシウム（$CaCl_2$）を含んでいることが多く，大量に含んでいる場合は $CaCl_2$ が潮解してしまうため，測定直前まで乾燥剤を入れたデシケーターなどで保管することが望ましい．潮解してしまった場合は，再度凍結乾燥させる．

D. 脱脂処理

一般的に，多くの代謝ステップを経て合成された組織ほど相対的に軽い同位体を多く含む．魚類などに多く含まれる脂質は他の筋肉組織と比較して，脂質合成時に大きな同位体分別を起こすため，たんぱく質や糖質と比較して低い炭素安定同位体比を示す（Post *et al.*, 2007）．そのため，脂肪含有量の異なる生物あるいは組織間の炭素安定同位体比を比較した場合，その同位体比の差がバイアスとなる可能性が高い．そのため，脂肪含有量の多い生物試料を分析する場合，以下のような脱脂処理を行うことが多い．

(1) 粉末化した試料を数十 mg，550℃のマッッフル炉で 6 時間以上焼いたガラス遠沈管（10 mL 程度）に量り取り，クロロホルム：メタノール＝2：1 の混合溶液を 5 mL 程度加える．

この際用いる器具（メスシリンダー，ピペットなど）は有機溶媒に耐性のあるガラス製であることが望ましい．マイクロピペットを用いる場合は，ピペットチップの有機溶媒に対する耐性を確認する．

(2) 上記 (1) のバイアルをよく攪拌し，ドラフト内で24時間静置する．

脂分の多い試料や体毛のような粉末化しにくい試料の場合，超音波洗浄機にかけ，脂分を抽出してもよい．

(3) その後，遠沈管を遠心分離（2000～2500 rpmで15分程度）して，上澄みの溶液をピペット等で吸引し，廃液タンクに捨てる．その後，メタノールを5 mL程度加えてよく攪拌し，再度遠心分離機にかけ，上澄みを捨てる．この洗浄工程を2回以上繰り返す．

(4) ドラフト内で十分にメタノールを飛ばした後，60℃の乾燥機に24時間以上入れて乾燥させる．

E.　サンプルの秤量と封入作業

ここでは，河川からのサンプルについて，前処理および測定前のサンプルをスズカプセルへ封入し，サンプル測定機関に送付する手順について解説する．

(1) 準備するもの

- ステンレス製スパチュラ（細く，持ち手が丸いほうが使いやすい．複数本）
- ステンレス製ピンセット（複数本）
- 100%アルコール
- キムワイプ，アルミホイル，パラフィルム

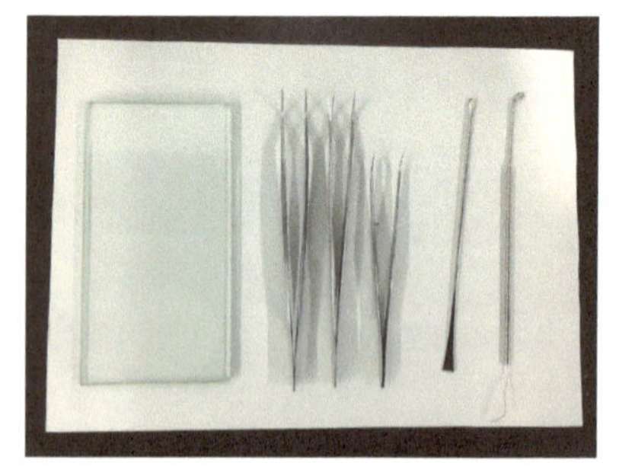

封入に使う用具，左から，ガラス板，ピンセット，スパチュラ（2種類）

(2) 必要な機器

精密電子天秤，0.001 mg以上の精度（1マイクログラム）などが測定できる必要がある．特に炭素・窒素含量を同位体比分析結果からデータを得る場合は1 μg精度での計量が求められる．

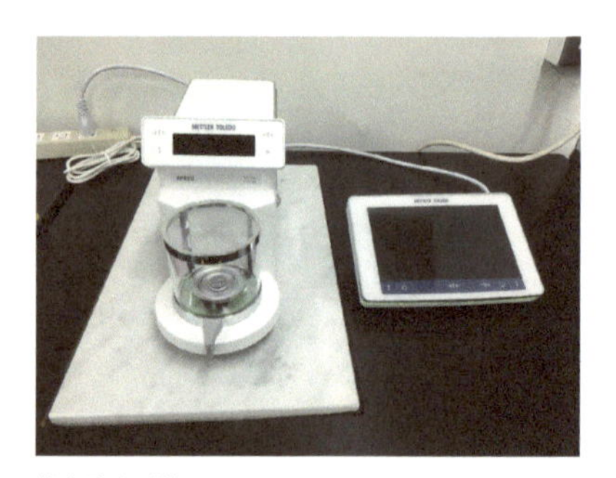

精密電子天秤

(3) 封入に必要な消耗品

・スズカプセル：標準的なサイズは5×8mmもしくは5×9mmである．フィルターや土壌を扱う場合はさらに大きいサイズが必要な場合がある．フィルターを扱う場合はディスクを使う（土居ほか, 2016参照）．
・96穴マイクロウェルプレート（底が平面のものがよい．）

スズカプセル（8×5mm）

(4) 手順1

ステンレス製スパチュラ，ステンレス製ピンセット，ステンレス製ハサミなどの機器を99%アルコールにつけて拭き取る．作業台にアルミホイルを引く．

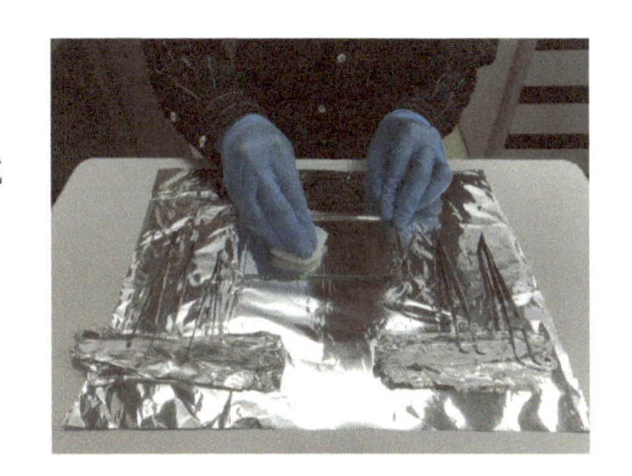

(5) 手順2

スズカプセルを精密電子天秤から取りあげて，アルミホイル上に置く．以下の目安重量などの通り，錫カプセルにアセトンで拭きとったスパチュラを用いて，サンプルを立てた錫カプセル内に入れる．

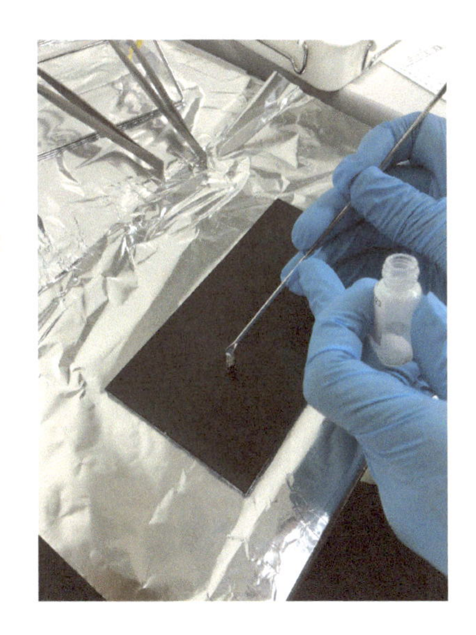

（6）炭素・窒素同位体比同時測定の際の各種サンプルの目安の重量

・動物サンプル，動物組織，血液，体液など：0.4～0.6 mg（乾燥重量）
・堆積物・土壌など：3～30 mg（乾燥重量）
・植物：0.6～10 mg（乾燥重量）
・POMや植物プランクトン等を濾過したガラスフィルター：1/8～1枚
（ガラスフィルターは有機物量にばらつきが大きい．また，不完全燃焼を避けるため，錫箔に包む際は有機物の付着していない部分を切除することが望ましい）

これらサンプル重量は目安であるので，適宜，分析機器，サンプルの炭素・窒素含量によって調整が必要である．また，炭素・窒素量が多すぎても測定できないため，適量を入れることが重要である．なお，炭素，窒素量や，一般的な有機物の炭素・窒素顔料を基に適切なサンプル重量を算出するホームページがあるので，封入するサンプル量の目安にされたい．

UC Davis Stable Isotope Facility —Sample Weight Calculator
http://stableisotopefacility.ucdavis.edu/sample-weight-calculator.html

（7）手順3

サンプルを詰めたスズカプセルを精密電子天秤に乗せて秤量し，目安の重量に合うまで繰り返す．サンプル重量を記録する．

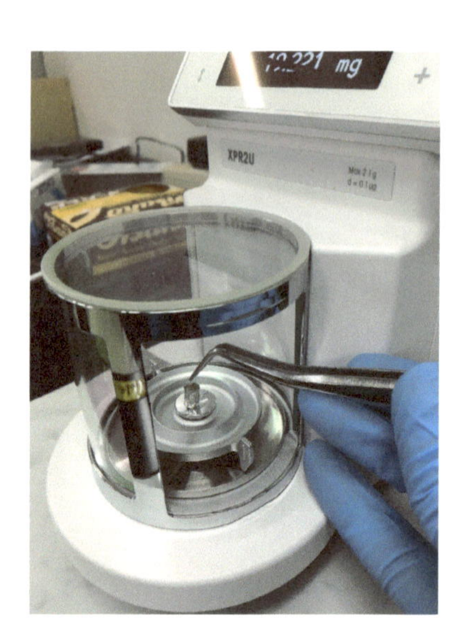

(8) 手順4

空気を押し出すようにピンセットで軽く押しつぶす.(サンプルが出ないように注意する.)

図のように,たたみ込んで,サンプルをスズカプセルに包み込む.

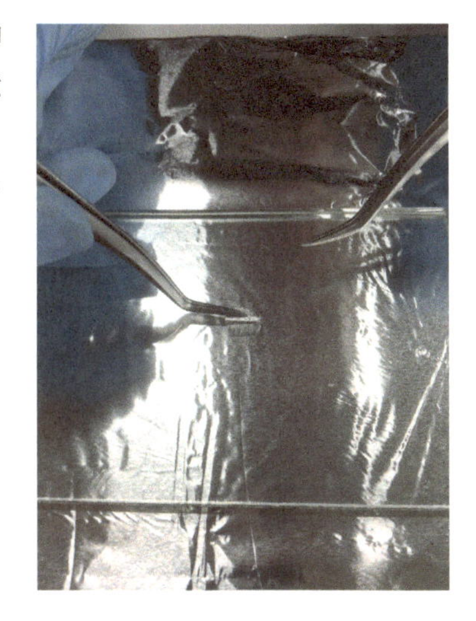

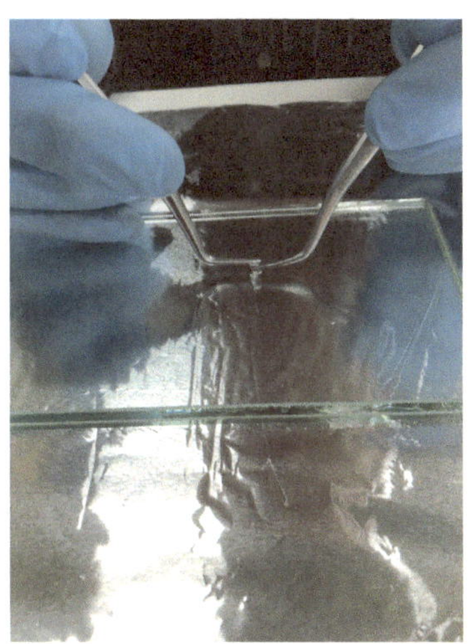

（9）手順5

サンプルを96穴マイクロウェルプレートに入れる．プレート上での各サンプルの場所（A1など）を記録する．マイクロウェルプレートにA1から順番にサンプルを入れていく．サンプルを入れたマイクロウェルプレートは輪ゴムなどで止めて，デシケーターにて分析まで保管する．

（10）サンプルの測定機関

安定同位体比分析する際には，各社，各研究機関に依頼分析によって測定することが可能になっている．また，その測定費用についても，それほど高額ではない（各社，各研究機関ホームページなど参照）．筆者らが利用したことがあるなど，主な国内外の依頼分析先は以下の通りである（以下のURLは2019年4月8日確認）．

SIサイエンス株式会社
https://www.si-science.co.jp

同位体研究所
http://www.isotope.sc/Test/test_fee_02.html

日本分析センター
https://www.jcac.or.jp/site/service-lineup/service-isotope-serv-food.html

University of California（UC）Davis Stable Isotope Facility
http://stableisotopefacility.ucdavis.edu

USGS Reston Stable Isotope Laboratory
http://isotopes.usgs.gov/lab/services.html

GNS Science
http://www.gns.cri.nz/Home/Services/Laboratories-Facilities/Stable-Isotope-Laboratory/

各社，各研究機関それぞれに，サンプルをどのようにして送るかというプロトコルが用意されているので，詳しくはそちらを参考にされたい．ここでは，基本的な送付方法について紹介する．

（11）手順6

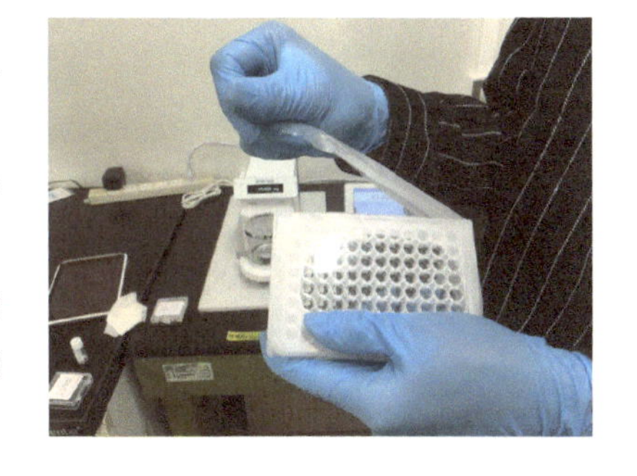

図のように，スズカプセルに包んだサンプルを96穴マイクロウェルプレートにいれたものをパラフィルムで包んで蓋が動かなくように固定する．なお，ゴムバンド，テープなどでの固定は輸送中にずれたり外れたりするため推奨できない．

この96穴マイクロウェルプレートを分析機関に送付する．送付する際は緩衝材付き封筒や緩衝材を巻きつけて送る．また，別途もしくはサンプルと一緒にサンプルの測定した重量の一覧表を送付する．サンプル名や，ウェルの番号（A1, A2など）と重量が対応するように記載する．記入様式が用意されている分析機関もあるので，詳しくはそちらを参照されたい．サンプルは安定同位体比分析の際に燃焼されるため返却されない．また測定ミスなどもあり得るため，できれば再測定用にサンプルが残されていることが望ましい．

5.2.4 同位体比データ解析

A. 同位体分別

食う—食われる関係を経て，ある生物（餌）から別の生物（消費者）へと生物量が転送されると，餌が持っていた安定同位体比の情報も，基本的には消費者へと転送される．しかし，餌と消費者の同位体比は完全に同じにはならないことが多い．なぜなら，消費者は餌のすべてを自分の体に取り込むわけではなく，一部は呼気や糞尿として体外へ排出されるが，この際に軽い同位体から排出されるからである．その結果，消費者の体の同位体比は餌の同位体比よりも，若干重くなる．これが同位体分別である．

ある消費者の体の同位体比と，その餌の同位体比の差のことを「栄養段階間の同位体分別係数」(Trophic Discrimination Factor: 以下 TDF) という．Post (2002) が集計した，さまざまな生物の TDF をみると，炭素 (δ^{13}C) でおよそ 0.4 ± 1.3‰，窒素 (δ^{15}N) でおよそ 3.4 ± 1.0‰である．δ^{13}C の見積もりについては，他の集計でもおおよそ似たような値が報告されている (McCutchan *et al.*, 2003)．いっぽう，河川の無脊椎動物や魚類については，δ^{15}N の TDF の変動幅が大きい．Bunn *et al.*, (2013) によると，これは 0.6〜5.7‰にも及ぶという (**図 5.2-2**)．すなわち，TDF を 0.6‰として計算した場合と，5.7‰として計算した場合とでは，栄養段階の推定値に見かけ上，10 倍近くの差が生まれてしまう．したがって，対象とする系において TDF を正しく設定することは，安定同位体を用いた食物網解析で信頼できる結果を得るために，たいへん重要である．

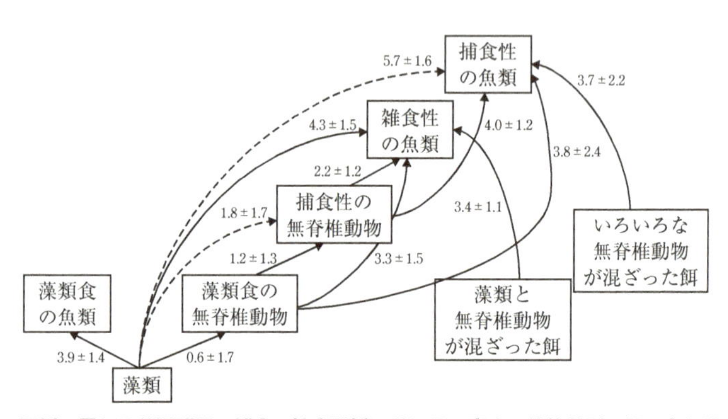

図 5.2-2 河川の異なる分類群間の捕食・被食関係における，窒素同位体分別の組み合わせごとの集計値（平均値±標準偏差）

オーストラリアとニューギニアの河川データによる． (Bunn *et al.*, 2013 を参照して作図)

それでは，TDFの大きさはいったいどのようにして決まるのだろうか．これを理解するためには，代謝の際に同位体分別が起こるしくみを，もう少し詳しく考える必要がある．たとえば窒素の場合は，主要な窒素化合物であるアミノ酸の脱アミノ基反応が，同位体分別に深く関与している．動物は餌から取り込んだタンパク質を，ペプチドまで分解して消化管から吸収する．吸収されたペプチドを構成するアミノ酸は，大きく分けてそのまま体に同化されるか，異化されてエネルギー源となるか，の2つの運命をたどる．前者が多かった場合，脱アミノ基反応による窒素排出がほとんど起こらないので，TDFは小さくなり，餌と動物との間で δ^{15}N はほとんど変化しない．いっぽう，後者が多かった場合，脱アミノ基反応によって，軽い ^{14}N が選択的に体外へ排出されるので，体内に残るアミノ酸に重い ^{15}N が「濃縮」する．するとTDFは大きくなり，餌に比べて動物の δ^{15}N が高くなる．

脱アミノ基反応を触媒する酵素の活性を一定と仮定すれば，「TDFの大きさ」と「アミノ酸が脱アミノ基反応を受ける割合」（以下，便宜的に「アミノ酸の分解率」とする）との間には，一対一の対応関係が期待できる．ということは，アミノ酸の分解率を決める要因が分かれば，TDFの大きさがどのように決まっているかも分かる．アミノ酸の分解率は，餌に含まれるアミノ酸の量と，餌と動物の間のアミノ酸組成がどれだけ似ているか，の2つの要素に大きく依存する．餌に含まれるアミノ酸の量が少ないと，動物は分解せずにそのまま同化しようとする．すると，TDFは小さくなる（**図 5.2-3**）（Chikaraishi *et al.*, 2015）．いっぽう，餌と動物の間のアミノ酸組成が似ていても，動物は分解せずにそのまま同化しようとするので，やはりTDFは小さくなる（McMahon *et al.*, 2015）．しかし，突然餌がなくなって飢餓状態になった場合，意外にも動物は飢餓に陥る直前の同位体比を最大8週間維持することが，河川の水生昆虫の1種ヘビトンボ（*Protohermes grandis*）幼虫を用いた飼育実験から明らかになっている（Ishikawa *et al.*, 2017）．これは，河川のような高頻度の攪乱がある貧栄養の環境では，しばしばおとずれる飢餓に対して，動物が恒常性を維持するための代謝的なしくみをもっていることを示唆する．たとえば，体内に貯蔵している脂肪を燃焼することでエネルギーを得て，アミノ酸の分解を極力抑えているのかもしれない．なお，多少の飢餓があっても δ^{15}N が変わらないという事実は，安定同位体手法の有用性を担保しているともいえるだろう．

B. 同位体混合モデル

自然界では多くの場合，生物は単一の餌だけでなく，複数の餌を食べている．河川生態系においては，とくにこの傾向が顕著である．なぜなら前述したように，河

(A) 餌にタンパク質（アミノ酸）が多く含まれている場合

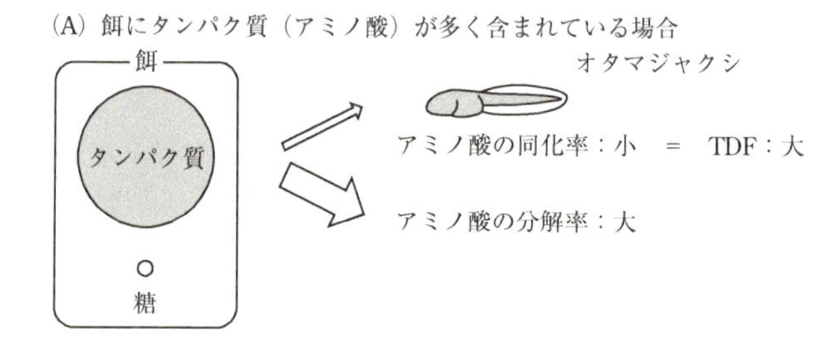

(B) 餌にタンパク質（アミノ酸）があまり含まれていない場合

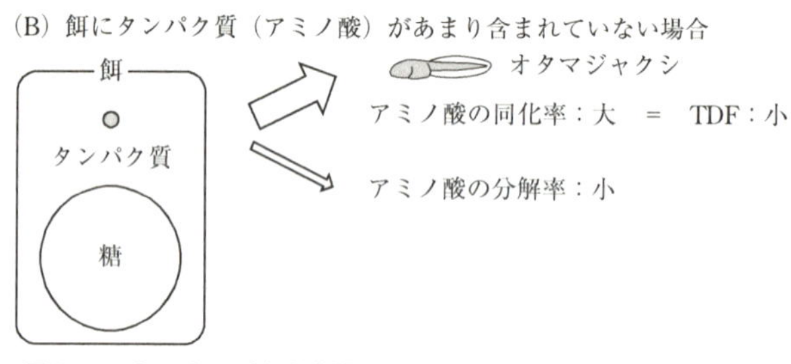

図 5.2-3　餌のタンパク質含量と TDF の大きさの関係を示す模式図

（Chikaraishi *et al.*, 2015 を参照して作図）

川は攪乱頻度が高く，貧栄養であることが多いので，水生昆虫や魚類にとって，栄養価の高い餌を恒常的に得ることが難しいからである．こういった環境である河川に生きる生物にとって，陸域から供給される落ち葉やデトリタスなどは，餌としてきわめて重要である．河川連続体仮説が提唱されて以降（Vannote *et al.*, 1980），陸域起源の有機物（外来性または他生性資源）と水域起源の有機物（自生性資源とも言う）の相対的重要性は，河川の食物網研究にとって重要なテーマのひとつであった．

陸域・水域資源の相対的重要性は，河川の生物の体の中における，両者の混合割合と読み替えることができる．両者の混合割合は，しばしば δ^{13}C から推定することができる．なぜなら，陸域の一次生産者（植物など）と水域の一次生産者（藻類など）は，異なる δ^{13}C を示すことが多いからである（Finlay, 2001）．前述したように，δ^{13}C は TDF がほとんど 0‰のため，陸上植物由来の有機物と藻類を餌とする水生昆虫や，それを捕食する魚類の δ^{13}C は，陸上植物と藻類の δ^{13}C 値を結ぶ線分上に乗ることが多い．そしてその内分比が，そのまま混合割合を表す．実際に，河川連続体仮説の予測通り，水生昆虫の δ^{13}C が河川上流では低く（陸上植物寄り），中流で高くなり（藻類寄り），下流で再び低くなる（デトリタス寄り）事例も報告

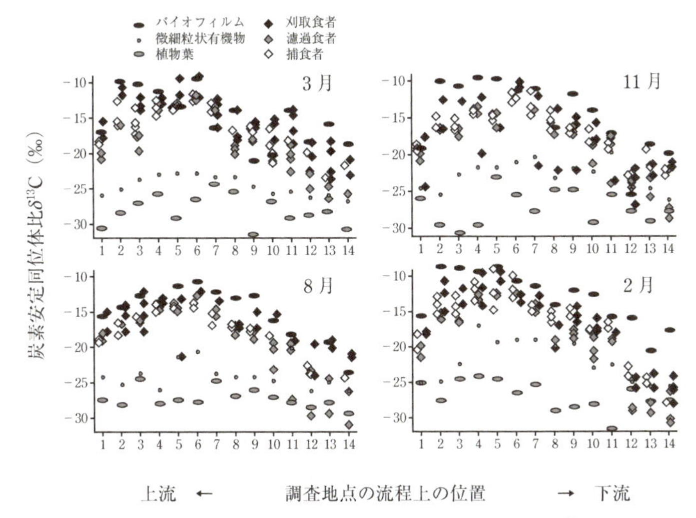

図 5.2-4 愛知県豊川における，有機物と水生昆虫の炭素同位体比（δ^{13}C）の流程変化

上流と下流で値が低く，中流で値が高くなる傾向は，河川連続体仮説からの予測と一致する．

（Kobayashi *et al.*, 2011 を参照して作図）

されている（Kobayashi *et al.*, 2011）（**図 5.2-4**）．

しかし，δ^{13}C を用いて陸域・水域資源の混合割合を推定する場合，ときに大きな誤差が生じる場合がある．その理由は，水域の代表的な一次生産者である藻類（ここでは，底生の付着藻類）の δ^{13}C が，河川の瀬や淵，明るい場所や暗い場所といった微環境によって，最大で 30‰もの変動を生じるためである（Ishikawa *et al.*, 2012）．最悪の場合，陸上植物と藻類の δ^{13}C 値が完全にオーバーラップしてしまい，両者の混合割合を推定できなくなってしまうこともある（Dekar *et al.*, 2009）．この問題を解決するために，微環境間の変動が小さく，かつ陸域・水域一次生産者間で値の差が大きい，放射性炭素の天然存在比（Δ^{14}C）を利用する手法が近年提案され，陸域・水域資源の混合割合推定に応用されている（Ishikawa *et al.*, 2016; 土居ほか, 2016）．

生物の餌が 3 つ以上あり，それぞれの混合割合を知りたい場合，1 つの同位体比だけでは解を得ることができず，2 つ以上の同位体比データ（たとえば δ^{13}C と δ^{15}N）が必要である．一般化すれば，混合割合を知りたい餌が n 個ある場合，$n-1$ 個以上の同位体比のデータが必要である．それぞれの同位体比について，TDF の情報がわかっていれば，n 元連立方程式を解析的に解くことで，n 個の餌の混合割

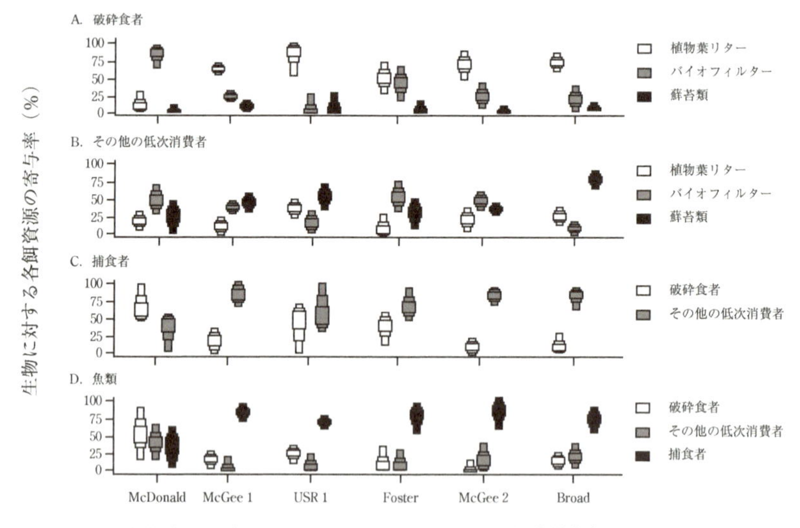

図 5.2-5　炭素・窒素安定同位体比のデータと混合モデル SIAR を用いた，河川の生物に対する餌起源推定結果の例

プロットは 50，70，90%信頼区間を表す．　　(Hayade *et al.*, 2016 を参照して作図)

合を知ることができる．これを混合モデルというが，いくつかのソフトウェアが開発されている．近年では，餌の数が非常に多い場合であっても，それぞれの混合割合を確率分布からベイズ推定することが主流になってきており（たとえば，Parnell *et al.*, 2010），河川食物網の研究にも応用されている（たとえば，Hayden *et al.*, 2016）（**図 5.2-5**）．既存のソフトウェアの種類や特徴については，土居ほか（2016）を参照されたい．さらに，混合モデルの洗練化だけでなく，重金属同位体も含めたマルチアイソトープ解析が発展していくことで，より精度も確度も高い推定が可能となっていくことだろう（**5.2.5** 参照）．

5.2.5　金属元素の同位体比データの活用

A.　金属元素の安定同位体

これまでの項では，主に軽元素の安定同位体比について記述してきた．しかし，地球上に存在する元素のうち 80 元素に安定同位体があり，そのうち 61 元素は安定同位体比（長寿命放射性同位体核種との比率を含む）が分析可能である（**図 5.2-6**）．このような各種安定同位体比を測定することでも，河川水や生物体組織といった試

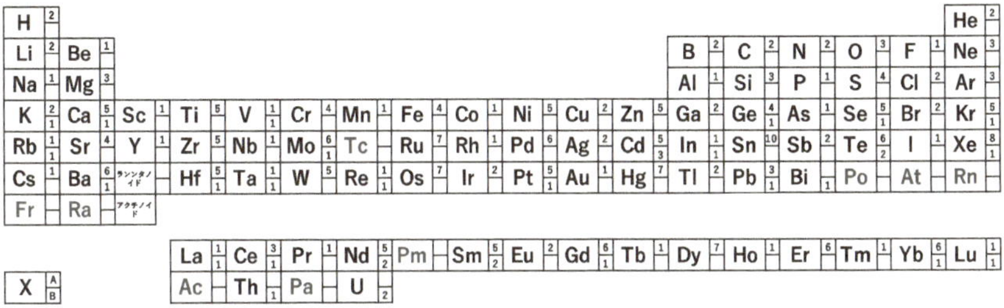

1	2	3	4	5	6	7	8	9	10	11	12	13	14	15	16	17	18
H 2/																	He 2/
Li 2/	Be 1/											B 2/	C 2/	N 2/	O 3/	F 1/	Ne 3/
Na 1/	Mg 3/											Al 1/	Si 3/	P 1/	S 4/	Cl 2/	Ar 3/
K 2/1	Ca 5/1	Sc 1/	Ti 5/	V 1/1	Cr 4/	Mn 1/	Fe 4/	Co 1/	Ni 5/	Cu 2/	Zn 5/	Ga 2/	Ge 4/1	As 1/	Se 5/1	Br 2/	Kr 5/1
Rb 1/1	Sr 4/	Y 1/	Zr 5/	Nb 1/	Mo 6/1	Tc	Ru 7/	Rh 1/	Pd 6/	Ag 2/	Cd 5/3	In 1/1	Sn 10/	Sb 2/	Te 6/2	I 1/	Xe 8/1
Cs 1/	Ba 6/1	ランタノイド	Hf 5/1	Ta 1/1	W 5/	Re 1/1	Os 7/	Ir 2/	Pt 5/1	Au 1/	Hg 7/	Tl 2/	Pb 3/1	Bi /1	Po	At	Rn
Fr	Ra	アクチノイド															

La 1/1	Ce 3/1	Pr 1/	Nd 5/2	Pm	Sm 5/2	Eu 2/	Gd 6/1	Tb 1/	Dy 7/	Ho 1/	Er 6/	Tm 1/	Yb 6/1	Lu 1/1
Ac	Th /1	Pa	U /2											

X A/B

図 5.2-6 安定同位体および長寿命放射性同位体核種の数を記した周期律表

安定同位体比分析が可能な 61 元素（超寿命放射性核種を含む）．A：安定同位体核種の数，B：長寿命放射性同位体核種の数（半減期が 10 億年以上），灰色：放射性核種だけの元素．

（中野, 2016 を参照して作図）

料に含まれる元素の起源を推定することができる．金属元素の安定同位体比は，主に地球化学の世界で用いられてきたため，生態学の分野ではあまり用いられてこなかった．しかし，環境トレーサーとしての有用性から，これら金属元素の安定同位体比を用いた研究が近年増えている．本書では，生態学分野で用いられることが多いストロンチウム（Sr）の同位体比を主に紹介する．

B. ストロンチウム（Sr）同位体比について

金属元素の安定同位体比の中で生態学者によって，最も利用されてきたのは Sr 同位体比（$^{87}Sr/^{86}Sr$）であろう．$^{87}Sr/^{86}Sr$ は地質年代の測定等に用いられていた（たとえば，Depaolo and Finger, 1991; Smalley *et al.*, 1994）関係で，測定手法が確立されている．そのため，河川水や生物試料中の金属元素の由来を推定するツールとして有用である．とくに，Sr イオンはカルシウム（Ca）イオンと化学的性質がよく似ているため，両者の挙動は非常に似ていることが知られている．そのため，$^{87}Sr/^{86}Sr$ は河川水や生物体中の Ca の起源を推定するプロキシーとして用いられている（Clow *et al.*, 1997; Capo *et al.*, 1998）．ただし，Sr は Cu, Pb, Zn, Au, Ag といった卑金属・貴金属元素と地球化学的な挙動を違にしているため，Sr 同位体比を用いてこれらの元素の由来を推定することは難しい．

Sr には，4 種類の安定同位体（^{88}Sr, ^{87}Sr, ^{86}Sr, ^{84}Sr）が存在する．その中で，質量数が 87 の ^{87}Sr は，ルビジウムの放射性同位体（^{87}Rb：半減期 4.88×10^{10} y）が放射壊変（ベータ壊変）を起こすことで存在量が変化する．その結果，岩石や鉱物に含まれる ^{87}Sr と ^{86}Sr の比率は Rb および Sr の存在量と地質年代によって変化する．つまり，母岩の種類によって $^{87}Sr/^{86}Sr$ は有意に異なる場合が多く，それに

応じて河川水の $^{87}Sr/^{86}Sr$ も変化する．日本列島は，火山岩類や堆積岩類がモザイク模様をなして複雑に分布しているため，河川水の $^{87}Sr/^{86}Sr$ は非常に多様である．たとえば，琵琶湖に流入する河川水の $^{87}Sr/^{86}Sr$ を測定した中野（2009）によると，石灰岩が分布する北東部や花崗岩が分布する北部の河川は $^{87}Sr/^{86}Sr$ が低い（0.710～0.715）のに対し，西部の砂岩や頁岩が分布する地域の河川では非常に高くなっている（0.714～0.718）．こうした河川間での $^{87}Sr/^{86}Sr$ の違いを材料にして，環境中の物質動態や生物の移動履歴の推定を試みる研究が行われている．

C.　Sr 同位体比を用いて，環境中の物質動態を検証した研究

Koshikawa *et al.*,（2016）は，茨城県筑波山において，河川水と，河川水中の Ca のエンドメンバーである雨水，基岩および火山灰の $^{87}Sr/^{86}Sr$ を測定し，それぞれの Ca 源としての寄与率を混合モデルにより算出した．その結果，本地域では河川上流部において，火山灰の寄与率が著しく高くなる傾向を発見した．そして，本研究では火山灰起源の Ca が多く含まれる上流河川で，Ca 濃度が上昇する傾向がみられた．また，Ohta *et al.*,（2014）は和歌山県古座川町の河川において，集水域がスギの人工林で覆われている河川で Ca 濃度が著しく高くなる傾向を観察した．その原因として，基岩からの Ca 溶出量に植生間で違いがあるということを，$^{87}Sr/^{86}Sr$ の測定結果から推定している（Ohta *et al.*, 2018，**図 5.2-7**）．

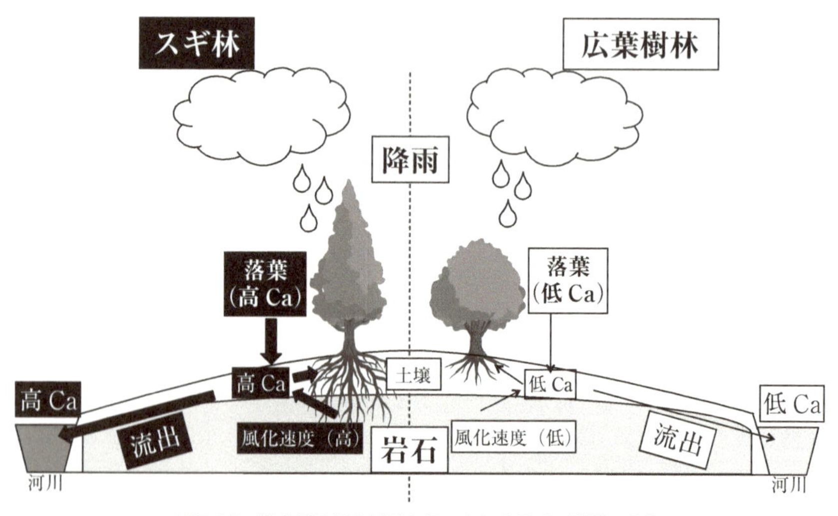

図 5.2-7　集水域の植生が異なることによる Ca 動態の変化

（Ohta *et al.*, 2018 を参照して作図）

D. Sr 同位体比を用いて，生物の行動を推定した研究

前記した通り，水中の $^{87}Sr/^{86}Sr$ は河川間で大きく異なることがある．そして，水生生物組織の $^{87}Sr/^{86}Sr$ は環境水の値とほぼ等しくなることが知られている（Nakano and Noda 1991）．その特性を応用して，Kennedy ら（2002）は，河川内でのタイセイヨウサケの移動履歴を耳石の $^{87}Sr/^{86}Sr$ の変化から再現した．また，Matsubayashi ら（2017）はサクラマスを材料に，耳石の $^{87}Sr/^{86}Sr$ および脊椎骨の硫黄同位体比（$\delta^{34}S$）から，河川 - 海洋間の移動履歴を再現した．このように，$^{87}Sr/^{86}Sr$ をはじめとした金属元素の同位体比は生物行動履歴を解明するうえで非常に有効なツールである．

E. 安定同位体分析装置の仕組み

金属元素の安定同位体比を分析する装置は，ローレンツ力の差を用いて同位体を分離検出するといった点で，軽元素安定同位体分析装置（IRMS）と似通っている（**図 5.2-1** 参照）．現在，主に表面電離型質量分析装置（TIMS）およびマルチコレクタ ICP-MS（MC-ICP-MS）の 2 種類の装置を用いて，金属元素の安定同位体比の分析が行われている．各装置はいずれも，試料導入部，イオンソース部，質量分離部，検出部，データ処理システムで構成されている．

なお，二次イオン質量分析系（SIMS）および加速器質量分析計（AMS）に関しては，本書では扱わない．

a. イオンソース部

（1）表面電離型質量分析装置 TIMS

同位体比の測定は，元素を電離（イオン化）して行うが，そのイオン化に必要なエネルギー量（イオン化エネルギー）は元素によってまちまちである．原子量の多い金属元素は基本的にイオン化ポテンシャルが高く，軽元素のようにガス化しにくい．そのため，金属元素の塩酸塩や硝酸塩を不揮発性の金属（タンタル，タングステンおよびレニウム）フィラメントに塗布し，高真空下で加熱する．すると，塗布した元素塩は蒸発し，一部はイオン化する．

（2）MC-ICP-MS

MC-ICP-MS は測定元素のイオン化に，誘導結合プラズマ（ICP：inductively coupled plasma）を用いる．ここでのプラズマとは，元素が陽イオンと電子に別れて運動している状態であり，アルゴンガスを高温でプラズマ化（Ar^+ と e^-）し，そ

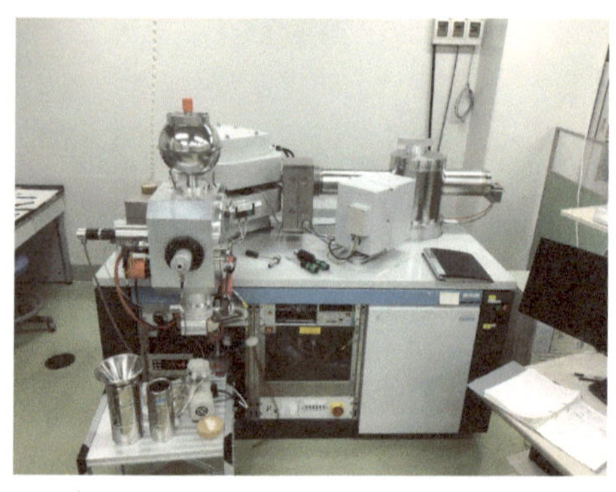

図 5.2-8　総合地球環境学研究所に導入されている表面電離型質量分析装置（TIMS）（TRITON, Thermo Fisher Scientific 社）

図 5.2-9　総合地球環境学研究所に導入されている MC-ICP-MS（NEPTUNE Plus, Thermo Fisher Scientific 社）

の状態に試料溶液を噴霧することで対象元素を陽イオン化する.

b.　質量分離部

イオン化した元素を，印加電圧を加えて加速させ，磁界の中を通過させるとローレンツ力が加わる．すると，測定元素イオンはローレンツ力と遠心力が釣り合うような円運動をするが，重い元素ほど半径が大きい（外側の軌道を通る）ため，同位体を分離することが可能である．本原理は，TIMS および MC-ICP-MS 共に共通している.

c. 検出部

TIMS および MC-ICP-MS におけるイオン検出部には，ファラデーカップ（FC）を用いることが多い．FC はカップに溜まった電荷を電流として流したあと，電圧に変換する．それぞれの FC には異なる同位体が衝突するので，その FC 間での電圧値の違いから同位体比を推定する．また FC 以外にも，より微量なイオンの検出には，二次電子倍増管（SEM: secondary electron multiplier）や Daly コレクターが用いられる事がある．

前記した通り金属のような固体元素の同位体分析には，TIMS や MC-ICP-MS が用いられることが多い．しかし，TIMS は非常に高精度で同位体分析を行う事ができるが，分析に長時間を要する，多元素同時測定ができない，イオン化エネルギーが 7.5 eV 以下の元素しか測定できないといった難点がある．いっぽう，MC-ICP-MS はイオン化エネルギーが 7.5 eV 以上の元素でも測定可能なうえ，分析時間が短くて済むが，TIMS と比較して，分析精度が多くの元素で落ちるうえに，測定時に必要とする元素量が多い（サンプル量が多く必要）といった難点がある．実際にサンプルを測定する際は，これらの利点欠点を理解した上で，測定機器を選定する必要がある．

d. データ処理システム

同位体分別作用は，同位体間の質量の差によって生じる．つまり，Sr であれば ^{87}Sr よりも ^{86}Sr のほうがわずかではあるが化学反応速度や機械内部の通過速度，さらにはカラム透過速度に違いが生じる．具体的にいうと，質量分離部でイオン化した元素が検出部にいたる過程でも，軽い同位体のほうがわずかに通過速度は速い．同じように，カラム分離の際も，軽い同位体のほうが早く滲出してくる．こうした，分析の行程で生じる同位体分別作用を，質量差別効果（mass discrimination effect）という．また，試料（生物・河川水）中の ^{87}Sr/^{86}Sr も，生物による取り込み，岩からの溶出を通して分別が生じ，わずかに変化する．こうした同位体分別を補正するためには非放射性起源の同位体比が用いられる（Sr の場合 ^{86}Sr/^{88}Sr)．

5.2.5B で記述した通り，Sr の同位体のうち ^{87}Sr は ^{87}Rb のベータ壊変によっても生じる安定同位体である．いっぽう ^{88}Sr や ^{86}Sr は他の元素が放射改変して生じることはないため，それらの地球全体における存在比率は地球進化を通して変わらないとされる．Sr の場合，^{86}Sr/^{88}Sr の比率：0.1194 は地球誕生から値は変わらないとされる．ただし，^{86}Sr と ^{88}Sr は質量が異なるため，^{86}Sr/^{88}Sr も質量差別効果および環境中のSrの動きに影響を受けて値が変化する．そこで，検出部で検出した$^{86}Sr/^{88}Sr$の値と0.1194との差を用いてデータ処理システムで$^{87}Sr/^{86}Sr$の内部補正を行う．

F. 河川での金属元素サンプル採集方法

a. 河川水

各種金属元素の安定同位体比を測定するためには，対象の元素をおおよそ500 ng単離する必要がある（測定機器としてTIMSを用いる場合は，10 ng程度でも測定は可能であるが，元素の回収量が少ないと測定精度が落ちる）．河川水であれば，100 mLあれば問題なく測定できる．ただし，雨水を測定する場合は，Sr濃度が著しく低いので，1～2 L程度必要な場合もある．

採集した河川水は，孔径0.2 μmのシリンジフィルターやメンブレンフィルター等で濾過し，酸洗浄したポリエチレンびん等に保存する．長期で保存する場合，ポリエチレンびんは試料中の重金属類などを吸着する傾向があるので，硝酸または塩酸を1％程度添加することが望ましい．

b. 魚類や底生無脊椎動物

魚類や底生無脊椎動物のSr同位体比を測定する場合は，表皮や筋肉組織であれば100 mg程度，骨や耳石および鱗であればそれ以下の量で測定可能な場合が多い．ただし，実際試料中にどの程度Srが含まれているか，予備的な測定をする事が望ましい．また，試料の採集，解剖時には，ゴム手袋をし，使う器具はセラミックやプラスチックなどの金属を含まないものを使う事が望ましい．さらに，土砂などの鉱物粒子を含む恐れのある胃内容物も取り除く必要がある．試料の保管は，絶乾状態や冷凍保存など微生物の活性を抑えた状態で行う．エタノールやホルマリンで保存された試料を測定する場合，もともとの保存溶液にどの程度Srが含まれているかを調べる必要がある．

c. 付着藻類，粒状有機物

付着藻類や粒状有機物（POM）は処理過程で酸や過酸化水素水で分解する必要がある．そのため試料を採集する際は，異物の混入を防ぐために，土砂などの鉱物粒子を含まないように気をつける必要がある．試料の保管は，絶乾状態や冷凍保存など微生物の活性を抑えた状態で行う．

G. 金属元素の同位体分析方法

金属元素の同位体分析の前処理は，大気ダストなどの混入を防ぐため，クリーンルーム内での作業が基本となる．

a. Sr（対象元素）濃度の測定

Srを単離する前に，サンプル中のSr含有量を求める必要がある．河川水や雨水であれば，濾過した試料中の対象元素濃度をICP-MSやICP-AESといった元素分析計で測定すればよいが，有機物や岩石のような固体試料中のSr濃度を測定するためには，分解して液体にしなければいけない．

植物組織などの元素濃度を測定する際の，試料の分解方法はいくつか先行研究が存在する．その分解方法は，試料を硝酸や塩酸などで分解する湿式灰化（acid wet digestion）と，マッフル炉などを用いてサンプルを燃やした後，希酸を用いてその灰を分解する乾式灰化（dry ashing）に大別される（Kalra, 1998）．同位体分析を行う上で，前処理段階での同位体分別はできるだけ少なくする必要がある．しかし，こうした有機物サンプルの前処理方法を比較検討した研究は非常に少なく，手法が確立されているとはいいがたい．

^{87}S/^{86}Srのような重元素の同位体比は，軽元素と比べれば同位体分別が生じにく

図5.2-10 総合地球環境学研究所に導入されているICP-MS(7500cx, Agilent Technologies社)

く，装置内部において同位体分別を補正する仕組みが存在する．しかし，生態学の分野における研究の蓄積が少ないため，今後手法研究を積み重ねていくことが重要である．現在のところ，河川試料を用いるうえで以下の2点は特に留意すべきであろう．

・付着藻類やPOMのような鉱物粒子の混入が考えられるサンプルを分解する場合は，鉱物粒子をできるだけ溶かさない分解方法を用いるべきである．（例：過酸化水素水を用いて，有機物以外の物質の分解をできるだけ少なくし，遠心分離機を用いて分解溶液を分離する）

・高温で気化しやすい元素（K，Cs，Rb，Asなど）の同位体比を分析する場合は，同位体分別が生じるため高温での乾式灰化は避けるべきである．どうしても乾式灰化で分解する場合は，低温灰化装置（プラズマアッシャー）を用いるとよい．**図5.2-11**は粉砕・均一化したスギの葉を複数の前処理方法で処理した際のカリウム濃度の違いである（太田，未発表データ）．

b.　カラム処理

ICP-MSなどでSr含有量を求めた試料をホットプレートの上で乾固させる．乾固したサンプルを一定量の高純度硝酸で溶かし，陽イオン交換樹脂やSrレジン（米国Eichrom. Technologies社製）を詰めたカラムを用いてSrを単離する．

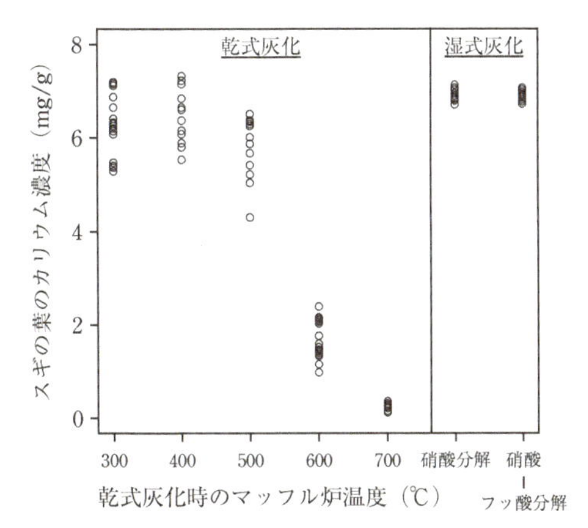

図 5.2-11　粉砕，均一化させたスギの葉を複数の前処理方法で処理した際のカリウム濃度の違い

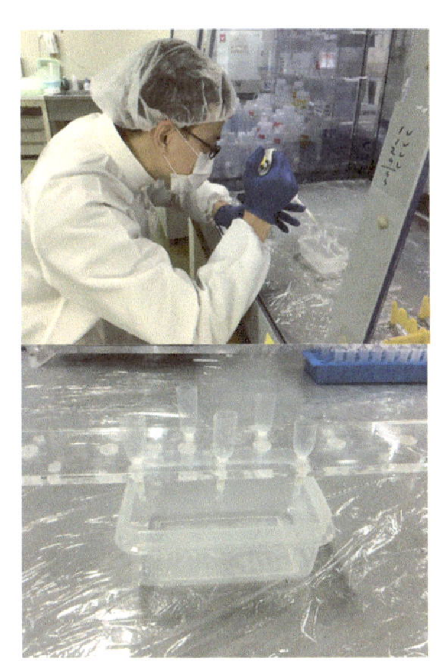

図 5.2-12　Sr レジンを充填したテフロン製カラムとそれを用いて Sr の単離を行うようす（総合地球環境学研究所，クリーンルーム）

c.　表面電離型質量分析装置（TIMS）での手順

(1) カラムにより単離したSrを，タンタル（Ta）フィラメント，もしくはTaアクティベーターを試料に混ぜたうえでタングステン（W）フィラメントに塗布する．PbおよびNdを測定する場合はレニウム（Re）フィラメントを用いる．

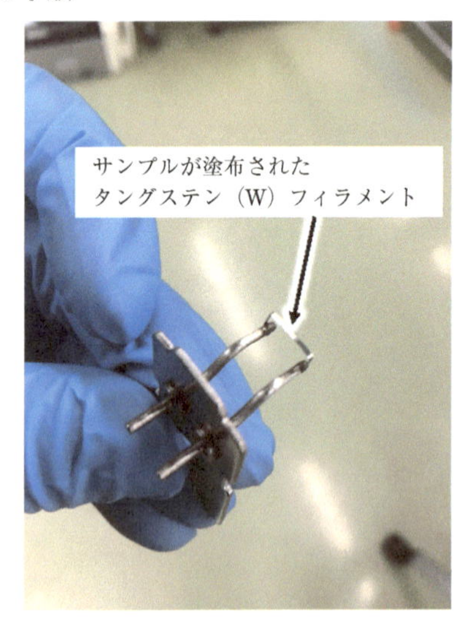

(2) Sample wheelに試料をセットする．

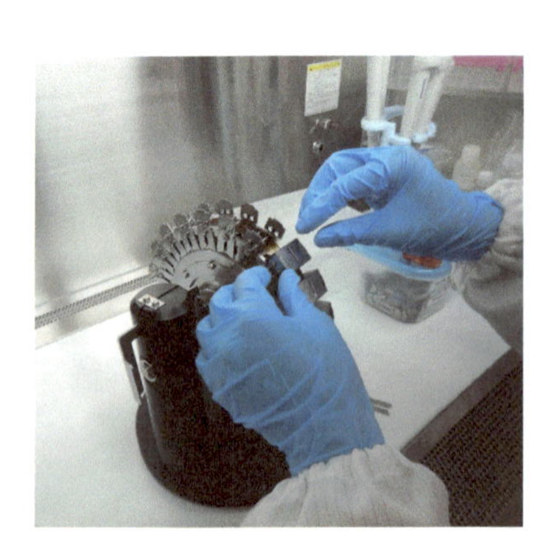

(3) 試料をサンプル導入部にセットし，機械を操作して同位体比を分析する．

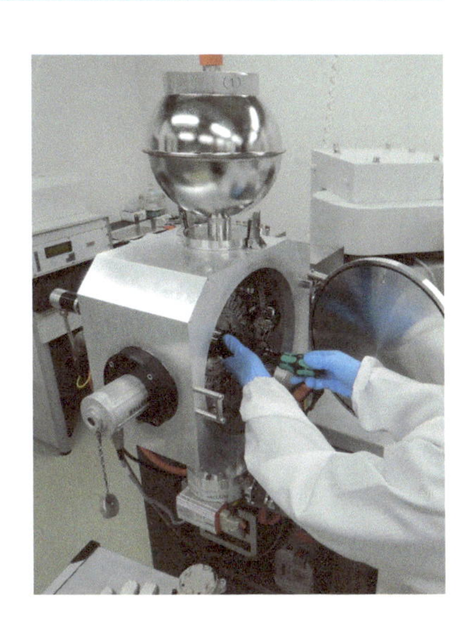

d. マルチコレクタ ICP-MS での手順

(1) カラムにより単離した Sr 硝酸溶液の Sr 濃度を標準試料の Sr 濃度とほぼ等しく調節する．カラム処理した試料の Sr 濃度を事前に ICP-MS 等で分析しておくことが望ましい．
(2) 試料をサンプル導入部にセットし，機械を操作して同位体比を分析する．

e. データ解析

Sr のような重金属元素は同位体分別が生じにくいうえに，**5.2.5E** で説明した通り，自然界および同位体分析過程においてわずかに生じる同位体分別効果は ^{86}Sr/^{88}Sr によって補正されることになる．そのため，軽元素同位体比のような栄養段階間などで生じる同位体比の変化は基本的に考慮に入れる必要はない．そのため，混合モデルなどにより，物質の起源を推定する際は，同位体分別効果をモデルに組み込む必要はない．

（土居秀幸・石川尚人・太田民久）

6章　調査・解析をデザインする

人を野外調査に駆り出す原動力は，自然で起きている現象を知りたいという欲求であろう．対象はなんでもよい．「サクラマスの産卵場所を知りたい」かもしれないし，「イワナの好適な生息地を知りたい」かもしれない．だが，知りたい現象がなんであれ，自然は広く大きいので，そのすべてを調べることはできない．自然のほんの一部を取り出して観察し，その部分的な情報から自然現象を推測することになる．しかし，この自然の一部分（すなわち観測データ）から，我々の信じる現象の妥当性を判断してよいのだろうか．たとえば，流木の多い場所では魚の個体数が多いと信じ，ある河川の数地点で魚の個体数と流木量の関係を調べたとしよう．一見，傾向があるようにみえたとしても，何の根拠をもって「傾向がある」といえるのだろうか．我々の観察した場所が，たまたまそうだっただけかもしれない．

しかし，そうした偶然性の影響を考慮しながら，データの背後に潜む現象を推測するための手段がある．そのひとつが統計モデリングである．統計モデリングとは，データに含まれる雑多な情報を「論理的に解釈できる部分」と「誤差や偶然によるノイズ的な部分」に切り分けて整理し，現象の理解をうながす営みである．これにより，現象を客観的に説明あるいは解釈できるようになる．とはいえ，統計モデルは何も考えずに使える都合のよい道具というわけではない．観察過程と統計モデルは切っても切り離せない関係にあり，両者の対応づけに失敗するといともたやすく現象を見誤ってしまう．本章では，この「観察過程と統計モデルの対応」に焦点を当てながら，河川の生物分布調査における調査デザインおよびデータ解析手法について解説する．

6.1　野外調査と統計モデルの位置づけ

各項目の詳細な解説に入る前に，研究における「野外調査」と「統計モデル」の位置づけを整理する．この位置づけの整理こそが本章のもっとも大事な点であり，後に続く解説の土台となるものである．ここでは，抽象的な説明を避けるために，それぞれの位置づけをフィールド研究の一例の中で考えることにする．たとえば，以下のような研究を想定しよう．

“ある魚の個体数に影響する環境要因を明らかにしたい．河川 A の 20 地点で魚の個体数と環境要因を調べる．得られたデータに統計モデルをあてはめ，魚の個体数に影響する環境要因を特定する．”

上記の例では,「地点間にみられる魚の個体数のばらつき」が説明したい現象である．では，この現象を説明するまでの流れの中で，野外調査と統計モデルはそれぞれ何をしているのだろうか．

「野外調査」は，広く大きい河川から 20 地点という限られた部分を抜き出し，自然にみられるものを数字や記号に置き換える作業である．この観察過程を通じて得られるデータには，我々の知りたい対象生物の生態に関する情報だけでなく，さまざまなノイズも含まれている．それは人間の手作業に由来する誤差だったり，部分を取り出すことによる偶然の影響だったりする．こうして考えると，地点間にみられる魚の個体数のばらつきは，以下に述べる 2 つの大きな要素が絡みあった産物と考えるのが妥当だろう．ひとつめは，対象の特性などから論理的に解釈できる要素（決定論的要素）である．たとえば,「魚は隠れ家の多い場所を好む」のようなものが該当する．もうひとつは,「たまたまそこにいた」のような解釈しにくいノイズ的要素（確率的要素）である．当然ながら，我々は前者を知りたい．しかし，データを眺めるだけでは両者を区別できない．

そこで「統計モデル」が登場する．統計モデルは，これら 2 つの要素を区別しながら，観察値が得られるまでの過程（データ生成過程）を表現する道具としてみることができる（**図 6.1-1**）．魚の個体数のような観察値は，統計モデルの中では以下のように表される：

観察値＝決定論的要素＋確率論的要素

このとき，決定論的要素の部分には，我々が信じる仮説をあてはめる（魚の個体数

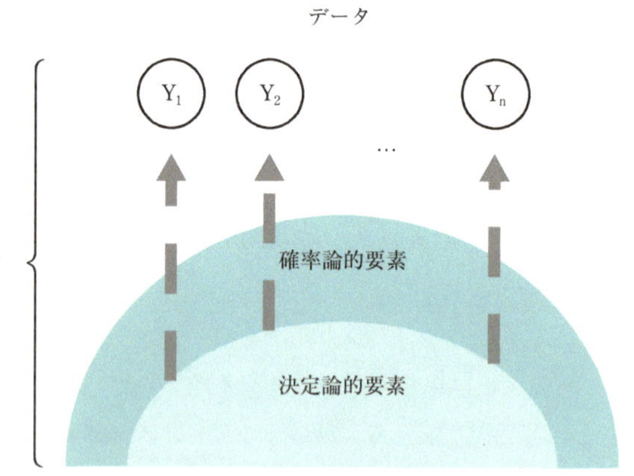

図 6.1-1　野外調査と統計モデルの位置づけの整理

野外調査を通じて得られるデータには，我々の知りたい対象生物の生態に関する情報（決定論的要素）だけでなく，さまざまなノイズ（確率論的要素）も含まれている．統計モデルは，これらの要素を区別しながら，観察値が得られるまでの過程（データ生成過程）を再現する道具とみなすことができる．

は流木量に応じて変化するなど）．いっぽう，確率論的要素の部分は，確率分布を用いて表現される（**コラム 6.1** 参照）．このように統計モデルは，野外調査で得られる部分的な情報（データ）から，その背後にある生態現象を理解することを助けてくれる．しかし，統計モデルがデータ生成過程をきちんと反映できているかどうか，細心の注意を払う必要がある．両者の間に著しい不一致があると，統計モデルは誤った結論を導き出し，我々の誤認を助長してしまうことがある．

このように，それぞれの位置づけを整理すると，野外調査と統計モデリングは1つのセットとしてとらえるべきものであることがわかる．この点をふまえ，研究計画を立てる際には以下の一連の流れ（**図 6.1-2**）を抑えておくとよい．

まず，統計モデリングを通じて「どのような現象（変数）を何で説明したいのか」を明確にしよう（仮説の明確化）．このとき，研究発表や論文執筆における効果的なアウトプットを意識することが大事である．「現象をどのように説明すれば，自分の仮説を効率的かつ明瞭に検証できるのか」をしっかりと考えることで，おのずと調べるべき項目は浮かび上がってくるはずである．

上記の点がはっきりしたら統計モデルを考え，対応する調査デザインを計画する（**図 6.1-2**）．筆者の考えでは，まずは一般化線形モデル（後述）を基準に調査デザインを組むのがよいと考えている．一般化線形モデルは昨今の統計モデルの骨格ともいうべきものである．したがって，この統計モデルを基準に調査をデザインすれ

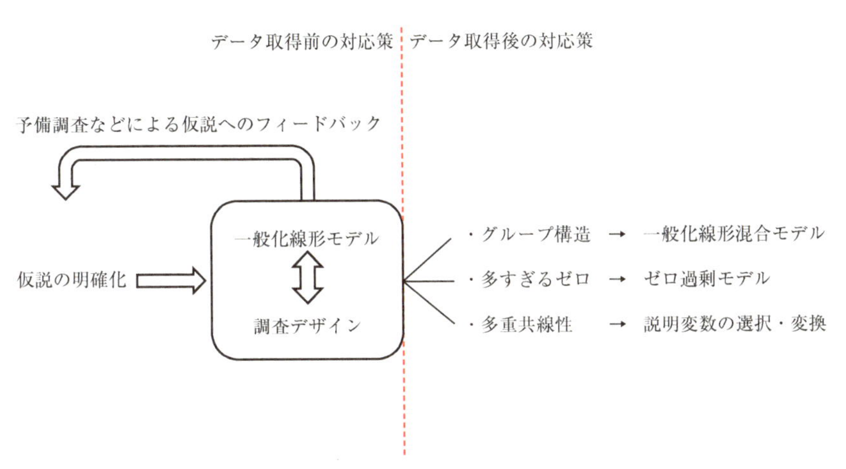

図 6.1-2 野外調査および統計モデルに注目した研究デザインの流れ

ば（つまり，データ生成過程の一部をデザインする），その他の統計モデルにも応用しやすい野外データを得ることができる．理想的には，最初の調査計画が立った段階で予備調査を行い，調査の実現可能性（調査労力など）を検討するのがよい．なぜなら，想像上の調査労力は，実際の労力に比べてかなり過小評価されていることが多いためである．問題があれば，この段階で取り組むべき仮説や調査項目を再検討する（**図 6.1-2**）．

いっぽう，どうしても調査デザインでは対応できない問題（あるいは途方もない労力がかかる）やデータが得られてから初めてわかる問題もある．このような場合には，データ生成過程を適切に反映できるよう統計モデルに工夫を施すのがよいだろう（**図 6.1-2**）．これらはデータ取得後のオプションではあるが，どのような対応策があるのかを事前に知っておくことが大切である．これにより，「調査デザインで対処すべき問題」と「統計モデリングで対処すべき問題」を区別でき，効率的な研究計画の立案につなげることができる．

本章ではこの考えにのっとり，まずは基本的な統計モデル（一般化線形モデル）の構造と仮定を整理し，対応する調査デザインを解説する（**6.2**）．次に，調査デザインだけでは対処しきれない河川生態系の複雑性に対し，統計モデルを拡張することで対応する方法を紹介する（**6.3**）．最後の節では，より柔軟な統計モデリングを可能にするベイズ統計モデルについて紹介する（**6.4**）．

（照井　慧）

6.2　一般化線形モデルと調査デザイン

昨今の統計モデルは，一般化線形モデル（Generalized Linear Model；GLM）の構造をもとにつくられているものが多い．そのため，GLM のデータ生成過程に関する制約（調査デザインと深くかかわる）は適用範囲が広い．この統計モデルを基準に調査デザインを組んでおけば，解析時に生じるであろうさまざまな統計的問題に対応しやすくなる．こうした背景から，ここでは GLM の基本構造について説明する．そのうえで統計モデルの構造に由来する制約を説明し，調査デザイン時に留意すべき事項について述べる．

6.2.1　一般化線形モデルの構造

ここでは GLM の構造について簡単に解説する．重要なのは，「平均（厳密には期待値）を仮説と対応する数式で表現する」，「確率的なノイズは平均からの逸脱として表現される」の 2 点である．前述の魚の個体数 y と環境要因 x の関係を例にあげながら考えることにする．環境要因とすると曖昧なので，仮に「流木量」とでもしておこう．ここでは，魚の個体数 y を流木量 x で説明したい．このとき，説明される側の変数を応答変数（y），説明する側の変数を説明変数（x）という．

地点 i（$i=1, 2,\cdots$）における値をそれぞれ y_i，x_i とすると，GLM では両者の関係は以下のように表される．

$$\log(\theta_i) = \alpha + \beta x_i \qquad \text{（式 1a）}$$

$$y_i \sim Poisson(\theta_i) \qquad \text{（式 1b）}$$

式 1a から順に説明していこう．**式 1a** は，解析者の信じる仮説「魚の個体数が流木量に応じて変化する（決定論的要素）」を数式として表した部分（モデル式）である（**図 6.2-1**）．α は切片，β は流木量の影響の強さを決める係数であり，解析前には知ることのできない定数，すなわち“パラメータ（母数）”である．これらを推定することで現象（魚の個体数のばらつき）を理解・解釈する．

切片 α は，個体数（応答変数）の全体水準をあらわすパラメータである．この値が高い値に推定された場合は，すべての調査地点において全体的に個体数が多いことを表している．逆に，小さい値に推定された場合は，全体的に個体数が少ないことを意味する．いっぽう，係数 β は個体数（応答変数）と流木量（説明変数）の関係性を決める定数であり，この値の正負をみることで両者の関係を確かめるこ

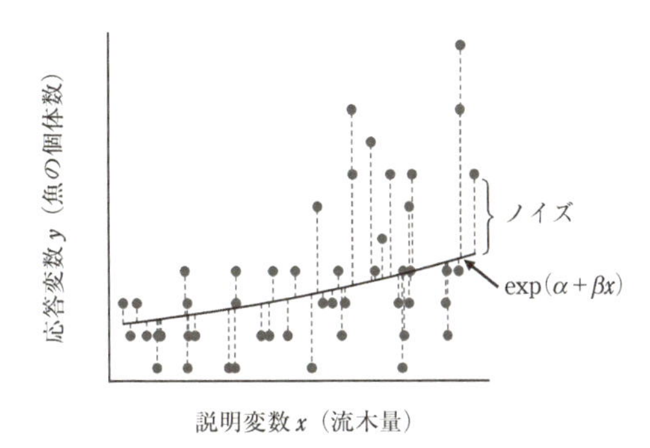

図 6.2-1 魚の個体数 y を流木量 x で説明した統計モデリングの一例

実線はポアソンモデルから期待される値（$\exp(\alpha + \beta x_i)$）．モデルから導かれる値に確率的なノイズ（縦方向の点線）が加わり，観察値（点）が得られるとする．

とができる．

ただし，前述のように，応答変数である魚の個体数 y_i には，$\alpha + \beta x_i$ だけでは表現しきれないばらつき（確率的要素）が必ずある（**図 6.2-1**）．**式 1b** は，$\alpha + \beta x_i$ から導かれる値に「確率的なノイズ」が加わった結果として y_i が観察されると仮定している（"~" は左辺と右辺の確率的な関係を示す；**図 6.2-1**）．*Poisson*（ ）は「ポアソン分布」とよばれる確率分布であり，非負の整数値に付随する確率的なノイズを表現するときによく用いられる．「個体数」は非負の整数値なので，この確率分布で表現している．応答変数の型にはさまざまなものがあるので，その特徴と対応する確率分布を選ぶ必要がある（**コラム 6.1** 参照，**図 6.2-2**）．

ところで，$\alpha + \beta x_i$ は θ_i と等号で関連付けられているが，この θ_i という値はなんだろうか？ これは確率分布の「平均（正確には確率の重み付き平均）」と対応する（確率分布によってはその一部；**コラム 6.1** 参照）．確率変数は，平均の周辺に集中して現れる特徴をもつ．つまり上記の統計モデルでは，確率変数である観測値 y_i は，ばらつきながらも「(変数変換後の）$\alpha + \beta x_i$ から予測される値に集中して現れる」ことを想定しているのである．なお，確率分布によっては平均のとり得る値に制限がある．GLM では，リンク関数を導入することでこの問題に対処し，さまざまな確率分布を統一的な枠組みの中で扱えるようにしている（リンク関数によって数式 $\alpha + \beta x_i$ から導かれる値を変換し，ある特定の範囲に収まるよう調整する；**コラム 6.1** 参照）．今回の場合，ポアソン分布の平均は非負の実数なので，対数リンク関数によって変換されている $\theta_i = \exp(\alpha + \beta x_i)$）．

確率分布を *Dist*，リンク関数を *Link* と表記すると，**式 1** は以下のような一般化

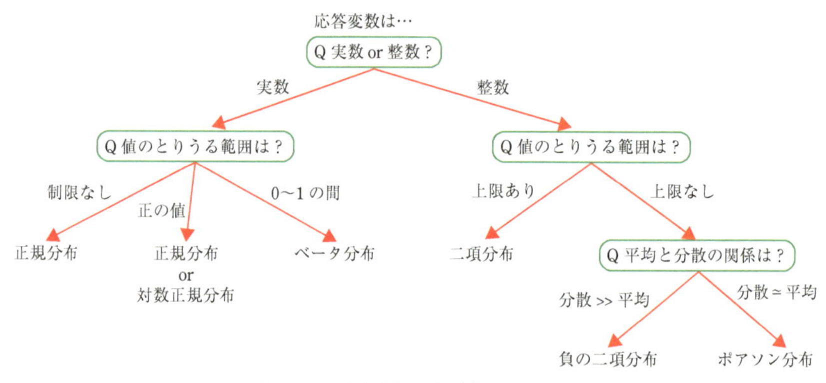

図 6.2-2　確率分布の選び方に関する図

した形で書くことができる．

$$Link(\theta_i) = \alpha + \beta_1 x_{1,i} + \beta_2 x_{2,i} + \ldots + \beta_n x_{n,i} \qquad \text{（式 2a）}$$

$$y_i \sim Dist(\theta_i, \ldots) \qquad \text{（式 2b）}$$

これが本章で解説する統計モデルの基本形になる（$x_{n,i}$ は n 番目の説明変数であることを示す）．なお，ここでは省略しているが，確率分布の種類によって平均 θ_i 以外のパラメータもあることに注意してほしい（**コラム 6.1** 参照）．

統計モデルの形ができたら，その統計モデルのもとでデータセットの得られる確率が最大になるようパラメータを推定する（最尤法；久保（2012）による解説がわかりやすい）．複数の説明変数がある場合には，互いの影響を排除したうえで個別の影響力（係数 β）が推定される．ただし，GLM のモデル式は，あくまで我々の考える仮説にすぎないことを意識しよう．このため，背景知識あるいは客観的な指標（赤池情報量基準など）にもとづくモデル式の妥当性の評価が必要である．情報量基準によるモデルの評価手法については久保（2012）や Burnham and Anderson（2002）を参照されたい．

6.2.2　GLM と対応する調査デザイン

統計モデルには必ず何らかの仮定が置かれており，それらが満たされたときに本来の力を発揮する．これらの仮定が大きく損なわれると，パラメータの推定値に偏りが生まれ，データを生み出した現象を見誤る可能性がある．そのため，これらの仮定をできるだけ満たせるよう調査デザインを組むことが望まれる．

以下では，GLM における基本的な仮定や制約を整理し，それらと対応する調査デザインを解説する．これらは野外調査を始める前に注意すべき基本的な事項である．統計モデリングの中で考慮できる場合もあるが，筆者は可能な限り調査デザインで対処すべきと考えている．なぜなら，調査デザインで対処することで無意味に複雑な統計モデルを避けることができ，パラメータの推定結果を理解しやすくなるからである．

A. 各調査地点で生じるノイズの独立性

統計モデルでは，確率的なノイズが加わる過程があることを説明した．しかし，この確率的なノイズは何でもよいというわけではなく，各調査地点の間（サンプル）で独立である必要がある．いい換えると，「モデル式で表現しきれなかった部分」はあくまで偶然の影響であり，そうした「偶然」は地点間で連動するようなことはないと想定しているのである．この仮定が崩れると，第 1 種の過誤（本来は効果のない変数を有意と判断する誤り）をおかしやすくなったり，パラメータの推定値に偏りが生じるなどの問題が起きる（Kissling and Carl, 2008; 深澤ほか, 2009）．

この問題は，調査地点間の距離が近すぎる場合に顕著になることが多い．なぜなら，空間的に近い場所ではさまざまな要因が連動しており，得られる観測値も原因がわからないまま似てしまうことが多いからである．このような近くほど似る現象は「空間自己相関」とよばれ，個体の頻繁な移動や未観測の環境要因の類似などが原因として考えられている．調査デザインの段階であれば，調査地点の間に十分な距離を設けることで対処できることが多い．必要な間隔距離は，対象種の生態（移動能力など）や生態系の特性に依存する．そのため，事前に関連文献を調べ，適切な間隔距離にあたりをつけることが大事である．

B. 応答変数の取りかた

調査地点が決まったら，候補となる調査地点のいくつかで予備調査を行い，その設定で応答変数に適度なばらつき（いろんな値が極端な偏りなく観察される）が得られるかどうか確かめたほうがよい．なぜなら，応答変数にばらつきがないと，説明変数に応じた応答変数の変化の程度（係数）を適切に評価できない可能性があるからである．とくに，生物の個体数や在 / 不在を調べる場合には，対象生物が「不在」の地点も含めて調査デザインを組まなければならない．

C.　説明変数の取りかた

説明変数の取り方は，説明変数の型が因子型（カテゴリーに分類できる変数のこと）かどうかによって対応のしかたが異なる．注目する説明変数が因子型の場合には，各カテゴリーに属する調査地点数に極端な偏りがでないようにする．いっぽう，説明変数が因子型変数でなければ（実数もしくは整数），その値の幅を広くとれるよう調査地点を選ぶべきである．そうすることで，その説明変数の応答変数に対する効果をより広い範囲で評価でき，統計的な影響を検出しやすくなる（Gelman and Hill, 2007）．

D.　説明変数間の相関

GLMでは，説明変数は互いに独立であることを仮定している．そのため，複数の説明変数を扱う場合には，それらの相関関係についても調査開始前に入念に検討すべきである．説明変数間の高い相関は，両者のもつ情報に大きな重複があることを意味する．この問題があると，GLMの中で両者の影響（係数）を区別できず，各要因の効果を正しく推定することができない（多重共線性）．この問題は，統計解析の段階で対処することは非常に難しいので，調査地点の配置で対処すべきである．筆者の経験では，説明変数間の相関係数が0.70を超えると，適切な係数の推定値が得られなくなることが多い．

E.　重要な要因の見落とし

最後に，重要な要素を見落としていないかどうか確認しよう．応答変数に強く影響する説明要因を見落とすと，統計モデルでデータ生成過程をうまく表現できないという事態に陥る可能性がある．そのほか，重要な説明変数の効果が適切に考慮されていないために，注目する要因の効果の推定値に偏りがうまれることもある．既往研究および予備調査の感覚から，影響しそうな要因については可能な限り観測しておくことが望ましい．

6.2.3　GLMによる解析例

実際に野外で得られたデータを使って，GLMによる解析をしてみよう．ここで使うデータは，2015年7月21日～24日の期間に，筆者らが長都川（北海道千歳川水系）に生息するヤマメの個体数を調べたものである．長都川の1.2 km区間を20 mの長さの調査地点に区切り，それぞれの調査地点で電気漁具を使ってヤマメ個体数を調べた．また，ヤマメ個体数の調査にあわせて，環境要因として流木に被陰されている面積を調べた．

元は 1.2 km 区間を連続的に調べたものであるが，空間自己相関の影響を考え，地点間に最低 40 m の間隔が空くよう間引いた 20 地点分を使用することにする．やや間隔が短いように感じられるが，既往研究からヤマメの夏季の行動範囲はそれほど広くないことが示されている（＜数十 m；Terui *et al.*, 2017）．調査はごく短期間のうちに行われたこともあわせて考えると，空間自己相関の影響はそれほど大きくないと考えられる．

ここでは，フリーの統計ソフトウェア R（https://www.R-project.org/）を使ってデータを分析する．R は統計モデルのあてはめだけでなく，データの可視化や整理にも力を発揮する．ここでは，以下のステップに従い，上記のデータを用いた GLM 実装までの手順を簡単に説明する．

・データを CSV ファイルとして保存する（エクセル）
・CSV ファイルを R に読み込む（R）
・変数の特性や変数間の関係を把握する（R）
・当てはめる統計モデルの妥当性について背景知識から検討する
・GLM による統計モデルのあてはめ（パラメータ推定）を実行する（R）

データを CSV ファイルとして保存：まず，**表 6.2-1** のようにエクセルにデータを入力する．行が地点，列が変数に対応する．ただし，一行目には各列に対応する変数名を入力する．一行目は，R に読み込んだ際に変数名として認識される．ここでは**表 6.2-1** に示した名前をつけたが，解析者にとって覚えやすい名前を入力すればよい．ただし，日本語では R 上でさまざまな問題が生じる原因になるので，アルファベット表記にすべきである．2 行目以降は各地点に対応する値を入力する．データを入力したあとは，CSV ファイルとしてデータを保存する（ここでは data.

表 6.2-1　GLM に用いるデータのエクセルへの入力例

ID	Date	Yamame	Wood
1	2015/7/21	3	0.00
2	2015/7/21	7	0.35
3	2015/7/21	4	8.40
4	2015/7/21	0	3.26
5	2015/7/21	4	0.48
…		…	…

ID は地点番号，Date は調査日時，Yamame はヤマメ個体数，Wood は流木面積（m^2）を表す．

csvとする）．保存先は，R解析用に作った新しいフォルダとする．

CSVファイルをRに読み込む：次はRにCSVファイルを読み込む作業になる．まず，Rを起動し，先ほど作成したR解析用フォルダを作業スペースに指定する．この指定は，Rウインドウのメニューバー“ファイル”という項目の中の“ディレクトリの変更”から実行できる．作業スペースを指定しないと，Rがどこからデータを探すのかを認識できず，エラーメッセージがでる．作業スペースを指定できたら，RにCSVファイルを読み込む．Rのコンソール（スクリプトを打ち込むウインドウ）に以下のスクリプト打ち込むと，Rの中にCSVファイルが読み込まれる．

```
> D <- read.csv("data.csv")
```

read.csv()という関数は，「作業フォルダの中から，data.csvというファイルを読み込め」という指令を与えている．"D<-"の部分は，「読み込んだデータを"D"という箱にいれろ」という指令を与えるスクリプトである．Dに入っている情報を確かめると，以下のようなデータが示される．

```
> head(D)
  ID      date  Yamame  Wood
1  1 2015/7/21       3  0.00
2  2 2015/7/21       7  0.35
3  3 2015/7/21       4  8.40
4  4 2015/7/21       0  3.26
5  5 2015/7/21       4  0.48
6  6 2015/7/21       6  0.00
```

変数の特性や変数間の関係を把握する：データを読み込んだら，まずはデータの特性を視覚的に把握することから始めよう．これにより，得られているデータに極端な偏りはないか，明らかなエラー値（入力ミスなど）はないかなどをチェックすることができる．hist関数を使い，ヤマメの個体数および流木面積の頻度分布を図示する（**図 6.2-3**a，b）．

```
> hist(D$Yamame)
> hist(D$Wood)
```

ヤマメ個体数についてはある程度均等にばらついていることがわかるが，流木面積については値の小さい地点が圧倒的に多いことがわかる．plot関数で両者の関係も図示してみよう（**図 6.2-3**c）．

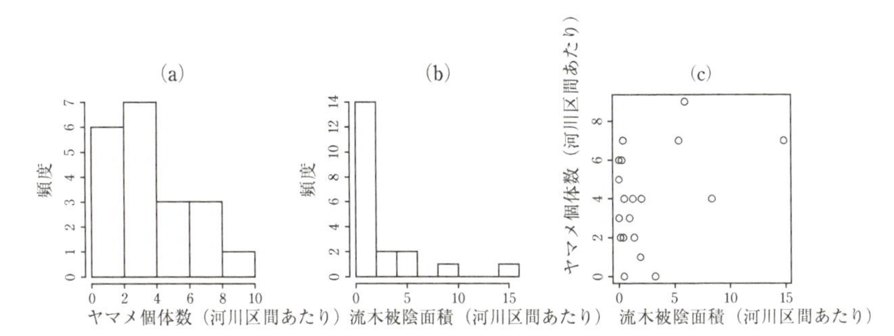

図 6.2-3 (a) 北海道千歳川流域・長都川で採集されたヤマメ個体数（ユニット：20 m の河川区間）の頻度分布．(b) 各河川区間の流木によって被陰されていた面積の頻度分布．(c) ヤマメ個体数と流木による被陰面積の関係

```
> plot(Yamame ~ Wood,D)
```

両者の間には正の関係がありそうなことが見て取れる．

統計モデルの妥当性について背景知識から検討：データを可視化した後は，生態的な背景を加味しながら「意味のある」統計モデルをつくることが大事である．今回の場合，ヤマメ個体数と流木被陰面積の正の関係には，「ヤマメは隠れやすい遮蔽物のある場所を好む」という対象の生態から予想される仮説がなりたつ．

GLM による統計モデルのあてはめ：上記の作業が完了すれば，glm 関数による統計モデルのあてはめはわずか一行ですむ．ヤマメ個体数と流木被陰面積の関係を見てみよう．

```
> m <- glm(Yamame ~ Wood, data = D, family = poisson)
```

ここで，`Yamame` は応答変数，`Wood` は説明変数，`D` は応答変数および説明変数が格納されたデータフレームである．`family = poisson` は，応答変数の確率分布に，ポアソン分布を指定している．上記のスクリプトを打ち込むと，**式 1** に示した関係式を自動的に構築し，パラメータの最尤推定を行ってくれる．`summary(m)` と打ち込むと，推定結果をみることができる．

```
>summary(m)
Coefficients:
               Estimate   Std. Error z value Pr(>|z|)
(Intercept)    1.22457     0.13973   8.764   <2e-16***
wood           0.05293     0.02527   2.094   0.0362 *
---
Signif. codes:  0 '***' 0.001 '**' 0.01 '*' 0.05 '.' 0.1 ' ' 1
```

“Coefficients:”のセクションにある“Estimate”が，各パラメータの最尤推定値を表している（上の例では“Coefficients:”以外のアウトプットは省略している）．これらの推定値を**式1**に代入して表現すると，以下のようになる．

$$\log(\theta_i) = 1.22 + 0.05x_i \quad \textbf{(式 3a)}$$

$$y_i \sim Poisson(\theta_i) \quad \textbf{(式 3b)}$$

流木量が増えるほど，ヤマメ個体数は増える関係にあると推定されている（$\beta > 0$）．“Std. Error”は推定値の標準誤差を表しており，推定値のばらつきを表す指標である．“Pr(>|z|)”はいわゆる“P値”とよばれるもので，0と有意に異なるかどうかの判断に用いられる指標である．一般に，この値が0.05未満の場合は有意と判断される．

（照井　慧）

6.3　データの複雑性に統計モデリングで対応する

前節ではGLMの統計的な仮定と対応する調査デザインを解説した．しかし，実際の野外調査ですべての仮定を満たせる場合はそう多くはない．また，データをとって初めて明らかになる問題もある．本節では，野外調査で頻繁に生じる「グループ構造」「過剰なゼロデータ」「説明変数間の強い相関」という3つの問題について，統計モデリングで対処する方法について解説する．

なお，ここで紹介する手法は，統計ソフトウェアRで手軽に実装できるようになっている．**表6.3-1**に関連するR関数をまとめたので，今後の統計解析の参考にされたい．また，以下に紹介する一般化線形混合モデルの実行例は**コラム6.2**にまとめたほか，関数の使い方の詳細についてはRコンソールで`help`（関数名）とするとみることができる．

表6.3-1　統計モデルの当てはめに使用するR関数

関数名	使用できる確率分布	ランダム効果	対応するモデル名	パッケージ
lm	正規分布	不可	一般線形モデル	デフォルト
glm	正規分布 二項分布 ポアソン分布 ガンマ分布	不可	一般化線形モデル	デフォルト
glm.nb	負の二項分布	不可	一般化線形モデル	MASS
zeroinfl	ポアソン分布 負の二項分布 幾何分布	不可	ゼロ過剰モデル	pscl
plsr	正規分布	不可	部分最小二乗回帰	pls
errorsarlm	正規分布	不可	自己回帰モデル	spdep
lmer	正規分布	可	一般線形混合モデル	lme4
glmer	ポアソン分布 二項分布 ガンマ分布	可	一般化線形混合モデル	lme4
glmer.nb	負の二項分布	可	一般化線形混合モデル	lme4
glmmadmb	正規分布 ポアソン分布 二項分布 ガンマ分布 負の二項分布 ベータ分布 ロジスティック分布 ベータ二項分布	可	一般化線形混合モデル ゼロ過剰モデル，ゼロ切断モデルにも拡張可	glmmADMB

6.3.1 グループ構造を表現する：一般化線形混合モデル

GLMの仮定の1つに調査地点の独立性というものがあった．しかし実際には，河川の構造上の特性から調査地点間の独立性を担保できない場合も多い．たとえば，複数の河川にまたがって調査すると，同一河川に属する調査地点の間で特徴的なパターンが現れる場合がある（**図6.3-1**）．これは，解析単位である調査地点よりも，上位の階層でなんらかの要因が強く働いていることを示唆する．たとえば，河川の流況や水質は，河川を単位として大きく変化することが多い．こうした河川単位で変化する要因が観察値（魚の個体数など）に強く影響すると，同一河川に属する調査地点の間で同調したパターンが現れ，GLMではデータ生成過程をうまく表現できない（**コラム6.2**参照）．

この問題を解決する方法の1つとして，一般化線形混合モデル（Generalized Linear Mixed-effect Model; GLMM）を紹介する．この統計モデルは，GLMに「ランダム効果」とよばれる新たな項をつけ加え，「グループごとに応答変数の水準（切片）が変化する」としたものである．この統計モデルについても，さきほどの魚の個体数と流木量の関係を例にあげながら考えていこう．複数の河川にそれぞれ数地点の調査地点があるとしたとき（**図6.3-1**），河川jの調査地点iにおける魚の個体数y_iは：

$$\log(\theta_i) = (\alpha + R_{j(i)}) + \beta x_i \qquad \text{（式3a）}$$

$$y_i \sim Poisson(\theta_i) \qquad \text{（式3b）}$$

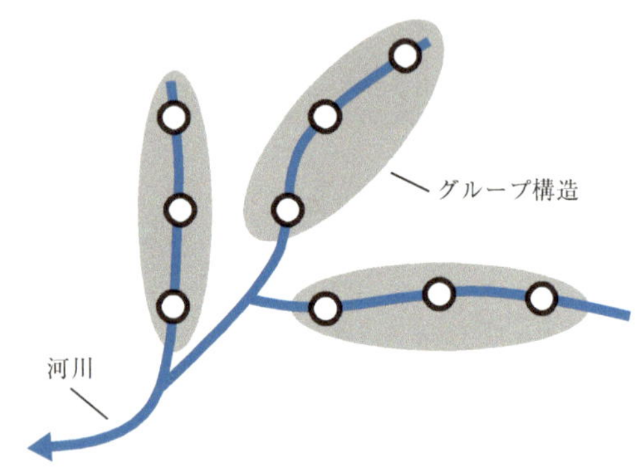

図6.3-1　枝分かれ状の河川ネットワークで生じるグループ構造

実線は河川を表し，白丸は調査地点を表わす．灰色の陰部分は，同じ支流に属する調査地点のグループを表す．

ここで添え字 $j(i)$ は，河川 j に属する調査地点 i であることを指しており，河川を単位として変化する変数であることを表す．GLM との違いは，切片 α に変数 $R_{j(i)}$ が加えられている点である．切片の意味を考えると（**6.2** 参照），ランダム効果の項 $R_{j(i)}$ は，「河川ごとに期待される個体数の水準が異なる」という仮定を置いていることがわかる（**図 6.3-2**b および**コラム 6.2** 参照）．これにより，河川単位で働くよくわからない要因の相加的な影響を考慮することができる．

GLMM の優れている点は，河川ごとの水準の違い R_j（正確には全体水準 α からのずれ）を正規分布に従う確率変数として表現するところにある．

$$R_j \sim Normal\left(0, \sigma_{\mathrm{R}}^2\right) \quad \textbf{（式 4）}$$

河川の違いの影響をひとつひとつ推定する代わりに，河川間のばらつきをあらわすパラメータ σ_{R} を推定する利点はなんだろうか．GLM の中で「河川」という因子型の説明変数を入れるのと変わらないのではないか，という疑問がわく．この疑問に答えるため，4 河川で調査したデータについて，河川間の違いを説明変数として扱う GLM を考えてみよう．その場合，以下のようなモデル式になる．

$$\log(\theta_i) = \alpha + \beta_1 x_i + \beta_2 \mathrm{riverB}_i + \beta_3 \mathrm{riverC}_i + \beta_4 \mathrm{riverD}_i \quad \textbf{（式 5）}$$

係数 $\beta_{2\text{-}4}$ は，河川 A と比べたときの河川 B － D で期待される個体数の水準の違いを表すパラメータである．riverB_i~riverD_i は因子型の変数であり，地点 i が変数名に示された河川に属する場合は 1，属さない場合は 0 をとる．この場合，推定する

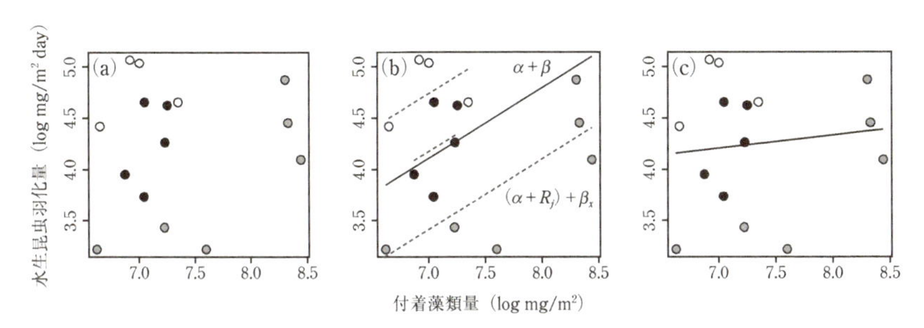

図 6.3-2 グループ構造のあるデータの解析例

(a) 十勝川流域の三支流（札内川：◎，戸蔦別川：●，美生川：○）における付着藻類（log mg/m²）と羽化昆虫量（log mg/day*m²）の関係．(b) 一般化線形混合モデル（GLMM）による付着藻類量と羽化昆虫量の関係の予測．実線は全体切片（α）を当てはめたときの予測値を示し，点線は河川特有の切片の値（$\alpha + R_j$）を当てはめたときの予測値を示す．(c) 一般化線形モデル（GLM）による付着藻類量と羽化昆虫量の関係の予測（実線）．河川のグループ構造の影響を考慮していないため，藻類量の効果が正確に推定されていないことが見て取れる．

パラメータの数は5つ（$\alpha, \beta_1, \beta_2, \beta_3, \beta_4$）である．しかし，河川間の違いを表すパラメータ（$\beta_2, \beta_3, \beta_4$）をわざわざ推定したところで，それらに生態学的な解釈を与えることは難しいだろう．河川の数（グループ数）が増えるほどそうした無駄なパラメータは増えていき，わかりにくい統計モデルになる．いっぽう，河川をランダム効果として扱う場合，尤度関数を周辺化することでパラメータを$\alpha, \beta_1, \sigma_R$の3つに絞ることができる（周辺化については久保（2012）を参照）．このように，GLMMは解釈しやすいモデル式を考えながら，グループ構造に由来する原因不明の要因の影響を考慮できる．

ただし，GLMMの実装の際にはいくつか注意すべきことがある．ひとつめの注意点は，ランダム効果が考慮できる原因不明の要因は「グループ構造と対応のある要因に限定される」ことである．たとえば，生物の移動分散により距離依存的な空間自己相関が生じる場合，「河川」というグループ構造とは空間的な対応があまりなく，その影響を的確にとらえられない可能性がある．このような場合には，距離依存的な空間自己相関を扱える自己回帰モデル（Simultaneous Autoregressive Modelなど）を用いる必要があるだろう（Kissling and Carl, 2008）．2つ目の注意点は，ランダム効果の項が増えるほどパラメータ推定は困難になることである．複数のランダム効果を含む統計モデルの場合，尤度関数は非常に複雑になる（ランダム効果の数だけ重積分が必要）．そのため，複雑なモデルでは最尤法によるパラメータ推定は困難になることが指摘されている（Bolker *et al.*, 2009）．この場合には，最尤法以外によるパラメータ推定，たとえば後述するマルコフ連鎖モンテカルロ（MCMC）法を適用したベイズ推定などが必要になる．

6.3.2　過剰なゼロを表現する：ゼロ過剰モデル

あまりに多くの場所で不在データが得られ，観測した説明変数ではほとんど応答変数を表現できないという事態に陥ることがある．これは，応答変数に強く影響する要因をとらえきれないときに起こりやすい．たとえば，流域全体を網羅するように調査地点を設定し，それぞれの場所でアメマスの個体数を調べたとしよう．アメマスはめったに中下流域を利用しないので，それらの調査地点も含めてデータを眺めると，たくさんのゼロデータが生まれてしまう．他にも，生息適地がスポット状に分布しており，ランダムな調査地点の配置では生息適地をうまくカバーできなかった場合にも，多くのゼロデータが生まれると考えられる．

こうした原因不明のゼロ発生過程のモデル化には，ゼロ過剰モデル（Zero Inflated Model）が用いられる（Kéry, 2010）．ゼロ過剰モデルは，二段階の過程を経て応答変数が得られるとする．最初のステップでは，そもそもその場所が生息地に適するかどうかをモデル化する．次のステップでは，生息適地であれば平均してどれくらいの個体数がいるのかをモデル化（たとえばポアソン分布）する．このような過程を統計モデルの式として表すと，以下のような構造になる．地点 i における応答変数を y_i，説明変数を x_i とすると：

$$z_i \sim Bernoulli(p) \quad \text{（式 6a）}$$

$$\log(\theta_i) = \alpha + \beta x_i \quad \text{（式 6b）}$$

$$y_i \sim Poisson(z_i \theta_i) \quad \text{（式 6c）}$$

ここで，z_i はベルヌーイ分布に従う潜在変数（統計モデルの中だけで存在する変数のこと）であり，生息適地かどうかを表す変数である（確率 p で 1，確率 $1-p$ で 0 の値をとる）．z_i が 1 の値をとる場合（生息適地），応答変数は θ_i を平均とするポアソン分布にしたがう確率変数として表される．いっぽう，z_i が 0 の値をとる場合（そもそも生息適地ではない），ポアソン分布の平均は 0 となり（$0^*\theta_i = 0$），そこから生成される値（応答変数）は必ず 0 になる．こうした二段階の過程をモデル化することで，「原因不明のゼロ」の影響を可能な限り取り除いたうえで説明変数の効果を推定できる．ゼロ過剰モデルは，ベルヌーイ分布に従うランダム効果を考えた GLMM の一種と見ることもでき，z_i の代わりに生息適地確率 p を最尤推定することで，原因不明の要因によるゼロ発生過程を表現している．

Miura *et al.*, (2017) は，ゼロ過剰ポアソンモデルを使い，北海道東部の別寒辺牛川流域におけるエゾアカガエルの越冬個体数に影響する要因を明らかにしている．道東地域では，冬季は土中深くまで凍ってしまうため，エゾアカガエルは河川内で越冬する．彼らは河川内にランダムにコドラートを置き，越冬するエゾアカガエル個体数を調べたところ，ポアソン分布では表現しきれないほどのゼロデータが得られた．これは，越冬適地がスポット状に存在しており，ランダムなコドラートの配置では一部の越冬適地しかカバーできなかったことが理由として考えられる．そこで，彼らはゼロ過剰ポアソンモデルを適用し（R の glmmadmb 関数を利用；**表 6.3-1**），過剰なゼロデータの影響を考慮しながら，河床に堆積した枯葉の量が越冬適地の質を決める重要な要因であることを明らかにした．このように，事前に適切なコドラート（調査地点）の配置を見極めることが難しい場合は，ゼロ過剰モデルの応用が役立つ．

6.3.3　説明変数間の強い相関への対処

調査地点の配置を工夫しても，説明変数の間に強い相関が生まれる場合がある（多重共線性）．GLM や GLMM のような線形モデルはこの問題に非常に脆弱であり，説明変数の選択・変換をともなう以下のいずれかの方法で対応するしかない場合が多い．

もっとも単純な対処法は，相関の強い説明変数のいずれかを統計モデルから取り除くことである．このとき，強い相関関係にある説明変数のうち，本質的に応答変数に影響するであろう要因を残すようにする．たとえば，サクラマス幼魚の個体数を説明する要因として，流速と底質環境（礫の粗さ）を測ったとする．流速と底質環境の間に強い相関が生じた場合，筆者であれば流速を選択するだろう．なぜなら，サクラマス幼魚は中層を泳ぐ遊泳魚であるため，礫の粗さという底質環境の細かな違いよりも，流速のほうが直接的に影響すると考えられるからである．逆に，カジカ類のような底生魚を対象とする場合は，礫の粗さを選ぶだろう．しかし，この方法では，いずれの説明変数の効果も興味の対象である場合には対応できず，応用範囲はそれほど広くない．

もうひとつの方法は，説明変数同士で回帰分析を行い，残差（“実測値 y”から“回帰モデルから期待される値”を差し引いたもの）を抽出する方法である．残差とは，説明変数では表現できなかった応答変数のばらつきであり，統計モデルの「確率的なノイズ」に対応する部分である．この特徴から，一方の変数を応答変数（y），もう一方の変数を説明変数（x）とした統計モデルの残差をとれば，相関関係を取り除くことができる（残差は R の resid 関数で簡単に抽出できる）．Terui *et al.*,（2014）や Nagayama *et al.*,（2016）は，淡水二枚貝の分布を調べた研究の中で，この方法を用いて強い相関のある 2 つの説明変数の効果を分離して評価している．しかし，この方法は 3 つ以上の説明変数の間に強い相関がある場合には使えない．

最後の対応策は，相関関係にある説明変数を合成する方法である．この方法であれば，3 つ以上の説明変数が強く相関している場合でも分析が可能になる．たとえば，主成分分析（PCA；Principal Component Analysis）で相関関係にある複数の変数を合成し（prcomp 関数），合成後の変数を説明変数とした GLM や GLMM による解析ができる．そのほか，部分最小二乗回帰（PLSR；Partial Least Squares Regression）という手法では，応答変数との共分散がもっとも高くなるよう説明変数を合成し，回帰分析を行う．Alofs *et al.*,（2014）はこの手法を用い，カナダの淡水魚類 13 種について，過去 30 年間の分布変化率と生態的形質との関係を調べている．その結果，分布変化率は，体長･産子数･寿命と強い関係を持つことが明らかになった．これらの生態的形質の間には強い相関関係あったため，この研究における PLSR の応用は適切といえるだろう．しかし，合成後の変数に対して回帰分析を行うため，推定されたパラメータ（係数など）の解釈が難しいという欠点がある．

（照井　慧）

6.4　階層的な統計モデルを扱う

GLM および GLMM による統計解析は，明らかにしたい生態現象が特定の空間スケールに収まる限り優れたアプローチといえる．しかし，さまざまな要因が複雑に絡み合う生態系では，生態現象が特定の空間スケールだけでうまく説明できるとは限らない．先にあげた GLMM の例では，「河川スケール」と「地点スケール」で作用する要因があり，河川スケールの要因については「原因不明のばらつき」として扱うことで対処した．統計モデリングとしては適当だが，生態系の複雑さを過剰に単純化したアプローチとみることもできる．そこで GLMM の発展形として，複数の空間階層で説明変数を扱うような統計モデルを考えたい．だが，そうした複雑な統計モデルでは，最尤法によるパラメータ推定が難しいという問題が生じる．

この問題を解決する方法のひとつは，ベイズ統計とマルコフ連鎖モンテカルロ法（MCMC 法）を組み合わせたパラメータ推定（ベイズ推定）である（詳しくは深澤・角谷（2009）や久保（2012）を参照）．この手法の利点はいくつかあるが，中でも「複雑なモデルにおけるパラメータ推定の頑健性」は近年の統計モデリングの発展に大きく貢献したといえるだろう．ここでは，この推定手法を活用することで可能となる階層的な統計モデル（階層モデル）を簡単に紹介する．

6.4.1　複数の空間階層における生態現象を扱う

河川単位で変化する要因にも興味があり，（地点レベルの要因の効果とともに）それらの効果も推定したい場合は，以下のような統計モデルを組むことになる．**図 6.3-1** に示した調査デザインを再び考えよう．各地点で魚の個体数と流木量（x）が調べられており，河川単位では水温（X）のレジームが記録されているとする．魚の個体数が河川レベルでは水温，地点レベルでは流木量に影響を受けると仮定すると，以下のような統計モデルを考えることができる．

［地点レベル（i）］

$$\log(\theta_i) = \alpha_{j(i)} + \beta x_i \qquad \text{（式 8a）}$$

$$y_i \sim Poisson(\theta_i) \qquad \text{（式 8b）}$$

［河川レベル（j）］

$$\mu_{\alpha,j} = \alpha_0 + \delta X_j \qquad \text{（式 8c）}$$

$$\alpha_j \sim Normal(\mu_{\alpha,j}, \sigma_\alpha^2) \quad \text{（式 8d）}$$

ここで，x_i は流木量，X_j は河川水温を表している．β および δ はそれぞれの説明変数にかかる係数である．**式 8c～式 8d** では，切片 α_j を水温の関数として表現し，各河川で期待される個体数の水準は水温によって変化することを表している（繰り返しの単位が河川 j であることに注意）．さらに，水温だけでは表しきれない河川間のばらつき（平均からの逸脱）は，パラメータ σ_α で表現されている．このモデルでは，係数（β および δ）を推定することで，異なる階層で作用する要因の効果を同時に調べることができる．

異なる階層間の効果は相加的ではない可能性もある．たとえば，対象魚が冷水性の種であれば（サケ科など），水温の高い河川ほど日陰に隠れる習性がより顕著に現れるかもしれない．このような仮説（空間階層をまたがる交互作用）を確かめたい場合は，切片 α だけでなく，地点レベルの流木の効果 β も河川によって変化するという統計モデルを組むこともできる．

［地点レベル（i）］

$$\log(\theta_i) = \alpha_{j(i)} + \beta_{j(i)} x_i \quad \text{（式 9a）}$$

$$y_i \sim Poisson(\theta_i) \quad \text{（式 9b）}$$

［河川レベル（j）］

$$\mu_{\alpha,j} = \alpha_0 + \delta_\alpha X_j \quad \text{（式 9c）}$$

$$\mu_{\beta,j} = \beta_0 + \delta_\beta X_j \quad \text{（式 9d）}$$

$$\alpha_j \sim Normal(\mu_{\alpha,j}, \sigma_\alpha^2) \quad \text{（式 9e）}$$

$$\beta_j \sim Normal(\mu_{\beta,j}, \sigma_\beta^2) \quad \text{（式 9f）}$$

さきほどの統計モデルと異なり，流木の効果 β も河川水温のモデル式になっている．ここで β_0 は流木量の平均的な効果を表すが，その効果は河川水温によって変化する（δ_β）と仮定されている．ただし，いずれのモデルにおいてもグループを単位とした線形回帰になっているため，パラメータ推定には十分な数のグループの繰り返し（河川数）が必要である．

なお，上記の例はシンプルなため，データ量が十分であれば，lmer や glmer 関数による最尤推定も可能である（実装例は Gelman and Hill (2007) を参照）．しかし，階層モデルは説明変数が少し増えるだけで急速に複雑化するため，現実的にはベイズ推定に頼らざるを得ない場合が多い．

6.4.2　階層モデルを利用した研究例

上述のような階層モデルを応用した例は，河川生態系ではまだ限られている．Terui and Miyazaki (2017) は階層モデルを応用し，マイクロハビタットスケール（数十 m^2）とリーチスケール（数百 m^2）という2つの異なる空間スケールに注目し，それぞれのスケールで海と川を往来する4魚種（カンキョウカジカ，カジカ中卵型，シマウキゴリ，カワヤツメ幼生）の個体数に影響する要因を調べた．その結果，リーチスケールでは個体の供給源からの距離（河口からの距離）という空間的な要因が強く影響するいっぽうで，マイクロハビタットスケールでは流速などの局所的な物理環境が強く影響することが明らかになった．大きな空間スケールでは移動分散の過程が大枠の分布パターンを決め，より細かいスケールでは各種が好む生息場所に定着した結果と考えられる．このように，階層性を明示的に考慮することで，より現実に即した生態現象をとらえることができる．

空間階層を明示的に考慮することの利点は，マクロスケールを扱う研究においてより顕著なものとなるだろう．河川のマクロ生態学的な研究において，複数の空間階層から生態現象を説明しようとした例はほとんどみないが，水田生態系における例はある．Amano *et al.* (2011) は，水田に生息するアシナガクモ類に対し，環境保全型農業（水田一枚に対する農薬投与回数として評価）が及ぼす効果を日本全国スケールで調べている．彼らは階層モデルを応用し，投薬回数を抑えるという局所的な環境保全型農業の効果（水田一枚ごとに変化）が，気候という大域的な要因（複数の水田に同時に作用）によって大きく左右されることを明らかにした．環境保全型農業の効果は，降水量の多い地域でとくに顕著にあらわれるという．彼らはこの結果に対し，降水量が多い地域では生産性が高く，アシナガクモ類の地域個体群が高い水準で維持されていたため，農薬を減じた際に周囲の景観から水田への個体移入が生じやすかったと考察している．こうした大域的な要因と局所的な要因の相乗効果（Cross-scale interaction）は河川生態系でも起きていることが予想される．たとえば，流域の土地利用・地質・ネットワーク構造は，降水パターンや気温などと複合的に作用し，その流域の生物群集構造を形作っているかもしれない．階層モデルは，こうした空間スケールを越えた複雑な相互作用を明示的に扱うための力強いツールとなる．

6.4.3 ベイズ統計モデルの実装方法

ベイズ統計モデルは，WinBUGS，OpenBUGS，JAGS，Stan などのソフトウェアを使って実装する．いずれもフリーソフトウェアであり，R から動かすことができる．紙面の都合上，詳しい実装方法についてここで述べることはできないが，参考となる文献を**表 6.4-1** にまとめたので，興味のある読者はそちらを参照されたい．また，JAGS の導入については，筆者のウェブページ（http://ecological-stats.com/）でも紹介している．

ベイズ統計モデルは，上で紹介した階層モデルのほか，生物個体の不完全な発見率（角谷, 2010），空間自己相関（深澤ほか, 2009; Lunn *et al.*, 2012），移動分散のモデル化（Terui *et al.*, 2017），時系列解析（Kéry and Schaub, 2011; Matsuzaki and Kadoya, 2015）などでも力を発揮する．また, 日本生態学会誌の特集号（深澤・角谷, 2009）において，ベイズ推定を利用した統計モデリングのわかりやすい解説がなされている．これからベイズ推定を利用しようと考えている読者は一読することをおすすめする．

GLM や GLMM は，河川生態学における標準的な解析手法となっている．これらの解析手法は，統計ソフトウェア R で簡単に実装することができ，その手軽さ

表 6.4-1　ベイズ統計用ソフトウェアの実装に関する文献

文献	対応するソフトウェア	難易度	備考
久保 (2012)	WinBUGS (OpenBUGS，JAGS)	初心者	導入部の解説が詳しく，基本的な統計モデルの実装例が紹介されている．
Kéry (2010)	WinBUGS (OpenBUGS，JAGS)	初心者～中級者	導入部の解説が詳しく，基本的な線形モデルの実装例が豊富．
松浦 (2016)	Stan	初心者～上級者	導入部の解説が詳しく，さまざまな統計モデルの実装例も網羅されている．また，トラブルシューティングにも詳しい．
Kéry and Schaub (2011)	WinBUGS (OpenBUGS，JAGS)	中級者～上級者	時系列解析や標識再捕獲法の実装例が充実している．
Gelman and Hill (2007)	WinBUGS (OpenBUGS，JAGS)	初級者～上級者	空間的な階層モデルの実装例が充実しており，ランダム効果について詳しい解説がなされている．
Lunn *et al.* (2012)	WinBUGS (OpenBUGS，JAGS)	上級者	あらゆる統計モデルの実装例が充実しているが，発展的なものが多く，予備知識のない読者には難解．

各文献の詳細情報については，引用文献リストを参照のこと．WinBUGS を使った解説文が多いが，OpenBUGS，JAGS についてもほぼ同じ文法規則が適用できるため，実際の応用範囲はこれらのソフトウェアも含む（「対応するソフトウェア」欄の（　）内）．

から河川生態学者の間に瞬く間に普及した．今後も，これらの統計モデルは統計解析の標準的な手法であり続けるだろう．いっぽうで，現代の河川生態学者は，こうしたシンプルな統計モデルでは対応しきれない問題にも取り組み始めている．河川のネットワーク構造に注目した研究の台頭はそのよい例であろう．河川生態系は，さまざまな支流が合流を繰り返す過程を経て，樹木に例えられるような枝分かれ状のネットワークを形成する．古典的な河川生態学ではこの複雑性を無視し，線状のシステムとして河川をとらえてきたが，今では複雑な樹状ネットワークとしてみることの重要性が示されている（Grant *et al.*, 2007; Altermatt, 2013）．GLM や GLMM では，こうした複雑な空間構造を明示的に扱うことは難しい．最近では，WinBUGS のようなベイズ統計の実装用ソフトウェアが開発されたおかげで，生態系の複雑さを的確に取り入れられるベイズ統計モデルが簡単に構築できるようになった．河川生態学の分野ではまだほとんど用いられていないが，このような発展的なアプローチを取り入れることで，より現実に即した統計モデリングが可能になるだろう．

しかし，近年の統計ソフトウェアの使い勝手のよさが災いし，統計モデルへの過剰な依存や，誤解に基づく推定結果の解釈がなされていることも少なくない．統計モデルは便利な道具ではあるが，使い方を誤れば我々の誤認を助長する側面をあわせもつことを常に意識しなければならない．研究目的と照らしあわせ，どのような調査デザインのもとでデータを集めるべきか，そしてそのデータが生み出された過程はどのような統計モデルで表現すべきか．これらの点をしっかりと見極めることが適切な調査・解析デザインの第一歩となる．

（照井　慧）

コラム 6.1　確率変数と確率分布

自然の観察値には必ずばらつきがあり，一義的に定まることはない．たとえば，1000 個体の魚の体重を測って平均値を出したとしよう．1000 個体も側っているのだから，その平均値はかなり正確なはずである．しかし，すべての個体の体重が平均値に等しくなることはない．育った場所も違えば食べてきたものも違うので，当然である．

ランダムなばらつきを含む変数を考える場合は，「どのくらいの確率でどのくらいの重さの個体が現れるか」のように，とり得る値に対する確率を考えるべきである．このように，とり得る値に対してそれぞれ確率が与えられるような変数を「確率変数」とよぶ．しかし，ただ無秩序に確率を与えるだけでは扱う問題をシンプルにできない．そこで，確率密度関数（確率変数が実数の場合）もしくは確率質量関数（整数の場合）とよばれる数式で「とり得る値に対する確率の分布の仕方（確率分布）を表現できる」と仮定する．この数式のよいところは，ごく少数の定数（パラメータ）さえ知ることができれば，確率の分布の仕方の全貌を類推することができる，という点である．ただし，この数式として定義される確率分布にはさまざまなものがあり，それぞれが表現できる確率変数は異なる．そのため，統計モデルをつくる際には，適切な確率分布（を表す数式）を選ぶ必要がある．

それでは，どの確率変数にどの確率分布を対応させるのがよいのだろうか．その主な判断基準となるのは以下の３つである．

・表現する確率変数は整数か実数か？
・表現する確率変数のとり得る値の範囲は？
・表現する確率変数の平均と分散の関係は？

これらの点に注目しながら，頻出する確率分布について早見表を作成した（**図 6.2-2**）．ただし，この早見表に従えば必ず適切な確率分布にたどり着くというわけではないので，あくまで「確率分布のあたり」をつける情報として利用してほしい．また，それぞれの確率分布について，以下に補足的な説明も加えた．以下に示す「平均」とは確率の重み付き平均（期待値）：をさしており，算術平均ではないことに注意されたい．

正規分布（Normal distribution）
確率変数の値：実数
パラメータ：μ（実数），σ（正の実数）
平均：μ
分散：σ^2
線形回帰：

$$y_i \sim Normal(\mu_i, \sigma^2)$$

$$\mu_i = \alpha + \beta x_i$$

データ例：体重，体長
補足説明：線形回帰をする場合，残差が正規性を満たす必要がある．

対数正規分布（Log-normal distribution）
確率変数の値：正の実数
パラメータ：μ（実数），σ（正の実数）
平均：$\exp\left(\frac{\mu + \sigma^2}{2}\right)$

分散：$\exp(2\mu + 2\sigma^2) - \exp(2\mu + \sigma^2)$

線形回帰：

$\log y_i \sim Normal(\mu_i, \sigma^2)$

$\mu_i = \alpha + \beta x_i$

データ例：水生昆虫の羽化量，付着藻類量

補足説明：極端に大きな値がまれに生じるような確率変数に対してあてはめられることが多い．対数正規分布に従う確率変数 y を対数変換した場合，新しい確率変数 Y(=log y) は正規分布に従う．このため，対数変換後の Y に対し，正規分布を仮定した統計モデルを当てはめるのが一般的である．

ベータ分布（Beta distribution）

確率変数の値：0-1 の間の実数（0 および 1 は含まない）

パラメータ：α（正の実数），β（正の実数）

平均：$\dfrac{\alpha}{\alpha + \beta}(= p)$

分散：$\dfrac{\alpha\beta}{(\alpha + \beta)^2(\alpha + \beta + 1)}(= \phi)$

線形回帰：

$y_i \sim Beta(\alpha_i, \beta_\mathrm{i})$

$\alpha_i = \Phi p_i$

$\beta_i = \Phi(1 - p_i)$

$\log\left(\dfrac{p_i}{1 - p_i}\right) = \gamma + \delta x_i$ （表記の重複をさけるため，切片 γ，係数 δ とした）

データ例：胃内容物内のある餌の割合など

補足説明：平均 p は 0-1 の間の値しかとらないため，リンク関数にロジット関数（オッズ比の対数変換）を用いる．

二項分布（Binomial distribution）

確率変数の値：0-N の範囲の整数値

パラメータ：N（正の整数），p（0-1 の間の実数）

平均：Np

分散：$Np(1 - p)$

線形回帰：

$y_i \sim Binomial(N, p_i)$

$\log\left(\dfrac{p_i}{1 - p_i}\right) = \alpha + \beta x_i$

データ例：N 個の卵のうちの受精卵の個数
補足説明：生起確率 p は 0-1 の間の値しかとらないため，リンク関数にロジット関数(オッズ比の対数変換)を用いる．N=1 の場合はベルヌーイ分布に等しい．

ポアソン分布（Poisson distribution）
確率変数の値：非負の整数値
パラメータ：λ（非負の実数）
平均：λ
分散：λ
線形回帰：

$$y_i \sim Poisson(\lambda_i)$$

$$\log(\lambda_i) = \alpha + \beta x_i$$

データ例：個体数，種数
補足説明：平均 λ は非負の実数のため，リンク関数に自然対数を用いる．平均と比べて分散があまりにも大きいと過分散を起こし，パラメータ推定に重大な影響を及ぼす．

負の二項分布（Negative binomial distribution）
確率変数の値：非負の整数値
パラメータ：r（正の実数），p（0-1 の間の実数）
平均：$\frac{(1-p)r}{p}(=\lambda)$
分散：$\frac{(1-p)r}{p^2}$
線形回帰：

$$y_i \sim Negbin(p_i, r)$$

$$p_i = \frac{r}{\lambda_i + r}$$

$$\log(\lambda_i) = \alpha + \beta x_i$$

データ例：個体数
補足説明：ポアソン分布では過分散する個体数データなどに当てはめられることが多い．負の二項分布には複数の表記法があるが，ここでは「確率 p で成功するベルヌーイ試行について，r 回成功を得るまでに必要な試行回数」に該当する表記としている．

（照井　慧）

コラム 6.2 GLMMによる解析例

ここでは，北海道十勝川水系の3河川（札内川，戸蔦別川，美生川）で筆者らが集めたデータを使い，GLMMによる解析例を紹介する（元データはTerui *et al.*, 2018を参照）．この3河川は典型的な扇状地河川であり，河床の付着藻類を基盤とする食物網が発達している．そこで,「河川内の藻類量の増加とともに，水生昆虫（カゲロウ目，カワゲラ目，トビケラ目，ハエ目）の羽化量も増える」という単純な仮説を検証した．仮説の検証にあたり，筆者らは各河川に4〜6地点の調査地点を設け，それぞれの地点で藻類量と水生昆虫の羽化量を調べた．このデータは以下のようになっている．

```
>d
   ID   River      Emergence   Algae
1   1   satsunai   131         4042
2   2   satsunai   60          4639
3   3   satsunai   86          4150
...
7   7   totta      102         1414
8   8   totta      105         1152
9   9   totta      71          1383
```

`River`は調査地点の属する河川名，`Emergence`は一日当たりの羽化量（mg/m^2*day)，`Algae`は藻類量（mg/m^2）を表す．

以下のスクリプトで両者の関係を図示したものが**図6.3-2**aである．

```
> plot(log(Emergence)~log(Algae), d,
        pch=c("white","gray","black")[d$River],cex=2)
```

上記のスクリプトでは，河川間の違いがわかるよう河川ごとにシンボルを変えて示している（`pch=c("white","gray","black")[d$River]`）．全体としてみると両者の関係は不明瞭だが，それぞれの河川に注目すると右肩上がりのパターンが見て取れる．このパターンは，藻類量は羽化量に対して正の影響を与えているが，原因不明の要因が各河川の羽化量の水準の違いを生み出していることを示唆する．そこで,「河川によって羽化量の水準が変化する」という仮定をおいたGLMMにより解析を行ってみよう．ここではlme4パッケージに入っている関数lmerを使った解析例を紹介する．まずはlme4パッケージをインストールする．

```
> install.packages("lme4")
```

インストールの後は，R コンソールのなかで以下のスクリプトを打ち込むと lme4 パッケージに入っている関数が使えるようになる．

```
> library(lme4)
```

今回扱う応答変数（羽化量）は，ゼロより大きい連続値である．また，突発的な羽化イベントなどの影響により，ときおり大きな値をとることがある．このような特徴をもつ観察値は，対数正規分布に従うと仮定するのが適当である（**コラム 6.1** 参照）．対数正規分布を仮定した統計モデルを作るときは，対数変換後の応答変数が正規分布に従うと仮定すればよい．lmer 関数を使い，ランダム効果の入った統計モデルの当てはめをする．

```
> m <- lmer(log(Emergence)~log(Algae)+(1|River),
            d, REML=F)
```

応答変数と説明変数の指定の仕方は GLM と一緒だが，`(1|River)` という新しい項が加わっている．これは，河川 ID をランダム効果に指定している．REML (Restricted Maximum Likelihood) は推定方法にかかわる引数だが，ここでは `REML=F` とし最尤法によるパラメータ推定を行っている．なお，lmer は正規分布を前提とした関数となっているため確率分布の指定（family）はない．他の確率分布を使いたい場合は，glmer などの関数を用いる（**表 6.3-1**）．

GLM と同様に，summary 関数により推定結果を確認することができる．

```
> summary(m)
Random effects:
 Groups   Name        Variance Std.Dev.
 River    (Intercept) 0.3205   0.5662
 Residual             0.1375   0.3709
Number of obs: 15, groups:  River, 3

Fixed effects:
             Estimate   Std. Error   t value
(Intercept)   -0.6934   1.5545       -0.446
log(Algae)    0.6863    0.2083       3.294
```

`"Fixed effects:"` のセクションにある Estimate が切片および係数の推定値，“Random effects: ” にある Groups River の Std.Dev. が河川間の水準（切片）のばらつきを表す σ_R（$\simeq 0.57$）の推定値に該当する．ここでは藻類量の係数 β

は 0.69 と推定されており，その標準誤差よりも二倍以上大きい（0.21）．このことから，推定の不確実性を考慮しても，β はおおむね正の値をとるパラメータだと考えられる．Intercept の推定値は，全体的な水準を表す切片 α と対応する．河川間の水準の違いを考慮した切片 $\alpha + R_{(j(i))}$ は，以下のスクリプトで示すことができる．

```
> coefficients(m)
$River
         (Intercept) log(Algae)
bisei    -0.06480919  0.6862796
satsunai -1.38922972  0.6862796
totta    -0.62615377  0.6862796
```

札内川では全体の水準（全体の切片 $\alpha = -0.69$）に比べて羽化量が少ない傾向にあり（$\alpha > -1.39$），美生川では多い傾向にあることがわかる（$\alpha < -0.06$）．いっぽう，藻類量の効果は河川間で変わらないという仮定を置いているので，係数 β の値は一定である．これらの推定値から導かれる値は，**図 6.3-2**b に示した．各河川のパターンとよく符合していることがわかる．

なお，GLM により河川間の違いを考慮せずに解析を行うと，藻類量の効果は認められない．

```
> fit <- glm(log(Emergence)~log(Algae),d,family=gaussian)
> summary(fit)
Coefficients:
             Estimate   Std. Error   t value   Pr(>|t|)
(Intercept)  3.3164     2.1262       1.560     0.143
log(Algae)   0.1270     0.2893       0.439     0.668
```

藻類量の効果はおおよそ 0.13 と推定されているのに対し，その標準誤差は 0.29 と非常に大きな値なっている．さらに，**図 6.3-2**c をみると，これらの推定値から導かれる値はデータをうまく表現できていないようにみえる．このように，データ生成過程を反映していない統計モデルでは，誤った結論を導く可能性がある．データの構造をしっかりと見極め，適切な解析方法を使うことが非常に重要であることがわかる．

（照井　慧）

参 考 文 献

参考文献（1.1）

Allan, J. D.（2004）Landscapes and riverscapes: the influence of land use on stream ecosystems. *Annual Review of Ecology Evolution and Systematics* **35**: 257–284

Allan, J. D. and Castillo M. M.（2007）*Stream Ecology: Structure and Function of Running Waters 2nd edn*, p.452, Springer

Allen, G. H. and Pavelsky, T. M.（2015）Patterns of river width and surface area revealed by the satellite-derived North American River Width data set. *Geophysical Research Letters* **42**: 395–402

Beecher, H. A., Dott, E. R. and Fernau, R. F.（1988）Fish species richness and stream order in Washington State streams. *Environmental Biology of Fishes* **22**: 193–209

Beier, P. *et al.*（2015）A review of selection-based tests of abiotic surrogates for species representation. *Conservation Biology* **29**: 668–679

Benda, L. *et al.*（2004）The network dynamics hypothesis: how channel networks structure riverine habitats. *Bioscience* **54**: 413–427

Brunsdon, C. and Comber L.（2018）*An Introduction to R for Spatial Analysis and Mapping, 2nd edn*, p.336, SAGE Publications

Clarke, A. *et al.*（2008）Macroinvertebrate diversity in headwater streams: a review. *Freshwater Biology* **53**: 1707–1721

Cote, D. *et al.*（2009）A new measure of longitudinal connectivity for stream networks. *Landscape Ecology* **24**: 101–113

Dawson, S. K. *et al.*（2017）Contrasting influences of inundation and land use on the rate of floodplain restoration. *Aquatic Conservation: Marine and Freshwater Ecosystems* **27**: 663–674

Dufrêne, M. and Legendre, P.（1997）Species assemblages and indicator species: the need for a flexible asymmetrical approach. *Ecological Monographs* **67**: 345–366

Dunscombe, M. *et al.*（2018）Community structure and functioning below the streambed across contrasting geologies. *Science of the Total Environment* **630**: 1028–1035

Eadie, J. M. *et al.*（1986）Lakes and rivers as islands: species-area relationships in the fish faunas of Ontario. *Environmental Biology of Fishes* **15**: 81–89

Edge, C. B. *et al.*（2017）Habitat alteration and habitat fragmentation differentially affect beta diversity of stream fish communities. *Landscape Ecology* **32**: 647–662

Elvidge, C. D. *et al.* (2012) The Night Light Development Index (NLDI) : a spatially explicit measure of human development from satellite data. *Social Geography* **7**: 23–35

Fairchild, G. W. *et al.* (1998) Spatial variation and historical change in fish communities of the Schuylkill River drainage, southeast Pennsylvania. *American Midland Naturalist* **139**: 282–295

Fremier, A. K., Seo, J. I. and Nakamura, F. (2010) Watershed controls on the export of large wood from stream corridors. *Geomorphology* **117**: 33–43

Fukushima, M. *et al.* (2007) Modelling the effects of dams on freshwater fish distributions in Hokkaido, Japan. *Freshwater Biology* **52**: 1511–1524

Gentemann, C. L. et al. (2003) Diurnal signals in satellite sea surface temperature measurements, *Geophysical Research Letters* **30**: 1140

Gido K. B. and Jackson D. A. (2010) *Community Ecology of Stream Fishes*, p.664, American Fisheries Society

Glazier, D. S. and Gooch, J. L. (1987) Macroinvertebrate assemblages in Pennsylvania (USA) springs. *Hydrobiologia* **150**: 33–43

Goodwin, R. A. *et al.* (2014) Fish navigation of large dams emerges from their modulation of flow field experience. *Proc Natl Acad Sci USA* **111**: 5277–82

Graça, M. A. S., Ferreira, R. C. F. and Coimbra, C. N. (2001) Litter processing along a stream gradient: the role of invertebrates and decomposers. *Journal of the North American Benthological Society* **20**: 408–420

Grill, G. *et al.* (2014) Development of new indicators to evaluate river fragmentation and flow regulation at large scales: a case study for the Mekong River Basin. *Ecological Indicators* **45**: 148–159

Grill, G. *et al.* (2015) An index-based framework for assessing patterns and trends in river fragmentation and flow regulation by global dams at multiple scales. *Environmental Research Letters* **10**: 015001

Growns, I., Rourke, M. and Gilligan, D. (2013) Toward river health assessment using species distributional modeling. *Ecological Indicators* **29**: 138–144

Grubaugh, J. W., Wallace, J. B. and Houston, E. S. (1996) Longitudinal changes of macroinvertebrate communities along an Appalachian stream continuum. *Canadian Journal of Fisheries and Aquatic Sciences* **53**: 896–909

Hamilton, S. K. *et al.* (2007) Remote sensing of floodplain geomorphology as a surrogate for biodiversity in a tropical river system (Madre de Dios, Peru). *Geomorphology* **89**: 23–38

橋本雄一 (2016) GIS と地理空間情報：ArcGIS10.3.1 とダウンロードデータの活用，p.180，古今書院

Hassan, M. A. *et al.* (2005) Sediment transport and channel morphology of small, forested streams. *Journal of the American Water Resources Association* **41**: 853–876

Hawkins, C. P. *et al.* (1993) A hierarchical approach to classifying stream habitat fatures. *Fisheries* **18**: 3–12

Heino, J., Mykrä, H. and Kotanen, J. (2008) Weak relationships between landscape characteristics and multiple facets of stream macroinvertebrate biodiversity in a boreal drainage basin. *Landscape Ecology* **23**: 417–426

Hellmann, J. K., Erikson, J. S. and Queenborough, S. A. (2015) Evaluating macroinvertebrate community shifts in the confluence of freestone and limestone streams. *Journal of Limnology* **74**: 64–74

Hermoso, V. *et al.* (2011) Addressing longitudinal connectivity in the systematic conservation planning of fresh waters. *Freshwater Biology* **56**: 57–70

Higgins, J. V. *et al.* (2005) A freshwater classification approach for biodiversity conservation planning. *Conservation Biology* **19**: 432–445

堀川直紀ほか 2014) 数値標高モデルを用いた流出の場としての斜面の平均勾配計測方法の考察．農村工学研究所技報 **215**: 57–67

Horton, R. E. (1932) Drainage-basin characteristics. *Transactions, American Geophysical Union* **13**: 350–361

Horwitz, R. J. (1978) Temporal variability patterns and the distributional patterns of stream fishes. *Ecological Monographs* **48**: 307–321

Hunter, M. L. (2005) A mesofilter conservation strategy to complement fine and coarse filters. *Conservation Biology* **19**: 1025–1029

今木洋大・岡安利治（2015）QGIS 入門 第 2 版，p.270，古今書院

井上大榮ほか 1992）わが国における地質別の崩壊特性と貯水池堆砂（その 1)—地質からみた崩壊特性—．応用地質 **33**: 1–10

乾隆帝・竹川有哉・赤松良久（2016）汽水性希少ハゼ類から見た瀬戸内海における保全上重要な汽水域の抽出．土木学会論文集 B2（海岸工学）**72**: I_1417-I_1422

Ishikawa, N. F. *et al.* (2015) Sources of dissolved inorganic carbon in two small streams with different bedrock geology: insights from carbon isotopes. *Radiocarbon* **57**: 439–448

Ishikawa, N. F. *et al.* (2014) Carbon storage reservoirs in watersheds support stream food webs via periphyton production. *Ecology* **95**: 1264–1271

石山信雄ほか（2017）河川生態系における水域ネットワーク再生手法の整理：日本における現状と課題．応用生態工学 **19**: 143–164

Ishiyama, N. *et al.* (2018) Predicting the ecological impacts of large-dam removals on a river network based on habitat-network structure and flow regimes. *Conservation Biology* **32**: 1403–1413

厳島怜・田中亘・島谷幸宏（2016）全国 46 地点を対象とした流域特性が洪水流量に及ぼす影響に関する研究．土木学会論文集 B1（水工学）**72**: I_1255-I_1260

Iwasaki, Y. *et al.* (2012) Evaluating the relationship between basin-scale fish species richness and ecologically relevant flow characteristics in rivers worldwide. *Freshwater Biology* **57**: 2173–2180

Iwata, T., Nakano, S. and Murakami, M. (2003) Stream meanders increase insectivorous bird abundance in riparian deciduous forests. *Ecography* **26**: 325–337

Januchowski-Hartley, S. R. *et al.* (2011) Coarse-filter surrogates do not represent freshwater fish diversity at a regional scale in Queensland, Australia. *Biological Conservation* **144**: 2499–2511

Januchowski-Hartley, S. R. *et al.* (2013) Restoring aquatic ecosystem connectivity requires expanding inventories of both dams and road crossings. *Frontiers in Ecology and the Environment* **11**: 211–217

地頭薗隆・竹下敬司（1987）山地河川の流況と流域条件との関係解析：II, 流域地質が流況に及ぼす影響．鹿児島大学農学部演習林報告 **15**: 15–38

Johnson, R. K. and Angeler, D. G.（2014）Effects of agricultural land use on stream assemblages: taxon-specific responses of alpha and beta diversity. *Ecological Indicators* **45**: 386–393

Katano, I. *et al.*（2009）Longitudinal macroinvertebrate organization over contrasting discontinuities: effects of a dam and a tributary. *Journal of the North American Benthological Society* **28**: 331–351

菊池修吾・井上幹生（2014）人工構造物による渓流魚個体群の分断化—源頭から波及する絶滅—．応用生態工学 **17**: 17–28

国土交通省水管理・国土保全局（2019）河川データブック，https://www.mlit.go.jp/river/toukei_chousa/kasen_db/index.html

Kondolf, G. M. *et al.*（2014）Sustainable sediment management in reservoirs and regulated rivers: experiences from five continents. *Earth's Future* **2**: 256–280

Lamberti, G. A. and Steinman, A. D.（1997）A comparison of primary production in stream ecosystems. *Journal of the North American Benthological Society* **16**: 95–104

Lange, K. *et al.*（2018）Basin-scale effects of small hydropower on biodiversity dynamics. *Frontiers in Ecology and the Environment* **16**: 397–404

Lehtomäki, J. *et al.*（2019）Spatial conservation prioritization for the East Asian islands: a balanced representation of multitaxon biogeography in a protected area network. *Diversity and Distributions* **25**: 414–429

Liermann, C. R. *et al.*（2012）Implications of dam obstruction for global freshwater fsh diversity. *Bioscience* **62**: 539–548

Linke, S., Norris, R. H. and Pressey, R. L.（2008）Irreplaceability of river networks: towards catchment-based conservation planning. *Journal of Applied Ecology* **45**: 1486–1495

Lods-Crozet, B. *et al.*（2001）Macroinvertebrate community structure in relation to environmental variables in a Swiss glacial stream. *Freshwater Biology* **46**: 1641–1661

MacArthur, R. H. and Wilson, E. O.（1967）*The Theory of Island Biogeography*, p.203, Princeton University Press

Macedo, D. R. *et al.*（2014）The relative influence of catchment and site variables on fish and macroinvertebrate richness in cerrado biome streams. *Landscape Ecology* **29**: 1001–1016

前田義志ほか（2016）生物生息適地モデルと相補性解析による河川における環境保全優先箇所の選定．土木技術資料 **58**: 36–41

Magurran, A. E.（2003）*Measuring Biological Diversity*, p.266, Wiley-Blackwell

Maidment, D. R.（2002）*Archydro: GIS for Water Resources*, p.300, ESRI Press

Maire, A. *et al.*（2017）Identification of priority areas for the cnservation of stream fish assemblages: implications for river management in France. *River Research and Applications* **33**: 524–537

松崎慎一郎ほか（2011）モニタリングデータと生態的特性から探る福井県三方湖流域の純淡水魚類相の変化とその要因．保全生態学研究 **16**: 205–212

Matsuzaki, S. S., Sasaki, T. and Akasaka, M.（2013）Consequences of the introduction of exotic and translocated species and future extirpations on the functional diversity of freshwater fish assemblages. *Global Ecology and Biogeography* **22**: 1071–1082

宮下直・千葉聡・井鷺裕司（2012）生物多様性と生態学—遺伝子・種・生態系，p.176，朝倉書店

宮下直・野田隆史（2003）群集生態学，p.187，東京大学出版会

Moilanen, A., Leathwick, J. R. and Quinn, J. M.（2011）Spatial prioritization of conservation management. *Conservation Letters* **4**: 383–393

Moore, J. W. and Olden, J. D.（2017）Response diversity, nonnative species, and disassembly rules buffer freshwater ecosystem processes from anthropogenic change. *Global Change Biology* **23**: 1871–1880

森章（2012）エコシステムマネジメント—包括的な生態系の保全と管理へ—，p.348，共立出版

森照貴・中村太士（2013）流域の水系ネットワーク（中村太士 編集，河川生態学），pp.228–253，講談社

Mori, T., Murakami, M. and Saitoh, T.（2010）Latitudinal gradients in stream invertebrate assemblages at a regional scale on Hokkaido Island, Japan. *Freshwater Biology* **55**: 1520–1532

Morita, K. and Yamamoto, S.（2002）Effects of habitat fragmentation by damming on the persistence of stream-dwelling charr populations. *Conservation Biology* **16**: 1318–1323

棗田孝晴・鶴田哲也・井口恵一朗（2010）絶滅のおそれのある日本産淡水魚の生態的特性の解明．日本水産学会誌 **76**: 169–184

虫明功臣・高橋裕・安藤義久（1981）日本の山地河川の流況に及ぼす流域の地質の効果．土木学会論文報告集 **309**: 51–62

Nagayama, S. and Nakamura, F.（2018）The significance of meandering channel to habitat diversity and fish assemblage: a case study in the Shibetsu River, northern Japan. *Limnology* **19**: 7–20

Nakamura, F. *et al.*（2017）Large wood, sediment, and flow regimes: their interactions and temporal changes caused by human impacts in Japan. *Geomorphology* **279**: 176–187

Nilsson, C. *et al.*（2005）Fragmentation and flow regulation of the world's large river systems. *Science* **308**: 405–408

Oberdorff, T., Guegan, J. F. and Hugueny, B.（1995）Global scale patterns of fish species richness in rivers. *Ecography* **18**: 345–352

Olden, J. D. and Poff, N. L.（2004）Ecological processes driving biotic homogenization: testing a mechanistic model using fish faunas. *Ecology* **85**: 1867–1875

Osborne, L. L. and Wiley, M. J.（1992）Influence of tributary spatial position on the structure of warmwater fish communities. *Canadian Journal of Fisheries and Aquatic Sciences* **49**: 671–681

Pascual-Hortal, L. and Saura, S.（2006）Comparison and development of new graph-based landscape connectivity indices: towards the priorization of habitat patches and corridors for conservation. *Landscape Ecology* **21**: 959–967

Pearson, R. G. and Boyero, L.（2009）Gradients in regional diversity of freshwater taxa. *Journal of the North American Benthological Society* **28**: 504–514

Perkin, J. S. and Gido, K. B.（2012）Fragmentation alters stream fish community structure in dendritic ecological networks. *Ecological Applications* **22**: 2176–2187

Poiani, K. A. *et al.*（2000）Biodiversity conservation at multiple scales: functional sites, landscapes, and networks. *Bioscience* **50**: 133–146

Preston, F. W.（1962）The canonical distribution of commonness and rarity: part I. *Ecology* **43**:

185–215
Quinn, L. D., Schooler, S. S. and van Klinken, R. D.（2011）Effects of land use and environment on alien and native macrophytes: lessons from a large-scale survey of Australian rivers. *Diversity and Distributions* **17**: 132–143
Rahel, F. J.（2000）Homogenization of fish faunas across the United States. *Science* **288**: 854–856
Rincón, G. *et al.*（2017）Longitudinal connectivity loss in a riverine network: accounting for the likelihood of upstream and downstream movement across dams. *Aquatic Sciences* **79**: 573–585
Roa-Fuentes, C. A. *et al.*（2019）Taxonomic, functional, and phylogenetic β-diversity patterns of stream fish assemblages in tropical agroecosystems. *Freshwater Biology* **64**: 447–460
Robson, A. J. and Neal, C.（1997）A summary of regional water quality for Eastern UK rivers. *Science of the Total Environment* **194**: 15–37
佐合純造・永井明博（2003）河川水辺の国勢調査結果を用いた全国河川の魚種数の特性とその評価手法．土木学会論文集 **727**: 49–62
佐々木雄大ほか（2015）植物群集の構造と多様性の解析，p.208，共立出版
Saura, S. and Rubio, L.（2010）A common currency for the different ways in which patches and links can contribute to habitat availability and connectivity in the landscape. *Ecography* **33**: 523–537
Schiermier, Q.（2018）Dam removal restores rivers. *Nature* **557**: 290–291
Scott, M. C.（2006）Winners and losers among stream fishes in relation to land use legacies and urban development in the southeastern US. *Biological Conservation* **127**: 301–309
Sepkoski, J. J. and Rex, M. A.（1974）Distribution of freshwater mussels: coastal rivers as bogeographic islands. *Systematic Zoology* **23**: 165–188
Shearer, K. A. and Young, R. G.（2011）Influences of geology and land use on macroinvertebrate communities across the Motueka River catchment, New Zealand. *New Zealand Journal of Marine and Freshwater Research* **45**: 437–454
Shreve, R. L.（1966）Statistical law of stream numbers. *Journal of Geology* **74**: 17–37
Smith, T. A. and Kraft, C. E.（2005）Stream fish assemblages in relation to landscape position and local habitat variables. *Transactions of the American Fisheries Society* **134**: 430–440
Stenger-Kovács, C. *et al.*（2014）Stream order-dependent diversity metrics of epilithic diatom assemblages. *Hydrobiologia* **721**: 67–75
Strahler, A. N.（1957）Quantitative analysis of watershed geomorphology. *Transactions, American Geophysical Union* **38**: 913–920
末吉正尚ほか（2016）河川水辺の国勢調査を保全に活かす―データがもつ課題と研究例．保全生態学研究 **21**: 167–180
高山茂美（1980）河川地形，p.303，共立出版
田代喬・辻本哲郎（2015）流域地質の異質性からみた山地河川の河床材料構成と底生動物の関係：櫛田川流域における現地観測．応用生態工学 **18**: 35–45
Terui, A. *et al.*（2018）Metapopulation stability in branching river networks. *Proc Natl Acad Sci USA* **115**: E5963-E5969
Thorp, J. H. and Delong, M. D.（1994）The riverine productivity model: an heuristic view of carbon-sources and organic processing in large river ecosystems. *Oikos* **70**: 305–308

Townsend, C. R. *et al.* (2004) Scale and the detection of land-use effects on morphology, vegetation and macroinvertebrate communities of grassland streams. *Freshwater Biology* **49**: 448–462

Tucker, C. M. *et al.* (2017) A guide to phylogenetic metrics for conservation, community ecology and macroecology. *Biological Reviews* **92**: 698–715

Uchida, Y. and Inoue, M. (2010) Fish species richness in spring-fed ponds: effects of habitat size versus isolation in temporally variable environments. *Freshwater Biology* **55**: 983–994

Vannote, R. L. *et al.* (1980) The river continuum concept. *Canadian Journal of Fisheries and Aquatic Sciences* **37**: 130–137

Watanabe, K. (2010) Faunal structure of Japanese freshwater fishes and its artificial disturbance. *Environmental Biology of Fishes* **94**: 533–547

渡辺勝敏・高橋洋 (2009) 淡水魚類地理の自然史—多様性と分化をめぐって，p.283，北海道大学出版会

Webster, J. R. and Meyer, J. L. (1997) Organic matter budgets for streams: a synthesis. *Journal of the North American Benthological Society* **16**: 141–161

Wegman, M., Leutner, B. and Dech, S. (2016) *Remote Sensing and GIS for Ecologists: Using Open Source Software*, p.324, Pelagic Publishing

Williard, K. W. J., Dewalle, D. R. and Edwards, P. J. (2005) Influence of bedrock geology and tree species composition on stream nitrate concentrations in mid-Appalachian forested watersheds. *Water Air and Soil Pollution* **160**: 55–76

山ノ内崇志ほか (2016) 水生植物保全の視点に基づく保全上重要な湖沼選定の試み．保全生態学研究 **21**: 135–146

Yan, Y. *et al.* (2011) Influences of local habitat and stream spatial position on fish assemblages in a dammed watershed, the Qingyi Stream, China. *Ecology of Freshwater Fish* **20**: 199–208

参考文献（1.2）

Allan J. D. and Castillo M. M. (2007) *Stream Ecology 2nd edn*, pp.33–56. Springer

Biggs B. J. F., *et al.* (1997) Physical characterisation of microform bed cluster refugia in 12 headwater streams. *New Zealand Journal of Marine and Freshwater Research* **31** (4), 37–41

Bisson, P. A., Montgomery, D. R. and Buffington, J. M. (2006) Valley segments, stream reaches, and channel units. In *Methods in stream ecology. 2nd edn,* (F. R. Hauer and G. A. Lamberti eds), pp.23–49, Academic Press

Bunte, K., *et al.* (2009) Comparison of Three Pebble Count Protocols (EMAP, PIBO, and SFT), *Journal of the American Water Resources Association* **45** (5), 1209–1227

Carling, P. A. and Reader N. A. (1981) A freeze-sampling technique suitable for coarse river bed-material. *Sediment Geology* **29**, 2–3, 233–239

Chapman, D. W. (1988) Critical review of variables used to define effects of fines in redds of large salmonids. *Transactions of the American Fisheries Society* **117**: 1–21

Detert, M., Kadinski, L. and Weitbrecht, V.（2018）On the way to airborne gravelometry based on 3D spatial data derived from images, *International Journal of Sediment Research* **33**, 1, pp.84–92

Detert, M. and Weitbrecht, V.（2012）Automatic object detection to analyze the geometry of gravel grains —a free stand-alone tool. *River Flow 2012*, R.M. Muños ed. pp. 595–600, Taylor and Francis Group

Diplas, P.（2008）Bed Material Measurement Techniques. In: *Sedimentation Engineering*（ed. Garcia M. H.）. pp.309–319. ASCE

土木学会水理委員会（2000）水理公式集平成 11 年版，pp.87–92，土木学会

土木学会水理委員会（2019）水理公式集 2018 年版，pp.65–79，土木学会

Frissell, C. A., *et al.*（1986）A hierarchical framework for stream habitat classification: viewing streams in a watershed context. *Environmental Management* **10**: 199–214

Grant, G. E., Swanson, F. J. and Wolman, M. G.（1990）Pattern and origin of stepped-bed morphology in high-gradient streams, Western Cascades, Oregon. *Geological Society of America Bulletin* **102**: 340–352

Gregory, S. V. *et al.*（1991）An ecosystem perspective of riparian zones: focus on links between land and water. *BioScience* **41**: 540–551

原田守啓・萱場祐一（2015）河川中上流域の河床環境に関する研究動向と課題，応用生態工学 **18**(1):3–18

Hassan, M. A., *et al.*（2008）Sediment storage and transport in coarse bed streams: scale considerations. In: *Gravel-Bed Rivers VI: From Process Understanding to River Restoration*, pp.473–497. Elsevier

Hawkins, C. P. *et al.*（1993）A hierarchical approach to classifying stream habitat features. *Fisheries* **18**: 3–12

一般財団法人日本規格協会（2009）土の粒度試験方法．JIS A 1204:2009

地盤工学会（2009）地盤材料の工学的分類方法．JGS0051-2009

可児藤吉（1944）渓流棲昆虫の生態．日本生物誌「昆虫，上巻」，pp.171–317，研究社

河村三郎（1982）土砂水理学 **1**，pp.1–43．森北出版

河村三郎・小沢功一（1970）山地河川における河床材料のサンプリング方法と粒度分布．土木学会誌 **55**，12，53–57

川那部浩哉ほか（1956）溯上アユの生態—とくに淵におけるアユの生活様式について—．京都大学理学部生理生態学研究業績 **79**: 1–37

萱場祐一ほか（2003）中小河川中流域における魚類生息場所の分布と構造．河川技術論文集 **9**，pp.421–426

萱場祐一（2013）河川地形の特徴とその分，「河川生態学」（中村太士 編），pp.13–33，講談社

国土交通省水管理・国土保全局（2014）国土交通省河川砂防技術基準　調査編，p.735

国土交通省水管理・国土保全局河川環境課（2016）平成 28 年度版河川水辺の国勢調査基本調査マニュアル［河川版］（底生動物調査編）．pp.12–34

Kondolf, G. M.（1997）Application of the pebble count notes on purpose, method, and variants. *Journal of the American Water Resources Association* **33**, 1, 79–87

水野信彦・御勢久右衛門（1993）河川の生態学補訂・新装版，pp.1–22．築地書館

Montgomery, D. R. and Buffington, J. M.（1997）Channel-reach morphology in mountain drainage basins. *Geological Society of America Bulletin* **109**: 596–611

村上まり恵・山田浩之・中村太士（2001）北海道南部の山地小河川における細粒土砂の堆積と浮き石および河床内の透水性に関する研究．応用生態工学，**4**(2)，109–120

永山滋也・原田守啓・萱場祐一（2015）河川地形と生息場の分類～河川管理への活用に向けて～．応用生態工学 **18**: 19–33

Nagayama, S. and Nakamura, F.（2010）Fish habitat rehabilitation using wood in the world, *Landscape and Ecological Engineering* **6**: 289. https://doi.org/10.1007/s11355-009-0092-5

Nagayama, S. and Nakamura, F.（2018）The significance of meandering channel to habitat diversity and fish assemblage: a case study in the Shibetsu River, northern Japan. *Limnology* **19**: 7–20

日本陸水学会東海支部会編（2014）身近な水の環境科学［実習・測定編］，pp.29–34，朝倉書店

Parker, G.（2008）Transport of Gravel and Sediment Mixtures. In: *Sedimentation Engineering*（ed. Garcia M. H.）. 165–251. ASCE. Reston

関根正人（2005）動床流れの水理学，pp.63–78．共立出版，東京

Sennatt, K. M. *et al.*（2006）Assessment of methods for measuring embeddedness: application to sedimentation in flow regulated streams. *Journal of the American Water Resources Association* **42**, 6, 1671–1682

Strom, K., Icolaou A. N. and Papanicolaou A. N.（2008）Morphological characterization of cluster microforms. *Sedimentology* **55**(1), 137–153

Sulaiman, M., Tsutsumi, D. and Fujita, M.（2007）Porosity of sediment mixtures with different type of grain size distribution. *Proceedings of Hydraulic Engineering* **51**, 133–138

Sylte, T. and Fischenich, C.（2002）*Techniques for measuring substrate embeddedness*（No. ERDC-TN-EMRRP-SR-36）. Engineer Research and Development Center Vicksburg MS Environmental Lab

Takemon, Y.（1997）Management of biodiversity in aquatic ecosystems: dynamic aspects of habitat complexity in stream ecosystems. In *Biodiversity: an ecological perspective*（T. Abe, S. A. Levin , and M. Higashi eds.）, pp.259–275, Springer

竹門康弘ほか（1995）棲み場所の生態学，pp.11–66．平凡社

堤大三，藤田正治，Sulaiman, M.（2006）混合砂礫河床材料の空隙に関する シミュレーションモデル．水工学論文集 **50**，1021–1026

Wentworth, C. K.（1922）A Scale of Grade and Class Terms for Clastic Sediment. *Journal of Geology* **30**, 377–392

Wolman, M. G.（1954）A method of sampling coarse river-bed material. Transactions, *American Geophysical Union* **35**(6), 1, 951–956

山本一浩・中村圭吾・福岡浩史（2017）グリーンレーザ（ALB）を用いた河川測量の試み，河川技術論文集 **23**，pp.293–298

山本晃一（1994）沖積河川学―堆積環境の視点から―，p.470，山海堂

山本晃一（2010）沖積河川―構造と動態―，pp.157–201，技報堂

参考文献（1.3）

Anderson, J. K. *et al.* (2005) Patterns in stream longitudinal profiles and implications for hyporheic exchange flow at the H. J. Andrews Experimental Forest, Oregon, USA. *Hydrological Processes* **19**: 2931−2949

Baxter, C., Hauer, F. R. and Woessner, W. W. (2003) Measuring Groundwater–Stream Water Exchange: New Techniques for Installing Minipiezometers and Estimating Hydraulic Conductivity. *Transactions of the American Fisheries Society* **132**:493−502

Bencala, K. E and Walters, R. A. (1983) Simulation of solute transport in a mountain pool-and-riffle stream: a transient storage model. *Water Resources Research* **19**: 718−24

Boano, F. *et al.* (2014) Hyporheic flow and transport processes: Mechanisms, models, and biogeochemical implications. *Reviews of Geophysics* **52**: 603−679

Boulton, A. J. *et al.* (1998) The functional significance of the hyporheic zone in streams and rivers. *Annual Review of Ecology and Systematics* **29**: 59−81

Bouwer, H. and Rice, R. C. (1976) A slug test method for determining hydraulic conductivity of unconfined aquifers with completely or partially penetrating wells. *Water Resources Research* **12**: 423−428

Bowerman, T., Neilson, B. T. and Budy, P. (2014) Effects of fine sediment, hyporheic flow, and spawning site characteristics on survival and development of bull trout embryos. *Canadian Journal of Fisheries and Aquatic Sciences* **71**: 1059−1071

Brunke, M. and Gonser, T. (1997) The ecological significance of exchange processes between rivers and groundwater. *Freshwater Biology* **37**: 1−37

Burkholder, B. K. *et al.* (2008) Influence of hyporheic flow and geomorphology on temperature of a large, gravel-bed river, Clackamas River, Oregon, USA. *Hydrological Processes* **22**: 941−953

Cardenas, M. B. and Wilson, J. L. (2007) Hydrodynamics of coupled flow above and below a sediment–water interface with triangular bedforms. *Advances in Water Resources* **30**: 301−313

Choi, J., Harvey, J. W. and Conklin, M. H. (2000) Characterizing multiple timescales of stream and storage zone interaction that affect solute fate and transport in streams, *Water Resource Research* **36**: 1511−1518

Datry, T. *et al.* (2015) Estimation of Sediment Hydraulic conductivity in river research and its potential use to evaluate streambed clogging. *River Research and Application* **31**: 880−891

Dole-Olivier, M. J. *et al.* (2014) Assessing invertebrate assemblages in the subsurface zone of stream sediments (0-15 cm deep) using a hyporheic sampler. *Water Resources Research* **50**: 453−465

Dole-Olivier, M. J., Marmonier, P. and Beefy, J. L. (1997) Response of invertebrates to lotic disturbance: is the hyporheic zone a patchy refugium? *Freshwater Biology* **37**: 257−276

Duff, J. H. and Triska, F. J. (2000) Nitrogen biogeochemistry and surface-subsurface exchange in streams. p.197−220. In *Streams and Groundwaters* (eds. Jones, J. B. and Mulholland, P. J), p.425

Findlay, S. E. G. *et al.* (2003) Metabolic and structural response of hyporheic microbial communities to variations in supply of dissolved organic matter. *Limnology and Oceanography* **48**: 1608–1617

Fraser, B. G. and Williams, D. D. (1997) Accuracy and precision in sampling hyporheic fauna. *Canadian Journal of Fisheries and Aquatic Sciences* **54**: 1135–1141

Gooseff, M. N. *et al.* (2006) A modelling study of hyporheic exchange pattern and the sequence, size, and spacing of stream bedforms in mountain stream networks, Oregon, USA. *Hydrological Processes* **20**: 2443–2457

Gooseff, M. N. *et al.* (2005) Determining in-channel (dead zone) transient storage by comparing solute transport in a bedrock channel–alluvial channel sequence, Oregon. *Water Resources Research* **41**: W06014

Harvey, J. W. and Bencala, K. E. (1993) The effect of streambed topography on surface-subsurface water exchange in mountain catchments. *Water Resources Research* **29**: 89–98

Harvey, J. W., Conklin, M. H. and Koelsch, R. (2003) Predicting changes in hydrologic retention in an evolving semi-arid alluvial. *Advances in Water Resources* **26**, 939–950

Harvey, J. W., Newlin, J. T. and Saiers, J. E. (2005) Solute transport and storage mechanisms in wetlands of the Everglades, South Florida. *Water Resource Research* **41**, W05009

Harvey, J. W. and Wagner, B. J. (2000) Quantifying hydrologic interaction between streams and their subsurface hyporheic zone. pp.4–44 In *Streams and Groundwaters* (eds. Jones, J. B. and Mulholland, P. J), p.425

Hester, E. T. and Doyle, M. W. (2008) In-stream geomorphic structures as drivers of hyporheic exchange. *Water Resources Research* **44**: W03417

Hvorslev, M. J. (1951) *Time Lag and Soil Permeability in Ground-Water Observations, Bull.* No.36, Waterways Exper. Sta. Corps of Engrs, U.S. Army, Vicksburg, Mississippi, p.50

Johnson S. L. (2004) Factors influencing stream temperatures in small streams: substrate effects and a shading experiment. *Canadian Journal of Fisheries and Aquatic Sciences* **61**: 913–923

Kasahara, T. and Wondzell, S. M. (2003) Geomorphic controls on hyporheic exchange flow in MountainStreams. *Water Resources Research* **39**: SH3-1–14

Kasahara, T. and Hill, A. R. (2006) Hyporheic exchange flows induced by constructed riffles and steps in lowland streams. *Hydrological Processes* **20**: 4278–4305

Kasahara, T. and Hill, A. R. (2007) Stream Restoration: Its effects on Lateral Stream-Subsurface Water Exchange. *River Research and Application* **23**: 801–814

Kasahara, T. and Hill, A. R. (2008) Modeling the effects of individual features of lowland stream restoration projects on hyporheic exchange flow. *Ecological Engineering* **32**: 310–319

Kasahara, T. *et al.* (2009) Treating causes not symptoms: restoration of surface-groundwater interactions in rivers. *Marine and Freshwater Research* **60**: 976–981

Kawanishi, R. *et al.* (2017) Vertical migration in streams: seasonal use of the hyporheic zone by the spinous loach Cobitis shikokuensis. *Ichthyol Research* **64**: 433–443

Lautz, L. K. and Siegel, D. I. (2006) Modeling surface and ground water mixing in the hyporheic zone using MODFLOW and MT3D. *Advances in Water Resources* **29**: 1618–1633

Lautz, L. K., Siegel, D. I. and Bauer, R. L. (2006) Impact of debris dams on hyporheic interaction along a semi-arid stream. *Hydrological Processes* **20**: 183–196

Mulholland, P. J. *et al.* (1997) Evidence that hyporheic zones increase heterotrophic metabolism and phosphorus uptake in forest streams. *Limnology and Oceanography* **42**: 443–451

Mulholland, P. J. and DeAngelies, D. L. (2000) Surface-subsurface exchange and nutrient spiraling. *Streams and Groundwaters* (Jones, J. B. and Mulholland, P. J. ed.) pp.149–166

Mulholland, P. J. *et al.* (2004) Stream denitrification and total nitrate uptake rates measured using a field ^{15}N tracer. *Limnology and Oceanography* **49**: 809–820

Mulholland, P. J. *et al.* (2008) Stream denitrification across biomes and its response to anthropogenic nitrate loading. *Nature* **452**: 202–206

Neilson, B. T. *et al.* (2010) Two-zone transient storage modeling using temperature and solute data with multiobjective calibration: 2. Temperature and solute. *Water Resources Research* **46**: W12521

Olsen, D. A., Matthaei, C. D. and Townsend, C. R. (2002) Freeze core sampling of the hyporheos: implications of use of electropositioning and different settling periods. *Archiv für Hydrobiologie* **154**: 261–274

Olsen, D. A. and Townsend, C. R. (2003) Hyporheic community composition in a gravel-bed stream: influence of vertical hydrological exchange, sediment structure and physicochemistry. *Freshwater Biology* **48**: 1363–1378

Payn, R. A. *et al.* (2009) Channel water balance and exchange with subsurface flow along a mountain headwater stream in Montana, United States. *Water Resources Research* **45**: W11427

Runkel, R. L. (1998) One-dimensional transport with inflow and storage (OTIS): A solute transport model for streams and rivers. *U.S. Geological Survey Water-Resources Investigations Report* 98–4018

Schmadel, N. E., Neilson, B. T., and Kasahara, T. (2014) Deducing the spatial variability of exchange within a longitudinal channel water balance. *Hydrological Processes* **28**: 3088–3103

Storey, R. G., Howard, K. W. F., and Williams, D. D. (2003) Factors controlling riffle-scale hyporheic exchange flows and their seasonal changes in a gaining stream: A three-dimensional groundwater flow model. *Water Resources Research* **39**: 1034

Vervier, P. *et al.* (1992) A perspective on the permeability of the surface freshwater groundwater ecotone. *Journal of the North American Benthological Society* **11**:93–102

Williams, D. D. and Hynes H. B. N. (1974) The occurrence of benthos deep in substratum of a stream. *Freshwater biology* **4**: 233–256

Wondzell, S. M., and Swanson, F. J. (1996) Seasonal and storm dynamics of the hyporheic zone of a 4th-order mountain stream. I: Hydrological processes. *Journal of the North American Benthological Society* **15**: 3–19

Zarnetske, J. P. *et al.* (2007) Transient storage as a function of geomorphology, discharge, and permafrost active layer conditions in Arctic tundra streams. *Water Resources Research* **43**: W07410

Zarnetske, J. P. *et al.* (2011a) Dynamics of nitrate production and removal as a function of residence time in the hyporheic zone. *Journal of Geophysical Research* **116**: G01025

Zarnetske, J. P. *et al.* (2011b) Labile dissolved organic carbon supply limits hyporheic denitrification. *Journal of Geophysical Research* **116**: G04036

参考文献（2.1）

Angradi, T. R.（1996）Inter-habitat variation in benthic community structure, function, and organic matter storage in 3 Appalachian headwater streams. *Journal of the North American Benthological Society* **15**: 42–63.

Bain, M. B., Finn, J. T. and Booke, H. E.（1985）Quantifying stream substrate for habitat analysis studies. *North American Journal of Fisheries Management* **5**: 499–500

Baxter, C. V. and Hauer, F. R.（2000）Geomorphology, hyporheic exchange, and selection of spawning habitat by bull trout（*Salvelinus confluentus*）. *Canadian Journal of Fisheries and Aquatic Sciences* **57**: 1470–1481

Baxter, C. V., Hauer, F. R. and Woessner, W. W.（2003）Measuring groundwater-stream water exchange: new techniques for installing minipiezometers and estimating hydraulic conductivity. *Transactions of the American Fisheries Society* **132**: 403–502

Bisson, P. A. *et al.*（1982）*A system of naming habitat types in small streams, with examples of habitat utilization by salmonids during low streamflow. Acquisition and utilization of aquatic habitat inventory information*（Armantrout, N. B. ed.）, pp.62–73, American Fisheries Society

Bisson, P. A., Buffington, J. M. and Montgomery, D. R.（2006）Valley segments, stream reaches, and channel units. *Methods in stream ecology, 2nd edn*（Hauer, F. R. and Lamberti, G. A. eds.）, pp.23–49, Academic Press

Bjornn, T. C., Kirking, S. C. and Meehan, W. R.（1991）Relations of cover alterations to the summer standing crop of young salmonids in small Southeast Alaska streams. *Transactions of the American Fisheries Society* **120**: 562–570

Bozek, M. A. and Rahel, F. J.（1991）Assessing habitat requirements of young Colorado River cutthroat trout by use of macrohabitat and microhabitat analyses. *Transactions of the American Fisheries Society* **120**: 571–581

Chapman, D. W.（1988）Critical review of variables used to define effects of fines in redds of large salmonids. *Transactions of the American Fisheries Society* **117**: 1–21.

Downes, B. J., Glaister, A. and Lake, P. S.（1997）Spatial variation in the force required to initiate rock movement in 4 upland streams: implications for estimating disturbance frequencies. *Journal of the North American Benthological Society* **16**: 203–220.

Finstad, A. G. *et al.*（2007）Shelter availability affects behaviour, size-dependent and mean growth of juvenile Atlantic salmon. *Freshwater Biology* **52**: 1710–1718

Grant, G. E., Swanson, F. J. and Wolman, M. G.（1990）Pattern and origin of stepped-bed morphology in high-gradient streams, western Cascades, Oregon. *Geological Society of America Bulletin* **102**: 340–352.

芳賀弘和・坂本康・小川滋（2006）森林流域からの倒木や流木の流出．水環境学会誌 **29**: 207–213

Halwas, K. L., Church, M. and Richardson, J. S.（2005）Benthic assemblage variation among channel units in high-gradient streams on Vancouver Island, British Columbia. *Journal of the North American Benthological Society* **24**: 478-494.

Hawkins, C. P. *et al.* (1993) A hierarchical approach to classifying stream habitat features. *Fisheries* **18**: 3-12

井上幹生 (2019) 小河川における生息環境計測のための横断測線間隔—その粗さと精度—. 応用生態工学 **21**: 93-111

Inoue, M. *et al.* (2009) Rainbow trout (*Oncorhynchus mykiss*) invasion in Hokkaido streams, northern Japan, in relation to flow variability and biotic interactions. *Canadian Journal of Fisheries and Aquatic Sciences* **66**: 1423-1434

Inoue, M. and Nakano, S. (1999) Habitat structure along channel-unit sequences for juvenile salmon: a subunit-based analysis of in-stream landscapes. *Freshwater Biology* **42**: 597-608

Inoue, M. and Nakano, S. (2001) Fish abundance and habitat relationships in forest and grassland streams, northern Hokkaido, Japan. *Ecological Research* **16**: 233-247

Inoue, M., Nakano, S. and Nakamura, F. (1997) Juvenile masu salmon (*Oncorhynchus masou*) abundance and stream habitat relationships in northern Japan. *Canadian Journal of Fisheries and Aquatic Sciences* **54**: 1331-1341

Inoue, M., Sakamoto, S. and Kikuchi, S. (2013) Terrestrial prey inputs to streams bordered by deciduous broadleaved forests, conifer plantations and clear-cut sites in southwestern Japan: effects on the abundance of red-spotted masu salmon. *Ecology of Freshwater Fishes* **22**: 335-347

Jowett, I. G. (1993) A method for objectively identifying pool, run, and riffle habitats from physical measurements. *New Zealand Journal of Marine and Freshwater Research* **27**: 241-248

可児藤吉 (1944) 渓流棲昆虫の生態. 日本生物誌「昆虫, 上巻」, pp.171-317, 研究社

Kawanishi, R. *et al.* (2011) Habitat factors affecting the distribution and abundance of spinous loach *Cobitis shikokuensis* in southwestern Japan. *Ichthyological Research* **58**: 202-208

Kawanishi, R. *et al.* (2013) The role of the hyporheic zone for a benthic fish in an intermittent river: a refuge, not a graveyard. *Aquatic Sciences* **75**: 425-431

Kawanishi, R. *et al.* (2015) Effects of sedimentation on an endangered benthic fish, *Cobitis shikokuensis*: is sediment-free habitat a requirement or a preference?. *Ecology of Freshwater Fishes* **24**: 584-590

Kawanishi, R. *et al.* (2017) Vertical migration in streams: seasonal use of the hyporheic zone by the spinous loach Cobitis shikokuensis. *Ichthyological Research* **64**: 433-443

Kawanishi, R., Kudo, Y. and Inoue, M. (2010) Habitat use by spinous loach (Cobitis shikokuensis) in southwestern Japan: importance of subsurface interstices. *Ecological Research* **25**: 837-845

萱場祐一 (2013) 河川地形の特徴とその分類, 「河川生態学」(中村太士編), pp.13-33, 講談社

Keller, E. A. and Melhorn, W. N. (1978) Rhythmic spacing and origin of pools and riffles. *Geological Society of America Bulletin* **89**: 723-730

Kondolf, G. M. (2000) Assessing salmonid spawning gravel quality. *Transactions of the American Fisheries Society* **129**: 262-281

Lanka, R. P., Hubert, W. A. and Wesche, T. A.（1987）Relations of geomorphology to stream habitat and trout standing stock in small Rocky Mountain streams. *Transactions of the American Fisheries Society* **116**: 21–28

Mellina, E. and Hinch, S. G.（2009）Influences of riparian logging and in-stream large wood removal on pool habitat and salmonid density and biomass: a meta-analysis. *Canadian Journal of Forest Research* **39**: 1280–1301

村上まり恵・山田浩之・中村太士（2001）北海道南部の山地小河川における細粒土砂の堆積と浮き石および河床内の透水性に関する研究．応用生態工学 **4**: 109–120

Murphy, M. L. *et al.*（1986）Effects of clear-cut logging with and without buffer strips on juvenile salmonids in Alaskan streams. *Canadian Journal of Fisheries and Aquatic Sciences* **43**: 1521–1533

永山滋也・原田守啓・萱場祐一（2015）河川地形と生息場の分類～河川管理への活用に向けて～．応用生態工学 **18**: 19–33.

Nagayama, S. and Nakamura, F.（2018）The significance of meandering channel to habitat diversity and fish assemblage: a case study in the Shibetsu River, northern Japan. *Limnology* **19**: 7–20.

Nickelson, T. E. *et al.*（1992）Seasonal changes in habitat use by juvenile coho salmon（*Oncorhynchus kisutch*）in Oregon coastal streams. *Canadian Journal of Fisheries and Aquatic Sciences* **49**: 783–789

Onoda, Y. *et al.*（2009）The relative importance of substrate conditions as microhabiat determinants of a riverine benthic goby, *Rhinogobius* sp. OR（orange form）in runs. *Limnology* **10**:57–61

Rahel, F. J. and Hubert, W. A.（1991）Fish assemblages and habitat gradients in a Rocky Mountain-Great Plains streams: biotic zonation and additive patterns of community changes. *Transactions of the American Fisheries Society* **120**: 319–332

Rosenfeld, J., Porter, M. and Parkinson, E.（2000）Habitat factors affecting the abundance and distribution of juvenile cutthroat trout（*Oncorhynchus clarki*）and coho salmon（*Oncorhynchus kisutch*）. *Canadian Journal of Fisheries and Aquatic Sciences* **57**: 766–774

Simonson, T. D., Lyons, J. and Kanehl, P. D.（1994）Quantifying fish habitat in streams: transect spacing, sample size, and a proposed framework. *North American Journal of Fisheries Management* **14**: 607–615

Takao, A. *et al.*（2006）Potential influences of a net-spinning caddisfly（Trichoptera: *Stenopsyche marmorata*）on stream substratum stability in heterogeneous field environments. *Journal of the North American Benthological Society* **25**: 545–555.

Taylor, C. M.（1997）Fish species richness and incidence patterns in isolated and connected stream pools: effects of pool volume and spatial position. *Oecologia* **110**: 560–566

卜部浩一・村上泰啓・中津川誠（2004）サクラマスの産卵環境特性の評価．北海道開発土木研究所月報 **613**: 32–44.

渡辺恵三ほか（2001）河川改修が底生魚類の分布と生息環境におよぼす影響．応用生態工学 **4**: 133–146

Winn, H. E.（1958）Comparative reproductive behavior and ecology of fourteen species of darters（Pisces-Percidae）. *Ecological Monographs* **28**: 155–191

参 考 文 献 （2.2）

Arnaud, F. *et al.* (2015) Historical geomorphic analysis (1932–2011) of a by-passed river reach in process-based restoration perspectives: The Old Rhine downstream of the Kembs diversion dam (France, Germany). *Geomorphology* **236**: 163–177

Bornette, G., Amoros, C. and Lamouroux, N. (1998) Aquatic plant diversity in riverine wetlands: the role of connectivity. *Freshwater Biology* **39**: 267–283

Boulton, A. J. (1992) Stability of an aquatic macroinvertebrate community in a multiyear hydrologic disturbance regime. *Ecology* **73**: 2192–2207

Chinnayakanahalli, K. J. *et al.* (2011) Natural flow regime, temperature and the composition and richness of invertebrate assemblages in streams of the western United States. *Freshwater Biology* **56**: 1248–1265

Cobb, D. G., Galloway, T. D. and Flannagan, J. F. (1992) Effects of discharge and substrate stability on density and species composition of stream insects. *Canadian Journal of Fisheries and Aquatic Sciences* **49**: 1788–1795

Cobby, D. M., Mason, D. C. and Davenport, I. J. (2001) Image processing of airborne scanning laser altimetry data for improved river flood modelling. *ISPRS Journal of Photogrammetry & Remote Sensing* **56**: 121–138

Datry, T., Fritz, K. and Leigh, C. (2016) Challenges, developments and perspectives in intermittent river ecology. *Freshwater Biology* **61**: 1171–1180

Death, R. G. and Zimmerman, E. M. (2005) Interaction between disturbance and primary productivity in determining stream invertebrate diversity. *Oikos* **111**: 392–402

Downes, B. J. *et al.* (1998) Habitat structure and regulation of local species diversity in a stony, upland stream. *Ecological Monographs* **68**: 237–257

Fausch, K. D. *et al.* (2001) Flood disturbance regimes influence rainbow trout invasion success among five Holarctic regions. *Ecological Applications* **11**: 1438–1455

Herring, S. C. *et al.*, (2017) Explaining extreme events of 2016 from a climate perspective. *Bulletin of the American Meteorological Society* **99**: S1–S157

Inoue, M. *et al.* (2009) Rainbow trout (Oncorhynchus mykiss) invasion in Hokkaido streams, northern Japan, in relation to flow variability and biotic interactions. *Canadian Journal of Fisheries and Aquatic Sciences* **66**: 1423–1434

Iwasaki, Y. *et al.* (2012) Evaluating the relationship between basin-scale fish species richness and ecologically relevant flow characteristics in rivers worldwide. *Freshwater Biology* **57**: 2173–2180

Karim, F. *et al.* (2013) Modelling hydrological connectivity of tropical floodplain wetlands via a combined natural and artificial stream network. *Hydrological Processes* **28**: 5696–5710

Kennard, M. J. *et al.* (2010) Classification of natural flow regimes in Australia to support environmental flow management. *Freshwater Biology* **55**: 171–193

Lake, P. S. (2003) Ecological effects of perturbation by drought in flowing waters. *Freshwater Biology* **48**: 1161–1172

Mackay, R. J. (1992) Coonization by Lotic Macroinvertebrates: Review of Processes and Patterns. *Canadian Journal of Fisheries and Aquatic Sciences* **49**: 617–628

Matthaei, C. D., Uehlinger, U. and Frutiger, A.（1997）Response of benthic invertebrates to natural versus experimental disturbance in a Swiss prealpine river. *Freshwater Biology* **37**: 61–77

Matthaei, C. D., Arbuckle, C. J. and Townsend, C. R.（2000）Stable surface stones as refugia for invertebrates during disturbance in a New Zealand stream. *Journal of the North American Benthological Society* **19**: 82–93

Meitzen, K. M., Kupfer, J. A. and Gao, P.（2018）Modeling hydrologic connectivity and virtual fish movement across a large Southeastern floodplain, USA. *Aquatic Sciences* **80**: 5

Miyake, Y. and Nakano, S.（2002）Effects of substratum stability on diversity of streaminvertebrates during baseflow at two spatial scales. *Freshwater Biology* **47**: 219–230

Miyake, Y. *et al.*（2003）Succession in a stream invertebrate community: A transition in species dominance through colonization. *Ecological Research* **18**: 493–501

Miyake, Y. Hiura, T. and Nakano, S.（2005）Effects of frequent streambed disturbance on the diversity of stream invertebrates. *Archiv für Hydrobiologie* **162**: 465–480

Miyake, Y. and Akiyama, T.（2012）Impacts of water storage dams on substrate characteristics and stream invertebrate assemblages. *Journal of Hydro-environmental Research* **6**: 137–144

宮脇成生ほか（2018）観測所水位データから平常時水位の縦断形を推定する～庄内川を事例として～. 応用生態工学 **21**: 53–60

Mori, T., Onoda, U. and Kayaba, Y.（2018）Geographical patterns of flow-regime alteration by flood-control dams in Japan. *Limnology* **19**: 53–67

永山滋也ほか（2014）イシガイ類を指標生物としたセグメント２における氾濫原環境の評価手法の開発：木曽川を事例として. 応用生態工学 **17**: 29–40

中村太士 編（2013）河川生態学, 講談社.

Nakamura, F. *et al.*（2017）Large wood, sediment, and flow regimes: Their interactions and temporal changes caused by human impacts in Japan. *Geomorphology* **279**: 176–187

Negishi, J. N. *et al.*（2012）Using airborne scanning laser altimetry（LiDAR）to estimate surface connectivity of floodplain water bodies. *River Research and Applications* **28**: 258–267

Nukazawa, K., Kazama, S. and Watanabe, K.（2015）A hydrothermal simulation approach to modelling spatial patterns of adaptive genetic variation in four stream insects. *Journal of Biogeography* **42**: 103–113

Olden, J. D., Kennard, M. J. and Pusey, B. P（2012）A framework for hydrologic classification with a review of methodologies and applications in ecohydrology. *Ecohydrology* **5**: 503–518

Olden, J. D. and Poff, N. L.（2003）Redundancy and the choice of hydrologic indices for characterizing streamflow regimes. *River Research and Applications* **19**: 101–121

Pfankuch, D. J.（1975）*Stream reach inventory and channel stability evaluation*. US Department of Agriculture Forest Service, Region 1

Poff, N. L. *et al.*（1997）The natural flow regime. *Bioscience* **47**: 769–784

Poff, N. L. *et al.*（2007）Homogenization of regional river dynamics by dams and global biodiversity implications. *Proceedings of the National Academy of Sciences* **104**: 5732–5737

Poff, N. L. and Ward, J. V.（1989）Implications of streamflow variability and predictability for lotic community structure: A regional analysis of streamflow patterns. *Canadian Journal of Fisheries and Aquatic Sciences* **46**: 1805–1817

Poole, G. C. *et al.* (2002) Three-dimensional mapping of geomorphic controls on flood-plain hydrology and connectivity from aerial photos. *Geomorphology* **48**: 329–347

Resh, V. H. *et al.* (1988) The role of disturbance in stream ecology. *Journal of the North American Benthological Society* **7**: 433–455

Richter, B. D. *et al.* (1996) A method for assessing hydrologic alteration within ecosystems. *Conservation Biology* **10**: 1163–1174

Ryo, M. *et al.* (2015) Evaluation of spatial pattern of altered flow regimes on a river network using a distributed hydrological model. *PLoS ONE* **10**: e0133833

Schwendel, A. C., Death, R. G. and Fuller (2010) The assessment of shear stress and bed stability in stream ecology. *Freshwater Biology* **55**: 261–281

Schwendel, A. C. *et al.* (2011) Linking disturbance and stream invertebrate communities: how best to measure bed stability. *Journal of the North American Benthological Society* **30**: 11–24

Stanly, E. H., Powers, S. M. and Lottig, N. R. (2010) The evolving legacy of disturbance in stream ecology: concepts, contributions, and coming challenges. *Journal of the North American Benthological Society* **29**: 67–83

Townsend, C. R., Scarsbrook, M. R. and Dolédec, S. (1997) Quantifying disturbance in streams: Alternative measures of disturbance in relation to macroinvertebrate species traits and species richness. *Journal of the North American Benthological Society* **16**: 531–544

Van den Brink, F. W. B. *et al.* (1993) Impact of hydrology on the chemistry and phytoplankton development in floodplain lakes along the Lower Rhine and Meuse. *Biogeochemistry* **19**: 103–128

渡辺裕也ほか (2019) 全国河川の流量レジーム特性と決定要因. 応用生態工学 **21**: 75–92

Wolman, M. C. (1954) A method of sampling coarse riverbed material. *American Geophysical Union Transactions* **35**: 951–956

Zhou, Z. *et al.* (2017) Stream power as a predictor of aquatic macroinvertebrate assemblages in the Yarlung Tsangpo River Basin (Tibetan Plateau). *Hydrobiologia* **797**: 215–230

参考文献（2.3）

有賀　誠ほか (1996) 十勝川上流域における河畔林の林分構造および立地環境—隣接斜面との比較から—. 日本林学会誌 **78** (4): 354–362

Colwell, R. K. and Elsensohn, J. E. (2014) EstimateS turns 20: statistical estimation of species richness and shared species from samples, with non-parametric extrapolation. *Ecography* **37**: 609–613

土壌標準分析・測定法委員会 (1986) 土壌標準分析・測定法, pp.77–104, 博友社

Friedman, G. M. (1961) Distinction between dune, beach and river sands from their textural characteristics. *J. Sed. Petro.* **31**: 514–529

深澤和三 (1990) 樹木の年輪が持つ情報, p.141, 北海道大学農学部

東　三郎 (1979) 地表変動論, pp.280, 北海道大学図書刊行会

五十嵐恒夫（1986）阿寒国立公園の森林植生．北海道大學農学部演習林研究報告 **43**（2）: 335–494

石川幸男（1995）成長錐コアの採取が針広混交林の樹木の成長と生存に与える影響．森林立地 **37**（2）: 100–104

伊藤秀三（1977）植物生態学講座 2 群落の組成と構造，p.326，朝倉書店

河村三郎・小沢功一（1970）山地河川における河床材料のサンプリング方法と粒度分布．土木学会誌 **55**: 53–58

宮脇昭・奥田重俊・藤原陸夫（1994）日本植生便覧　改訂新版，p.910，至文堂

水垣滋・中村太士（1999）放射性降下物を用いた釧路湿原河川流入部における土砂堆積厚の推定．地形 **20**: 97–112

Nagamatsu, D. and Miura, O.（1997）Soil disturbance regime in relation to micro-scale landforms and its effects on vegetation structure in a hilly area in Japan. *Plant Ecology* **133**: 191–200

崎尾均・山本福壽（2002）水辺林の生態学，p.206，東京大学出版会

佐々木好之（1973）生態学講座 4 植物社会学，p.143，共立出版

佐々木雄大ほか（2015）植物群集の構造と多様性解析．生態学フィールド調査法シリーズ 3，p.208，共立出版

Seo, J. I. *et al.*（2008）Factors controlling the fluvial export of large woody debris, and its contribution to organic carbon budgets at watershed scales. *Water Resources Research* **44**, W04428, doi: 10.1029/2007WR006453

Seo, J. I. and Nakamura, F.（2009）Scale-dependent controls upon the fluvial export of large wood from river catchments. *Earth Surface Processes and Landforms* **34**: 786–800

Shin, N. and Nakamura, F.（2005）Effects of fluvial geomorphology on riparian tree species in Rekifune River, northern Japan. *Plant Ecology* **178**: 15–28

玉井信行・奥田重俊・中村俊六（2000）河川生態環境評価法，p.270，東京大学出版会

田村俊和（1996）微地形分類と地形発達—谷頭部斜面を中心に—．恩田裕一ほか（編）．水文地形学—山地の水循環と地形変化の相互作用—，pp.177–189，古今書院

参考文献（3.1）

Beer, S. *et al.*（1998）Measuring photosynthetic rates in seagrasses by pulse amplitude modulated（PAM）fluorometry. *Marine Ecology progress Series* **174**: 293–300

Boston, H. L. and Hill, W. R.（1991）Photosynthesis-light relations of stream periphyton communities. *Limnology and Oceanography* **36**: 644–656

Bott, T.（1996）Primary production and community respiration. In: *Methods in Stream Ecology*, Hauer, F. R. and Lamberti, G. A.（eds.）, pp.533–556. Academic Press

Brouwer, J. F. C. and Stal, L. J.（2002）Daily fluctuations of exopolymers in cultures of the benthic diatoms *Cylindrotheca closterium* and *Nitzschia* sp.（Bacillariophyceae）. *Journal of Phycology* **38**: 464–472

Carignan, R., Blais, A.-M. and Vis, C.（1998）Measurement of primary production and community respiration in oligotrophic lakes using the Winkler method. *Canadian Journal of Fisheries and Aquatic Sciences* **55**: 1078–1084

Carpenter, E. J. and Lively, J. S. (1980) Review of Estimates of Algal Growth Using ^{14}C Tracer Techniques. In: *Primary Productivity in the Sea*, Falkowski, P. G. (ed.), pp.161–178, Springer

Carr, H. and Björk, M. (2003) A methodological comparison of photosynthetic oxygen evolution and estimated electron transport rate in tropical *Ulva* (Chlorophyceae) species under different light and inorganic carbon conditions. *Journal of Phycology* **39**: 1125–1131

土木学会水理委員会（2000）：水理公式集，p.403，丸善

遠藤剛（2002）PAM クロロフィル蛍光計による光合成測定の原理と応用．植物の生長調節 **37**: 69–75

Falkowski, P. G. *et al.* (1986) Relationship of steady-state photosynthesis to fluorescence in eukaryotic algae. *Biochimica et Biophysica Acta* **849**: 183–192

Figueroa, F. L., Conde-Álarez, R. and Gómez, L. (2003) Relationship between electron transport rates determined by pulse amplitude modulated chlorophyll fluorescence and oxygen evolution in macroalgae under different light conditions. *Photosynthesis Research* **75**: 259–275

古谷研・石丸隆・高橋正征（2000）植物プランクトンの光合成–光曲線の測定．海洋植物プランクトンII—その分類・生理・生態—．月刊海洋号外 **20**: 116–122

Genty, B., Briantais, J. M. and Baker, N. R. (1989) The relationship between the quantum yield of photosynthetic electron transport and quenching of chlorophyll fluorescence. *Biochemica et Biophysica Acta* **990**: 87–92

後藤直成（2002）干潟底生系および浮遊系における一次生産とそれに関わる微小藻類—細菌相互間の関係．陸水学雑誌 **63**: 233–239

Goto, N. *et al.* (1998) Physicochemical Features and Primary Production of Microphytobenthos and Phytoplankton at Wakaura Tidal Flat in Japan. *Japanese Journal of Limnology* **59**: 391–408

Goto, N. *et al.* (1999) Importance of extracellular organic carbon production in the total primary production by tidal-flat diatoms in comparison to phytoplankton. *Marine Ecology Progress Series* **190**: 289–295

Goto, N. *et al.* (2008) Relationships between electron transport rates determined by pulse amplitude modulated (PAM) chlorophyll fluorescence and photosynthetic rates by traditional and common methods in natural freshwater phytoplankton. *Fundamental and Applied Limnology* **172**: 121–134

Goto, N., Mitamura, O. and Terai, H. (2000) Seasonal variation in primary production of microphytobenthos at the Isshiki intertidal flat in Mikawa Bay. *Limnology* **1**: 133–138

Goto, N., Tanaka, Y. and Mitamura, O. (2014) Relationships between carbon flow throughfreshwater phytoplankton and environmental factors in Lake Biwa, Japan. *Fundamental Applied Limnology* **184**: 261–275

Goto, N., Terai, H. and Mitamura, O. (2006) Production of extracellular organic carbon in the total primary production by freshwater benthic algae at the littoral zone and inflow river of Lake Biwa. *Verhandlungen Internationale Vereinigung für theoretische und angewandte Limnologie* **29**: 2021–2026

Graff, J. R. and Rynearson, T. A. (2011) Extraction method influences the recovery of phytoplankton pigments from natural assemblages. *Limnology and Oceanography: Methods* **9**:

129–139
Hagerthey, S. E., Louda, J. W. and Mongkronsri, P. (2006) Evaluation of pigment extraction methods and a recommended protocol for periphyton chlorophyll a determination and chemotaxonomic assessment. *Journal of Phycology* **42**: 1125–1136
Hama, T. *et al.* (1983) Measurement of photosynthetic production of a marine phytoplankton population using a stable ^{13}C isotope. *Marin Biology* **73**: 31–36
Hashimoto, S. *et al.* (2005) Relationship between net and gross primary production in the Sagami Bay, Japan. *Limnology and Oceanography* **50**: 1830–1835
Hasumoto, H. *et al.* (2006) Use of an optical oxygen sensor to measure dissolved oxygen in seawater. *Journal of Oceanography* **62**: 99–103
Hawes, I. and Smith, R. (1994) Seasonal dynamics of epilithic periphyton in oligotrophic Lake Taupo, New Zealand. *New Zealand Journal of Marine and Freshwater Research* **28**: 1–12
Bott, T. (1996) Primary production and community respiration. In: *Methods in Stream Ecology*, Hauer, F. R. and G. A. Lamberti, (eds.), pp.533–556, Academic Press
Hosokawa, Y. (1986) Field measurement of stream reaeration coefficient using gas tracer. *Technical Note of the Port and Harbour Research Institute*, 562
彦坂幸毅（2003）光合成機能の評価 2：クロロフィル蛍光．光と水と植物のかたち（植物生理生態学入門），種生物学会編，p. 245–258，文一総合出版
平譯享ほか（2001）QFT 法及び現場型水中分光吸光度計による植物プランクトンの光吸収スペクトル測定プロトコル．海の研究 **10**: 471–484
一瀬諭ほか（1995）琵琶湖の植物プランクトンの形態に基づく生物量の簡易推定について．滋賀県衛生環境センター所報 **30**: 27–35
Jensen, L. M. (1984) Antimicrobial action of antibiotics on bacterial and algal carbon metabolism: on the use of antibiotics to estimate bacterial uptake of algal extracellular products (EOC). *Archiv für Hydrobiologie* **99**: 423–432
萱場祐一（2005）溶存酸素濃度の連続観測を用いた実験河川における再曝気係数，一次生産速度及び呼吸速度の推定．陸水学会誌 **66**: 93–105
小島貞男・須藤隆一・千原光男（1995）環境微生物図鑑，講談社
Kolber, Z. S., Prásil, O. and Falkowski, P. G. (1998) Measurements of variable chlorophyll fluorescence using fast repetition rate techniques: defining methodology and experimental protocols. *Biochimica et Biophysica Acta* **1367**: 88–106
Laviale, M. *et al.* (2009) Stream periphyton photoacclimation response in field conditions: Effect of community development and seasonal changes. *Journal of Phycology* **45**: 1072–1082
Lorenzen, C. J. (1967) Determination of chlorophyll and pheopigments spectrophotometric equation. *Limnology and Oceanography* **12**: 343–346
Low, R. L. and G. D. LaLiberte (2007) Capter 16 Benthic Stream Algae: Distribution and Structure. *METHODS IN STREAM ECOLOGY 2nd edn* (Hauer, F. R. and Lamberti ed.), pp.327–356, Elsevier
松本嘉孝・野崎健太郎（2014）水の化学分析．身近な水の環境科学―実習・測定編―，日本陸水学会東海支部会編，pp.81–124，朝倉書店
宮尾孝ほか（2013）溶存酸素量測定の高精度化．測候時報 **80**: S149–S157
村上哲生（2010）溶存酸素の連続観測資料を利用した河川の一次生産速度推定．陸の水

43: 25–29
村松敬一郎（1981）RIを用いた動物実験法．図説動物実験の手技手法，井上正・松本一彦（編），pp.121–143，共立出版株式会社
中野大助・鈴木準平・松梨史郎（2015）溶存酸素濃度連続測定により河川生産力の評価法．電力中央研究所研究報告：V14011
日本水道協会（2008）日本の水道生物―写真と解説―改訂版，日本水道協会
Nozaki, K. (1999) Algal community structure in a littoral zone in the north basin of Lake Biwa. *Japanese Journal of Limnology* **60**, p.139–157
野崎健太郎（2013）付着藻類．河川生態学（中村太士 編），pp.72–88，講談社
Nozaki, K. *et al.* (2003) Development of filamentous green algae in benthic algal community in a sand-beach zone of Lake Biwa. *Limnology* **4**, 161–165
野崎健太郎・志村知世乃（2013）矢作川と土岐川の中流域における付着藻現存量と栄養塩濃度の季節変化．矢作川研究 **17**: 101–105
野崎健太郎・加藤元海（2014）藻類．身近な水の環境科学 実習・測定編（日本陸水学会東海支部会 編），pp.51–53，朝倉書店
野崎健太郎・石田典子（2014）計数．身近な水の環境科学 実習・測定編（日本陸水学会東海支部会 編），pp.132–134，朝倉書店
Odum, H. T. (1956) Primary production in flowing waters. *Limnology and Oceanography* **2**: 85–97
Pei, S. and Laws, E. A. (2013) Does the ^{14}C method estimate net photosynthesis? Implications from batch and continuous culture studies of marine phytoplankton. *Deep-Sea Research I* **82**: 1–9
Pei, S. and Laws, E. A. (2014) Does the ^{14}C method estimate net photosynthesis? II. Implications from cyclostat studies of marine phytoplankton. *Deep-Sea Research I* **91**: 94–100
Platt, T., Gallegos, C. L. and Harrison, W. G. (1980) Photoinhibition of photosynthesis in natural assemblages of marine phytoplankton. *Journal of Marine Research* **38**: 687–701
Reynolds, C. (2006) *Ecology of Phytoplankton*, p.535, Cambridge University Press
佐伯有常（1957）溶存酸素の測定法について．水産増殖 **1**: 19–25
斎藤和美・栗原紀夫（1993）液体シンチレーションカウンタ．アイソトープトレーサー法入門，pp.98–113，学会出版センター
SCOR/UNESCO (1966) Working Group 17: Determination of photosynthetic pigments in sea water. UNESCO
Schreiber, U. *et al.* (1995a) Quenching Analysis of Chlorophyll Fluorescence by the Saturation Pulse Method: Particular Aspects Relating to the Study of Eukaryotic Algae and Cyanobacteria. *Plant and Cell Physiology* **36**: 873–882
Schreiber, U. *et al.* (1995b) Assessment of Photosystem II Photochemical Quantum Yield by Chlorophyll Fluorescence Quenching Analysis. *Australian Journal of Plant Physiology* **22**: 209–220
Schreiber, U., Schliwa, U. and Bilger, W. (1986) Continuous recording of photochemical and non-photochemical chlorophyll fluorescence quenching with new type of modulation fluorometer. *Photosynthesis Research* **10**: 51–62
滋賀の理科教材編集委員会（2008）普及版やさしい日本の淡水プランクトン図解ハンドブック，合同出版

園池公毅（2008）クロロフィル蛍光と吸収による光合成測定．光合成研究法（北海道大学低温科学研究所，日本光合成研究会 共編）．低温科学 **67**: 507–524

Steemann-Nielsen, E.（1952）The use of radioactive carbon（^{14}C）for measuring organic production in the sea. *Journal du Conseil/Conseil Permanent International pour l'Exploration de la Mer* **18**: 117–140

Steemann-Nielsen, E.（1955）The interaction of photosynthesis and respiration and its importance for the determination of ^{14}C-discrimination in photosynthesis. *Physiologia Plantarum* **8**: 945–953

鈴木光次（2007）植物プランクトン．実験化学講座第５版　環境化学（小谷正博ほか 編），pp.319–323，丸善

鈴木光次（2016）植物色素．海洋観測ガイドライン第四巻（海洋学会 編），G404JP：001–005，http://kaiyo-gakkai.jp/jos/guide

鈴木光次・垂木新一郎（2005）クロロフィル a．水の分析（日本分析化学会北海道支部 編），pp.327–331，化学同人

高尾敏幸ほか（2006）携帯式蛍光光度計を用いた付着藻類の 現存量測定による造成干潟の環境調査．海洋開発論文集 **22**: 631–636

谷田一三・三橋弘宗・藤谷俊仁（1999）特殊アクリル繊維による付着藻類定量法．陸水学雑誌 **60**: 619–624

月井雄二（2010）淡水微生物図鑑，誠文堂新光社

Uehlinger, U. and Naegeli, M.（1998）Ecosystem metabolism, disturbance, and stability in a prealpine gravel bed river. *North American Benthological Society* **17**: 165–178

内田朝子（2014）分類，身近な水の環境科学 実習・測定編（日本陸水学会東海支部会 編），pp.129–132，朝倉書店

Welschmeyer, N. A.（1994）Fluorometric analysis of chlorophyll a in the presence of chlorophyll b and pheopigments. *Limnology and Oceanography* **39**: 1985–1992

Wetzel, R, G. and War, A. K.（1992）*Primary production. In: The River Handbook, Volume 1,* Calow, P. and Petts,G. E.（eds.）: 354–369. Blackwell Science Ltd.

Wetzel, R. G. and Likens, G. E.（2000）Primary productivity of phytoplankton. In: *Limnological Analyses 3rd edn*. p. 219–239, Springer

Winkler, L. W.（1888）Die bestimmung des im wasser gelösten sauerstoffes. *Chemische Berichte* **21**: 2843–2855

参考文献（3.2）

阿部俊夫・布川雅典・藤枝基久（2006）森林からの有機物供給と渓流生態系．水利科学 **50**: 1–23

Benfield, E. F. and Webster, J. R.（1985）Shredder abundance and leaf breakdown in an Appalachian Mountain stream. *Freshwater Biology* **15**: 113–120

Bilby, R. E. and Likens, G. E.（1980）Importance of organic debris dams in the structure and function of stream ecosystems. *Ecology* **61**: 1107–1113

Boulton, A. J. and Boon, P. I.（1991）A review of methodology used to measure leaf litter decomposition in lotic environments: time to turn over an old leaf?. *Marine and Freshwater*

Research **42**: 1–43

知花武佳・河内香織・渡辺尚基（2010）山間部河道に見られる有機物の堆積場とその形成機構．土木学会論文集 B **66**: 179–188

Gessner, M. O. and Chauvet, E.（2002）A case for using litter breakdown to assess functional stream integrity. *Ecological Applications* **12**: 498–510

Gregory, S. V. *et al.*（2017）*Methods in Stream Ecology. 3rd edn, Volume 2: Ecosystem Function*（G. A. Lamberti and F. R. Hauer eds.）, pp.113–126, Academic Press

Hisabae, M., Sone, S., and Inoue, M.（2011）Breakdown and macroinvertebrate colonization of needle and leaf litter in conifer plantation streams in Shikoku, southwestern Japan. *Journal of Forest Research* **16**: 108–115

Inoue, M. *et al.*（2012）Input, retention, and invertebrate colonization of allochthonous litter in streams bordered by deciduous broadleaved forest, a conifer plantation, and a clear-cut site in southwestern Japan. *Limnology* **13**: 207–219

伊藤富子（1981）木の葉は日中に多く落ちる．北方林業 **33**(2): 7

加賀谷隆（1990）山地小渓流における落葉の分解過程と大型無脊椎動物のコロニゼーション．東京大学農学部演習林報告 **82**: 157–176

Kanasashi, T. and Hattori, S.（2011）Seasonal variation in leaf-litter input and leaf dispersal distances to streams: the effect of converting broadleaf riparian zones to conifer plantations in central Japan. *Hydrobiologia* **661**: 145–161

岸千春・中村太士・井上幹生（1999）北海道南西部の小河川幌内川における落葉の収支及び滞留様式．日本生態学会誌 **49**: 11–20

Kobayashi, S. and Kagaya, T.（2002）Differences in litter characteristics and macroinvertebrate assemblages between litter patches in pools and riffles in a headwater stream. *Limnology* **3**: 37–42

Kobayashi, S. and Kagaya, T.（2004）Litter patch types determine macroinvertebrate assemblages in pools of a Japanese headwater stream. *Journal of the North American Benthological Society* **23**: 78–89

Kobayashi, S. and Kagaya, T.（2005a）Across-reach consistency in macroinvertebrate distributions among litter patch types in Japanese headwater streams. *Hydrobiologia* **543**: 135–145

Kobayashi, S. and Kagaya, T.（2005b）Hot spots of leaf breakdown within a headwater stream reach: comparing breakdown rates among litter patch types with different macroinvertebrate assemblages. *Freshwater Biology* **50**: 921–929

Kobayashi, S. and Kagaya, T.（2008）Differences in patches of retention among leaves, woods and small litter particles in a headwater stream: the importance of particle morphology. *Limnology* **9**: 47–55

Kochi, K and Yanai, S.（2006）Shredder colonization and decomposition of green and senescent leaves during summer in a headwater stream in northern Japan. *Ecological Research* **21**: 544–550

Kochi, K, Yanai, S., and Nagasaka, A.（2004）Energy input from a riparian forest into a headwater stream in Hokkaido, Japan. *Archiv für Hydrobiologie* **160**: 231–246

Kochi, K. *et al.*（2009）Physical factors affecting the distribution of leaf litter patches in streams: comparison of green and senescent leaves in a step-pool streambed. *Hydrobiolo-*

gia **628**: 191–201

Kochi, K, Mishima, S., and Nagasaka, A. (2010a) Lateral input of particulate organic matter from bank slopes surpasses direct litter fall in the uppermost reaches of a headwater stream in Hokkaido, Japan. *Limnology* **11**: 77–84

Kochi, K., Kagaya, T., and Kusumoto, D. (2010b) Does mixing of senescent and green leaves result in nonadditive effects on leaf decomposition?. *Journal of the North American Benthological Society* **29**: 454–464

Lecerf, A. *et al.* (2007) Decomposition of diverse litter mixtures in streams. *Ecology* **88**: 219–227

Motomori, K., Mitsuhashi, H., and Nakano, S. (2001) Influence of leaf litter quality on the colonization and consumption of stream invertebrate shredders. *Ecological Research* **16**: 173–182

Nanda, A. *et al.* (2009) Aggregation of Lepidostomatidae in small mesh size litter-bags: implication to the leaf litter decomposition process. *Wetlands Ecology and Management* **17**: 417–421

Petersen, R. C. and Cummins, K. W. (1974) Leaf processing in a woodland stream. *Freshwater Biology* **4**: 343–368

Speaker, R., Moore, K., and Gregory, S. (1984) Analysis of the process of retention of organic matter in stream ecosystems. *Verhandlungen der Internationalen Vereinigung für Theoretische und Angewandte Limnologie* **22**: 1835–1841

Vannote, R. L. *et al.* (1980) The river continuum concept. *Canadian Journal of Fisheries and Aquatic Sciences* **37**: 130–137

Wallace, J. B., Hutchens, Jr., J. J., and Grubaugh, J. W. (2006) *Methods in Stream Ecology. Second Edition* (F. R. Hauer and G. A. Lamberti eds.), pp.249–271, Academic Press

Webster, J. R. and Meyer, J. L. (1997) Organic matter budgets for streams: a synthesis. *Journal of the North American Benthological Society* **16**: 141–161

Webster, J. R. and Benfield, E. F. (1986) Vascular plant breakdown in freshwater ecosystems. *Annual Review of Ecology and Systematics* **17**: 567–594

Webster, J. R. *et al.* (1990) Effects of forest disturbance on particulate organic matter budgets of small streams. *Journal of the North American Benthological Society* **9**: 120–140

Wieder, R. K. and Lang, G. E. (1982) A critique of the analytical methods used in examining decomposition data obtained from litter bags. *Ecology* **63**: 1636–1642

Williams, G. P. (1989) Sediment concentration versus water discharge during single hydrologic events in rivers. *Journal of Hydrology* **111**: 89–106

柳井清治・寺沢和彦（1995）北海道南部沿岸山地流域における森林が河川および海域に及ぼす影響（II）山地渓流における広葉樹 9 種落葉の分解過程．日本林学会誌 **77**: 563–572

参考文献（4.1）

栗津陽介ほか（2015）排砂バイパスを導入したダム下流における河床環境と底生動物群集．京都大学防災研究所年報 **58B**: 527–539

Benke, A. C.（1993）Concepts and patterns of invertebrate production in running waters. *Verhandlungen der Internationalen Vereinigung für Theoretische und Angewandte Limnologie* **25**:15–38

Benke, A. C. *et al.*（1999）Length–mass relationships for freshwater macroinvertebrates in North America with particular reference to the southeastern United States. *Journal of the North American Benthological Society* **18**: 308–343

Benke, A. C.（1984）Secondary production of aquatic insects. In: *The Ecology of Aquatic Insects*（V. H. Resh and D. M. Rosenberg eds.）, pp. 289–322. Praeger Publisher

Collier, K. J. and Quinn, J. M.（2003）Land-use influences macroinvertebrate community response following a pulse disturbance. *Freshwater Biology* **48**: 1462–1481

Dolédec, S. N. *et al.*（2007）Modelling the hydraulic preferences of benthic macroinvertebrates in small European streams. *Freshwater Biology* **52**:145–164

Extence, C. A., Balbi, D. M. and Chadd, R. P.（1999）River flow indexing using British benthic macroinvertebrates: a framework for setting hydroecological objectives. *Regulated Rivers: Research & Management* **15**: 545–574

藤永　愛・坂口　勇（2005）水力発電所におけるトビケラ類付着被害の実状と対策事例．電力中央研究所報告，調査報告 V04031，電力中央研究所

藤永　愛・坂口　勇（2009）水力発電所におけるシマトビケラ類付着対策の好適な実施時期．電力中央研究所報告，研究報告 V08006，電力中央研究所

Gibbins, C. Vericat, D. and Batalla, R. J.（2007）When is stream invertebrate drift catastrophic? The role of hydraulics and sediment transport in initiating drift during flood events. *Freshwater Biology* **52**: 2369–2384

御勢久右衛門（1968）大和吉野川における瀬の底生動物群集の遷移．日本生態学会誌 **18**: 147–157

Graham, A. A., McCaughan, D. J. and McKee, F. S.（1988）Measurement of surface area of stones. *Hydrobiologia* **157**: 85–87

波多野圭亮・竹門康弘・池淵周一（2005）貯水ダム下流の環境変化と底生動物群集の様式．京都大学防災研究所年報 **48B**: 919–933

Holomuzki, J. R. and Biggs, B. J. F.（2000）Taxon-specific responses to high-flow disturbance in streams: implications for population persistence. *Journal of the North American Benthological Society* **19**: 670–679

兵庫陸水生物編集局（2011）兵庫の川の生き物図鑑，兵庫陸水生物研究会

Hynes, H. B. N.（1970）*The ecology of running waters*, p.555, The Blackburn Press

伊藤富子・久保悦子（2011）北海道十勝豊似川水系のトビケラ相．*Sylvicola* **29**: 1–12

伊藤富子ほか（2006）サケマスのホッチャレが川とその周囲の生態系で果たしている役割．魚類環境生態学入門（猿渡敏郎 編），pp.244–260，東海大学出版会

加賀谷隆（2005）自然的攪乱・人為的インパクトに対する底生動物の応答特性：出水が底生動物に及ぼす影響，（小倉紀雄・山本晃一 編）自然的攪乱・人為的インパクトと河

川生態系，pp.259–282，技報堂出版
加賀谷隆（2013）底生無脊椎動物，河川生態学（中村太士 編），pp.88–116，講談社
刈田　敏（2002）水生昆虫ファイルI，p.127，つり人社
刈田　敏（2003）水生昆虫ファイルII，p.159，つり人社
刈田　敏（2005）水生昆虫ファイルIII，p.159，つり人社
川合禎次（1985）日本産水生昆虫検索図説，P.409，東海大学出版会
川合禎次・谷田一三（2005）日本産水生昆虫―科・属・種への検索，p.1342，東海大学出版会
川村多実二（1973）日本淡水生物学（上野益三 編），p.760，北隆館
Kimura, G., Inoue, E. and Hirabayashi, K.（2008）Seasonal abundance of adult caddisfly（Trichoptera）in the middle reaches of the Shinano River in Central Japan. In: *Proceedings of the 6th International Conference on Urban Pests*（Robinson, W. H. and Bajomi, D. eds.）, pp.259–266, OOK-Press Kft.
Kobayashi, S., Amano, K. and Nakanishi, S.（2013）Riffle topography and water flow support high invertebrate biomass in a gravel-bed river. *Freshwater Science* **32**: 706–718
小林草平ほか（2010）愛知県豊川における瀬の物理特性と底生動物現存量．陸水学雑誌 **71**: 147–164
小林草平ほか（2013）河川水辺の国勢調査から見た日本の河川底生動物群集：全現存量と主要分類群の空間分布．陸水学雑誌 **74**: 129–152
小林草平・中西　哲・天野邦彦（2011）山地河川の小規模ダム下流における砂礫の減少と底生動物群集．陸水学雑誌 **72**: 1–18
小林草平・野崎隆夫・竹門康弘（2017）琵琶湖の流出河川，瀬田 - 宇治川のトビケラ群集．日本生態学会誌 **67**: 13–29
小林草平・竹門康弘（2012）土砂量と河床材粒径に着目した生息場評価，京都大学防災研究所年報 **55B**: 537–545
小林草平・竹門康弘（2013）木津川における底生動物生息場としての瀬の形態の歴史的変遷，京都大学防災研究所年報 **56B**: 681–689
久原直利（2011）北海道の源流河川におけるトビケラ目の種構成と成虫の活動時期，陸水生物学報 **26**: 47–76
Mackay, R. J.（1992）Colonization by lotic macroinvertebrates: a review of processes and patterns. *Canadian Journal of Fisheries and Aquatic Sciences* **49**: 617–628.
丸山博紀・高井幹夫（2016）原色川虫図鑑〈幼虫編〉，p.244，全国農村教育協会
丸山博紀・花田聡子（2016）原色川虫図鑑〈成虫編〉，p.482，全国農村教育協会
McMullen, L. E. and Lytle, D. A.（2012）Quantifying invertebrate resistance to floods: a global-scale meta-analysis. *Ecological Applications* **22**: 2164–2175
Merritt, R. W., Cummins, K. W. and Berg, M. B.（2008）*An Introduction to the Aquatic Insects of North America. 4th edn*, p.1158, Kendall/Hunt
Minshall, G. W.（1984）Aquatic insect-substratum relationships. In: The Ecology of aquatic insects,（Resh, V. H., and Rosenberg, D. M. eds.）, pp.358–400, Praeger Publishers
三宅　洋（2013）流量変動・攪乱の重要性，河川生態学（中村太士 編），pp.169–191，講談社
Miyake, Y. *et al.*（2003）Succession in a stream invertebrate community: a transition in species dominance through colonization. *Ecological Research* **18**: 493–501
水野信彦・御勢久右衛門（1972）河川の生態学，p.245，築地書館
Morin, A. and Dumont, P.（1994）A simple model to estimate growth rate of lotic insect larvae

and its value for estimating population and community production. *Journal of the North American Benthological Society* **13**: 357–367
中島美由紀・伊藤富子（2000）サケ（*Oncorhynchus keta*）の産卵後死体（ホッチャレ）への水生動物のコロニゼーション．北海道立水産孵化場研究報告 **54**: 23–31
Niemi, G. J. *et al.*（1990）Overview of case studies on recovery of aquatic systems from disturbance. *Environmental management* **14**: 571–587
野崎隆夫･行徳直巳（1990）福岡県筑紫野市における灯火採集によるトビケラ目の季節変化. 陸水生物学報 **5**: 10–17
Nozaki, T. and Tanida, K.（2007）The caddisfly fauna of a huge spring-fed stream, the Kakida River, in central Japan. In: *Proceedings of the 12th International Symposium on Trichoptera*（Bueno-Soria, J., Barba-Álvarez, R., Armitage, B. eds.）, pp.243–255. The Caddis Press
大串龍一（2004）水生昆虫の世界―淡水と陸上をつなぐ生命，p.219，東海大学出版会
沖野外輝夫・河川生態学術研究会千曲川研究グループ（2006）洪水がつくる川の自然―千曲川河川生態学術研究から，p.253，信濃毎日新聞社
Peterson, D. G.（1952）Observations on the biology and control of pest Trichoptera at Fort Erie, Ontario, *The Canadian Entomologist* **84**: 103–107
Sagar, P. M.（1986）The effects of floods on the invertebrate fauna of a large, unstable braided river. *New Zealand Journal of Marine and Freshwater Research* **20**: 37–46
柴田喜久男（1975）水力発電導水路害虫ウルマアシマトビケラ（*Hydropsyche ulmeri*）の生態と防除，p.149，柴田喜久雄
Smock, L. A.（2006）Macroinvertebrate dispersal, In: *Methods in Stream Ecology 2nd ed.*,（Hauer, F. R. and Lamberti, G. A.）, pp.465–487, Academic Press
竹門康弘（1995）水域の棲み場所を考える，棲み場所の生態学（竹門康弘ほか 著），pp.11–66，平凡社
竹門康弘（2005）底生動物の生活型と摂食機能群による河川生態系評価．日本生態学会誌 **55**: 189–197
谷田一三（2010）河川環境の指標生物学．北隆館
Taylor, B. W., McIntosh, A. R. and Peckarsky, B. L.（2001）Sampling stream invertebrates using electroshocking techniques: implications for basic and applied research. *Canadian Journal of Fisheries and Aquatic Sciences* **58**: 437–445
津田松苗（1942）鴨川北大路橋に於ける毛翅目成蟲の周年採集の成績．動物学雑誌 **54**: 262–267
津田松苗（1955）宇治発電所の発電害虫シマトビケラの研究，p.29，関西電力株式会社近畿支社
津田松苗（1959）川の底棲動物の現存量をめぐる諸問題特に造網型昆虫の重要性について．陸水学雑誌 **20**: 86–93
津田松苗・御勢久右衛門（1964）川の瀬における水生昆虫の遷移．生理生態 **12**: 243–251
Vannote, R. L. *et al.*（1980）The river continuum concept. *Canadian Journal of Fisheries and Aquatic Sciences* **37**: 130–137
Wallace, J. B.（1990）Recovery of lotic macroinvertebrate communities from disturbance. *Environmental Management* **14**: 605–620
渡辺　直・原田三郎（1976）ちりとり型金網による河川底生動物採集上の問題点．陸水学雑誌 **37**: 47–58

参考文献（4.2）

相澤康・滝口直之（1999）MS-Excelを用いたサイズ度数分布から年齢組成を推定する方法の検討．水産海洋研究 **63**: 2015-214

Altman, J.（1974）Observational study of behavior: Sampling methods. *Behaviour* **49**: 227-267

安藤大成・宮腰靖之（2004）固定方法の違いによるサケ・マス稚幼魚の体サイズ変化．北海道立水産孵化場研究報告 **58**: 17-32

Bachman, R. A.（1984）Foraging behavior of free-ranging wild and hatchery brown trout in a stream. *Transactions of the American Fisheries Society* **113**: 1-32

Carle, F. L. and Strub, M. R.（1978）A new method for estimating population size from removal data. *Biometrics* **34**: 621-630

Castillo, G. *et al.*,（2014）Evaluation of calcein and photonic marking for cultured delta smelt. *North American Journal of Fisheries Management* **34**: 30-38

Chapman, D. G.（1951）Some properties of the hypergeometric distribution with applications to zoological censuses. *University of California Publications on Statistics* **1**: 131-160

土居秀幸・兵藤不二夫・石川尚人（2016）安定同位体を用いた餌資源・食物網調査法，生態学フィールド調査法シリーズ（占部城太郎・日浦勉・辻和希編），6巻，p.141

Fausch, K. D. and White, R. J.（1981）Competition between brook trout（Salvelinus fontinalis）and brown trout（Salmo trutta）for positions in a Michigan stream. *Canadian Journal of Fisheries and Aquatic Sciences* **38**: 1220-1227

Hayes, D. B., Ferreri, C. P., and Taylor, W. W.（2012）Active fish capture techniques. In: *Fisheries Techniques, 3rd edn*,（Zale, A. V., Parrish, D. L., and Sutton, T. M. eds.）, p.1009, American Fisheries Society

Hubert, W. A., Pope, K. L. and Taylor, W. W.（2012）Passive capture techniques. In: *Fisheries Techniques, 3rd edn*,（Zale, A. V., Parrish, D. L., and Sutton, T. M. eds.）, p.1009, American Fisheries Society

本村浩之（2009）魚類標本の作製と管理マニュアル，p.70，鹿児島大学総合研究博物館

Inoue, M., Nakano, S. and Nakamura, F.（1997）Juvenile masu salmon（Oncorhynchus masou）abundance and stream habitat relationships in northern Japan. *Canadian Journal of Fisheries and Aquatic Sciences* **54**: 1331-1341

伊藤外夫・石田行正（1998）鱗相によるさけ・ます類の種の同定と年齢査定．遠洋水産研究所研究報告 **35**: 131-154

伊藤嘉昭・山村則男・嶋田正和（1992）動物生態学，p.507，蒼樹書房

Jolly, G. M.（1965）Explicit estimates from capture-recapture data with both death and immigration-stochastic model. *Biometrika* **52**: 225-247

金戸悠梨子・片山知史・飯田真也（2017）サケの耳石による年齢査定の検討．日本水産学会誌 **83**: 758-763

片野修（1999）カワムツの夏―ある雑魚の生態生態学ライブラリー1，p.230，京都大学学術出版会

片山知史（2003）魚類の硬組織による年齢査定技術の最近の情報．黒潮の資源海洋研究 **4**: 1-4

Kery, M. and Schaub, M.（2012）Bayesian population analysis using WinBUGS. p.629, Elsevier（飯島勇人ほか 訳. BUGSで学ぶ階層モデリング入門個体群のベイズ解析, 共立出版）
北田修一・関谷幸生・横田賢史（2001）水槽実験によるPetersen法の実用性の検討. 日本水産学会誌 **67**: 203-208
Knight, S. S. and Cooper, C. M.（2008）Bias associated with sampling interval in removal method for fish population estimates. *Journal of International Environmental Application and Science* **3**: 201-206
国土交通省（2016）平成28年度版河川水辺の国勢調査基本調査マニュアル［河川版］（魚類調査編）, p.87, 国土交通省水管理・国土保全局河川環境課
http://mizukoku.nilim.go.jp/ksnkankyo/mizukokuweb/system/DownLoad/H28KK_manual_river/H28KK_01.gyorui.pdf
河野悌昌ほか（1997）瀬戸内海西部におけるサワラ資源の年齢組成の変化. 南西海区水産研究報告書 **30**: 1-8
久保田仁志ほか（2001）小支流におけるイワナ, ヤマメ当歳魚の生息数, 移動分散および成長. 日本水産学会誌 **67**: 703-709
Lockwood, R. N. and Schneider, J. C.（2000）Stream fish population estimates by mark- and-recapture and depletion methods. In: *Manual of fisheries survey methods II: with periodic updates.*（Schneider, J. C. ed.）, Michigan Department of Natural Resources http://www.michigan.gov/documents/dnr/SMII_Assembled_Doc_2017_final_552610_7.pdf
Manly, B. F. J.（1974）A model for certain types of selection experiments. *Biometrics* **30**: 281-294
宮地傳三郎・川那部浩哉・水野信彦（1976）原色日本淡水魚類図鑑, p.462, 保育社
Miyasaka, H. *et al.*,（2005）Thermal changes in the gastric evacuation rate of the freshwater sculpin Cottus nozawae Snyder. *Limnology* **6**: 169-172
水野信彦・御勢久右衛門（1993）河川の生態学, p.247, 築地書館
Nakamura, T., Maruyama, T. and Watanabe, S.（1998）Validity of age determination in the fluvial Japanese charr Salvelinus leucomaenis by scale reading. *Fisheries Science* **64**: 385-387
Nakano, S.（1995）Individual differences in resource use, growth and emigration under the influence of a dominance hierarchy in fluvial red-spotted masu salmon in a natural habitat. *Journal of Animal Ecology* **64**: 75-84
Nakano, S. *et al.*,（1999）Selective foraging on terrestrial invertebrates by rainbow trout in a forested headwater stream in northern Japan. *Ecological Research* **14**: 351-360
中野繁（2002）第1章アマゴの資源利用, 成長および分散に及ぼす種内順位の影響. 川と森の生態学—中野繁論文集, p.359, 北海道大学図書刊行会
Ogle, D. H.（2013）*fish R Vignette—Depletion Methods for Estimating Abundance*
http://derekogle.com/fishR/examples/oldFishRVignettes/Depletion.pdf
Ogle, D. H.（2016）*Introductory fisheries analyses with R*, p.337, Chapman and Hall/CRC Press
Otis, D. L. *et al.*（1978）Statistical inference from capture data on closed animal populations. *Wildlife Monographs* **62**: 1-135
Paradis Y. *et al.*（2007）Length and weight reduction in larval and juvenile yellow perch preserved with dry ice, formalin, and ethanol. *North American Journal of Fisheries Management* **27**: 1004-1009

Peterson, J. T., Thurow, R. F. and Guzevich, J. W.（2004）An evaluation of multipass electrofishing for estimating the abundance of stream-dwelling salmonids. *Transactions of the American Fisheries Society* **133**: 462–475

Rexstad, E. and Burnham, K. P.（1991）*User's guide for interactive program CAPTURE: abundance estimation of closed animal populations*. Colorado Cooperative Fish and Wildlife Research Unit, Colorado State University, Fort Collins, Colorado, USA.
https://www.mbr-pwrc.usgs.gov/software/doc/capture/capture.htm

Ricker, W. E.（1975）Computation and interpretation of biological statistics of fish population. *Bulletin of the Fisheries Research Board of Canada* **191**: 1–382

Ricker, W. E.（1979）Growth Rates and Models. *Fish Physiology* **8**: 677–743

Robson, D. S. and Regier, H. A.（1964）Sample size in Petersen mark-recapture experiments. *Transactions of the American Fisheries Society* **93**: 215–226

Seber, G. A. F.（1965）A note on the multiple recapture census. *Biometrika* **52**: 249–259

Seber, G. A. F. and Le Cren, E. D.（1967）Estimating population parameters from catches large relative to the population. *Journal of Animal Ecology* **36**: 631–643

水産研究・教育機構（2014）水産資源解析マニュアル
https://www.fra.affrc.go.jp/kseika/guide_and_manual/afr/index.html

Urabe, H. and Nakano, S.（1999）Linking microhabitat availability and local density of rainbow trout in low-gradient Japanese streams. *Ecological Research* **14**: 341–349

卜部浩一・村上泰啓・中津川誠（2004）サクラマスの産卵環境特性の評価．北海道開発土木研究所月報 **613**: 32–44

渡辺研一ほか（2006）麻酔主要海産養殖魚に対する 2–フェノキシエタノールの麻酔効果．水産増殖 **54**: 255–263

White, *et al.*（1982）*Capture-recapture and removal methods for sampling closed populations*. Report LA-8787-NERP, Los Alamos National Laboratory

Zale, A. V. , Parrish, D. L. and Sutton, T. M.（2012）*Fisheries Techniques, third edition*. American Fisheries Society

Zippin, C.（1956）An evaluation of the removal method of estimating animal populations. *Biometrics* **12**: 163–169

Zippin, C.（1958）The removal method of population estimation. *Journal of Wildlife Management* **22**: 82–90

参考文献（5.1）

Bunn, S. E., Leigh, C. and Jardine, T. D.（2013）Diet-tissue fractionation of δ^{15}N by consumers from streams and rivers. *Limnology and Oceanography* **58**: 765–773

Capo, R. C., Stewart, B. W. and Chadwick, O. A.（1998）Strontium isotopes as tracers of ecosystem processes: theory and methods. *Geoderma* **82**: 197–225

Chikaraishi, Y. *et al.*（2015）Diet quality influences isotopic discrimination among amino acids in an aquatic vertebrate. *Ecology and Evolution* **5**: 2048–2059

Clow, D. W. *et al.*（1997）Strontium 87 strontium 86 as a tracer of mineral weathering reactions and calcium sources in an alpine/subalpine watershed, Loch Vale, Colorado. *Water*

Resources Research **33**: 1335–1351

Deiner, K. *et al.*（2016）Environmental DNA reveals that rivers are conveyer belts of biodiversity information. *Nature Communications* **7**: 12544

Dekar, M. P., Magoulick, D. D., and Huxel, G. R.（2009）Shifts in the trophic base of intermittent stream food webs. *Hydrobiologia* **635**: 263–277

Depaolo, D. J. and Finger, K. L.（1991）High resolution strontium isotope stratigraphy and biostratigraphy of the Miocene Monterey Formation, central California. *Geological Society of America Bulletin* **103**: 112–124

土居秀幸（2017）環境DNAメタバーコーディングによる生物群集解析．環境技術 **46**: 22–27

Doi, H. *et al.*（2017）Environmental DNA analysis for estimating the abundance and biomass of stream fish. *Freshwater Biology* **62**: 30–39

土居秀幸・兵藤不二夫・石川尚人（2016）安定同位体を用いた餌資源・食物網調査法，生態学フィールド調査法シリーズ第6巻（占部城太郎・日浦 勉・辻 和希 編），p.164，共立出版

Ficetola, G. F. *et al.*（2008）Species detection using environmental DNA from water samples. *Biology Letters* **4**: 423–425

Finlay, J. C.（2001）Stable-carbon-isotope ratios of river biota: implications for energy flow in lotic food webs. *Ecology* **82**: 1052–1064

Folmer, O. *et al.*（1994）DNA primers for amplification of mitochondrial cytochrome c oxidase subunit I from diverse metazoan invertebrates. *Molecular Marine Biology and Biotechnology* **3**: 294–299

Hayden, B., McWilliam-Hughes, S. M., and Cunjak, R. A.（2016）Evidence for limited trophic transfer of allochthonous energy in temperate river food webs. *Freshwater Science* **35**: 544–558

Inada, K., Kitade, O. and Morino, H.（2011）Paternity analysis in an egg-carrying aquatic insect *Appasus major*（Hemiptera: Belostomatidae）using microsatellite DNA markersens. *Entomological Science* **14**: 43–48

Ishikawa, N. F., Doi, H., and Finlay, J. C.（2012）Global meta-analysis for controlling factors on carbon stable isotope ratios of lotic periphyton. *Oecologia* **170**: 541–549

Ishikawa, N. F. *et al.*（2017）Trophic discrimination factor of nitrogen isotopes within amino acids in the dobsonfly *Protohermes grandis*（Megaloptera: Corydalidae）larvae in a controlled feeding experiment. *Ecology and Evolution* **7**: 1674–1679

Ishikawa, N. F. *et al.*（2016）Terrestrial-aquatic linkage in stream food webs along a forest chronosequence: multi-isotopic evidence. *Ecology* **97**: 1146–1158

石綿進一・竹門康弘（2005）カゲロウ目．日本産水生昆虫 科 属 種への検索（川合禎次・谷田一三 編）．東海大学出版会

磯部祥子・小柳亮・大崎研（2017）ついに来た！　ゲノム解析第3世代の波．種学研究 **19**: 30–34

Harris, D., Horwath, W. R. and van Kessel, C.（2001）Acid fumigation of soils to remove carbonates prior to total organic carbon or carbon-13 isotopic analysis. *Soil Science Society of America Journal* **65**:1853–1856

Jo, J. and Tojo, K.（2019）Molecular analyses of the genus *Drunella*（Ephemeroptera: Ephemerellidae) in the East Asian region *Limnology* **20**:243–254

Kalra Y. P. (1998) *Handbook of reference method for plant analysis*. CRC press

Katano, I. *et al.* (2017) Environmental DNA method for estimating salamander distribution in headwater streams, and a comparison of water sampling methods. *PLoS ONE* **12**: e0176541

Kennedy, B. P. *et al.* (2002) Reconstructing the lives of fish using Sr isotopes in otoliths. *Canadian Journal Fisheries and Aquatic Sciences* **59**: 925–929

Kingmann, J. F. C. (1982) The coalescent. *Stochastic Processes and their Applications* **13**: 235–336

Komada, T., Anderson M. R. and Dorfmeier, C. L. (2008) Carbonate removal from coastal sediments for the determination of organic carbon and its isotopic signatures, δ^{13}C and Δ^{14}C: comparison of fumigation and direct acidification by hydrochloric acid. *Limnology and Oceanography: Methods.* **6**: 254–262

Komaki, S. *et al.* (2012) Distributional change and epidemic introgression in overlapping areas of Japanes pond frog species over 30 years. *Zoological Science* **29**: 351–358

Komaki, S. *et al.* (2015) Robust molecular phylogeny and palaeodistribution modelling resolve a complex evolutionary history: glacial cycling drove recurrent mtDNA introgression among Pelophylax frogs in East Asia. *Journal of Biogeography* **42**: 2159–2171

今藤夏子ほか (2017) DNA バーコーディングを目的としたユスリカ DNA 抽出方法の比較. 陸水学雑誌 **78**: 13–26

Koshikawa, M. K. *et al.* (2016) Using isotopes to determine the contribution of volcanic ash to Sr and Ca in stream waters and plants in a granite watershed, Mt. Tsukuba, central Japan. *Environmental Earth Sciences* **75**: 501

Lascoux, M.・陶山佳久 (2012) 樹木集団の系譜推定．森の分子生態学 2 (津村義彦・陶山佳久 編), pp.109–135, 文一総合出版

Matsubayashi, J. *et al.* (2017) Incremental analysis of vertebral centra can reconstruct the stable isotope chronology of teleost fishes. *Methods in Ecology and Evolution* **8**: 1755–1763

Miya, M. *et al.* (2015) MiFish, a set of universal PCR primers for metabarcoding environmental DNA from fishes: detection of more than 230 subtropical marine species. *Royal Society Open Science* **2**: 1–33

Nakagawa, H. *et al.* (2018) Comparing local- and regional- scale estimations of the diversity of stream fish using eDNA metabarcoding and conventional observation methods. *Freshwater Biology* **63**: 569–580

Nakano, T. and Noda, H. (1991) Strontium isotopic equilibrium of limnetic mulluscs with ambient lacustrine water in Uchinuma and Kasumigaura, Japan. *Annual report of the Institute of Geoscience, the University of Tsukuba* **17**: 52–55

中野孝教 (2009) 河川の琵琶湖への影響，流域環境学 (和田英太郎監修), pp.174–197, 京都大学学術出版会

中野孝教 (2016) 同位体分析の基本原理．ぶんせき **1**: 2–8

中野孝教 (2016) 同位体分析の基本的原理．ぶんせき **1**: 2–8

Nishimura, N. (1967) Ecological study on net-spinning caddisfly, Stenopsyche griseipennis McLclan. 2. Upstream-migration and determination of flight distance. *Mushi* **40**: 39–46

西村登（1987）ニッポンヒゲナガカワトビケラの生態学的研究 5 成虫の溯上飛行．昆蟲 **49**: 192–204.

Ohta, T., Niwa, S. and Hiura, T.（2014）Calcium concentration in leaf litter affects the abundance and survival of crustaceans in streams draining warm-temperate forests. *Freshwater Biology* **59**: 748–760

Ohta, T. *et al.*（2018）The effects of differences in vegetation on calcium dynamics in headwater streams. *Ecosystems* **21**: 1390–1403

Papadopoulou, A., Anastasiou, I. and Vogler, A.P.（2010）Revisiting the insect mitochondrial molecular clock: the Mid-Aegean Trench calibration. *Molecular Biology and Evolution* **27**: 1659–1672

Ramnarine, R. *et al.*（2011）Carbonate removal by acid fumigation for measuring the δ^{13}C of soil organic carbon. *Canadian Journal of Soil Science* **91**: 247–250

Saito, R. and Tojo, K.（2016a）Complex geographic and habitat based niche partitioning of an East Asian habitat generalist *mayfly Isonychia japonica*（Ephemeroptera, Isonychiidae）, with reference to differences in genetic structure. *Freshwater Science* **35**: 712–723

Saito, R. and Tojo, K.（2016b）Comparing spatial patterns of population density, biomass, and genetic diversity patterns of the habitat generalist mayfly *Isonychia japonica* Ulmer（Ephemeroptera, Isonychiidae）, in the riverine landscape of the Chikuma-Shinano River Basin. *Freshwater Science* **35**: 724–737

Saito, R. et al.（2018）Phylogeographic analyses of the *Stenopsyche* caddisflies（Trichoptera: Stenopsychidae）of the Asian Region. *Freshwater Science* **37**:（in press）

佐藤里恵・鈴木彌生子（2010）元素分析／同位体比質量分析計（EA/IRMS）を用いた炭素・窒素安定同位体比の測定方法とその応用．*Researches in Organic Geochemistry* **26**: 21–29

Sekine, K. and Tojo, K.（2010a）Potential for parthenogenesis of virgin females in a bisexual populaton of the geographically parthenogenetic mayfly Ephoron shigae（Insecta: Ephemeroptera, Polymitarcyidae）. *Biological Journal of the Linnean Society* **99**: 326–334.

Sekine, K. and Tojo, K.（2010b）Automictic parthenogenesis of a geographically parthenogenetic mayfly, *Ephoron shigae*（Insecta: Ephemeroptera, Polymitarcyidae）. *Biological Journal of the Linnean Society* **99**: 335–343

Sekine, K., Hayashi, F. and Tojo, K.（2013）Phylogeography of the East Aisan polymitarcyid mayfly genus *Ephoron*（Ephemeroptera: Polymitacyidae）: A comparative analysis of molecular and ecological characteristics. *Biological Journal of the Linnean Society* **109**: 181–202

Sekine, K., Hayashi, F. and Tojo, K.（2015）Unexpected monophyletic origin of *Ephoron shigae* unisexual reproduction strains and their rapid expansion across Japan. *Royal Society Open Science* **2**: 150072

Sekiya, T. *et al.*（2017）Establishing of genetic analyses methods of feces from the water shrew, *Chimarrogale platycephalus*（Erinaceidae, Eulipotyphala）. *JSM Biology* **2**: 1010

Smalley, P. C. *et al.*（1994）Seawater Sr isotope variations through time: a procedure for constructing a reference curve to date and correlate marine sedimentary rocks. *Geology* **22**: 431–434

Stuiver, M., Polach, H. A.（1977）Reporting of ^{14}C data. *Radiocarbon* **9**: 355–363

Sueyoshi, M.（2015）Phylogeographic analyses of the *Stenopsyche caddisflies*（Trichoptera:

Stenopsychidae) of the Asian Region. Doctoral Thesis, Hokkaido University

Suyama, Y. ana Matsuki, Y. (2015) MIG-seq: an effective PCRbased method for genome-wide single-nucleotide polymorphism genotyping using the nextgeneration sequencing platform. *Scientific Report* **5**: 16963

Suzuki, T. *et al.* (2013) Morphological and genetic relationship of two closely-related giant water bugs: *Appasus japonicus* Vuillefroy and *Appasus major* Esaki (Heteroptera: Belostomatidae). *Biological Journal of the Linnean Society* **110**: 615–643

Suzuki, T., Kitano, T. and Tojo, K. (2014) Contrasting genetic structure of closely related giant water bugs: Phylogeography of *Appasus japonicus* and *Appasus major* (Insecta: Heteroptera, Belostomatidae). *Molecular Phylogenetics and Evolution* **72**: 7–16

Takahara, T., Minamoto, T. and Doi, H. (2013) Using environmental DNA to estimate the distribution of an invasive fish species in ponds. *PLoS ONE* **8**: e56584

東城幸治・伊藤建夫 (2015) 日本列島の形成史と昆虫の系統地理. 遺伝子から解き明かす昆虫の不思議な世界. 地球上で最も繁栄する生き物の起源から進化の5億年 (昆虫DNA研究会編, 悠書館

東城幸治・竹中將起 (2018) トビケラ目の高次系統に関するメタゲノム解析研究の現状. 昆虫と自然 **53**: 18–22

Tojo, K. *et al.* (2016) The Species and Genetic Diversities of Insects in Japan, with Special Reference to the Aquatic Insects. In: Species Diversity of Animal in Japan (Motokawa, M. and Kajihara, H. eds). pp. 230–247. Springer Japan

Tojo, K. *et al.* (2017) Species diversity of insects in Japan: Their origins and diversification processes. *Entomological Science* **20**: 357–381

Tsuchiya. K. and Hayashi, F. (2008) Surgical examination of male genital function of calopterygid damselflies (Odonata). *Behavioral Ecology and Sociobiology* **62**: 1417–1425

Waage, J. K. (1979) Dual function of the damselfly penis: sperm removal and transfer. *Science* **203**: 916–918

渡辺勝敏ほか (2006) 日本産淡水魚類の分布形成史：系統地理的アプローチとその展望. 魚類学雑誌 **53**: 1–38

Wateres, T. F. (1965) Interpretation of invertebrate drift in streams. *Ecology* **46**: 327–334

Wateres, T. F. (1966) Production rate, population density and drift of a stream invertebrate. *Ecology* **47**: 595–604

参考文献（5．2）

Bunn, S. E., Leigh, C., and Jardine, T. D. (2013) Diet-tissue fractionation of δ^{15}N by consumers from streams and rivers. *Limnology and Oceanography* **58**: 765–773

Capo, R. C., Stewart, B. W. and Chadwick, O. A. (1998) Strontium isotopes as tracers of ecosystem processes: theory and methods. *Geoderma* **82**: 197–225

Chikaraishi, Y. *et al.* (2015) Diet quality influences isotopic discrimination among amino acids in an aquatic vertebrate. *Ecology and Evolution* **5**: 2048–2059

Clow, D. W. *et al.* (1997) Strontium 87 strontium 86 as a tracer of mineral weathering reactions and calcium sources in an alpine/subalpine watershed, Loch Vale, Colorado. *Water*

Resources Research **33**: 1335–1351

Cummins, K. W. (1973) Trophic relations of aquatic insects. *Annual Review of Entomology* **18** (1): 183–206

Dekar, M. P. *et al.* (2009) Shifts in the trophic base of intermittent stream food webs. *Hydrobiologia* **635**: 263–277

Depaolo, D. J. and Finger, K. L. (1991) High resolution strontium isotope stratigraphy and biostratigraphy of the Miocene Monterey Formation, central California. *Geological Society of America Bulletin* **103**: 112–124

Doi, H. *et al.* (2007) Effects of reach-scale canopy cover on trophic pathways of caddisfly larvae in a Japanese mountain stream. *Marine and Freshwater research* **58** (9): 811–817

Doi, H. *et al.* (2008) Drifting plankton from a reservoir subsidize downstream food webs and alter community structure. *Oecologia* **156** (2): 363–371

土居秀幸・兵藤不二夫・石川尚人（2016）安定同位体を用いた餌資源・食物網調査法．生態学フィールド調査法シリーズ第 6 巻（占部城太郎・日浦勉・辻和希 編），p.164，共立出版

Finlay, J. C. (2001) Stable-carbon-isotope ratios of river biota: implications for energy flow in lotic food webs. *Ecology* **82**: 1052–1064

Hayden, B., McWilliam-Hughes, S. M. and Cunjak, R. A. (2016) Evidence for limited trophic transfer of allochthonous energy in temperate river food webs. *Freshwater Science* **35**: 544–558

Ishikawa, N. F., Doi, H. and Finlay, J. C. (2012) Global meta-analysis for controlling factors on carbon stable isotope ratios of lotic periphyton. *Oecologia* **170**: 541–549

Ishikawa, N. F. *et al.* (2014). Stable nitrogen isotopic composition of amino acids reveals food web structure in stream ecosystems. *Oecologia* **175** (3) : 911–922

Ishikawa, N.F. *et al.* (2017) Trophic discrimination factor of nitrogen isotopes within amino acids in the dobsonfly *Protohermes grandis* (Megaloptera: Corydalidae) larvae in a controlled feeding experiment. *Ecology and Evolution* **7**: 1674–1679

Ishikawa, N. F. *et al.* (2016) Terrestrial-aquatic linkage in stream food webs along a forest chronosequence: multi-isotopic evidence. *Ecology* **97**: 1146–1158

Harris, D, Horwath, W. R, van Kessel, C. (2001) Acid fumigation of soils to remove carbonates prior to total organic carbon or carbon-13 isotopic analysis. *Soil Science Society of America Journal* **65**:1853–1856

Kalra, Y. P. (1998) Handbook of reference method for plant analysis. CRC press

Kennedy, B. P. *et al.* (2002) Reconstructing the lives of fish using Sr isotopes in otoliths. *Canadian Journal Fisheries and Aquatic Sciences* **59**: 925–929

Kobayashi, S. *et al.* (2011) Longitudinal changes in δ^{13}C of riffle macroinvertebrates from mountain to lowland sections of a grave-bed river. *Freshwater Biology* **56**: 1434–1446

Komada, T. Anderson, M. R. and Dorfmeier, C. L. (2008) Carbonate removal from coastal sediments for the determination of organic carbon and its isotopic signatures, δ^{13}C and Δ^{14}C: comparison of fumigation and direct acidification by hydrochloric acid. *Limnology and Oceanography: Methods* **6**:254–262

Koshikawa, M. K. *et al.* (2016) Using isotopes to determine the contribution of volcanic ash to Sr and Ca in stream waters and plants in a granite watershed, Mt. Tsukuba, central

Japan. *Environmental Earth Sciences* **75**: 501
Matsubayashi, J. *et al.* (2017) Incremental analysis of vertebral centra can reconstruct the stable isotope chronology of teleost fishes. *Methods in Ecology and Evolution* **8**: 1755–1763
McCutchan, J. H. *et al.* (2003) Variation in trophic shift for stable isotope ratios of carbon, nitrogen, and sulfur. *Oikos* **102**: 378–390
McMahon, K. W. *et al.* (2015) Trophic discrimination of nitrogen stable isotopes in amino acids varies with diet quality in a marine fish. *Limnology and Oceanography* **60**: 1076–1087
Nakano, T. and Noda, H. (1991) Strontium isotopic equilibrium of limnetic mulluscs with ambient lacustrine water in Uchinuma and Kasumigaura, Japan. *Annual report of the Institute of Geoscience, the University of Tsukuba* **17**: 52–55
中野孝教（2009）河川の琵琶湖への影響．和田英太郎監修「流域環境学」京都大学学術出版会，pp.174–197
中野孝教（2016）同位体分析の基本的原理．ぶんせき **1**: 2–8
Ohta, T. Niwa, S. and Hiura, T. (2014) Calcium concentration in leaf litter affects the abundance and survival of crustaceans in streams draining warm-temperate forests. *Freshwater Biology* **59**: 748–760
Ohta, T. *et al.* (2018) The effects of differences in vegetation on calcium dynamics in headwater streams. *Ecosystems* **21**: 1390–1403
Parnell, A. C. *et al.* (2010) Source partitioning using stable isotopes: coping with too much variation. *PLoS One* **5**: e9672.
Post, D. M. (2007) Using stable isotopes to estimate trophic position: models, methods, and assumptions. *Ecology* **83**: 703–718
Post, D. M. *et al.* (2007) Getting to the fat of the matter: models, methods and assumptions for dealing with lipids in stable isotope analyses. *Oecologia* **152**: 179–189
Smalley, P. C. *et al.* (1994) Seawater Sr isotope variations through time: A procedure for constructing a reference curve to date and correlate marine sedimentary rocks. *Geology* **22**: 431–434
Ramnarine. R. *et al.* (2011) Carbonate removal by acid fumigation for measuring the δ^{13}C of soil organic carbon. *Canadian Journal of Soil Science* **91**:247–250
Sabo, J. L. *et al.* (2010) The role of discharge variation in scaling of drainage area and food chain length in rivers. *Science* **330** (6006): 965–967
佐藤里恵・鈴木彌生子（2010）元素分析／同位体比質量分析計（EA/IRMS）を用いた炭素・窒素安定同位体比の測定方法とその応用．*Researches in Organic Geochemistry* **26**: 21–29
Thompson, R. M. and Townsend, C. R. (2005) Energy availability, spatial heterogeneity and ecosystem size predict food-web structure in streams. *Oikos* **108** (1) : 137–148
Vannote, R. L. *et al.* (1980) The river continuum concept. *Canadian Journal of Fisheries and Aquatic Sciences* **37**: 130–137
Winemiller, K. O. (1990) Spatial and temporal variation in tropical fish trophic networks. *Ecological Monographs* **60** (3): 331–367

参考文献（6.1～6.4）

Alofs, K. M., Jackson, D. A. and Lester, N. P.（2014）Ontario freshwater fishes demonstrate differing range—boundary shifts in a warming climate. *Diversity and Distributions* **20**: 123-136

Altermatt, F.（2013）. Diversity in riverine metacommunities: a network perspective. *Aquatic Ecology* **47**: 365-377

Amano, T. *et al.*（2011）A macro-scale perspective on within-farm management: how climate and topography alter the effect of farming practices. *Ecology Letters* **14**: 1263-1272

Bolker, B. M. *et al.*（2009）Generalized linear mixed models: a practical guide for ecology and evolution. *Trends in Ecology & Evolution* **24**: 127-135

Burnham, K. P. and Anderson, D. R.（2002）*Model selection and multimodel inference: a practical information-theoretic approach*. Springer

Gelman, A. and Hill, J.（2007）*Data Analysis Using Regression and Multilevel/Hierarchical Models*. Cambridge University Press

Grant, E. H. C., Lowe, W. H. and Fagan, W. F.（2007）Living in the branches: population dynamics and ecological processes in dendritic networks. *Ecology Letters* **10**: 165-175

Kéry, M.（2010）*Introduction to WinBUGS for Ecologists: A Bayesian Approach to Regression, ANOVA, Mixed Models and Related Analyses*. Academic Press

Kéry, M. and Schaub, M.（2011）*Bayesian population analysis using WinBUGS: a hierarchical perspective*. Academic Press

Kissling, W. D. and Carl, G.（2008）Spatial autocorrelation and the selection of simultaneous autoregressive models. *Global Ecology and Biogeography* **17**: 59-71

Lunn, D. *et al.*（2012）. *The BUGS book: A practical introduction to Bayesian analysis*. CRC press

Matsuzaki, S. S. and Kadoya, T.（2015）Trends and stability of inland fishery resources in Japanese lakes: introduction of exotic piscivores as a driver. *Ecological Applications* **25**: 1420-1432

Miura, K., Watanabe, N. and Negishi, J. N.（2017）Leaf litter patches in stream create overwintering habitats for Ezo brown frog（*Rana pirica*）. *Limnology* **18**: 9-16

Nagayama, S., Harada, M. and Kayaba, Y.（2016）Distribution and microhabitats of freshwater mussels in waterbodies in the terrestrialized floodplains of a lowland river. *Limnology* **17**: 263-272

Terui, A. and Miyazaki, Y.（2017）Combined effects of immigration potential and habitat quality on diadromous fishes. *Limnology* **18**: 121-129

Terui, A. *et al.*（2014）Asymmetric dispersal structures a riverine metapopulation of the freshwater pearl mussel *Margaritifera laevis*. *Ecology and Evolution* **4**: 3004-3014

Terui, A. *et al.*（2017）Parasite infection induces size-dependent host dispersal: consequences for parasite persistence. Proceedings of the Royal Society B: *Biological Sciences* **284**: 20171491

Terui, A. *et al.*（2018）Stream resource gradients drive consumption rates of supplemental prey in the adjancet riparian zone. *Ecosystems* **21**: 772-781

角谷　拓（2010）生物の在・不在データをあつかう発見率を考慮した統計モデル．保全生態学研究 **15**: 133–145

久保拓弥（2012）データ解析のための統計モデリング入門．岩波書店

松浦健太郎（2016）Stan と R でベイズ統計モデリング．共立出版

深澤圭太・角谷　拓（2009）始めよう！　ベイズ推定によるデータ解析．日本生態学会 **59**: 167–170

深澤圭太ほか（2009）条件付自己回帰モデルによる空間自己相関を考慮した生物の分布データ解析（<特集２>始めよう！　ベイズ推定によるデータ解析）．日本生態学会誌 **59**: 171–186

索　　引

数字

欧文

あ

か

さ

た

な

は

ま

や

ら・わ

編者紹介

井上　幹生　**農学博士**

1997 年　北海道大学大学院農学研究科博士課程（林学専攻）修了
愛媛大学大学院理工学研究科教授

中村　太士　**農学博士**

1983 年　北海道大学大学院農学研究科修士課程（林学専攻）修了
北海道大学大学院農学研究院教授

NDC 468　447p　21cm

河川生態系の調査・分析方法

2019 年 9 月 30 日　第 1 刷発行
2022 年 8 月 25 日　第 2 刷発行

編　者　井上幹生・中村太士
発行者　髙橋明男
発行所　株式会社　講談社
〒112-8001　東京都文京区音羽 2-12-21
販　売　(03) 5395-4415
業　務　(03) 5395-3615

KODANSHA

編　集　株式会社　講談社サイエンティフィク
代表　堀越俊一
〒162-0825　東京都新宿区神楽坂 2-14　ノービィビル
編　集　(03) 3235-3701
本文データ制作 カバー・表紙印刷　株式会社双文社印刷
本文印刷・製本　株式会社ＫＰＳプロダクツ

落丁本・乱丁本は購入書店名を明記のうえ，講談社業務宛にお送り下さい．送料小社負担にてお取替えします．なお，この本の内容についてのお問い合わせは講談社サイエンティフィク宛にお願いいたします．定価はカバーに表示してあります．

Printed in Japan

ISBN 978-4-06-516999-5